Auto-Reparaturanleitung Band 1355

Mercedes

Vito/Viano

Baureihe W639
Heck- und Allradantrieb

Motoren
2,2 Liter OM646
2,2 Liter OM651
3,0 Liter OM642

Modelljahre 2003 bis 2014

bucheli verlag

IMPRESSUM

ISBN 978-3-7168-2337-8

Auto-Reparaturanleitung
Band 1355

Text und redaktionelle Bearbeitung:
Christoph Pandikow

Bilder/Zeichnungen:
Christoph Pandikow; autoaid GmbH; Hella KGaA Hueck & Co; Bosch Presseabteilung, PCI-Diagnosetechnik GmbH & Co. KG, Mercedes Benz Presseabteilung

Herstellung: Silke Pandikow, 65554 Limburg/Lahn

Druck und Bindung:
DZS GRAFIK d.o.o.,
Printed in Slovenia

Sie finden uns im Internet unter
www.motorbuch.de und
www.bucheli-verlag.de

1. Auflage 2026

Inhalt

Vito/Viano

Inhalt

Folgende Symbole verdienen im Laufe der Arbeit besondere Beachtung:

Sichtprüfung
Teil genau ansehen; besonders beachten.

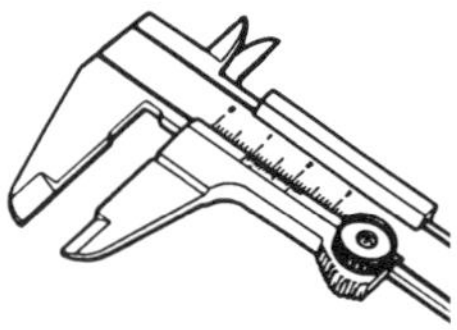

Messen
Schieblehre oder anderes Messwerkzeug nötig.

Achtung
Besondere Vorsicht geboten; Sicherheitshinweise beachten!

Tipp
Wertvoller Hinweis für einfacheres Schrauben; Erläuterung von Bauteilen und Begriffen.

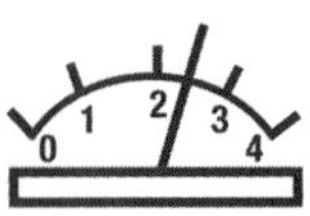

Messen mit elektr. Messgeräten
Multimeter- oder Diagnosegeräte-Einsatz erforderlich.

1 Einleitung

Arbeiten mit diesem Buch

Ein Reparaturhandbuch ist dann ein Reparaturhandbuch, wenn es bei Reparaturen zur Hand gehen kann. Es soll also helfen, Ihren Vito oder die V-Klasse wieder »in die Gänge« zu bringen. Ganz klar, als blutiger Laie werden Sie nur mit einiger Hilfe gezielt arbeiten können. Bedenken Sie, dass Ihr Fahrzeug in jedem (oder zumindest in fast jedem) Teil etwas mit Sicherheit im Straßenverkehr zu tun hat. Jede einzelne Sekunde, in der Ihr Fahrzeug in Betrieb ist. Nehmen Sie die Fehler deshalb immer ernst. Gerade Anfänger übersehen oft Kleinigkeiten, die nachher durchaus größere oder zumindest schwer aufzufindende Fehler ergeben. Bei einer Fehlersuche am eigenen Fahrzeug unterhielten sich zwei angehende Kfz-Mechatroniker: »... was hast du denn zuletzt repariert?«, letztendlich fand sich dort dann auch der Fehler. Diese Anekdote zeigt sehr deutlich, dass zum einen die eigene Arbeit, zum anderen der Ablauf der Arbeiten, die Kenntnisse über den Funktionszusammenhang der Systeme und natürlich auch über die Informationsquellen, die zur Verfügung stehen, immer hinterfragt werden müssen. Dieses Buch eignet sich aber auch, um die Details Ihres Vito oder der V-Klasse einmal genauer unter die Lupe zu nehmen.

Wir haben den Aufbau so gestaltet, dass die Informationen praxisgerecht auf- und umgearbeitet wurden.

In den einzelnen Kapiteln wird der Umgang mit den Test- und Messgeräten genauer vorgestellt. Es handelt sich um getestete Übungen, die Sie problemlos nachvollziehen können. »An modernen Autos kann man gar nichts mehr selber machen!«, das ist ein typischer Satz, der weder richtig ist noch die motivierten Schrauber unter den Lesern von der Reparatur abhalten sollte. Betrachtet man sich die Probleme genauer, die mit der Fehlerdiagnose entstehen, stellt sich ein einfaches Prinzip heraus. Grundsätzlich sind Bauteile, deren Funktionsabläufe nachvollzogen und im wahrsten Sinne des Wortes »begriffen« werden können, leicht zu prüfen.

Elektrisches Messen

Leuchtet eine Glühlampe nicht, wird sie in der Regel demontiert und der Zustand des Glühfadens gegen das Licht kontrolliert. Über die Glühlampe, beziehungsweise ihren Aufbau, ist jedem bekannt, dass sie ohne den Glühfaden nicht funktionieren kann. Könnte man in alle Bauteile hineinsehen und den Funktionsablauf und den Aufbau auf diese Art kontrollieren, würde kaum ein Mechaniker über die immer komplizierter werdende Technik schimpfen. Hier kommt die Messtechnik zum Zuge. Es ist nämlich möglich, die Funktionsabläufe und die Funktion optisch zu überprüfen. Es ist auch möglich, das Bauteil selbst zu prüfen. Auch dafür werden keine teuren Spezialgeräte gebraucht. Sie oder Ihr Mechaniker müssen sich lediglich bereit erklären, die Technik und dazugehörige Prüfmethoden anzunehmen und gelegentlich auch etwas dazuzulernen.

Ganz klar gibt es Einschränkungen für Arbeiten, die aus Sicherheitsgründen nicht durchgeführt werden sollten. Dazu zählen Arbeiten z. B. an der Klimaanlage und am Airbagsystem.

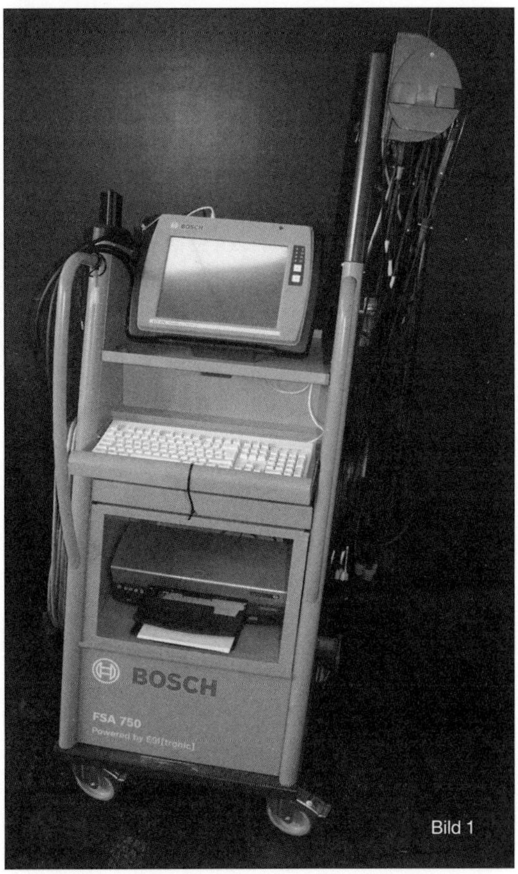

Bild 1
Bosch KTS 650/670 mit FSA 750-Modul und Abgastester.

Sichtprüfung Messen

»Die Tester kann sich keiner leisten!«, ist auch eine These, die wir widerlegen werden. Anhand der Beschreibungen der Spezialwerkzeuge und deren ungefähren Preisen lassen sich hier die Kosten leicht überschauen. Die notwendige Ausrüstung ist bei den meisten Schraubern oftmals schon vorhanden. Andere Teile sind gar nicht so teuer und lassen sich sinnvoll als Geburtstagsgeschenkidee an die Lieben weitergeben. Die Aufgabe dieses Reparaturhandbuches ist es, eine Hilfestellung für Wartungsarbeiten und Reparaturen am Vito/Viano zu geben. Das Buch wendet sich an die ambitionierten Schrauber, die mit ihrer Erfahrung Reparaturen, Wartungsarbeiten und Einstellungen an ihrem Fahrzeug vornehmen wollen. Da zu allen diesen Arbeiten ein OBD-Diagnosetester dazugehört und dieser für deutlich unter 100 Euro im günstigsten Fall erhältlich ist, wird die Arbeit anhand eines »Beispiel«-Testers dargestellt. Sie halten ein Buch in der Hand, das Lernstoff, Informationsquelle und Nachschlagewerk ist. Es soll die praktische Arbeit am Fahrzeug erleichtern und Sie ermutigen sich »Know-how« anzueignen, auch als Ungeübter den ersten Schritt zu machen oder als Erfahrener sich recht tiefgehend mit der Diagnose auseinanderzusetzen.

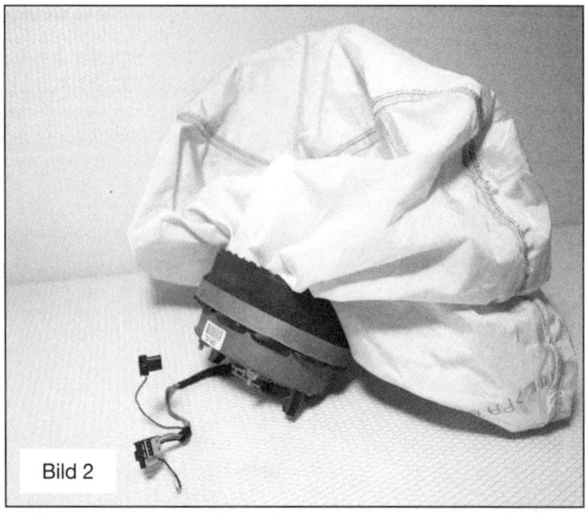
Bild 2

Bild 2 EXPLOSIV: gezündeter Airbag.

Bild 3

Bild 3 »Self-made«-Beulendoktor.

Um einen möglichst schnellen Zugriff auf die Informationen in diesem Buch zu ermöglichen, sind die technischen Daten, die zur Einstellung, Reparatur und Wartung benötigt werden, in einem separaten Kapitel zusammengefasst. Alle technischen Angaben, die speziell bei den Arbeiten benötigt werden, finden Sie natürlich auch an den entsprechenden Stellen. Die Montagearbeiten werden auf gängige Reparaturen beschränkt. Sie sollten aber immer sicherstellen, dass Sie in der Lage sind, die Reparaturen selbst durchzuführen. Ungeeignete Messgeräte oder auch fehlerhafte Handhabung eines Messgerätes können nicht nur finanzielle Folgen haben. Für die Arbeiten an Airbagsystemen ist eine spezielle Ausbildung erforderlich, die mit einem Sachkundenachweis abgeschlossen wird.

⚠ Unterlassen Sie es zu Ihrer eigenen Sicherheit, an Sitzen oder anderen Bauteilen Hand anzulegen, ohne diese spezielle Ausbildung abgeschlossen zu haben. Arbeiten an diesem System ohne Sachkunde sind GROB fahrlässig und gefährden Ihr Leben. Sollten Probleme an diesem System auftauchen, suchen Sie immer eine Werkstatt auf und erkundigen Sie sich auch darüber, inwieweit die »Airbag-Sachkunde« besteht.

⚠ In den einzelnen Airbageinheiten befinden sich zwar »kleine«, aber nicht ungefährliche Mengen an Sprengstoff. Nicht umsonst sind der Transport, der Umgang und die Lagerung gesetzlich im Sprengstoffgesetz geregelt. Die Arbeiten am Airbagsystem werden aus diesem Grunde nicht beschrieben. Es gibt aber auch so noch genügend Arbeiten, die Sie durchaus in Eigenregie angehen können.

Natürlich beschäftigt sich dieses Buch nicht nur mit Elektronik oder der reinen Montagearbeit. Auch einige Arbeiten mit den Diagnosegeräten wurden mit Praxisbezug ausgewählt und im Detail dargestellt.

Sicherheit geht immer vor

Sicherheit hat beim Heimwerken absolute Priorität. Sie sollten nur Arbeiten anpacken, die Sie wirklich beherrschen. Handwerkliche Tätigkeiten, mit denen man in der Praxis bislang wenig oder gar keine Erfahrung hatte, sollte man niemals auf die leichte Schulter nehmen. Unsachgemäß ausgeführte Arbeiten können früher oder später fatale Folgen haben (Bilder 4-12).

Umgang mit Pyrotechnik-Bauteilen

⚠ Der Sicherheitsaspekt gilt insbesondere für pyrotechnische Bauteile. Diese enthalten einen Treibstoff, bei dessen Abbrand ein Gas erzeugt wird. In manchen Fällen steht für die Gaserzeugung noch zusätzlich in einem Druckbehälter gespeichertes Druckgas zur Verfügung.
Die Zündung erfolgt über elektrische/mechanische Anzünder. Bei unsachgemäßer Handhabung von Komponenten dieser Systeme kann es zu schweren Unfällen kommen. Deshalb keine Schraub- oder gar Reparaturversuche an der Sicherheitsausstattung vornehmen, sondern bei notwendigen Instandsetzungen an eine Fachwerkstatt mit Fehler-Auslesegeräten, Diagnose-Einrichtungen und geschultem Personal wenden!

⚠ Mechaniker, die an Rückhaltesystemen arbeiten, müssen spezielle Schulungen nachweisen und bei den zuständigen Behörden gemeldet sein. Pyrotechnische Bauteile dürfen auch nur im eingebauten Zustand und mit vom Hersteller frei gegebenen Diagnosesystemen geprüft werden, keinesfalls mit Prüflampe, Voltmeter oder Ohmmeter.
Nach dem Berühren von gezündeten pyrotechnischen Bauteilen: Hände waschen! Bauteile, die auf eine harte Unterlage herabgefallen sind oder Beschädigungen zeigen, dürfen nicht mehr verbaut werden.

⚠ Lagerung, Transport und Entsorgung von Airbag-, Gurtstraffer- und Batterieabtrennungseinheiten (pyrotechnische Bauteile) unterliegen der jeweiligen nationalen Gesetzgebung.

Bild 4

Bild 5

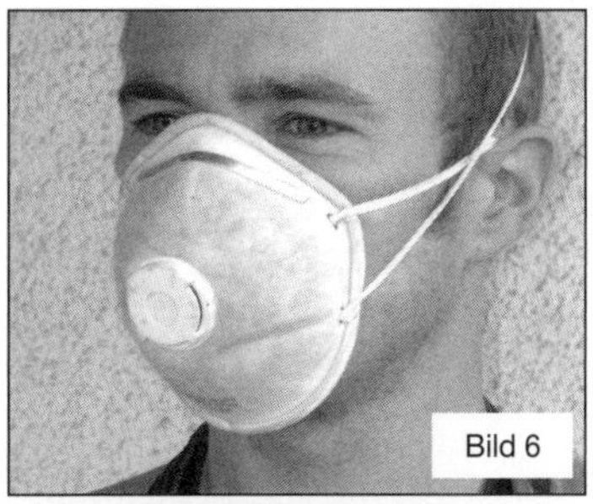
Bild 6

Bild 7

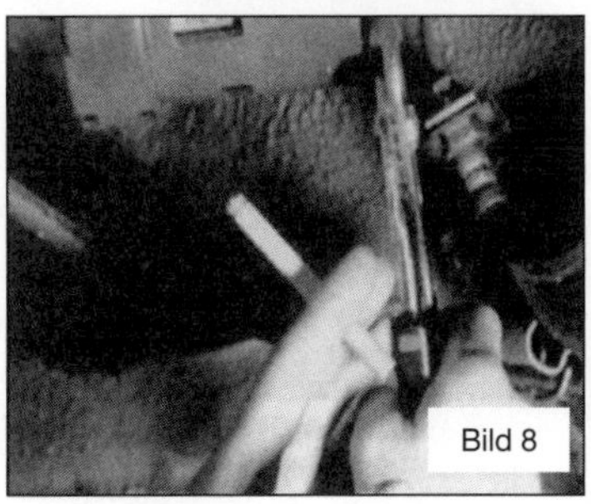
Bild 8

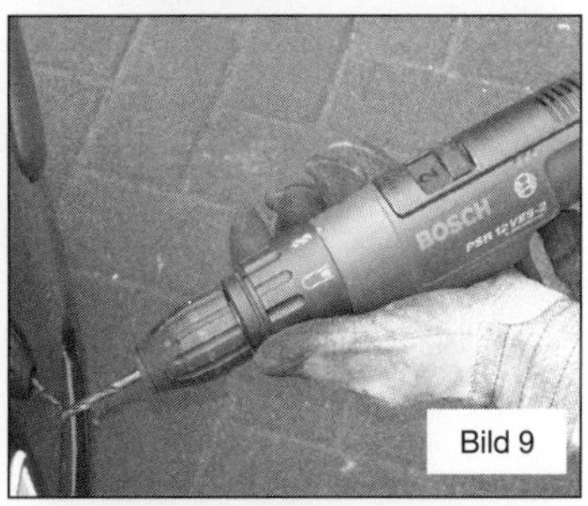
Bild 9

Bild 10

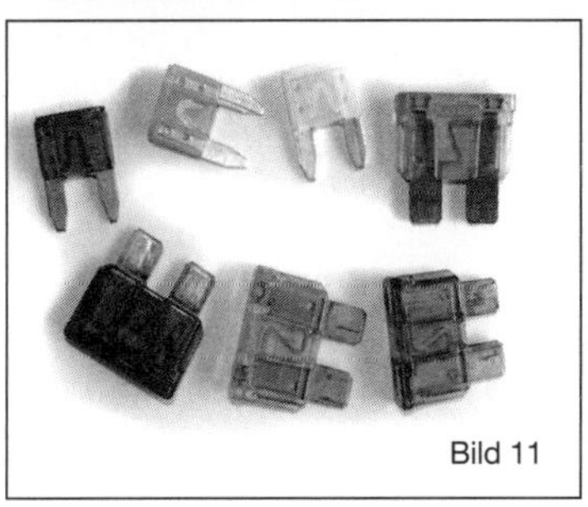
Bild 11

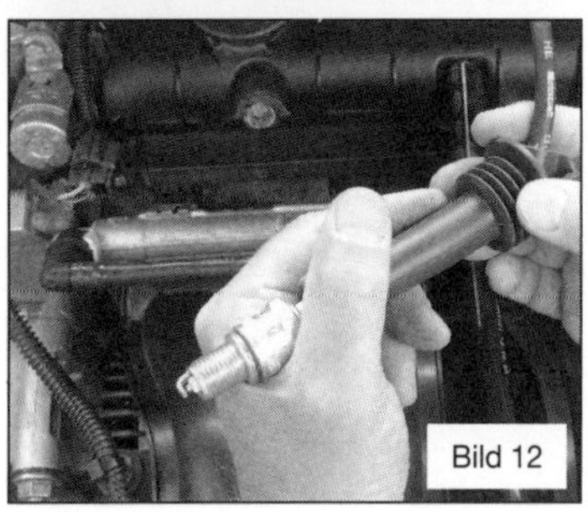
Bild 12

Bild 4
Gehörschutz: Bei Blecharbeiten mit Winkelschleifer u. Ä. notwendig.

Bild 5
Schutzbrille: Besonders beim Bohren, Schleifen und Meißeln tragen.

Bild 6
Atemschutzmaske mit auswechselbaren Filterelementen: Bei Arbeiten mit atemgängigen Stäuben unerlässlich.

Bild 7
Bei Arbeiten in der Grube: Unbedingt für Frischluft sorgen.

Bild 8
Nicht rauchen: Das sollte eigentlich bei Arbeiten gerade an der Kraftstoffanlage die Regel sein.

Bild 9
Arbeitshandschuhe: Bei vielen Arbeiten angebracht, beim Umgang mit Bohrmaschinen jedoch sehr gefährlich.

Bild 10
Leere Sprühdosen, Altöl, Bremsflüssigkeit u. Ä. als Sondermüll entsorgen.

Bild 11
Durchgebrannte Sicherungen niemals mit Alufolie, Büroklammern o. Ä. flicken.

Bild 12
Hochspannung: Vorsicht bei laufendem Motor oder eingeschalteter Zündung.

Umgang mit Bauteilen der Klimaanlage

Für das Kfz-Gewerbe sind z. B. auf europäischer Ebene zahlreiche relevante Gesetze erlassen worden. National ist z. B. in der BRD zusätzlich zur Präzisierung der europäischen Gesetzgebung ab dem 1. August 2008 die Chemikalien-Klimaschutzverordnung in Kraft getreten.

- Verordnung (EG) Nr. 1005/2009
- Verordnung (EG) Nr. 842/2006
- Verordnung (EG) Nr. 706/2007
- Verordnung (EG) Nr. 307/2008
- Richtlinie 2006/40/EG
- Chemikalien-Klimaschutzverordnung, Kreislaufwirtschafts- und Abfallgesetz (für die BRD)

Alle Personen, die an Kraftfahrzeug-Klimaanlagen Wartungs- und Reparaturarbeiten durchführen, müssen eine Schulung oder ein Trainingsprogramm besucht haben und die Sachkunde nachweisen (Sachkunde-Nachweis).

⚠ Beim unkontrollierten Druckablassen besteht Gefahr durch Vereisung. Hieraus können schwerwiegende Verletzungen entstehen (Gefrierbrand ist nicht nur bei Grillfleisch unschön!). Bei nicht entleertem Kältemittelkreislauf tritt Kältemittel aus. Das Kältemittel ist vor dem Öffnen des Kältemittelkreislaufs abzusaugen. Wird der Kältemittelkreislauf nach dem Absaugen innerhalb 10 Minuten nicht geöffnet, kann durch Nachverdampfung Druck im Kältemittelkreislauf entstehen. Das Kältemittel muss dann nochmals abgesaugt werden. Alle geöffneten Bauteile des Kältemittelkreislaufs sind gegen Eintritt von Luftfeuchtigkeit mit geeigneten Verschlussstopfen zu verschließen. Es ist verboten beim Betrieb, bei Instandsetzungsarbeiten und bei Außerbetriebnahme von Erzeugnissen, die Kältemittel enthalten, entgegen dem Stand der Technik, die in ihnen enthaltenen Stoffe in die Atmosphäre entweichen zu lassen.

Bild 13

Bild 13
Achtung Stromschlag! Restladungen und Induktionsspannungen können gesundheitsgefährdend sein.

Verletzungsgefahr durch automatischen Motorstart bei Fahrzeugen mit Start-Stopp-System

Bei Fahrzeugen mit aktiviertem Start-Stopp-System (erkennbar an einer Meldung im Schalttafeleinsatz) kann der Motor bei Bedarf automatisch starten.

☞ Deshalb sicherstellen, dass bei Arbeiten am Fahrzeug das Start-Stopp-System deaktiviert ist (Zündung ausschalten, bei Bedarf Zündung wieder einschalten).

Verletzungsgefahr bei Arbeiten an der elektrischen Anlage

Nicht nur die schon angesprochene Zündanlage birgt einige Überraschungen, die Sie in ungünstigen Situationen oder bei körperlichen Vorschäden leicht in Lebensgefahr bringen können. Im Gegensatz zur Hauselektrik sind keine »Personenschutzschalter« vorgesehen. Ziehen Sie grundsätzlich nicht leitende Handschuhe an, wenn Sie an Bauteilen arbeiten, deren Ladungszustand Sie nicht kennen.

HV-System im e-Vito

Der elektrische Sprinter oder »e-Vito« ist ein rein elektrisch betriebenes Fahrzeug. Für die Arbeiten an Elektrofahrzeugen ist ein besonderer Lehrgang erforderlich. Zumindest für alle Arbeiten, die einen Eingriff in oder um das Hochvoltsystem erforderlich machen. Für diese Fahrzeuge wird noch ein gesonderter Band mit den Besonderheiten zu Antrieb, Komponenten und den Arbeiten daran erscheinen.

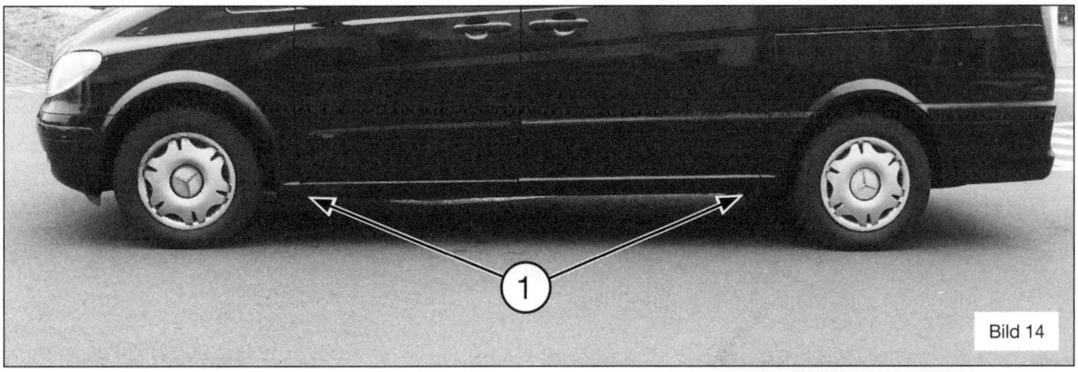

Bild 14

Bild 14
Aufnahmepunkte an der Karosserie für Wagenheber und Hebebühne.
1 Wagenheberaufnahme mit Gummiblock serienmäßig am Schweller vorne und hinten

Richtiges Aufbocken

Im Bordwerkzeug des Mercedes Vito/Viano Klasse 639 ist, wie schon beim Vorgängermodell, ein mechanischer Wagenheber vorhanden. Der Spindelwagenheber ist für das Fahrzeuggewicht gerade so geeignet. Ob Sie nun den originalen Wagenheber oder einen Werkstattwagenheber einsetzen: Es sollte grundsätzlich eine geeignete Gummi- oder Holzzwischenlage verwendet werden, um Schäden an der Karosserie oder auch am Korrosionsschutz zu vermeiden.

Das Fahrzeug darf keinesfalls an der Motorölwanne, am Getriebe, an der Hinterachse, der Vorderachse oder an den Unterholmen angehoben werden, da sonst schwerwiegende Schäden eintreten können.

Es darf nur an den auf den Abbildungen gezeigten Aufnahmepunkten angehoben werden. Andere Bereiche sind nicht in der Lage, das Fahrzeuggewicht auf der Hebebühne sicher aufzunehmen.

Wichtige Grundregeln:

Aufgrund der Unfallgefahr niemals bei angehobenem Fahrzeug den Motor anlassen.

Wenn unter dem Fahrzeug gearbeitet werden soll, muss es mit geeigneten Unterstellböcken sicher abgestützt werden.

Fahrzeuge mit schwerem Aufbau und Kasten-, Kombifahrzeuge mit langem Radstand müssen zusätzlich abgestützt werden. Stellen Sie hierzu eine handelsübliche Stütze senkrecht unter den Abschlussquerträger.

Bei Arbeiten auf der Hebebühne müssen Sie das Fahrzeug zusätzlich mit Spanngurten an der Hebebühne gegen Abrutschen sichern.

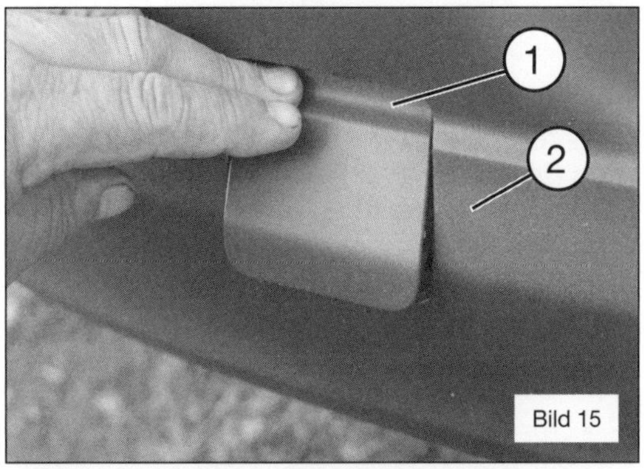

Bild 15

Bild 15
Abdeckung der Abschleppöse vorne in rund oder eckig im Stoßfänger.
1 Abdeckung
2 Stoßfänger

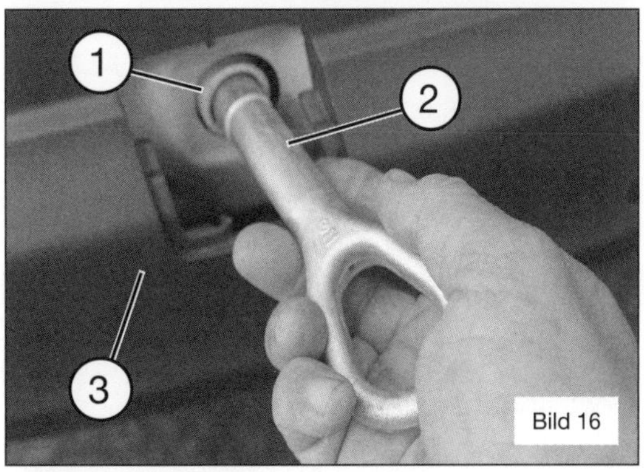

Bild 16

Bild 16
Einschrauben der Abschleppöse vorne.
1 Gewinde im Rahmenträger
2 Abschleppöse
3 Stoßfänger

An- und Abschleppen

Bei manchen Pannen muss das Fahrzeug abgeschleppt werden. Anschleppen, weil der Motor nicht anspringen will, sollte man nur, wenn keine Möglichkeit besteht, den Motor mit Starthilfekabeln zu starten.

Fahrzeuge ohne Schmiermittel im Schaltgetriebe oder mit Automatikgetriebe dürfen nur mit angehobenen Antriebsrädern abgeschleppt werden.

Das Anschleppen von Fahrzeugen mit automatischem Getriebe zum Starten des Motors ist aus technischen Gründen nicht möglich. Beim Abschleppen von Fahrzeugen mit automatischem Getriebe muss der Wählhebel in Position »N« sein, und es darf nicht weiter als 50 km und nicht schneller als 50 km/h geschleppt werden, da sonst das Getriebe zerstört wird. Grundsätzlich ist es natürlich auch hier besser, zumindest die Antriebsachse anzuheben.

Zum An- und Abschleppen sollten Kunstfaserseile oder Seile aus ähnlich elastischem Material verwendet werden. Sicherer ist eine Abschleppstange. Beim Abschleppen dürfen keine unzulässigen Zugkräfte und keine stoßartigen Belastungen auftreten. Seil oder Stange dürfen nur an den vorgesehenen Abschleppösen vorn oder hinten angebracht werden. Die einschraubbare Öse befindet sich im Bordwerkzeug, die Einschraubgewinde werden nach Entfernen einer kleinen Abdeckung in den Stoßfängerverkleidungen vorn und hinten zugänglich. Von Hand eindrehen, mit durchgestecktem Radschraubenschlüssel festziehen.

Bei Schleppmanövern abseits regulärer Straßen besteht die Gefahr, dass die Befestigungsteile überlastet werden. Wird ein Abschleppseil verwendet, muss der Fahrer des ziehenden Wagens beim Anfahren und Schalten besonders weich einkuppeln.

Der Fahrer des gezogenen Wagens hat darauf zu achten, dass das Seil straff gehalten wird. An beiden Fahrzeugen die Warnblinkanlage einschalten. Die Zündung muss eingeschaltet sein, damit das Lenkrad nicht blockiert ist und Blinkleuchten, Hupe und Scheibenwischer bei Notwendigkeit eingeschaltet werden können. Da der Bremskraftverstärker nur bei laufendem Motor arbeitet, muss ggf. das Bremspedal kräftiger getreten werden. Beim Anschleppen von Fahrzeugen mit Schaltgetriebe ist Folgendes zu beachten:

- Vor dem Anschleppen 2. oder 3. Gang einlegen, Kupplung halten.
- Zündung einschalten, damit das Lenkrad nicht blockiert und Blinkleuchten, Hupe sowie Wisch-/Waschanlage benutzt werden können.
- Kupplungspedal loslassen, wenn beide Fahrzeuge in Bewegung sind.
- Sobald der Motor angesprungen ist, Kupplung treten und Gang herausnehmen, um Auffahren auf das Zugfahrzeug zu vermeiden.

Einige Kniffe für Schrauber

Eine unlösbare Verschraubung oder eine abgerissene Schraube haben schon manchen Heimwerker von seinem Reparaturvorhaben wieder abgebracht. Unsere Hinweise sollen helfen, ungewohnte Arbeiten durchzuführen.

Passendes Werkzeug

Achten Sie gerade dann, wenn Verschraubungen schlecht zugänglich sind oder schon erkennbare Korrosionsschäden haben, auf passgenaues Werkzeug. Nichts ist ärgerlicher, als eine unnötige Mehrarbeit selbst verschuldet zu haben.

Verrostete Verschraubungen lösen

- Die freiliegenden Gewindegänge des Gewindebolzens von Rost und Schmutz befreien.
- Gewinde mit einer Drahtbürste säubern und anschließend mit Rostlöser besprühen.
- Bei Schnell-Rostlösern die Mutter sofort losdrehen.
- Bei anderen Rostlösern etwas warten.
- Wenn die Kanten einer Mutter bereits rund gedreht sind oder wenn Rost die Anlageflächen deformiert hat, helfen nur noch Hitze oder Gewalt.
- Erwärmen Sie die Verschraubung.
- Gripzange verwenden. Damit lässt sich die Mutter fest greifen und oft losdrehen.
- Hilft das nicht weiter, wird ein scharfer Meißel angesetzt und die Mutter aufgemeißelt.
- Eine gut zugängliche Mutter kann auch entlang des Gewindes mit einer Metallsäge aufgesägt werden. Werkstätten benutzen einen Muttersprenger.

Innensechskant- und Innenvielzahnschrauben lösen

- Das Schraubenloch muss von jeglichem Schmutz gesäubert sein, ehe das Werkzeug angesetzt wird.
- Am besten eignen sich Steckeinsätze mit langem Sechskant oder Vielzahn (Torx).
- Im Gegensatz zu Winkelschlüsseln, bei denen die Kraft schräg ansetzt, vertragen die Steckeinsätze einen Hammerschlag auf der Adapterseite mit dem Vierkant. Der Schlag lockert den Sitz der Schraube und erleichtert merklich das Lösen.

Schlitz- und Kreuzschlitzschrauben lösen

Schrauben können so fest sitzen, dass sie sich nicht mehr mit dem Schraubendreher herausdrehen lassen. Bei Kreuzschlitzschrauben dreht sich der Schraubendreher auch bei starkem Druck auf den Griff aus dem Kreuzschlitz heraus. Nach einigen erfolglosen Versuchen ist der Schlitz vermurkst, die Schraube ist praktisch unlösbar.

- Stabilen Schraubendreher ansetzen und mit kräftigem Hammerschlag auf das Griffende versuchen die Schraubverbindung zu lösen. Meistens bricht die mit dem Kopf fest korrodierte Schraube los. Sie lässt sich dann normal herausdrehen.
- Hilft der kräftige Hammerschlag nichts, muss ein Schlagschrauber her. Bei jedem Schlag auf dessen Griffoberseite wird der Schraubendrehereinsatz unter Druck ein wenig weitergedreht.

Blechschrauben ausbohren

Lässt sich in einem Schraubenkopf kein Werkzeug mehr ansetzen, hilft nur noch Ausbohren.

- Erst entfernt man mit einem passenden Bohrer den Schraubenkopf, eventuell mit einem kleineren Bohrer vorbohren.
- Das Gewindeteil lässt sich jetzt entweder durchstoßen oder mit einer Zange von der Rückseite abnehmen.
- Andernfalls mit einem dünnen Bohrer das Gewindeteil ausbohren. Den Bohrerdurchmesser nicht zu groß wählen, sonst hält später nur eine dickere Blechschraube.

Stehbolzen lösen und festdrehen

- Anlagefläche für Schraubenschlüssel schaffen.
- Auf dem freien Gewindeteil zwei Muttern fest gegeneinander drehen (kontern).
- An den blockierten Muttern den Schraubenschlüssel ansetzen und den Bolzen lösen.

Abgerissene Schrauben ausbohren

Das Gegengewinde, in dem die abgerissene Schraube steckt, sollte möglichst wenig Schaden nehmen.

- Körnerschlag auf Schraubenrest Mitte.
- Bis Schraubengröße M8 mit einem Kernlochbohrer arbeiten. Das ist der Durchmesser einer Schraube ohne Gewindeflanken.

Bild 17

Bild 17
Genaues Bohren ist erforderlich, um die Bauteile nicht zu beschädigen.

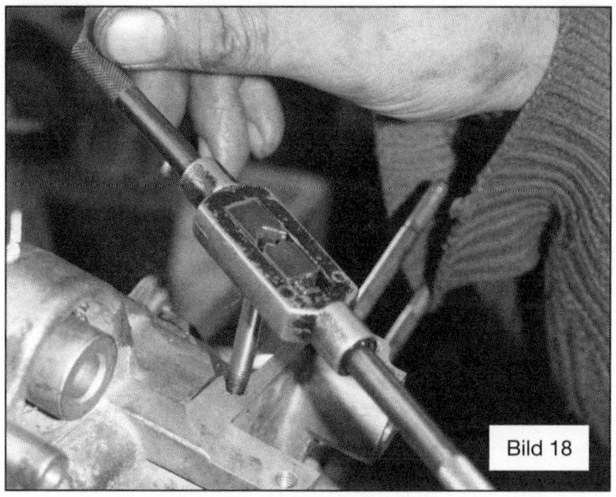
Bild 18

Bild 18
Gewindeschneiden mit Vorsicht und Bedacht.

Faustregel: Gewindedurchmesser multipliziert mit 0,8.

- Schrauben größer als M8 mit einem dünneren Bohrer vorbohren.
- Wenn sich die Metallreste nicht mit einer Reißnadel aus den Gewindegängen entfernen lassen, Gewinde nachschneiden.

Gewinde schneiden

Hat das Metall noch genug Substanz, kann ein größeres Gewinde eingeschnitten werden. Andernfalls muss eine Gewindebuchse eingesetzt werden.

Das Nach- oder Neuschneiden von Gewinden geht in drei Stufen vor sich. Die entsprechenden Gewindeschneider heißen Vorschneider (mit einem Ring am Schaft gekennzeichnet), Mittelschneider (zwei Ringe am Schaft) und Fertigschneider (drei Ringe oder ohne Kennzeichnung).

- Gewindeschneider nacheinander unter ständigem Ölen in das vorgebohrte Kernloch hinein- und wieder herausdrehen.
- Beim Hineindrehen ab und zu absetzen und ein Stück zurückdrehen, sonst werden die Metallspäne zu lang und klemmen.

2 Modell

Modellvorstellung

Die zweite Generation Vito/Viano unterscheidet sich nicht nur optisch deutlich von der Vorgängerversion. Vito und Viano gab es bis 2006 mit zwei V6-Benzinmotoren mit 3,2-l-Hubraum und 140 kW (190 PS) sowie 3,7 l mit 170 kW (231 PS). Beide wurden durch den neuen 3,5-Liter-V6-Motor mit 190 kW (258 PS) abgelöst. Alle Varianten sind mit Heckantrieb ausgestattet. Im Oktober kam ein Facelift mit Veränderung der Motorisierung, der Beleuchtungsanlage und des Kühlergrills hinzu.

Die Baureihe

Die Baureihe 639 wird als Normalversion als W639 bezeichnet. In der Langversion lautet die Bezeichnung V639. Die Baureihe wurde als Transporter-Variante (Vito) und Van-Variante (Viano) ausgeliefert. Mit zwei unterschiedlichen Radständen, drei Baulängen und zwei Dachhöhen ergibt sich eine sehr breite Fahrzeugpalette. Im Jahr 2005 wurde der Vito zum »Van of the Year« gewählt.

Baumusterkennzeichen

Über acht Ziffern wird der Vito/Viano genauer bezeichnet. Die wichtigsten Ziffern zur Identifikation sind die Stellen 1-6 in der Tabelle. Welche Bedeutung die Ziffern haben, stellen wir in der folgenden Tabelle vor.

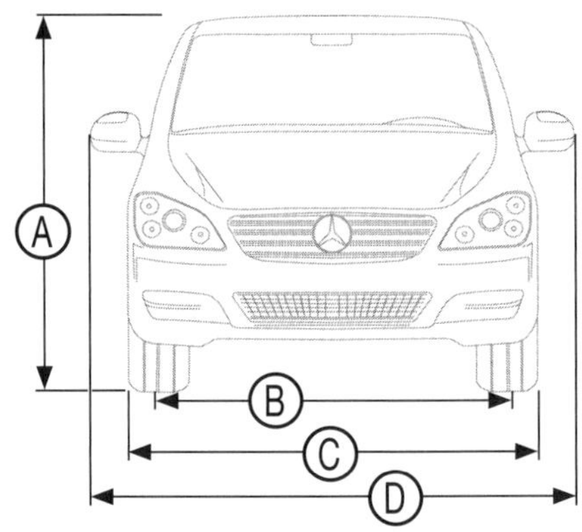

Bild 1

Bild 1
Abmessung Frontansicht.
A Fahrzeughöhe
B Spurweite
C Breite ohne Spiegel
D Breite mit Spiegeln

Die Abmessungen können je nach Ausstattung, Fahrwerksausführung und Rad/Reifenkombinationen unterschiedlich ausfallen!

Stelle	*Bezeichnung*	*Beispiel*
1 - 3	Modellreihe	639 = Vito
4	Aufbauart	6 = Kastenwagen 7 = Kombi (auch Mixto)
5	Zul. Gesamtgewicht	2 = bis 3000 kg 3 = bis 3500 kg 4 = bis 4100 kg 5 = bis 5000 kg
6	Radstand	1 = 3200 mm (mit kurzem Überhang 765 mm) 3 = 3200 mm (mit langem Überhang 1010 mm) 5 = 3430 mm (mit kurzem Überhang 765 mm)
7	Steuerseite	1 = Linkslenker 2 = Rechtslenker
8	Ausführung	3 = komplett

Abmessungen

Die Abmessungen können je nach Ausstattung und Fahrwerksausführung abweichen.

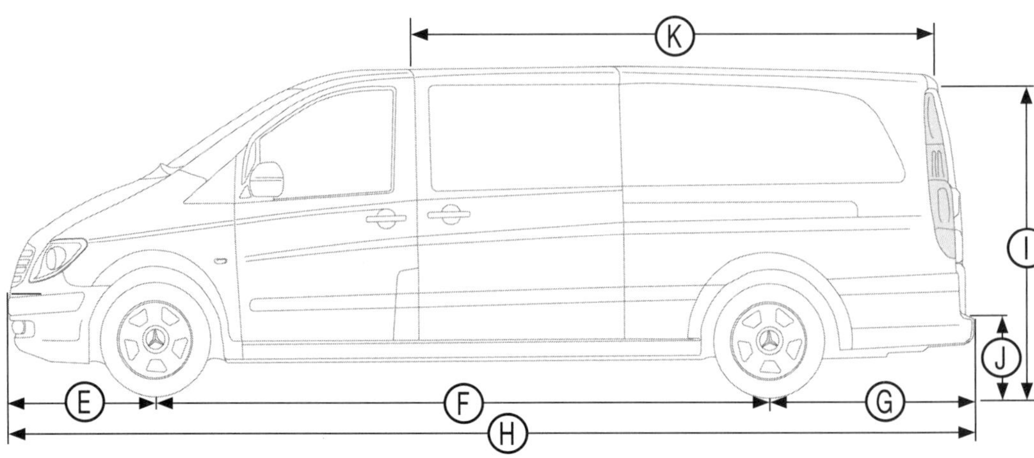

Bild 2

Bild 2
Abmessungen beim Transporter oder Kombi.
E Überhang hinten
F Radstand
G Überhang vorne
H Fahrzeuglänge
I Laderaumhöhe
J Ladekante
K Laderaumlänge

Die Abmessungen können je nach Ausstattung, Fahrwerksausführung und Rad/Reifenkombinationen unterschiedlich ausfallen!

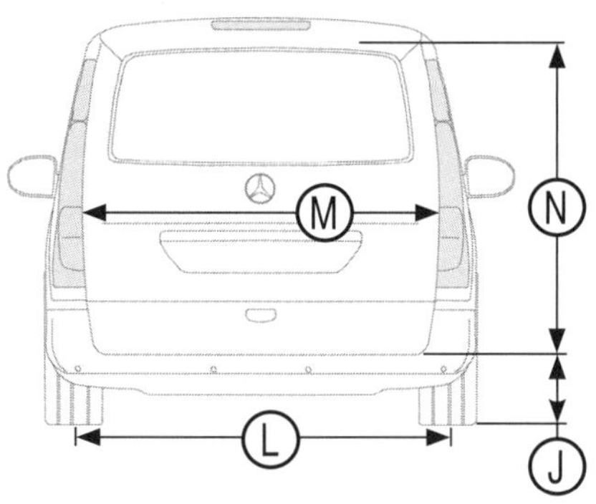

Bild 3

Kasten und Kombi (Bild 2):
Beim Kombi können die Abmessungen des Laderaums je nach Variante der Innenausstattung von den angegebenen Werten abweichen. Die unterschiedlichen Dachhöhen und Aufbaudächer sowie Aufbauten wie die Dachreling verändern die Fahrzeughöhe nochmals. Auch die Ausstattung und die Ausführung wirken sich auf die Fahrzeughöhe aus. Die Allradvarianten sind werkseitig bereits um etwa 68 mm.

Kürzel	*Bezeichnung*	*Abmessung*
A	Fahrzeughöhe (normal)	1875 mm
B	Spurweite vorne	1650 mm
C	Karosseriebreite	1901 mm
D	Fahrzeugbreite mit Spiegel	2253 mm
E	Überhang hi. kurz, normal lang extralang	480 mm 725 mm 955 mm
F	Achsabstand kurz extralang	3200 mm 3430mm
G	Überhang vorne	1.083 mm
H	Fahrzeuglänge kurz lang extralang	4763 mm 5008 mm 5238 mm
I	Laderaumhöhe (normal)	1.220 mm
J	Ladekante	518 - 524 mm
K	Laderaumlänge normal lang extralang	 2422 mm 2667 mm 2897 mm
L	Spurweite Hinterachse	1630 mm
M	Laderaumbreite	1650 mm
N	Laderaumhöhe	1220 mm

Motor und Antrieb
In diesem Band beschränken wir uns auf die deutlich häufiger verkauften Dieselmotoren im Vito/Viano. Auch in Sachen Motorkonzept hat sich im neuen Modell einiges verändert. Bis 2010 kam der OM646 zum Einsatz. Der Vierzylinder wurde dann durch den OM651 ersetzt. Er ist einer der meistverbauten Motoren für Pkw und leichte Nutzfahrzeuge, der in Schrauberkreisen auch als »Taxi-Motor« bezeichnet wurde. Auch der Sechszylinder (OM642) mit 3,0-l-Hubraum wurde in vielen Modellen der Mercedes-Benz-Flotte eingesetzt. Auch wenn man dem Einsatz der Aufladesysteme kritisch gegenüberstehen kann, sind die Turbosysteme des Van auch mit sehr hoher Laufleistung ausgesprochen zuverlässig. Zum Thema Lebensdauer der Motoren, bei den Motoren mit dem »kleinen« Hubraum hat Mercedes viele Jahre Erfahrung mit den schon legendären 2,2-l-Turbodiesel-Motoren (OM646 und OM651) gesammelt.

Dieselmotoren:
Drei unterschiedliche Dieselmotoren bilden die Basis für neun unterschiedliche Leistungsbereiche. Sogar die kleinste Motorleistung mit 65 kW (88 PS) überzeugt mit recht kräftigem Antritt und gutem Durchzugsvermögen dank moderner Aufladung mit unterschiedlichen Turboladersystemen in unterschiedlichen Leistungsstufen.

Getriebevarianten:
Der Vito/Viano ist in der Schaltvariante mit einem Sechsganggetriebe ausgerüstet. Weiterhin ist auch ein Wandler-Automatikgetriebe lieferbar. Die Getriebereparaturen werden wir nur eingeschränkt darstellen können.

Vito/Viano 4x4:
Die Allradvarianten des Vito/Viano sind fast vollwertige Offroadfahrzeuge mit hohem Nutzwert. Für den privaten Bereich sind die Allradler nicht nur für Extrem-Camper oder Baufirmen interessant. Das Allradsystem erweitert die Funktionalität des Fahrzeugs und stabilisiert den Verkaufswert, wenn das Fahrzeug ersetzt werden soll.

Assistenzsysteme
Fahrassistenzsysteme gehören heute zu fast jeder Ausstattungsliste der Fahrzeuge in

Bild 3
Abmessung Heckansicht.
J Ladekante
L Spurweite hinten
M Laderaumbreite
N Laderaumhöhe

Die Abmessungen können je nach Ausstattung, Fahrwerksausführung und Rad/Reifenkombinationen unterschiedlich ausfallen!

diesen Baujahren. Auch im Vito/Viano finden Sie Systeme, die in der ersten Modellreihe nicht denkbar waren. Je nach Ausstattung unterschiedliche Systeme und Funktionen, die aus Verknüpfungen der Systeme entstehen.

Das Start-Stopp-System
Eine weitere Besonderheit der technischen Ausrüstung ist das Start-Stopp-System, das bei Mercedes als »ECO-Start« bezeichnet wird. Die Start-Stopp-Funktion ist recht leicht vorstellbar. Über das Bordnetzsystem lässt sich natürlich auch die Nutzung des Fahrzeuges erkennen. Entsprechend wird bei aktiviertem System und einer Haltephase der Motor abgestellt. So wird Kraftstoff und eine CO_2-Senkung realisiert. Bei diesen Fahrzeugvarianten ist ein verstärkter Starter verbaut.

Sicherheitssysteme
Airbagsystem:
Zur Serienausstattung des Vito/Viano zählen je ein Full-Size-Airbag für Fahrer und Beifahrer sowie ein Seiten-Airbag auf der Fahrer- und Beifahrerseite. Die Airbags im Lenkrad und in der Instrumententafel werden ausgelöst, wenn ein Aufprall entsprechender Stärke von vorn erfolgt und die Kollisionskräfte innerhalb eines 60-°-Winkels wirken. Die Seiten-Airbags werden durch den jeweiligen Crash-Sensor einzeln, je nach Aufprall von links oder rechts, ausgelöst. Hinzu kommen noch die beiden Windowbags, die über den Türfenstern verbaut sind und den Kopfbereich schützen.

Reifendruckkontrolle:
Im Vito/Viano ist ein »aktives« System verbaut, das den Druck über Sensoren im Rad erfasst. Neue Reifendrucksensoren, wie beispielsweise in den Winterrädern, werden bei der ersten Fahrt automatisch eingelernt. Der Reifendruck und die Reifentemperatur werden im Multifunktionsdisplay angezeigt.

Grundsätzlich sollten Sie den Reifendruck trotz dieses Systems auch regelmäßig manuell kontrollieren.

ISOFIX und Kindersitzbefestigung:
Im Vito/Viano sind nur die hinteren Sitzreihen für die Befestigung eines Kindersitzes über ein ISO-Fixsystem vorgesehen. Die Befestigung auf den Vordersitzen ist möglich. Sie sollten hier unbedingt Ihre Fahrzeugbedienungsanleitung und die Anleitung zu dem Kindersitz beachten.

Bremssysteme:
Ein ABS/ESP Bremssystem ist nicht nur auf die beiden Funktionen beschränkt. Durch die Ansteuerung der Bremssättel, die Erfassung der Sensoren auch im Bordnetz sind viele sinnvolle Funktionen hinzugekommen. Auch das Bremssystem des Vito/Viano verfügt über EBD (Electronic Brake Force Distribution), die elektronische Bremskraftverteilung auf Vorder- und Hinterräder, ESP (Electronic Stability Program) ist die elektronische Kontrolle der Fahrzeugstabilität und ergänzend der Hill Holder (mit ESP), der das Bremsen und Anfahren auf geneigten Straßen ohne Hilfe der Handbremse erlaubt. Der HBA (Hydraulic Brake Assistance) ist der elektrohydraulische Bremsassistent, der automatisch den Druck des Bremskreises während einer Notbremsung (mit ESP) erhöht.

Identifizierung

Fahrgestellnummer (Bild 4)
Prägung im Fahrgestell:
Die Fahrzeug-Identifizierungsnummer wurde bis zur laufenden Fahrgestellnummer 087163 unter der Sitzverkleidung des rechten Vordersitzes an der B-Säule eingefräst.
■ Entriegeln Sie den Verschluss und ziehen Sie die seitliche Sitzverkleidung ab.
Die Fahrgestellnummer (1 im Bild 4) ist am seitlichen Halter des Sitzkastens an der B-Säule eingefräst.
Ab der laufenden Fahrgestellnummer (2) 087164 befindet sie sich an der

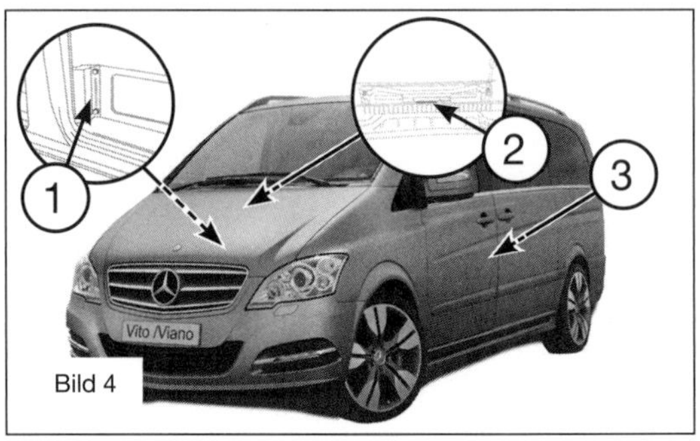

Bild 4

Bild 4
Fahrgestellnummer.
1 Alte Position an der B-Säule rechts
2 Neue Position an der Spritzwand mittig unter dem Pollenfilter
3 Position des Typenschildes

Spritzwand unter der mittleren Abdeckung zur Frontscheibe unterhalb der Abdeckung zum Pollenfilter.

- Öffnen Sie die Motorhaube.
- Ziehen Sie die Abdeckung in der Mitte des Scheibenrahmens ab.

Die Fahrgestellnummer ist unterhalb der Abdeckung zum Pollenfilter eingefräst.

Aufschlüsselung der Fahrzeug-Identifizierungsnummer (FIN):

FIN	Bedeutung
WDB	Herstellerzeichen
639	Baureihe
601	Baumusterkennzeichen
N	Produktionsstätte
123456	Laufende Nummer

Das Typenschild (3 im Bild 4)
Das Typenschild findet sich je nach Fahrzeugvariante am Schlossträger, an der Sitzkiste des Fahrersitzes (Bild 4), der B-Säule der Fahrerseite oder im Radhausinnenblech im Motorraum links. Für die meisten Serienfahrzeugen mit werksmäßig ausgelieferter Karosserie (also selten Wohnmobile) finden Sie das Typenschild auf der Sitzkiste im Einstiegsbereich des Fahrers (auf der linken Seite).

Die Farbnummer
Die Farbnummer kann, soweit es sich um den originalen Farbton handelt, leicht über den Fachhandel über die Fahrgestellnummer ausgelesen werden. Diese Informationen können Sie über Ersatzteilprogramme oder im Netz abfragen.

Die Motornummer
Die Motornummer finden Sie als Einschlag oder Fräszahlen auf einer Fläche von hinten auf dem Motorblock. Sie ist meist aber schlecht lesbar. Notieren Sie sich diese Nummern und Zahlenfolge zur besseren zukünftigen Zugänglichkeit, möglichst vorne in Ihrem Serviceheft oder im Kapitel 17 am Ende dieses Bandes.

Die Getriebekennnummer
Die Getriebekennzeichnung kann an zwei unterschiedlichen Stellen erfolgen. Zum einen finden Sie die Kennnummer eingeschlagen im Bereich des Schwungrad-(Kupplungs-) Gehäuses. Zum anderen ist oft ein Aufkleber von unten vorne ersichtlich angebracht. Der Aufkleber ist oft kaum noch oder zumindest schlecht lesbar. Notieren Sie sich auch diese Nummern und Zahlenfolge in Ihrem Serviceheft oder im Kapitel 17 am Ende dieses Bandes.

Servicevorgaben

ASSYST (Aktives Service-System)
»ASSYST« ist die Bezeichnung, die Mercedes Benz für eine flexible Wartungsintervallanzeige verwendet. Bei Fahrzeugen mit »ASSYST« wird der nächste Servicetermin in Abhängigkeit von der Fahrleistung und der Fahrweise des Fahrers ermittelt. Die Zeit zwischen einzelnen Serviceterminen verlängert sich, wenn das Fahrzeug schonend, bei mittleren Drehzahlen gefahren und Kurzstrecken vermieden wurden, bei denen der Motor die Betriebstemperatur nicht erreicht hat. Die Fälligkeit wird im Display angezeigt.

Kombiinstrumente und Lenkräder
Es gibt zwei verschiedene Kombi-Instrumente, deshalb können die Ausführungen und Anzeigen der Displays variieren. Ein Unterscheidungsmerkmal ist das Vorhandensein von Lenkradtasten. Auch für die Ausführung des Multifunktionslenkrades gibt es zwei Varianten. Die Funktionsweise unterscheidet sich aber nicht.

Standzeiten ohne Batterie:
ASSYST erfasst nur die Zeiten, in denen die Batterie angeklemmt ist. Die Zeitangabe im Display wird verfälscht. Um den zeitabhängigen Service zu errechnen, ziehen Sie die Standzeiten ohne Batterie von den angezeigten Tagen der Servicemeldung ab.

Service- und Inspektionsumfang:
Im Display werden der Werkstattcode und die verbleibende Strecke oder die Anzahl der Tage angezeigt. Ein »A« steht für einen Service mit kleinem Umfang.
Die Serviceintervallanzeige zeigt den jeweilig fälligen Service etwa einen Monat oder 3000 km vorher an. Beim Fahren oder bei eingeschalteter Zündung sehen Sie dann eine Meldung im Display.

Bild 5
Tachometer bei Fahrzeugen ohne Lenkradtasten.
1 Taste »Menü« (M)
2 Display
3 Taste »Rückstellen Tageskilometerzähler« (0)

Bild 6
Tachometer bei Fahrzeugen mit Lenkradtasten (Version 1).
1 Rückstelltaste (0)
2 Display
3 Tasten »Auf und Ab«
4 Tasten »Menü-Anwahl«

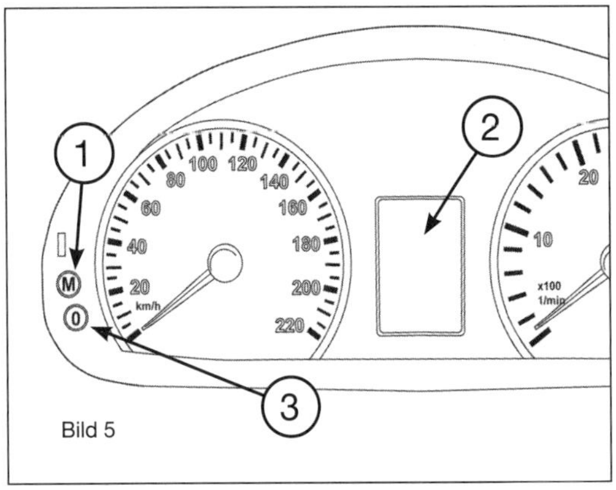

Bild 5

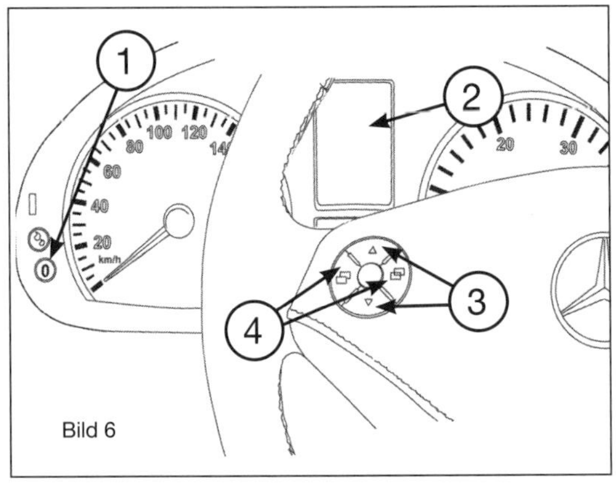

Bild 6

Servicetermin überschritten
Der Wartungszustand bleibt nach dem Überschreiten der Intervalle weiterhin im Blickfeld.

Fahrzeuge ohne Lenkradtasten:
Wenn Sie den Servicetermin überschritten haben, blinkt nach dem Einschalten der Zündung für 10 Sekunden das Schlüsselsymbol für den jeweiligen Serviceumfang (ein Schlüssel für den Serviceumfang A »Ölservice-Plus« und zwei Schlüssel für den Serviceumfang B »Wartungsservice«). Zusätzlich sehen Sie vor dem Servicetermin ein Minuszeichen.

Fahrzeuge mit Lenkradtasten:
Neben der Displayanzeige ertönt ein Signalton, der an die ausstehende Wartung erinnert. Im Display erscheint für den »Ölservice Plus« neben dem Schlüsselsymbol die Information »Serviceumfang A um ... Tage überschritten« oder »Serviceumfang A um ... km überschritten« im Display des Kombi-Instruments. Für den »Wartungsdienst« wird neben dem Schlüsselsymbol mit zwei Schlüsseln die Meldung »Serviceumfang B um ... Tage überschritten« oder »Serviceumfang B um ... km überschritten « angezeigt.

Abfrage der anstehenden Serviceereignisse
Bei eingeschalteter Zündung, abgestelltem Motor und stehendem Fahrzeug kann jederzeit (frühestens aber 500 km nach dem letzten Service) die aktuelle Servicemeldung abgefragt werden.
Natürlich können Sie diese Arbeiten auch mit dem Fahrzeugdiagnosetester erledigen.

Fahrzeuge ohne Lenkradtasten:
- Schalten Sie die Zündung ein.
- Drücken Sie die Taste (1 im Bild 5) so oft, bis Sie im Display (2) einen Wartungsschlüssel für den Ölservice, oder zwei Wartungsschlüssel für die Inspektion mit der verbleibenden Restlaufstrecke in km beziehungsweise die verbleibende Restzeit in Tagen sehen können.

Fahrzeuge mit Lenkradtasten:
- Schalten Sie die Zündung ein.
- Drücken Sie die Menüanwahltasten (4 im Bild 6) so oft, bis Sie im Display (2) den Kilometerstand und die Tageskilometeranzeige sehen können.
- Drücken Sie die Auf- und Ab-Tasten (3) so oft, bis Sie im Display (2) einen Wartungsschlüssel und den Schriftzug »Serviceumfang A (oder B) in ... Tagen«, »Serviceumfang A (oder B) in ... km« lesen können.

Rücksetzen ohne Diagnosetester
Setzen Sie die Ölwechsel-Service-Anzeige nicht zwischen den Service-Intervallen zurück, da es sonst zu falschen Anzeigen im Display kommen kann. Wenn bei gültigem flexiblen Ölwechsel-Service die Service-Intervall-Anzeige manuell zurückgesetzt wird, wird der feste Ölwechsel-Service aktiviert. Das Service-Intervall wird nicht mehr individuell ermittelt.

Fahrzeuge ohne Lenkradtasten:
- Schließen Sie die Motorhaube.
- Schließen Sie alle Türen.
- Drehen Zündschlüssel in Stellung »1«.
- Drücken Sie die Taste (1 im Bild 5) so oft, bis Sie den Menüpunkt »Restlaufstrecke/Restlaufzeit« erreicht haben.
- Schalten Sie innerhalb von 10 Sekunden die Zündung aus.
- Drücken Sie die Taste (1) und halten Sie sie gedrückt.

- Schalten Sie die Zündung ein.
- Halten Sie die Taste (1) weiterhin gedrückt.

Nach etwa 10 Sekunden ertönt ein Warnton, die Anzeige wird zurückgesetzt und die neue Restlaufstrecke beziehungsweise die verbleibende Restzeit wird im Display (2) angezeigt.

Fahrzeuge mit Lenkradtasten:

- Schließen Sie die Motorhaube.
- Schließen Sie alle Türen.
- Schalten Sie die Zündung ein.
- Drücken Sie die Taste (3 im Bild 5) so oft, bis Sie den Menüpunkt »Restlaufstrecke/ Restlaufzeit« erreicht haben.
- Drücken Sie die Taste (1). Im Display wird der Schriftzug »Wollen Sie das Serviceintervall zurücksetzen? Bestätigen mit Rückstellknopf« sichtbar.
- Drücken Sie die Taste (1) erneut. Im Display wird der Schriftzug »Das Serviceintervall wurde zurückgesetzt«.
- Schalten Sie die Zündung aus.

Fahrzeuge mit Lenkradtasten (Ölqualität verändern):

Die folgende Rückstellung über die Lenkradtasten funktioniert nicht immer. Soweit die Laufleistung oder die Laufzeit außerhalb eines bestimmten Rahmens sind, kann die Rückstellung nur über einen geeigneten Diagnosetester erfolgen.

- Schließen Sie die Motorhaube.
- Schließen Sie alle Türen.
- Schalten Sie die Zündung ein.
- Drücken Sie die Taste (3 im Bild 5) so oft, bis Sie den Menüpunkt »Restlaufstrecke/ Restlaufzeit« erreicht haben.
- Drücken Sie die Taste (1) etwa 30 Sekunden, bis ein Signalton zu hören ist.
- Drücken Sie die Menütaste nach unten (4) einmal.
- Drücken Sie die Pfeiltaste nach oben (3) so oft, bis im Display (2) der Schriftzug »Service in ... km« angezeigt wird.
- Drücken Sie die Taste (1) so oft, bis Sie im Display (2) den Schriftzug »Durchführen« lesen können.
- Drücken Sie die Pfeiltaste nach oben (3) so oft, bis im Display (2) der Schriftzug »Ölqualität« angezeigt wird.
- Drücken Sie die Lautstärketaste »+« um die Ölqualität auszuwählen.

Bei Fahrzeugen mit normalen Wartungsintervallen wird »Qual. 229.31« oder »Qual. 229.3« angezeigt.

Bei Fahrzeugen mit verlängerten Wartungsintervallen wird »Qual. 228.51« oder »Qual. 229.5« angezeigt.

- Wählen Sie mit den Pfeiltasten (3) das verwendete Öl aus.
- Drücken Sie die Taste (1) für etwa 3 Sekunden, bis im Display »Service bestätigt« angezeigt wird.
- Drücken Sie die Pfeiltaste nach oben (3). Das neue Wartungsintervall wird nun angezeigt.

Rücksetzen mit dem Diagnosetester

Die Rücksetzung der Wartungsanzeige funktioniert nur mit Testern, die für diese Funktion auch vorgesehen sind. Die meisten OBD-Scanner sind nur für Motor und Antrieb vorgesehen.

Grundsätzlich sollten Sie die Inspektionen und Wartungsarbeiten nicht außerhalb der Intervalle zurücksetzen. Da meistens keine Ölzettel mit Datum und Fahrleistung im Motorraum zu finden sind, ist die Wartungsanzeige die wichtigste Informationsquelle für den Wartungsstatus Ihres Fahrzeuges.

- Zündung ausschalten.
- Den Tester im Fahrzeug an der OBD-Anschlussdose anschließen.
- Zündung einschalten und den Tester starten.
- Die Inspektionsrücksetzung erfolgt im Tachometersteuergerät. Der Zugang wird meist über die »Geführte Funktionen« erleichtert.
- Nacheinander auswählen: Marke, Typ, Modelljahr, Motorkennbuchstaben. Fahrzeugidentifikation bestätigen.
- Dann wiederum nacheinander auswählen: Schalttafeleinsatz, Service-Intervall-Anzeige zurücksetzen.
- Die Anpassung gemäß der Beschreibung auf dem Bildschirm der »Geführten Funktionen« vornehmen, dann »Sprung« anwählen und »Beenden« drücken.
- Zündung ausschalten, Diagnosestecker abziehen.
- Zündung wieder einschalten.
- Es wird nun kein Serviceereignis mehr angezeigt.

Regelmäßige Kontrollen

Regelmäßige Kontrollen
Hier beschreiben wir die Arbeitsschritte, die Sie zwischendrin z. B. beim Tanken oder bei der Fahrzeugreinigung kontrollieren sollten:

Arbeitsschritte	Bemerkung	OK/Defekt
Scheibenwaschwasser auffüllen. Scheibenwischer und Waschanlage prüfen		
Wasserablauf im Wasserkasten prüfen (Blätter u. Blütenreste)		
Motorölstand und Kühlflüssigkeit prüfen eventuell nachfüllen		
Kontrollleuchten, Standlicht, Abblend- und Fernlicht prüfen		
Bremsleuchten, Blinker und Warnblinker sowie das Signalhorn (auch Lichthupe) prüfen		
Bremsen und Bremsflüssigkeit prüfen, Handbremshebelweg prüfen und eventuelle Einstellung prüfen		
Reifen (und, falls vorhanden, Reserverad): Zustand, Reifenlaufbild, Fülldruck und Profiltiefe prüfen. Wenn damit ausgestattet: Haltbarkeitsdatum des Reifenreparatur-Sets prüfen (Bild 7)		
Prüfen Sie, ob das Haltbarkeitsdatum des Verbandskastens überschritten ist (Bild 8)		

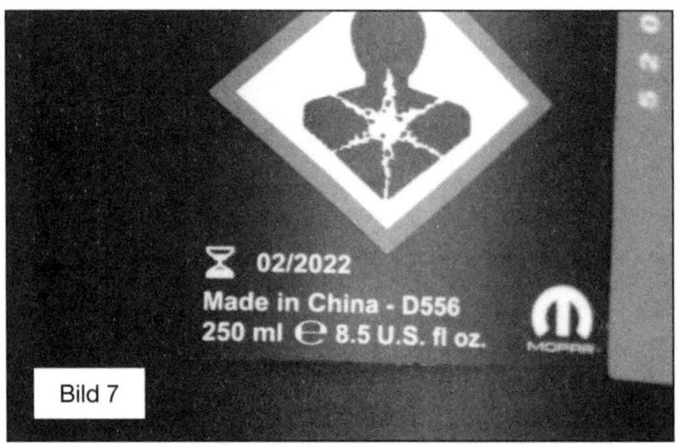

Bild 7

Bild 7
Fälligkeitsdatum für das Reifenfüllset.

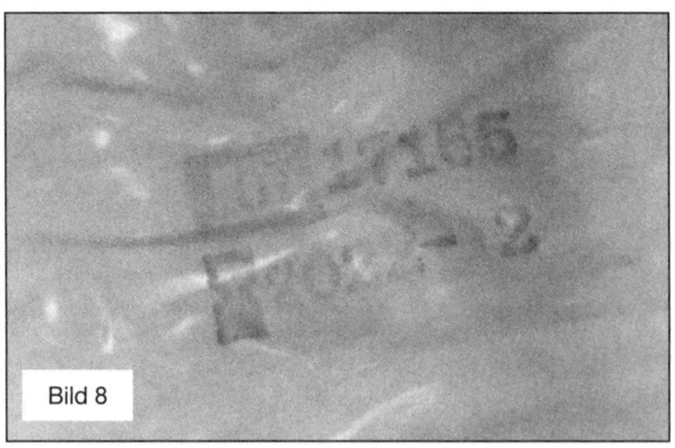
Bild 8

Bild 8
Fälligkeitsdatum für den Verbandskasten.

Wartung nach Plan

Mercedes Benz schreibt Wartungsintervalle nach Wartungscode vor. Bei Fahrzeugen, die überwiegend auf Kurzstrecken oder im Anhängerbetrieb eingesetzt werden und solche, die besonderen Belastungen wie staubreicher Umgebung ausgesetzt sind, sollten die Wartungsintervalle verkürzt werden.

Wir haben hier einen eigenen Wartungsplan erstellt, der (angelehnt an den originalen Wartungsplan) die Arbeitsschritte in einen Arbeitsablauf integriert.
Die drei Spalten im Wartungsplan beschreiben die erforderlichen Arbeiten.
Die folgenden Seiten können Sie durchaus auch als Kopiervorlage für die »Wartung in Eigenregie« nutzen. In der Spalte »Bemerkung« können Sie Auffälligkeiten oder auch die Haltbarkeit von Verbandskasten oder Reifenfüllset vermerken.

Ölservice (»Ö« in den nachfolgenden Tabellen) als kleine Inspektion
Wir empfehlen, diese Wartungsschritte alle 15.000 km oder zumindest einmal im Jahr durchzuführen.

Wartung (»W« in den nachfolgenden Tabellen) als große Inspektion
Wir empfehlen diese Wartungsschritte alle 30.000 km oder zumindest alle zwei Jahre durchzuführen.

Zusatzarbeiten (»Z« in den nachfolgenden Tabellen) als Zusatzarbeiten
Für die Zusatzarbeiten finden Sie Anmerkungen im Beschreibungstext oder auch Fälligkeitshinweise. Diese Arbeiten fallen dann je nach Beschreibung zusätzlich an.

Umfang im Fahrzeuginnenraum

Hier beschreiben wir die Arbeiten, die im Fahrzeuginnenraum durchgeführt werden sollen (Ö = Ölservice 10.000 - 20.000 km, W = Wartung 20.000 - 40.000 km, Z = Zusatzarbeiten):

Ö	W	Z	Bezeichnung	Bemerkung	OK/Defekt
X	X		Elektrische Fensterheber, Heckscheiben-heizung, Sitzheizung, Zigarettenanzünder und Spiegeleinstellung auf Funktion prüfen		
X	X		Bedienelemente von Heizung, Lüftung und Klimaanlage auf Funktion prüfen		
X	X		Scheibenwischer, Scheibenwaschanlage auf Funktion prüfen		
X	X		Leuchten im Kombiinstrument und Innen-beleuchtung prüfen		
X	X		Kombiinstrument: Serviceanzeige zurücksetzen		
		X	Verbandskasten prüfen	Verfallsdatum:	
		X	Reifendichtmittel prüfen	Verfallsdatum:	
	X		Batterie: Flüssigkeitsstand prüfen, eventuell korrigieren		
		X	Aktivkohle-Staubfilter Innenraum erneuern (je nach Verschmutzung)		
X	X		Fehlerspeicher auslesen		
	X		Kupplungspedalweg prüfen/nachstellen		
X	X		Wartungsintervall zurücksetzen ( ) Manuell / ( ) Tester		

Umfang an der Fahrzeugaußenseite

In diesem Abschnitt geht es um die Karosserie und die Anbauteile außen (Ö = Ölservice 10.000 - 20.000 km, W = Wartung 20.000 - 40.000 km, Z = Zusatzarbeiten):

Ö	W	Z	Bezeichnung	Bemerkung	OK / Defekt
X	X		Außenbeleuchtung auf Funktion prüfen		
	X		Scheinwerfereinstellung prüfen und ein-stellen		
X	X		Karosserie im sichtbaren Bereich auf Lackschäden prüfen		
X	X		Zustand der Türdichtungen prüfen		
X	X		Frontscheibe auf Beschädigung prüfen		
	X		Zentralverriegelung auf Funktion prüfen		
	X		Scharniere und Türschlösser und Klappen schmieren		
	X		Verdeck und Verdeckführungen prüfen/ reinigen/schmieren		

Sichtprüfung   Messen

Umfang an der Fahrzeugunterseite

Arbeiten unter dem Fahrzeug sind in diesem Abschnitt als Schwerpunkt anzusehen (Ö = Ölservice 10.000 - 20.000 km, W = Wartung 20.000 - 40.000 km, Z = Zusatzarbeiten):

Ö	W	Z	Bezeichnung	Bemerkung	OK / Defekt
X	X		Reifen auf Beschädigung und Rissbildung prüfen		
X	X		Alle sichtbaren Teile der Fahrzeugunterseite auf Beschädigungen und Undichtheit prüfen		
X	X		Alle Anschlussleitungen und Anschlusskabel auf Beschädigungen und schadhafte Befestigung prüfen		
X	X		Motor, Getriebe und Bauteile der Betriebshilfsstoffe auf Undichtheiten und schadhafte Befestigung prüfen		
X	X		Alle sichtbaren Teile der Abgasanlage auf Beschädigungen, Undichtheiten und schadhafte Befestigung prüfen		
X	X		Hitzeschutzbleche auf Beschädigungen, Befestigung und Korrosion prüfen		
X	X		Gummilagerung der Hinterachse und der Stoßdämpfer hinten auf Verschleiß, Rissbildung oder Beschädigungen prüfen		
X	X		Alle sichtbaren Teile von Motor und Getriebe auf Beschädigungen, Undichtheiten und schadhafte Befestigung prüfen		
X	X		Antriebswellen auf Spiel und den Zustand der Manschetten überprüfen		
X	X		Spur- und Lenkstangen Manschetten prüfen		
X	X		Keilrippenriemen im sichtbaren Bereich auf Verschleiß prüfen (Dieselmotor)		
	X		Vorderachsgelenke auf Spiel prüfen, Manschetten prüfen		
	X		Spur- und Lenkstangengelenke auf Spiel prüfen (1 x jährlich)		
	X	X	Koppelstangen und Stabilisatoren: Lagerungen und Manschetten prüfen		
		X	Keilrippenriemen erneuern (Benzinmotor) alle 100.000 km		
		X	Kühlmittel Hauptkreislauf erneuern (alle 60.000 km)	Siehe auch: »Umfang im Motorraum«	
		X	Dichtmanschetten, Radbremszylinder und Bremsnachsteller auf Beschädigung prüfen		
X	X		Unterbodenverkleidung auf Beschädigungen, Befestigung und Korrosion prüfen		

Umfang im Motorraum

Arbeiten, die speziell im Motorraum anfallen, werden hier vorgestellt (Ö = Ölservice 10.000 - 20.000 km, W = Wartung 20.000 - 40.000 km, Z = Zusatzarbeiten):

Ö	W	Z	Bezeichnung	Bemerkung	OK / Defekt
X	X		Motorkühlsystem: Kühlmittelstand und Frostschutzgehalt prüfen	Siehe Serviceklappe vorne	
		X	Motorkühlsystem: Wechsel (alle 60.000 km)		
X	X		Motor Öl- und Filterwechsel		
		X	Getriebeölstand kontrollieren/wechseln (Kontrolle alle 60.000 km) (Wechsel bei 180.000 km)		
	X		Kraftstoffleitungen auf Dichtheit und Zustand prüfen		
		X	Kraftstofffilter wechseln	Alle 60.000 km	
		X	Luftfiltereinsatz erneuern alle 60.000 km		
		X	Innenraumfiltereinsatz erneuern alle 60.000 km		
		X	Ventilspiel prüfen, alle 60.000 km (wenn erforderlich einstellen)		
X	X		Scheibenwaschanlage: Flüssigkeitsstand prüfen, richtigstellen		
X	X		Bremsanlage: Bremsflüssigkeitsstand prüfen		
X	X	X	Bremsflüssigkeit Nasssiedepunkt prüfen/erneuern (alle 2 Jahre)		

Umfang rund um das Thema Rad und Bremse

In diesem Abschnitt stellen wir Ihnen die Arbeiten für die Wartung an Rad und Bremse vor (Ö = Ölservice 10.000 - 20.000 km, W = Wartung 20.000 - 40.000 km, Z = Zusatzarbeiten):

Ö	W	Z	Bezeichnung	Bemerkung	OK / Defekt
X	X		Bremsentest auf einem Prüfstand durchführen und Ergebnisse notieren		
	X		Vorderachse: Bremsbelagstärke prüfen		
	X		Vorderachse: Bremsscheiben auf Zustand prüfen		
	X		Hinterachse: Bremsbelagstärke prüfen		
X	X		Reifendruck korrigieren und den korrigierten Reifendruck unter Bemerkungen vermerken		
	X		Zustand von Bremsleitungen und Schläuchen prüfen		
	X		Befestigungen von Bremsleitungen und Schläuchen prüfen		

3 Werkzeug und Ausrüstung

Ob nun reines Hobby oder beruflich: Das Schrauben birgt gewisse Risiken. Vom kleinen Kratzer bis hin zum tödlichen Unfall ist schon alles vorgekommen. Ärgerlich ist es aber auch schon, wenn durch einen unpassenden Schraubenschlüssel eine Schraube so beschädigt wird, dass sie sich nur mit einem erheblichen Aufwand lösen lässt. Einige Arbeiten werden durch Spezialwerkzeug deutlich erleichtert. Sollten Sie bestimmte Tätigkeiten öfter durchführen, scheuen Sie sich nicht, die Preise für das Spezialwerkzeug anzufragen. Gelegentlich sind die Preise so günstig, dass es sich nicht mal lohnt, die Werkzeuge nachzubauen.

Bild 1

Bild 1
Werkbank und Ablage.

Bild 2

Bild 2
Kistchen und Kästchen – das spart Zeit.

Standardausrüstung für mechanische Arbeiten

Sicherlich ist es immer besser, auf die Werkzeugsätze der Top-Markenhersteller zurückzugreifen. Als Basis allerdings sind auch schon günstigere Ausführungen recht bekannter Marken erhältlich. Gerade für die Arbeiten an modernen Fahrzeugen müssen neben den üblichen Sechskantnüssen auch Vielzahn- und Torxeinsätze zur Verfügung stehen (Bild 4). Eine günstige Alternative für unsere Zwecke bieten »Snap On«- oder »KS-Tool«-Werkzeugkoffer, die ein sehr komplettes Angebot liefern. Sind die Sätze im Angebot, kann man sein Werkzeugsortiment mit einem solchen Set leicht auch um 100 Euro erweitern.

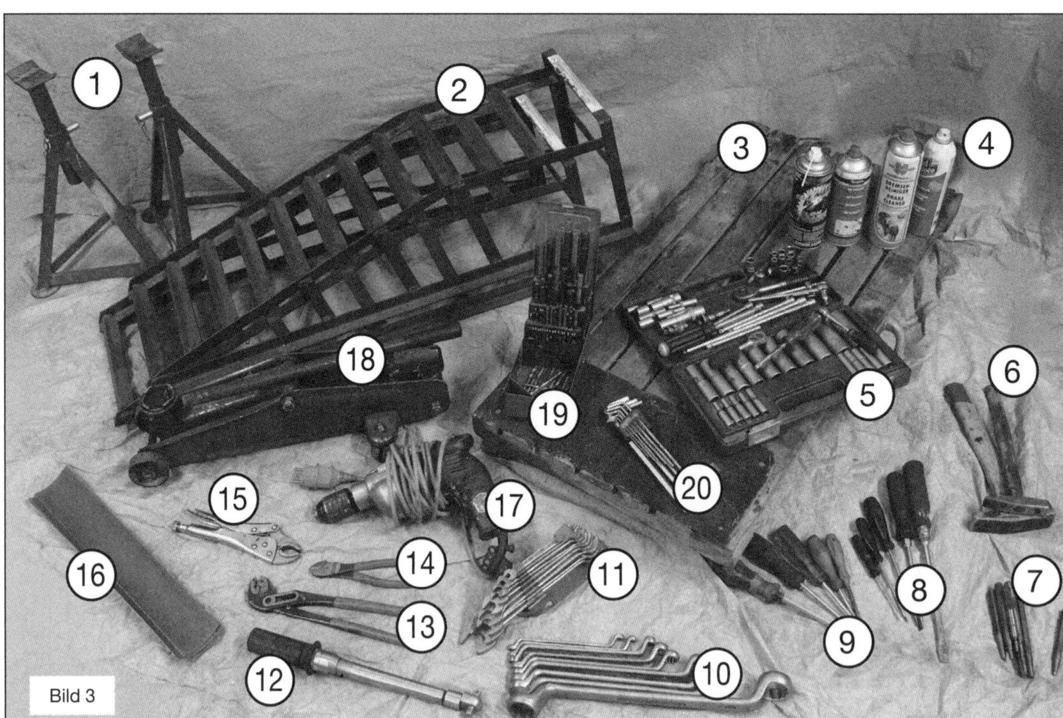

Bild 3

Bild 3
Standardwerkzeug in der Übersicht.
1 Unterstellböcke
2 Auffahrrampen
3 Rollbrett
4 Sprühfett, Rostlöser und Bremsenreiniger
5 Ratschenkasten-Werkzeugset
6 Schlosserhammer 500 g und Schlosserhammer 200 g
7 Durchschlagset und Körner
8 Schlitz-Schraubendreherset
9 Kreuz-Schraubendreherset
10 Ringschlüsselset
11 Gabelschlüsselset
12 Drehmomentschlüssel
13 Wasserpumpenzange
14 Seitenschneider
15 Grip- oder Schnappzange
16 Schleifpapier Korn 120
17 Handbohrmaschine
18 Hydraulischer Wagenheber
19 Bohrerset
20 Innensechskant/Torx/Vielzahnset

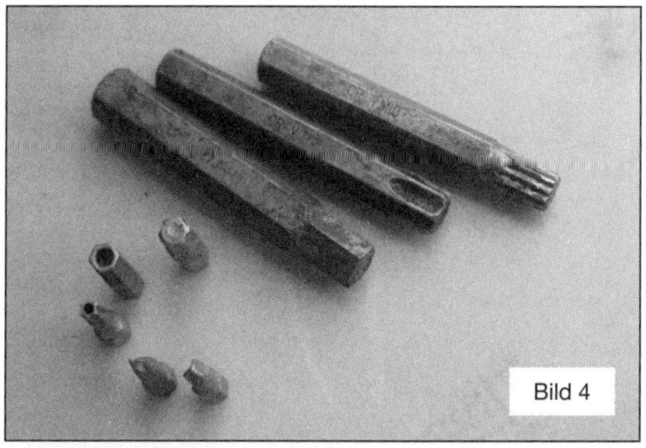
Bild 4

Bild 4
Innensechskant, Torx und Vielzahn bis öfter mal was Neues.

An Werkzeug lässt sich leider kein Geld einsparen. Zum einen ist die Lebenserwartung dieses Werkzeuges stark an den Anschaffungspreis gekoppelt und zum anderen ist es extrem wichtig, dass die Maßhaltigkeit genau stimmt.
Wenn es um die Demontage von einzelnen Bauteilen geht oder auch nur zur Ablage von ausgebauten Fahrzeugteilen, ist eine Werkbank sehr hilfreich (Bild 1). Ist sie stabil genug, kann sie bei der Demontage der Motorteile gute Dienste leisten. Bei der Demontage fallen regelmäßig einige Schrauben an. Um diese besser wieder zuordnen zu können und sie sicher und sauber zu lagern, empfiehlt es sich, für die einzelnen Baugruppen jeweils eine, am besten verschließbare Kiste zu verwenden (Bild 2).

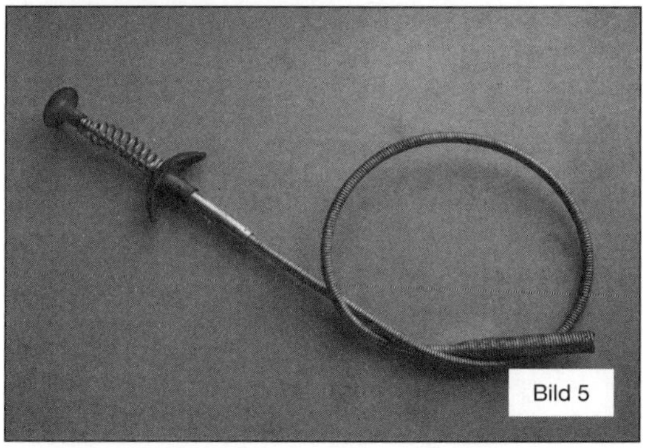
Bild 5

Bild 5
Greifer, um unzugängliche Stellen erreichen zu können.

Spezialwerkzeuge
Ein hilfreicher Spezialist für enge Stellen ist ein sogenannter Greifer oder auch ein »Magnet am Stiel« (Bild 5). Der Motorraum ist gerade bei heutigen Fahrzeugen recht zugebaut. Fällt eine Schraube oder Klammer hinunter, muss diese natürlich wieder herausgesammelt werden. Oft genug wird es für die Finger zu eng. Der Versuch, mit einem Schraubendreher das Entfallene in erreichbare Nähe zu bekommen, endet meist mit einer noch verzwickteren Lage. Der Greifer oder auch ein Magnet kann helfen, die entflohenen Teile ohne fingerbrecherische Aktionen wieder einzufangen.

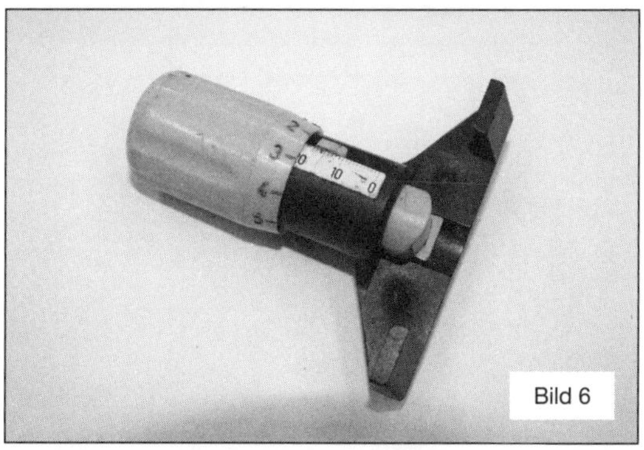
Bild 6

Bild 6
Zahnriemenvorspannungsprüfer.

Riemenvorspannungsprüfer (Bild 6)
Bei allen Motorvarianten ohne automatischen Riemenspanner muss dieser entsprechend den Angaben des Herstellers gespannt werden. Ist er zu lose, können genau wie bei zu fester Spannung Schäden an Riemen oder den Umlenkungen entstehen.

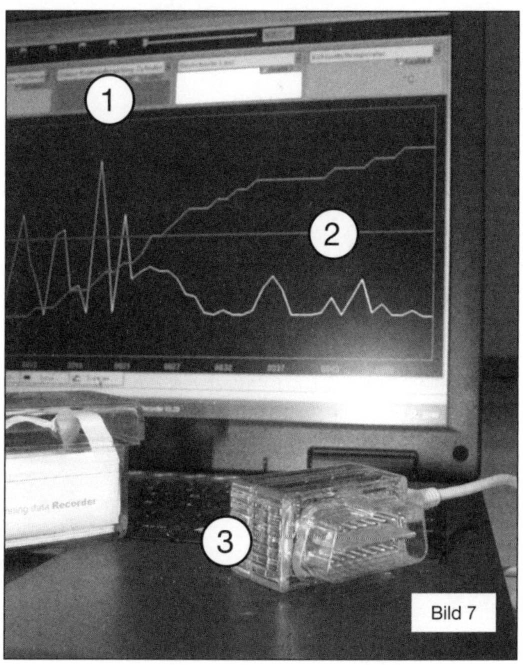

Bild 7

Bild 7
Aufzeichnen während der Fahrt. Alle OBD-Daten bis zu 24 Stunden erfassen.
1 Laptop
2 Kennlinien
3 Datenlogger

Standardausrüstung für Arbeiten an der elektrischen Anlage

Diagnose-Tools und Auslesegeräte
Unabdingbar ist heutzutage die in jedem Steuergerät eingebauten Fehlerspeicher auszulesen. Es geht schon lange nicht mehr

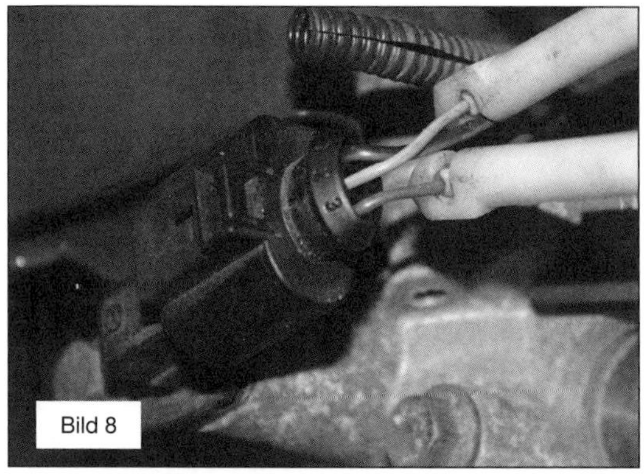
Bild 8

Bild 8
Nadelkontaktierer im Einsatz.

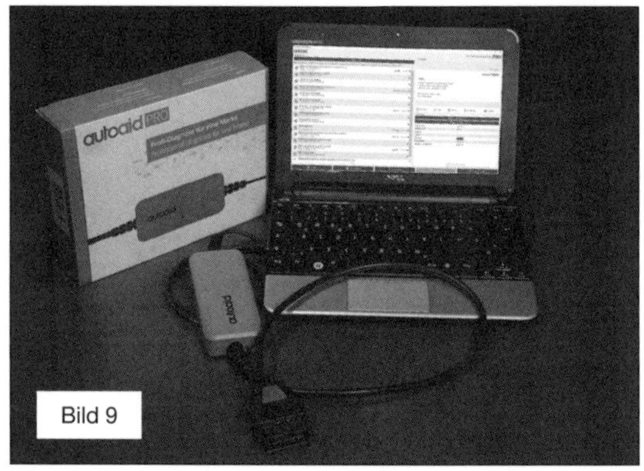
Bild 9

Bild 9
Freier Tester.
Autoaid STARTER, PRO oder EXPERT als Diagnoseset mit Dongel und Software.

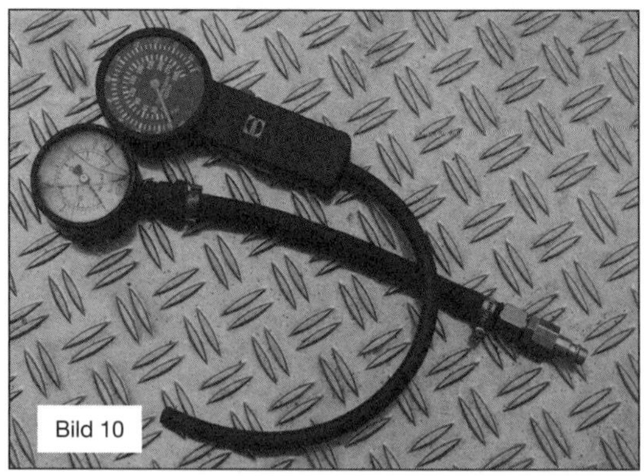
Bild 10

Bild 10
Kraftstoffdruckmanometer. Die Alten sind die besten: Sind die Innereien aus Blech, lassen sich damit nicht nur Luft-, sondern auch der Öl- und der Kraftstoffdruck messen. Anschlüsse und Gewindestücke gibts oft schon beim örtlichen Hydraulik-Händler oder im Werkzeugladen.

darum, die großen Fehler abzulegen, sondern eben auch kleine Funktionsstörungen, die vom Steuergerät erkannt werden, für eine Fehlerabfrage bei der Inspektion oder bei der Reparatur zu sichern. Es gibt heute schon Auslesegeräte für die OBD (On Board Diagnose) unter 100 Euro, die zumindest das Auslesen nach Codenummer ermöglichen. Wir verwenden den »Autoaid« (Autoaid GmbH und den Starcom (PCI-Diagnosetechnik), um die Auslese, einige Bauteilprüfungen und Einstellungen im Bordnetz durchzuführen. Diese PC-basierten Diagnosesysteme liegen zwischen 300 und 600 Euro ungefähr beim Preis eines Profiwerkzeugkastens. Zusätzlich wird lediglich ein Notebook mit Windows-Betriebssystem oder ein ausgedienter Desktop-PC benötigt. Regelmäßige, kostenlose Software-Updates halten Sie stets auf dem neuesten Stand (Bild 9). Die Auslesegeräte werden zunehmend vielfältiger und es ergeben sich neue Möglichkeiten. Der »C-Recorder« ermöglicht eine Langzeitüberwachung der Bordelektronik bis zu 24 h Fahrzeit (Nr. 3 in Bild 7). Das ist eine sehr hilfreiche Variante für die Fehlersuche, gerade bei kaum zu ortenden sporadisch auftretenden Fehlern.

Sinnvolle Anschaffung für die Messtechnik

Messspitzen

Riesige Probleme bereitet es, eine Messung an einem angeschlossenen Kabel am Bauteil in Funktion zu realisieren. Zumal ja weder die Isolierung noch das Kabel selbst oder der Stecker beschädigt werden sollen. Die Firma Rose Messtechnik in Limburg-Offheim stellt einen Nadelkontaktierer (Bild 8) her, der genau diese Anforderungen erfüllt (www.rose-netztechnik.de). Das Anstichloch im Kabel ist so klein, dass es keine relevanten Löcher in der Isolierung hinterlässt.

Messbechersatz »kraftstofffest«

Für die Messungen an der Benzinpumpe oder auch nur mal, um den Kraftstoff aufzufangen, werden Behältnisse mit Volumenangaben benötigt. Mit etwas Geduld finden sich in der Haushaltsabteilung des Supermarktes recht günstig verwendbare Messbecher oder Schüsseln. Auch ausrangierte Messuhren eignen sich durchaus für die Prüfung des Kraftstoff- oder Öldruckes.

Zum Selbermachen

Natürlich sind Messwerkzeuge in der Regel teuer. Es sei denn, man zeigt etwas Kreativität und Bastlerspürsinn. Die Profigeräte sind sicherlich deutlich professioneller, der Eigenbau aber ist genauso einsatzfähig und kostet oft nur wenige Euro. Messkabelsätze lassen sich aus passenden Anschlüssen vom Schrottplatz leicht und funktionell selbst herstellen (Bilder 11 bis 13). Neben normalen Labormesskabeln werden unter-

Bild 11

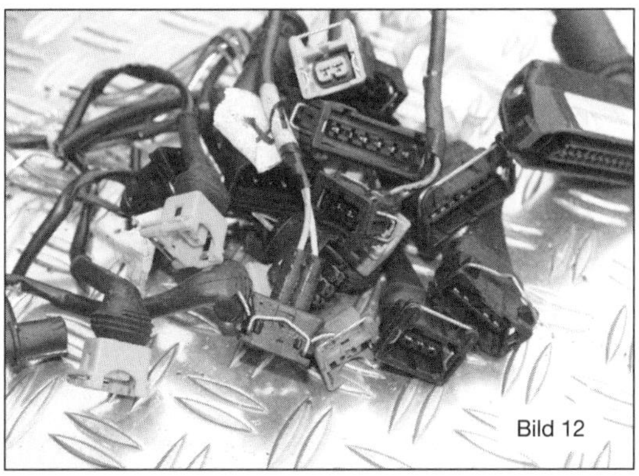
Bild 12

schiedliche Anschlüsse, Stecker und Y-Kabel benötigt, um Bauteile und Funktionen rund um die Motorsteuerung zu prüfen. Im Laufe der Berufsjahre sammeln sich schnell die unterschiedlichen Messadapter an.

Arbeiten an der Karosserie
Die Standardausrüstung für Arbeiten an der Karosserie haben wir im Bild 14 als Übersicht zusammengestellt. Mit der Ausrüstung lassen sich auch Korrosionsschäden und Kampfspuren, die im Alltagseinsatz entstehen, beseitigen. Korrosionsschutz und Ausbesserung des Unterbodens gehören schließlich auch zu den Wartungsarbeiten. Zumindest zu den erweiterten Arbeiten rund um die Wartung.

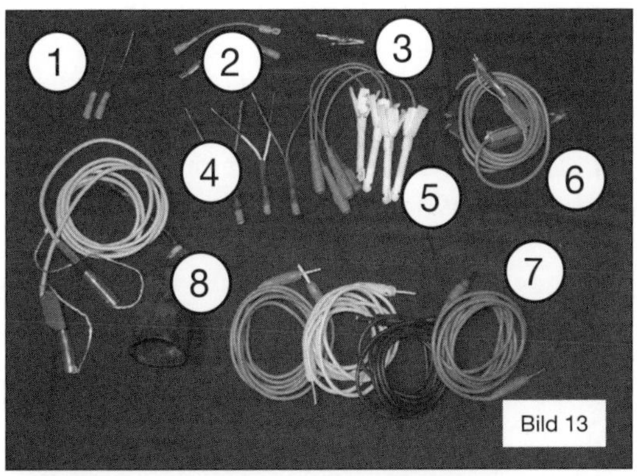
Bild 13

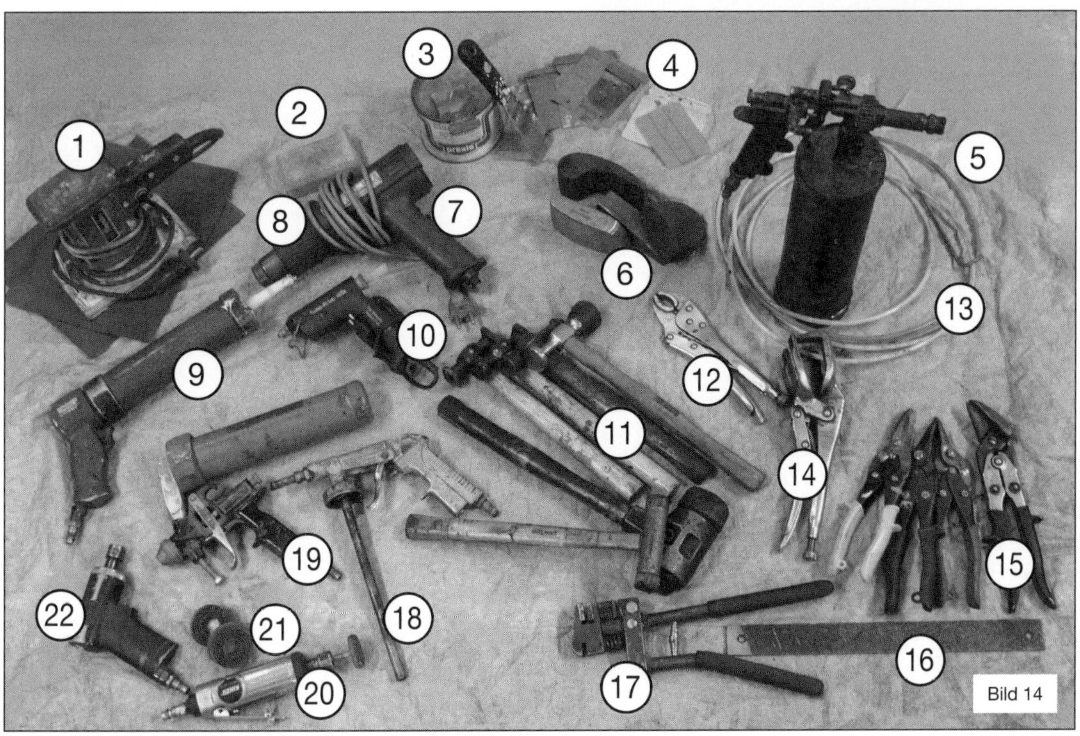
Bild 14

Bild 11
Der Fern-Schalter ist geeignet zum Schalten der Kraftstoffpumpe.

Bild 12
Die Kabel und Stecker ermöglichen den Test auch außerhalb des Fahrzeuges.

Bild 13
Messkabelsatz.
1 Messspitzen
2 Flachstecker auf Rundstecker für Laborkabel
3 Krokodilklemme
4 Y-Stecker
5 Nadelkontaktierer
6 Anschlusskabel mit Sicherung
7 Laboranschlusskabel
8 Anschlusskabel mit Schalter

Bild 14
Standard-Ausrüstung für Arbeiten an der Karosserie.
1 Schwingschleifer
2 Schleifklotz
3 Spachtelmasse
4 Japanspachtelset
5 Hohlraumpistole
6 Ausbeuleisen
7 Heißluftföhn
8 Schleifpapier
9 Kartuschen-Pistole
10 Heißklebepistole
11 Hammerset
12 Gripzange flach
13 Hohlraumversiegelungssonden
14 Gripzange abgesetzt und breit
15 Scherenset für gerade und kurvige Schnitte
16 Karosseriefeile
17 Absetzzange
18 Unterbodenschutzpistole
19 Nahtabdichtungs-Spritzpistole
20 Luftschleifer gerade
21 Bristol Look-Kunststoffschleifpads
22 Luftschleifer winklig

4 Motoren

In diesem Kapitel werden wir uns mit den Diesel-Motoren des Mercedes Vito/Viano beschäftigen. Den Vito/Viano gibt es mit elf unterschiedlichen Motoren, die ausschließlich mit Commonrail-Einspritzsystem ausgeliefert worden sind. Sechs Varianten basieren auf dem OM646, drei weitere auf dem Nachfolger OM651. Der Sechszylinder OM642 lieferte zwei weitere Varianten. Moderne Aufladungssysteme ermöglichen einen besseren Drehmomentverlauf bei besserem Abgasverhalten und verbesserter Laufkultur. Die Basismotoren sind technisch gleich, die Leistungsabgabe wird elektronisch über ein Kennfeld vorgegeben. Vom Chiptuning ist trotzdem abzuraten, da die Leistungsreduzierung grundsätzlich auch kleine technische Änderungen an Ladern und Einspritzsystem bedeuten kann. Wie in allen Bänden dieser Buchreihe werden wir die gängigsten Arbeiten am Motor und an der Motorsteuerung vorstellen. Messwerte und Drehmomente finden Sie in den Kapiteln 16 » Technische Daten« und 17 »Anzugsdrehmomente«.

Die Motormerkmale -Technische Daten

Die Bezeichnung der Motoren bei Mercedes Benz setzt sich, wie bei vielem, was Techniker bezeichnen, sehr einfach und auch sehr nachvollziehbar zusammen. Betrachten wir die Bezeichnung des »Taximotors« (OM651 DE22 LA), der meist verbaute Mercedesmotor, der in der Basis auch die meisten Taxis und den Vito/Viano antreibt, im Detail:

Kürzel	Bedeutung
OM	Ölmotor (Diesel)
651	Baureihe (dreistellig)
DE	Direkteinspritzung
22	Hubraum (zweistellig)
L	Ladeluftkühlung
A	Abgasturbolader

OM646 DE 22 LA und OM646 DE 22 LA EVO (verbaut zwischen 2003-2010)				
Motor und Leistung	**Vito 109 CDI**		**Vito 111 CDI Viano 2,0 CDI**	**Vito 111 CDI (4x4) Viano 2,0 CDI (4-Matic)**
Motortyp (Hubraum)	OM646 (2148 cm³)			
Motorkennbuchstaben	OM646.980 (OM646 DE22LA)	OM646.983 (OM646 DE22LA EVO)	OM646.980 (982) (OM646 DE22LA)	OM646.983 (OM646 DE22LA EVO)
Zylinderzahl und Bauform	R4			
Ventile pro Zylinder	4			
Leistung kW (PS) bei 1/min	65 (88) /3800	70 (95) /3800	80 (109) /3800	85 (116) /3800
Drehmoment Nm bei 1/min	220/1400 - 2500	250/1400 - 2500	270/1600 - 2500	290/1600 - 2400
Bohrung Ø mm	88,0			
Hub mm	88,3			
Aufladesystem	Turbolader			
Material Zylinderkopf/Motorblock	Aluminium-Legierung/Grauguss			
Anzahl der Nockenwellen	2			
Lage der Nockenwellen	oben			
Antrieb der Nockenwellen	Steuerkette			
Anzahl der Kurbelwellenlager	5			
Gemischaufbereitung	Common-Rail			
Abgasreinigung	Dieselpartikelfilter, Zweiwege-Oxikat (Euro 5)			

OM646 DE 22 LA, LA EVO und OM651 DE 22 LA

Motor und Leistung	Vito 115 CDI Viano 2,2 CDI	Vito 115 CDI (4x4) Viano 2,2 CDI (4-Matic)	Vito 110 CDI	Vito 113 CDI Viano 2,2 CDI (4-Matic)
Motortyp (Hubraum)	OM646 (2148 cm³)		OM651 (2143 cm³)	
Motorkennbuchstaben	OM646.982 (OM646 DE22LA)	OM646.982 (OM646 DE22LA EVO)	OM651.940	
Zylinderzahl und Bauform	R4		R4	
Ventile pro Zylinder	4		4	
Leistung kW (PS) bei 1/min	110 (150) /3800		70 (95) /3800	100 (136) /3800
Drehmoment Nm bei 1/min	330/1800 - 2400		250/1400 - 2500	310/1400 - 2400
Bohrung Ø mm	88,0		83,0	
Hub mm	88,3		99,0	
Aufladesystem	Turbolader		Turbolader	
Material Zylinderkopf/Motorblock	Aluminium-Legierung/Grauguss		Aluminium-Legierung/Grauguss	
Nockenwellen	2 oben liegend		2 oben liegend	
Antrieb der Nockenwellen	Steuerkette		Steuerkette	
Anzahl Kurbelwellenlager	5		5	
Gemischaufbereitung	Common-Rail		Common-Rail	
Abgasreinigung	Dieselpartikelfilter, Zweiwege-Oxikat (Euro 5)		Dieselpartikelfilter, Zweiwege-Oxikat (Euro 5)	

OM651 DE 22 LA und OM642 DE 30 LA

Motor und Leistung	Vito 116 CDI Viano 2,2 CDI Blue Effency (4-Matic)	Vito 120 CDI Viano 3,0 CDI	Vito 122 CDI Viano 3,0 CDI Blue EFFICIENCY
Motortyp (Hubraum)	OM651 (2143 cm³)	OM642 (2987 cm³)	
Motorkennbuchstaben	OM651.940 (OM651 DE22LA)	OM642.990 (OM642 DE30LA)	OM642.890
Zylinderzahl und Bauform	R4	V6	
Ventile pro Zylinder	4	4	
Leistung kW (PS) bei 1/min	120 (163) /3800	150 (204) /3800	165 (224) /3800
Drehmoment Nm bei 1/min	360/1600 - 2400	440/1800 - 2400	440/1400 - 2800
Bohrung Ø mm	88,0	83,0	
Hub mm	88,3	92,0	
Aufladesystem	Turbolader	Turbolader	
Material Zylinderkopf/Motorblock	Aluminium-Legierung/ Grauguss	Aluminium-Legierung/Grauguss	
Anzahl der Nockenwellen	2 oben liegend	4 oben liegend	
Antrieb der Nockenwellen	Steuerkette	Steuerkette	
Anzahl der Kurbelwellenlager	5	4	
Gemischaufbereitung	Common-Rail	Common-Rail	
Abgasreinigung	Dieselpartikelfilter, Zweiwege-Oxikat (Euro 5, Euro 6)	Dieselpartikelfilter, Zweiwege-Oxikat (Euro 5)	

Arbeiten am Motor

Maßnahmen für Sicherheit, einwandfreie Funktion und Sauberkeit

⚠ Bei Arbeiten am Motor, an der Kraftstoffversorgung (Kapitel 7) und an der Einspritzanlage sind bestimmte Maßnahmen zu treffen und Hinweise zu befolgen. Diese dienen der Arbeitssicherheit und der einwandfreien Funktion aller Systeme. Fehlfunktion oder Schäden durch Verunreinigung sollen durch diese Maßnahmen vermieden werden. Wir stellen sie hier als grundlegend für alle folgenden Arbeiten an Motor und Gemischaufbereitung voran.

Sicherheit

- Bei allen Montagearbeiten am Kraftstoffsystem unbedingt Schutzbrille und Schutzhandschuhe tragen. Hautkontakt mit Kraftstoff vermeiden. Abschließend grundsätzlich die Hände waschen.
- Der Kraftstoff bzw. die Kraftstoffleitungen im Kraftstoffsystem können sehr heiß werden (Verbrühungsgefahr). Außerdem steht das Kraftstoffsystem unter Druck. Vor dem Öffnen des Systems deshalb Putzlappen um die Verbindungsstelle legen und durch vorsichtiges Lösen der Verbindung Druck abbauen.
- Aus Sicherheitsgründen muss vor dem Öffnen des Kraftstoffsystems die Sicherung für die Kraftstoffpumpe aus dem Sicherungshalter entfernt werden, da die Pumpe durch den Türkontaktschalter der Fahrertür aktiviert werden kann.
- Kraftstoffleitungen sind mit Schnellverschlüssen gesichert. Kraftstoffschläuche dürfen nur mit Federbandschellen gesichert werden. Die Verwendung von Klemm- oder Schraubschellen ist nicht zulässig.
- Beim Aus- und Einbau des Gebers für Kraftstoffvorratsanzeige oder der Kraftstoffpumpe (Kraftstofffördereinheit) aus gefüllten oder teilweise gefüllten Kraftstoffbehältern muss bereits vor Beginn der Arbeiten in die Nähe der Montageöffnung des Kraftstoffbehälters der Schlauch einer eingeschalteten Abgas-Absauganlage zum Absaugen der frei werdenden Kraftstoffgase gelegt werden.

☞ Bei Diesel-Motoren ist die Einspritzanlage in einen Hochdruckbereich (maximal bis 2000 bar) und in einen Niederdruckbereich (ca. 6 bar) aufgeteilt.

- Vor dem Öffnen des Hochdruckbereichs, z. B. beim Ausbau der Hochdruckpumpe, des Kraftstoffverteilers, der Einspritzventile, der Kraftstoffrohre oder des Kraftstoffdruckgebers, muss der Kraftstoffdruck im Hochdruckbereich definiert auf einen Restdruck von ca. 6 bar abgebaut werden. Dazu ist ein Werkstatt-Diagnosesystem nötig. Bei Einsatz des Werkstatttesters wird eine »Geführte Funktion: Kraftstoffhochdruck abbauen« nach Testeranweisungen ausgeführt.
- Grundsätzlich muss die Zündung ausgeschaltet werden und ein sauberer Putzlappen um die Verbindungsstelle gelegt werden. Dann wird die Verbindungsstelle vorsichtig geöffnet und der Druck abgelassen. Der ausfließende Kraftstoff muss aufgefangen werden.
- Abschließend sollte der Fehlerspeicher abgefragt, alle Einträge gelöscht und ein Readinesscode erzeugt werden.

Funktionssicherheit

- Bei allen Montagearbeiten, insbesondere aufgrund der engen Bauverhältnisse im Motorraum, Leitungen aller Art z. B. für Kraftstoff, Kühl- und Kältemittel, Unterdruck und elektrische Leitungen so verlegen, dass die ursprüngliche Leitungsführung wieder hergestellt wird.
- Alle Kabelbinder, die beim Ausbau gelöst oder aufgeschnitten werden, sind beim Einbau an der gleichen Stelle wieder zu befestigen.
- Um Beschädigungen an den Leitungen zu vermeiden, auf ausreichenden Freigang zu allen beweglichen oder heißen Bauteilen achten.

Sauberkeit (5 Regeln)

- Verbindungsstellen und deren Umgebung vor dem Lösen gründlich reinigen.
- Ausgebaute Teile auf einer sauberen Unterlage ablegen und abdecken. Keine fasernden Lappen benutzen.
- Geöffnete Bauteile sorgfältig abdecken bzw. verschließen, wenn die Reparatur nicht umgehend ausgeführt wird.
- Nur saubere Teile einbauen: Ersatzteile erst unmittelbar vor dem Einbau aus der Verpackung nehmen. Keine Teile verwenden, die unverpackt (z. B. im Regal oder in Werkzeugkästen) aufgehoben wurden.

Bild 1

Bild 1
Anschluss eines Diagnose-Dongels an der fahrzeugeigenen OBD-Anschlussdose.

■ Bei geöffneter Kraftstoff- und Einspritzanlage möglichst nicht mit Druckluft arbeiten und das Fahrzeug nach Möglichkeit nicht bewegen.

Diagnosetester einsetzen

An diesem Kapitel lässt es sich leicht erkennen, dass viele Funktionen über die Elektronik virtuell realisiert worden sind.
Die Anschaffung eines Testers für die Diagnose ist zwingend erforderlich. Nicht einmal der Anbau der Anhängerkupplung oder das Einstellen des Lichtes ist mehr möglich, wenn man eine fachgerechte Arbeit abliefern möchte.
Es geht nicht darum, die Einträge im Fehlerspeicher zu löschen, um dann mal »rumzuraten«, was es denn gewesen sein könnte. Es wäre das Gleiche, wenn Sie die Seiten dieses Buches ungelesen ausreißen und dann raten, was denn dringestanden haben könnte. Die Diagnose über die Fehlerspeicher vereinfacht die Arbeit am Fahrzeug um einiges. Man muss lediglich lernen, mit diesem »Werkzeug« zu arbeiten. Ohne Tester bleibt nur der Weg zum Händler, um den Fehlerstatus zu erfassen oder Einstellungen zu machen.

Mercedes-Benz Tester
Ein großer Teil der Reparaturarbeiten schließt die Diagnose von Fehlern ein. Diese wird durch die STAR DIAGNOSIS (Werkstatttestsystem bei den Mercedes-Benz-Werkstätten) im Zusammenspiel mit den Diagnosegeräten unterstützt. Diese können in der Fachwerkstatt an allen vernetzten Arbeitsplätzen betrieben werden und bieten direkten Zugriff auf aktuelle Werkstattliteratur sowie Unterstützung vom Hersteller über Telediagnose. Bei der Diagnose werden alle Kunden- und Fahrzeugdaten an die angeschlossenen Geräte weitergeleitet und sind automatisch an jedem Arbeitsplatz abrufbar. Während einer Reparatur können technische Problemlösungen nachgeschlagen oder im Servicenetz des Herstellers tagesaktuelle Zusatzinformationen abgerufen werden.
Diese Anbindung an das Netzwerk ermöglicht Software-Updates von Steuergeräten, Geheimnis- und Komponentenschutz, Softwareversionsmanagement, Übertragung von Diagnoseprotokollen, die besagte Telediagnose, die softwaregestütze Durchführung von Aktionen und viele weitere Funktionen.

Das System »WIS/ASRA« steht mit aktuellen Daten zur Verfügung. Möglich sind dadurch:
■ Datenaustausch zwischen kaufmännischem Bereich und Werkstatt;
■ Datenaustausch über Werkstattauslastung und Terminvereinbarung;
■ Austausch von Kunden-, Fahrzeug- und Termindaten;
■ Rückfluss von Daten über bereits ausgeführte Reparaturen von der Werkstatt auf den Fortschrittsmonitor, sodass der Serviceberater gegebenenfalls in den laufenden Prozess eingreifen kann;
■ Datenrückfluss von der Werkstatt für Qualitätskontrolle und Rechnungserstellung;
■ Bereitstellung von Daten über benötigte Arbeitszeiten, Arbeitspositionen und Ersatzteile;
■ Einbeziehung des Teiledienstes ab Terminvorbereitung in den Service-Prozess.

Testgerät für Mehrmarkenwerkstätten
Gerade für Mehrmarkenwerkstätten und auch freie Werkstätten ergibt sich durch die Vielzahl der unterschiedlichen Fahrzeugmarken das Problem, den Zugang zu den einzelnen Fahrzeugen mit möglichst wenigen Testern zu realisieren. Schließlich müssen die Tester nicht nur angeschafft, sondern auch auf dem neuesten Stand gehalten werden. Neben den Großen der Branche wie Bosch und Gutmann sind

Sichtprüfung Messen

Bild 2
VDO-Diagnosetester. Kleines Handgerät ohne Messfunktionen.

Bild 3
Autoaid. Dongel mit OBD-Zugang und Software auf Laptop oder PC.

Bild 4
OBD-Handtester zum Lesen und Löschen.

auch günstigere Tester als Komplettlösung wie der »VDO Autodiagnose Check« (Bild 2) als Beispiel für ein unabhängiges Handgerät oder der »Autoaid« (Bild 3) als Beispiel für einen Laptop-basierten Tester auf dem Markt. Der Schwerpunkt für diese Testerkategorie liegt in typischen Servicearbeiten und der Diagnose rund um den Antrieb.

Diagnosewerkzeuge für den Schrauber
Natürlich wählen wir wie auch beim Werkzeug nicht die billigste Variante aus, sondern empfehlen Ihnen die Anschaffung eines Systems, das im Laufe der nächsten Jahre noch einiges an Potenzial liefern wird.

Beispiel Laptoplösung »Autoaid«:
Der Fahrzeughersteller Mercedes ist nur bei wenigen Testerherstellern für die Diagnose außerhalb des genormten Bereichs der OBD im Fokus. Das verkleinert die Auswahl an Testern erheblich.
Die Berliner Firma Autoaid liefert ab etwa 100 Euro ein Diagnosetool, das auch im Vito/Viano eine schon herausragende Diagnosetiefe liefert. Gerade diejenigen unter den Lesern, die dem Thema »Diagnose« kritisch gegenüberstehen, werden zumeist nach wenigen Versuchen erkennen, wie einfach der Umgang mit Laptop und Fahrzeug wird. Eine typische Situation im Umgang mit den Fahrzeugen dieser Generation liegt in der schon recht umfangreichen Steuerung und Regelungstechnik. Abgestimmt und eingestellt wird oft nur noch auf der virtuellen Ebene.

Handgeräte zum Lesen und Löschen
OBD2 ist das Zauberwort, welches den Zugang zumindest zu den Motorsteuergeräten ermöglicht. Die Normung der Diagnose ermöglicht zumindest in diesem Bereich den Zugang zu allen aktuellen Fahrzeugen. Um den Fehlerspeicher auszulesen oder auch Prüffunktionen der Eigendiagnose ausführen zu können, reicht meist schon ein Diagnosetool, welche durchaus schon um 50 Euro in diversen Onlineversteigerungen angeboten werden. Oft noch günstiger sind die kleinen Handgeräte schon im Baumarkt um die Ecke erhältlich. Wichtig ist, dass die entsprechende Software und zumindest eine Beschreibung auf Deutsch mitgeliefert wird.

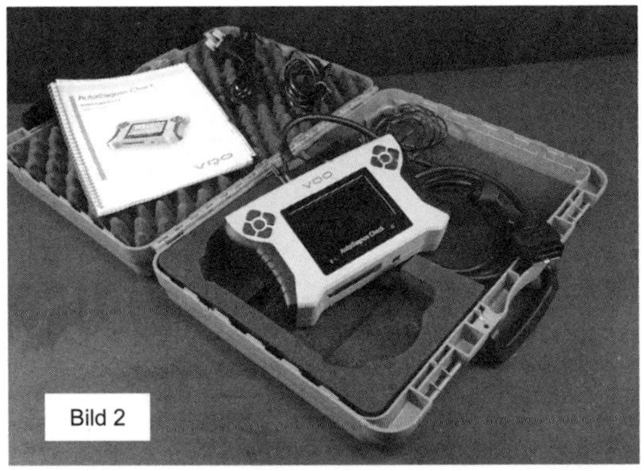

Bild 2

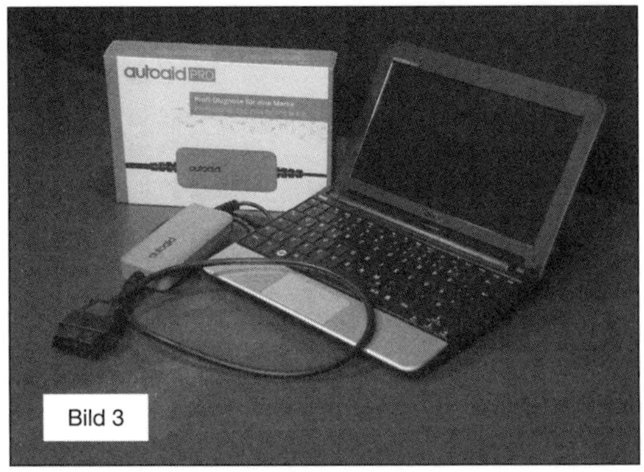

Bild 3

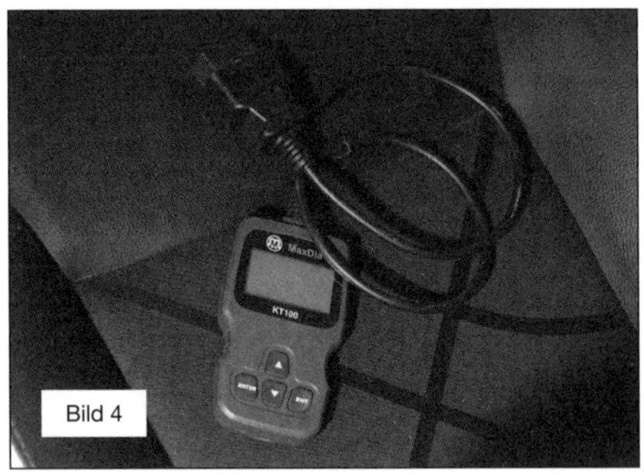

Bild 4

Fehlerspeicher abfragen
Schwierig? Kann ich nicht? Ach was! Wer es schafft, E-Mails abzurufen, ohne den Computer zu zerstören, kann auch diese Arbeiten leicht erlernen. Wir zeigen Ihnen an einigen Beispielen, wie Aufgaben dieser Art angegangen werden können, und möchten Sie animieren, sich zusammen mit Fachforen auch mit der Thematik Tester und Diagnose genauer auseinanderzusetzen.
Die Vorgehensweise unterscheidet sich zwischen den einzelnen Testgeräten kaum. Auch dann, wenn Sie ein Handgerät benutzen, werden Sie über die Menüführung eine ähnliche Beschreibung wie die Folgende erhalten. Wir werden diese Beschreibung am »Autoaid PRO« vorstellen.

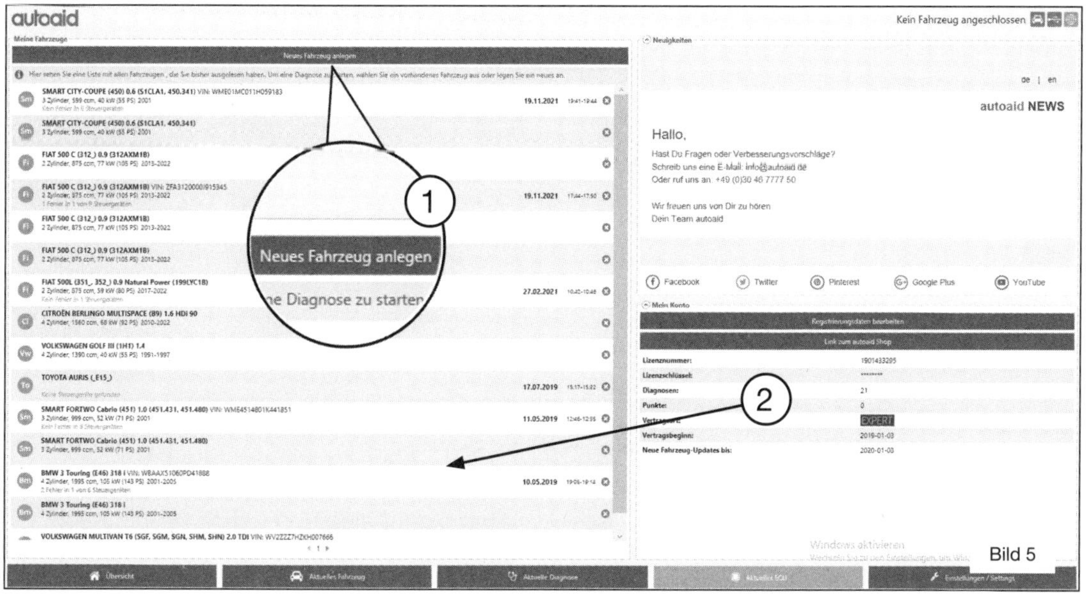

Bild 5

Bild 5
Startmaske des Diagnosetesters.
1 Funktionstaste zum Anlegen eines neuen Fahrzeuges
2 Liste der Fahrzeuge, die bereits angelegt wurden

■ Wir gehen davon aus, dass Sie den Diagnosetester ordnungsgemäß nach Handbuch installiert haben.
■ Schließen Sie den Diagnosetester an die OBD-Dose im Fahrerfußraum an.

Die Diagnosedose finden Sie unter der Verkleidung links im Kniebereich der Armaturentafel (Bild 1). Der Anschluss ist sofort erkennbar. Stecken Sie den OBD-Stecker in die Diagnosedose und den Anschluss in die entsprechende Anschlussdose Ihres Testers.

■ Starten Sie die entsprechende Diagnosesoftware auf Ihrem Laptop oder dem Tester (Bild 5).
■ Schalten Sie die Zündung ein.
■ Starten Sie die Testersoftware. Autoaid hat auf einen klassischen Startbildschirm verzichtet und führt Sie direkt in den Diagnosemodus zur Fahrzeugauswahl.
■ Klicken Sie mit einem Klick auf die Taste »neues Fahrzeug anlegen (1 im Bild 5)«. Die Diagnosesoftware wird nun gestartet und die Bildschirmmaske wechselt zur Auswahl des Fahrzeugherstellers.
■ Wählen Sie den Hersteller »Mercedes Benz« (Bild 6) mit einem Klick an. Die Bildschirmmaske wechselt nun zur Auswahl des Fahrzeugmodells.
■ Wählen Sie das Modell Ihres Vito/Viano (Bild 7) an. Die Bildschirmmaske wechselt nun zur Auswahl der Motorvariante.
■ Wählen Sie die Modellbezeichnung (1 im Bild 8) Ihres Vito/Viano mit der passenden Motorbezeichnung (2) mit einem Klick aus.

Der Tester fragt nun alle Steuergeräte ab und stellt den Fehlerstatus (1 im Bild 9) in einer Übersicht dar.

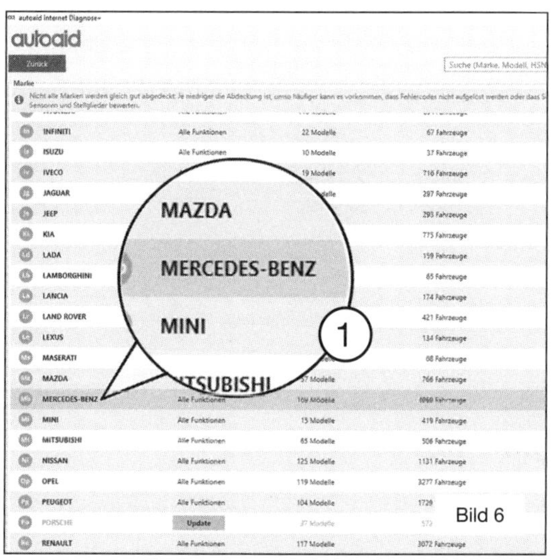

Bild 6

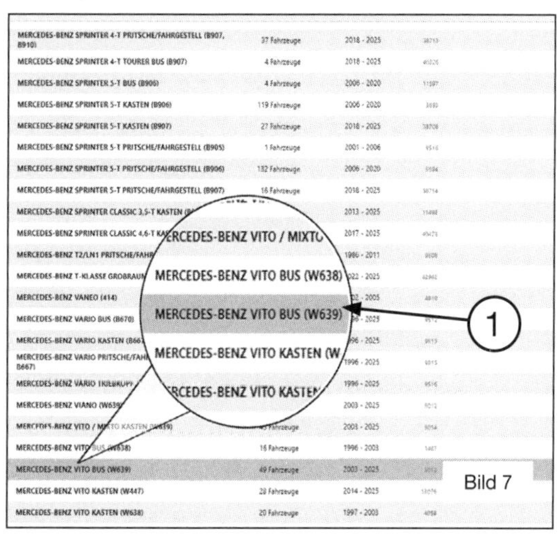

Bild 7

Bild 6
Anwahl des Fahrzeugherstellers.
1 Mercedes in der umfangreichen Herstellerliste

Bild 7
Anwahl des Fahrzeugtyps des Herstellers Mercedes-Benz.
1 Anwahl unseres Vito

Bild 8
Anwahl der Motorisierung.
1 Anwahl für unseren Fahrzeugtyp
2 Motorcode

■ Wählen Sie das Motorsteuergerät (2) Ihres Vito/Viano mit einem Klick an.

Soweit Fehler vorliegen, können Sie hier die Details (3 im Bild 10), Informationen zum Fahrzeug (1) einsehen oder über die Funktionstasten (2) Funktionen und Sensoren prüfen und auch einen abgearbeiteten Fehler löschen.

Hier stellt sich dann auch ein Unterschied in der Diagnosetiefe der einzelnen Tester heraus. Bei einfachen Testern beschränkt man sich auf die Möglichkeiten, den Fehlerspeicher zu lesen und zu löschen. Je mehr Funktionen sich hinter dem einzelnen Steuergerät verbergen, umso aufwendiger ist die Software des Diagnosesystems.

Fehlerspeichereinträge drucken

Wenn Sie die Fehlereinträge speichern oder ausdrucken wollen, wählen Sie die entsprechende Funktion über die Funktionstasten Ihres Computers aus.

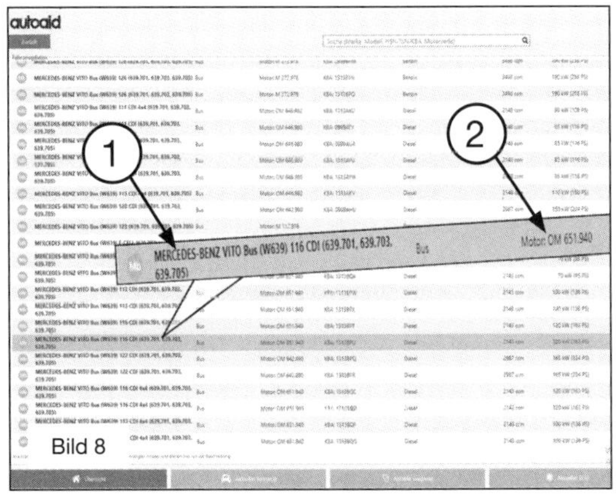

Bild 8

Fehlerspeichereinträge löschen

Sind Fehler im Fehlerspeicher abgelegt, die bekannt sind und lediglich noch nicht gelöscht wurden, können Sie nun wie im Folgenden beschrieben vorgehen.

■ Klicken Sie die Funktionstaste »Fehler löschen« (2 im Bild 10) an.

■ Lassen Sie das Fahrzeug einige Minuten laufen.

■ Klicken Sie die Funktionstaste »Fehler-

Bild 9
Praktische Übersicht vorliegender Fehler aller verbauten Steuergeräte.
1 Statusübersicht der Steuergeräte
2 Anwahl Motorsteuergerät (mit Doppelklick)
3 Anwahl für Wartungsarbeiten und Ähnlichem

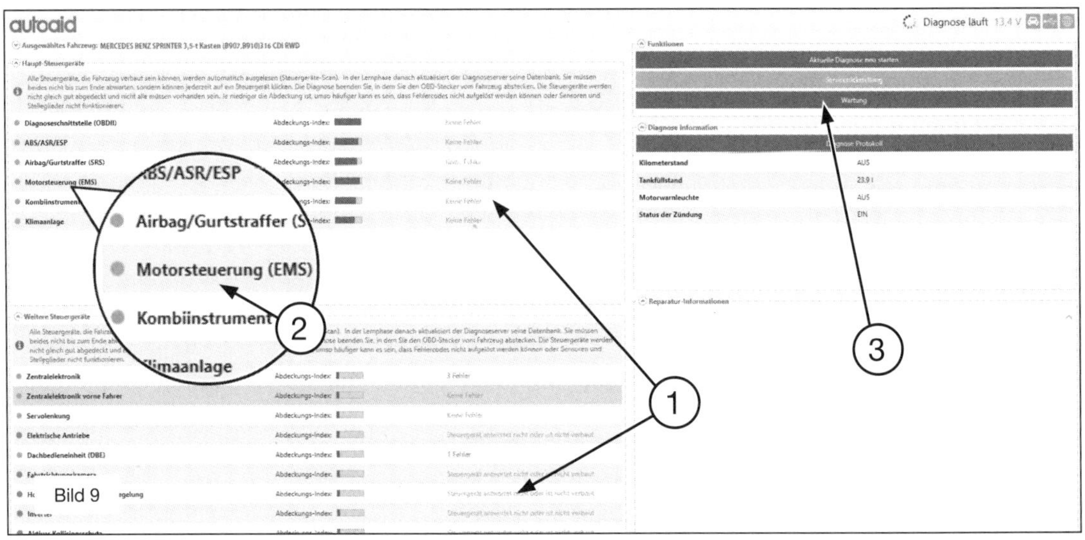

Bild 9

Bild 10
Übersicht für das Motorsteuergerät im Detail.
1 Informationsfeld
2 Funktionstasten
3 Detailinformationen, wenn Fehler im Steuergerät abgelegt sind

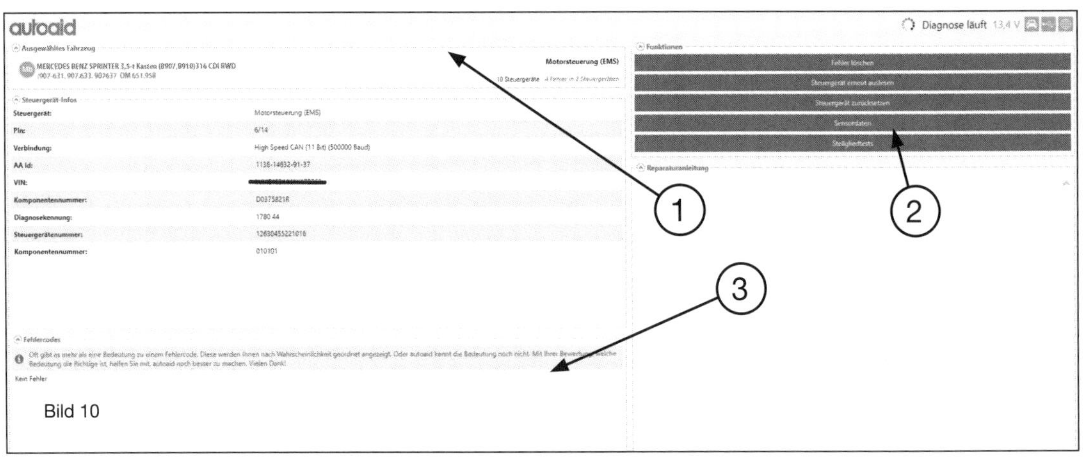

Bild 10

speicher erneut lesen« (2) an und kontrollieren Sie, ob der Fehler nicht erneut vorliegt.

Derselbe Vorgang kann auf dem Handgerät nachvollzogen werden. Lediglich die Anwahl ist deutlich geringer. Für einen Ausdruck muss eigentlich jedes mobile Gerät an einen Computer oder Laptop angeschlossen werden.
Die Anwahl der Funktionen erfolgt meist über die Pfeiltasten. »Enter« betätigt die getroffene Anwahl und »ESC« erlaubt den Rückzug aus der angewählten Maske.

Reine OBD2-Geräte ermöglichen in der Regel nur den Zugang zur Motorelektronik. Die Belegung und die Steuergerätesprache ist nur für den OBD2-Bereich verbindlich auf die abgasrelevanten Bauteile und die Motorelektronik geregelt.

Motor- und Unterbodenabdeckung aus- und einbauen

Die Motorabdeckung (Geräuschdämmung) ist nicht bei allen Modellen verbaut. Auch nicht immer in allen Teilen. Sollte in Ihrem Modell nur ein Teil oder keine Abdeckung über dem Motor verbaut sein, muss das nicht an der Vergesslichkeit eines Mechanikers liegen. Es kann sein, dass die Ausrüstung bereits ab Werk so vorgesehen war. Die obere Geräuschdämmung ist an der Motorhaube verbaut. Für die 4x4 Vito/Viano kann eine Triebwerkschutzplatte verbaut sein.

Geräuschdämmung oben über dem Ventildeckel demontieren

Abdeckung Zylinderkopf OM646 (Bild 11):

- Bauen Sie das Luftfiltergehäuse aus.
- Demontieren Sie die Halter des Luftfilters an der Spritzwand.
- Drehen Sie die Schrauben (1) der Abdeckung (4) über dem Ventildeckel (Zylinderkopfhaube) heraus.
- Nehmen Sie die Abdeckung (4) über dem Ventildeckel ab.

Die Montage erfolgt sinngemäß in umgekehrter Reihenfolge.

Achten Sie auf den Verbleib der Hülse (2) und der Lagertülle (3).

Abdeckung oben am OM651 (Bild 12):

- Das Ölrohr am Luftfiltergehäuse lösen.

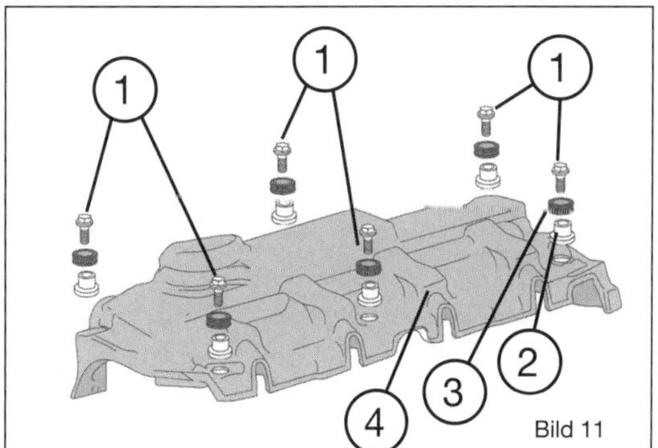

Bild 11

Bild 11
Abdeckung am OM646.
1 Schrauben
2 Hülse
3 Lagertülle
4 Abdeckung

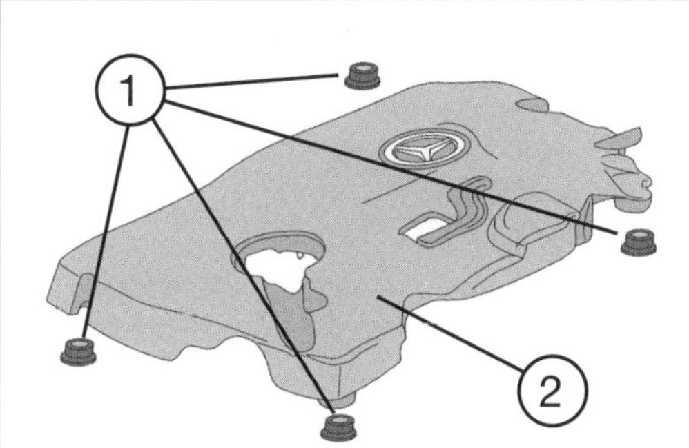

Bild 12

Bild 12
Abdeckung am OM651.
1 Gummilager
2 Abdeckung

- Den Starthilfeanschluss am Luftfilterkasten ausclipsen.
- Das Ansaugrohr zur Fahrzeugfront freilegen.
- Den Ansaugschlauch zum Luftmassenmesser abklemmen.
- Bauen Sie das Luftfiltergehäuse aus.
- Das Ölrohr am Ventildeckel lösen (1/4 Umdrehung wie beim Öldeckel) und abnehmen.

Verschließen Sie den Ventildeckel am besten sofort wieder mit dem Öldeckel.

- Ziehen Sie die Kunststoffabdeckung (2) nach oben ab.
- Nehmen Sie die Geräuschdämmung über dem Ventildeckel ab.

Die Montage erfolgt sinngemäß in umgekehrter Reihenfolge.

Abdeckungen am OM642:

- Luftfiltergehäuse ausbauen.
- Die Schnellverschlüsse lösen.
- Die vordere Motorabdeckung ausbauen.
- Die Schnellverschlüsse lösen.
- Den Kabelclip lösen.
- Hintere Motorabdeckung ausbauen.
- Ziehen Sie die jeweilige Kunststoffabdeckung nach oben ab.

Sichtprüfung   Messen

Bild 13
Motorabdeckungen unten.
1 Abdeckung hinten
2 Blechclipsmuttern
3 Schnellverschlüsse mit Scheibe
4 Abdeckung vorne
5 Schnellverschlüsse mit Scheibe
6 Schnellverschlüsse mit Scheibe

Bild 14
Haubendämmung.
1 Haubendämpfung
2 Position Spreizclips

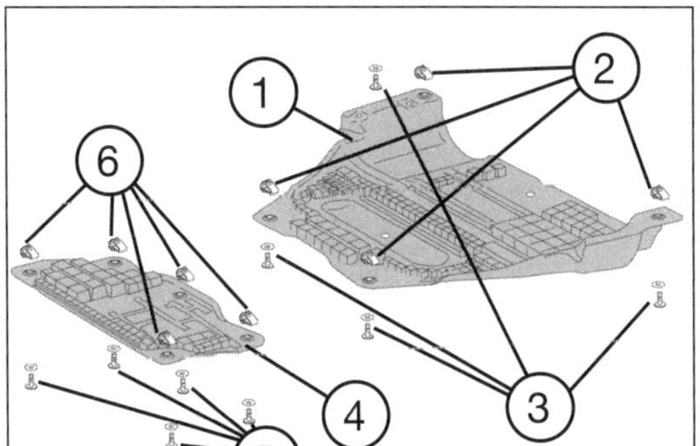

Bild 13

■ Nehmen Sie die jeweilige Geräuschdämmung über dem Ventildeckel ab.

Die Montage erfolgt sinngemäß in umgekehrter Reihenfolge.

Geräuschdämmung unten demontieren
Geräuschdämmung Vorne (4 im Bild 13) demontieren:
■ Schrauben (5 Stück vorn und hinten) herausdrehen und die Geräuschdämpfung Vorne (4) abnehmen.

Die Montage erfolgt sinngemäß in umgekehrter Reihenfolge.
■ Drehen Sie die Schrauben und Muttern zuerst nur handfest an und richten Sie die Geräuschdämpfung spannungsfrei aus.
■ Drehen Sie die Schrauben mit jeweils 5 Nm Anzugsdrehmoment fest.

Geräuschdämmung hinten (1 im Bild 13) demontieren:
■ Sechskantmuttern links und rechts abschrauben.
■ Schrauben (3 im Bild 13) herausdrehen (3 Stück) und die Geräuschdämpfung hinten (1) abnehmen.

Die Montage erfolgt sinngemäß im umgekehrter Reihenfolge.
■ Drehen Sie die Schrauben und Muttern zuerst nur handfest an und richten Sie die Geräuschdämpfung spannungsfrei aus.
■ Drehen Sie die Schrauben mit jeweils 5 Nm Anzugsdrehmoment fest.

Geräuschdämmung Motorhaube (Bild 14)
■ Öffnen Sie die Motorhaube.
■ Ziehen Sie die Spreizclips (2) heraus.
■ Ziehen Sie die Abdeckung (1) von den seitlichen Führungen ab.

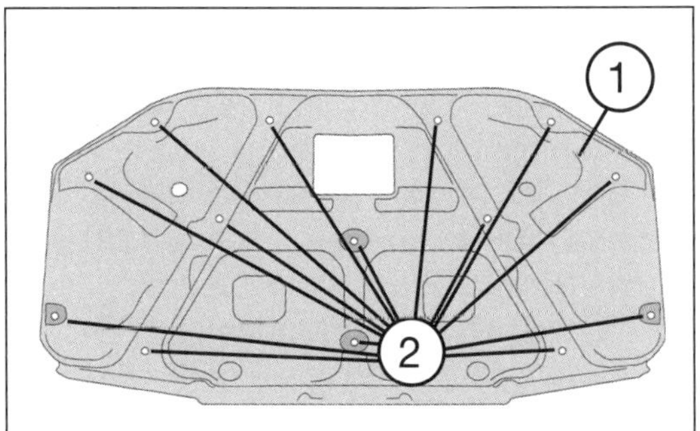

Bild 14

■ Nehmen Sie die Abdeckung (1) von der Haube ab.

Die Montage erfolgt sinngemäß in umgekehrter Reihenfolge.
Kontrollieren Sie den Zustand der Spreizclipse.

Prüfung auf Undichtigkeiten und Beschädigung

Die Sichtprüfung ist von oben und von unten vorzunehmen, weshalb die Geräuschdämpfung oben und unten abzubauen ist.

Sichtprüfung wie folgt durchführen:
■ Motor und Bauteile im Motorraum auf Undichtigkeiten und Beschädigungen prüfen.
■ Leitungen, Schläuche und Anschlüsse des Kraftstoffsystems, des Kühl- und Heizsystems, des Ölkreislaufs, der Klimaanlage, der Ansauganlage und der Bremsanlage auf Undichtigkeiten, Scheuerstellen, Porosität und Brüchigkeit prüfen.
■ Alle festgestellten Mängel durch Reparatur beseitigen.
■ Bei nicht verbrauchsbedingtem Flüssigkeitsverlust muss grundsätzlich die Ursache ermittelt und der Schaden beseitigt werden.

Keilrippenriemen prüfen

Der Keilrippenriemen oder auch Flachriemen ist für den Antrieb vieler Nebenaggregate wie der Klimaanlage zuständig. Aber auch Generator und Wasserpumpe werden durch ihn angetrieben. Die unterschiedlichen Einbaulagen des Keilrippenriemens Ihres Vito/Viano stellen wir Ihnen auch für die Montagearbeiten am Generator-Aus-

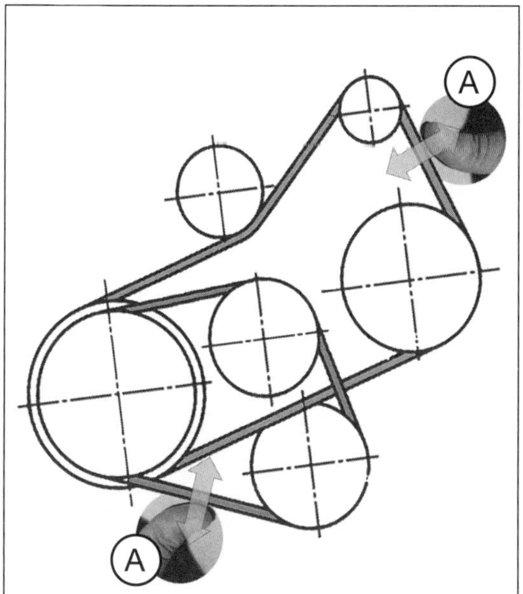

Bild 15

Bild 16

Bild 15
Riemenspannung prüfen. Grundsätzlich an Stellen, an denen der Riemen frei hängt (A).

Bild 16
Kontrolle der Spannung des Keilrippenriemens.

und Einbau an diese Stelle vor. In diesem Kapitel werden wir uns neben der Einbaulage auch mit den unterschiedlichen Spannvorrichtungen befassen und den Umgang mit ihnen darstellen.

Zustand prüfen

Kontrollieren Sie den Keil- und Keilrippenriemen nach folgenden Gesichtspunkten an mehreren Stellen:

- Unterbaurisse (Anrisse, Kernbrüche, Querschnittsbrüche),
- Lagentrennung (Deckschicht, Zugstränge),
- Ausbruch am Unterbau,
- Ausfransen der Zugstränge,
- Flankenverschleiß (Materialabtrag, Ausfransungen, Flankenverhärtung, Oberflächenrisse),
- Öl- und Fettspuren.

Spannung für Keilrippenriemen prüfen (mit automatischer Spannvorrichtung)

- Drücken Sie den Keilrippenriemen in einem Bereich, wo er frei hängt (siehe auch Bild 15), mit einem kräftigen Daumendruck nach unten.

Die Spannrollen müssen nun ruckfrei und ohne zu hakeln nachgeben. Wenn Sie den Druck wegnehmen, muss sich die Spannrolle ohne Verzögerung und ruckfrei zurückbewegen und den Antriebsriemen wieder spannen.

- Verdrehen Sie den Keilrippenriemen in einem Bereich, wo er frei hängt (siehe auch Bild 16).
- Der Antriebsriemen muss sich etwa 90° leicht verdrehen lassen. So ist die optimale Vorspannung erreicht.

Keilrippenriemen aus- und einbauen

Der Keilrippenriemen treibt als wichtiger Teil des Kurbeltriebs die Nebenaggregate Drehstromgenerator und Klimakompressor. Der Aufbau sieht für die Dieselmotoren ähnlich aus, unterscheidet sich aber im Detail.

Sehen Sie sich die Einbaulage des Riemens genau an. Zeichen Sie sich dazu eine Skizze oder markieren Sie den Riemenlauf anhand der Abbildungen in diesem Buch.

Unterschiede bei Fahrzeugen mit Start-Stopp-Automatik

Es gibt für die Montagearbeiten am Generator keinen Unterschied für Fahrzeuge mit Start-Stopp-Funktion oder Fahrzeugen ohne dieses Ausstattungsmerkmal. Das Anlassen erfolgt über den normalen Starter. Es wurde lediglich ein Generator mit höherer Leistung verbaut.

Generator, Lima, Klima und Servo

Wir fassen die Arbeitbeschreibungen trotz leichter Unterschiede zusammen und stellen Ihnen eine allgemeingültige Variante zusammen. Eine Besonderheit stellt der zweite Riemen am OM642 dar. Es handelt sich um einen »Stretch-Riemen«, dessen Montage wir im Anschluss vorstellen werden.

Fahrzeug zwischen den Hebebühnensäulen ausrichten und die vier Aufnahmeteller an den vom Fahrzeughersteller vorgeschriebenen Hebebühnenaufnahmepunkten platzieren.

■ Das Fahrzeug anheben oder aufbocken.

■ Falls vorhanden, Geräuschdämpfung ausbauen.

☞ Soll der gebrauchte Keilrippenriemen wieder verwendet werden, muss die Laufrichtung auf dem Keilrippenriemen markiert werden.

■ Falls vorhanden, den Keilrippenriemen für Nebenabtrieb ausbauen.

■ Keilrippenriemen des zusätzlichen Generators entspannen und abnehmen (falls vorhanden).

■ Keilrippenriemen des 2. Kältemittelverdichters entspannen und abnehmen (falls vorhanden).

■ Keilrippenriemen entspannen und den Stift zum Arretieren der Keilrippenriemen-Spannvorrichtung einsetzen.

■ Keilrippenriemen abnehmen. Bei weiterführenden Arbeiten am Motor oder Steuergehäusedeckel die Spannvorrichtung entlasten.

Die Montage erfolgt sinngemäß in umgekehrter Reihenfolge.

■ Vor dem Einbau des Keilrippenriemens ist die Spannvorrichtung auf Beschädigungen zu prüfen und ggf. zu erneuern.

■ Vor dem Einbau des Keilrippenriemens darauf achten, dass alle Aggregate (Generator, Klimakompressor, Flügelpumpe) fest angebaut sind.

■ Starten Sie den Motor und kontrollieren Sie den Riemenlauf.

Stretchriemen zum Lüfterrad (OM642)

Der Antriebsriemen für das Lüfterrad benötigt keine Spannvorrichtung. Es handelt sich um einen Stretchriemen. Er wird nach der Demontage grundsätzlich erneuert. Für die Montage sind Montagehilfen erforderlich, die den Riemen auf die Riemenscheibe auflegen helfen. Diese gibt es als Spezialwerkzeug und werden meist vom Riemenhersteller empfohlen. Wenn Sie den Riemen mit einem flachen Montagehebel auflegen, achten Sie darauf, den Riemen nicht zu überdehnen oder zu beschädigen.

■ Bauen Sie das Lüfterrad ab.

■ Umlenkrolle (1) mit Hilfe des Montagewerkzeuges ausbauen.

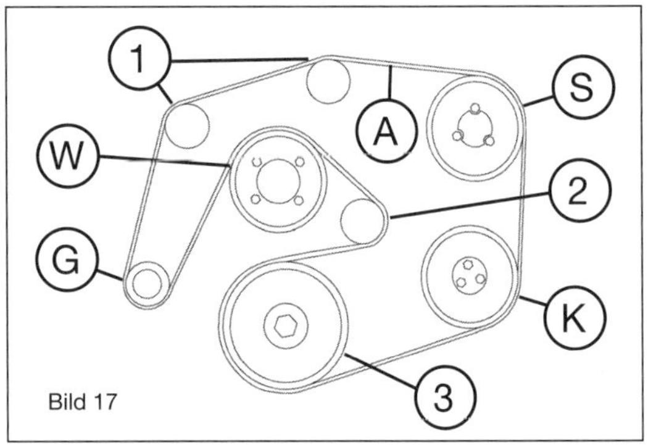

Bild 17

Bilder 17
Keilrippenriemen OM646.
1 Umlenkrolle
2 Spannrolle
3 Kurbelwelle
A Keilrippenriemen 1
G Generator
K Klimakompressor
S Servopumpe (mit hydraulischer Servolenkung)
W Wasserpumpe

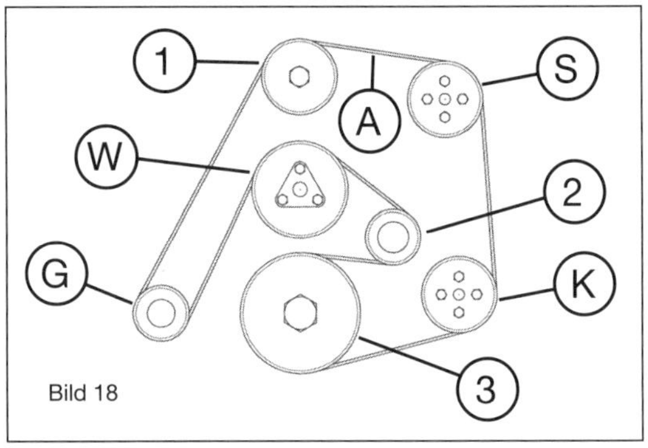

Bild 18

Bilder 18
Keilrippenriemen OM651.
1 Umlenkrolle
2 Spannrolle
3 Kurbelwelle
A Keilrippenriemen 1
G Generator
K Klimakompressor
S Servopumpe (mit hydraulischer Servolenkung)
W Wasserpumpe

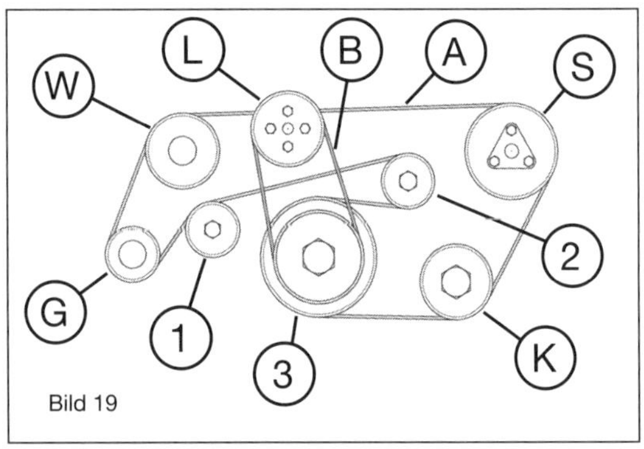

Bild 19

Bild 19
OM642.
1 Umlenkrolle
2 Spannrolle
3 Kurbelwelle
A Keilrippenriemen 1
B Keilrippenriemen 2
G Generator
K Klimakompressor
L Lüfterrad
W Wasserpumpe

■ Montagewerkzeug (6 im Bild 20) entspannen und abnehmen.

■ Den Antriebsriemen (4) durch Drehen der Riemenscheibe/Schwingungsdämpfer (1) mit Montagekeil (Montagehilfe) abdrücken.

Die Montage erfolgt sinngemäß in umgekehrter Reihenfolge.

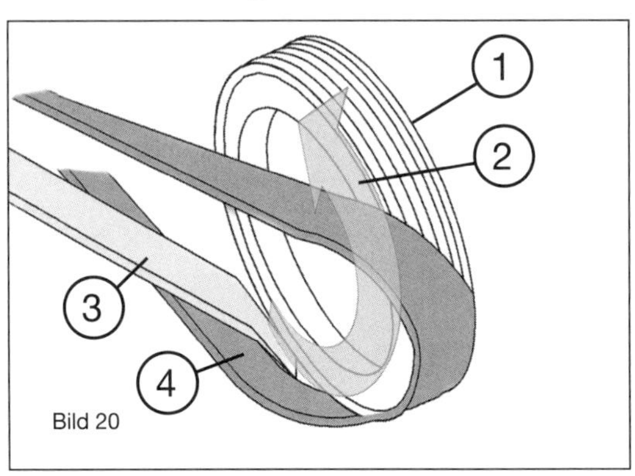

Bild 20

Bild 20
Aufziehen des Stretchriemens beim OM642.
1 Riemenscheibe
2 Drehrichtung zur Montage
3 Montagehilfe
4 Antriebsriemen

Vor dem Einbau des Antriebsriemens darauf achten, dass alle Aggregate (Generator, Klimakompressor) fest angebaut sind.

■ Legen Sie den neuen Antriebsriemen auf die Riemenscheibe des Lüfterrades auf.
■ Legen Sie den Antriebsriemen (4) wie im Bild 20 gezeigt auf die Riemenscheibe der Kurbelwelle (1) auf.
■ Drehen Sie die Kurbelwelle in Pfeilrichtung (2) und fädeln Sie den Riemen mit Hilfe einer Montagehilfe (3) auf die Riemenscheibe der Servopumpe (1) auf.
■ Achten Sie auf den korrekten Sitz des Antriebsriemens auf den Riemenscheiben.
■ Starten Sie den Motor und kontrollieren Sie den Riemenlauf.

Demontage des automatischen Riemenspanners

Austausch von Spanner und Umlenkrolle

Die Umlenkrolle (1 in den Bildern 17-19) sowie der automatische Riemenspanner (2) sind einzeln erhältlich.

Spanner und/oder Umlenkrolle sollten dann gewechselt werden, wenn Sie folgende Merkmale feststellen können:

■ Laufspuren oder Schäden sind auf der Rolle erkennbar.
■ Das Lager macht hörbare Geräusche.
■ Das Lager oder die Rolle weist seitliches Spiel auf.

Demontage des Riemenspanners mit Spannrolle

■ Bauen Sie wie bereits beschrieben die Motorabdeckung oben ab.
■ Stecken Sie eine Zwölfkantnuss SW13 auf den Zwölfkant (4 im Bild 21) auf.

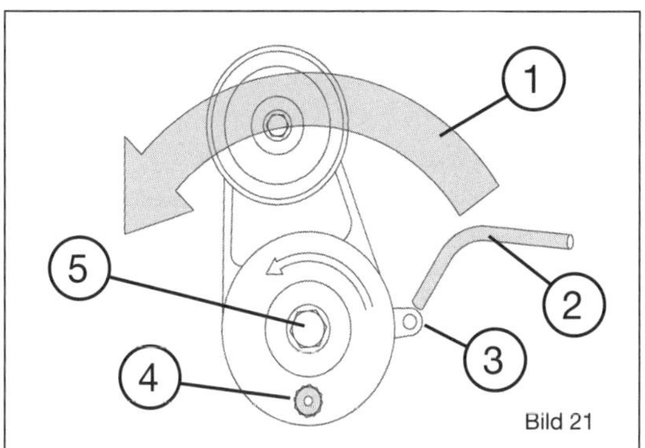

Bild 21

Schraubertipp: Einbaulage des Keilrippenriemens

■ Achten Sie vor dem Einbau des Keilrippenriemens darauf, dass alle Aggregate (Generator, Klimakompressor) festmontiert sind.

■ Beim Einbauen des Keilrippenriemens achten Sie bitte auf die Laufrichtung und auf einen korrekten Sitz des Riemens in den Riemenscheiben.

■ Nach fertiggestellter Arbeit grundsätzlich Motor starten und Riemenlauf kontrollieren.

■ Verdrehen Sie den Spanner gegen den Uhrzeigersinn, um den Keilrippenriemen zu entspannen.
■ Stecken Sie den Sicherungsstift in die Bohrung (3) und fixieren Sie so den automatischen Spanner.
■ Nehmen Sie den Keilrippenriemen ab.
■ Drehen Sie die Schraube (5) heraus.
■ Nehmen Sie den Riemenspanner mit Spannrolle ab.

Die Montage erfolgt sinngemäß in umgekehrter Reihenfolge.
■ Achten Sie auf den korrekten Sitz des Antriebsriemens auf den Riemenscheiben.
■ Starten Sie den Motor und kontrollieren Sie den Riemenlauf.

Ventildeckel/Zylinderkopfhaube demontieren

Ventildeckel/Zylinderkopfhaube aus- und einbauen (OM646)

Die Injektorendemontage beschreiben wir im Kapitel Gemischaufbereitung.

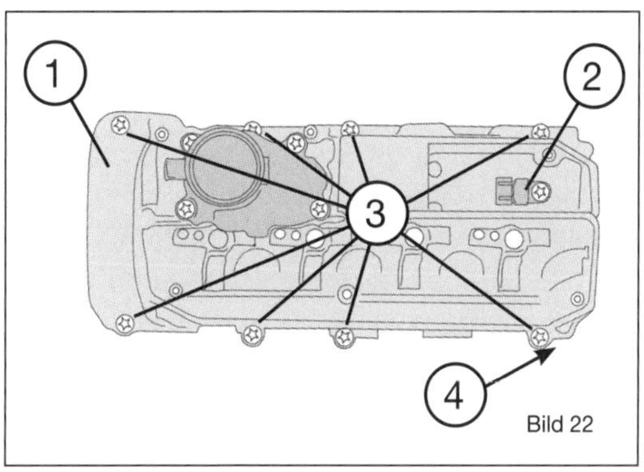

Bild 22

Bild 21
Entspannen des automatischen Riemenspanners.
1 Bewegungsrichtung zum Enspannen
2 Sicherungsstift
3 Bohrung und Lasche am Spannergehäuse und Arm
4 Zwölfkant zum Verdrehen (Entspannen)
5 Befestigungsschraube

Bild 22
1 Ventildeckel
2 Hallgeber
3 Schrauben
4 Position des Ablaufschlauches

Bild 23
OM651 Ventildeckel.
1 Ventildeckel/Zylinderkopfhaube
2 Stutzen Ölrohr
3 Schraube
4 Schrauben Ventildeckel

Bild 24
OM642 Anzugsfolge der Schrauben im Ventildeckel links.
1 - 30 Reihenfolge zum Anziehen des Ventildeckels
30 - 1 Reihenfolge zum Lösen des Ventildeckels

■ Bauen Sie den Luftfilterkasten ab.
■ Motorabdeckung soweit verbaut demontieren.
■ Die Injektoren ausbauen.

☞ Öffnungen im Zylinderkopf mit einem fusselfreien Lappen verschließen.

■ Hängen Sie den Kabelkanal über dem Ventildeckel aus.
■ Demontieren Sie die Leckölleitung am Zylinderkopf.
■ Hängen Sie den Ablaufschlauch (4 im Bild 22) für den Ventildeckel unterhalb des Zylinderkopfes aus.
■ Demontieren Sie den Kurbelgehäuseentlüftungsschlauch.
■ Entsichern Sie den Steckkontakt und ziehen Sie den Stecker des Hallgebers (2) ab.
■ Drehen Sie die Schrauben (3) heraus und nehmen Sie den Ventildeckel (1) ab.

Die Montage erfolgt sinngemäß in umgekehrter Reihenfolge.
■ Dichtflächen reinigen und Dichtung erneuern.
■ Prüfen Sie die Dichtigkeit bei laufendem Motor.

Ventildeckel/Zylinderkopfhaube aus- und einbauen (OM651)
Demontage der Zylinderkopfhaube:
■ Motorabdeckung soweit verbaut demontieren.
■ Die Injektoren ausbauen. Die Demontage der Injektoren beschreiben wir Ihnen im Kapitel 8 »Gemischaufbereitung«.

☞ Verschließen Sie die Öffnungen im Zylinderkopf mit einem fusselfreien Lappen.

■ Entlüftungsschlauch am Ölrohr (2 im Bild 23) an der Zylinderkopfhaube (1) abziehen.
■ Kühlmittelschlauch am Kabelkanal Motorleitungssatz abbauen.
■ Kabelkanal Motorleitungssatz an der Zylinderkopfhaube (1) lösen und zur Seite drücken.

☞ Wenn erforderlich, die Kabelbinder des hinteren Halters am Zylinderkopf abbauen.

■ Hohlschraube herausschrauben und Kraftstoffleitung zur Seite legen. Den Anschluss am Rail mit geeignetem Verschlussstopfen verschließen.
■ Die 18 Schrauben der Zylinderkopfhaube

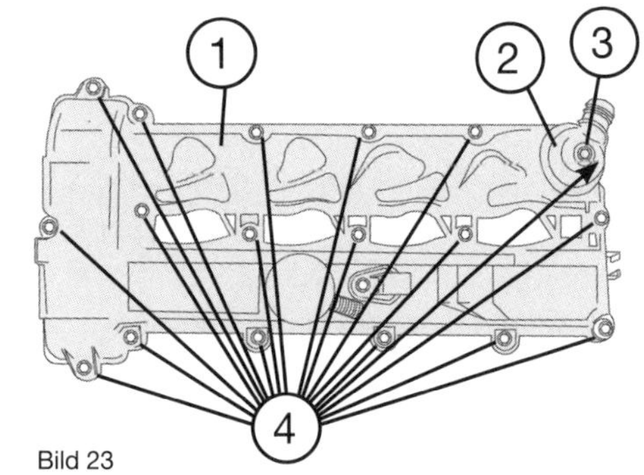

Bild 23

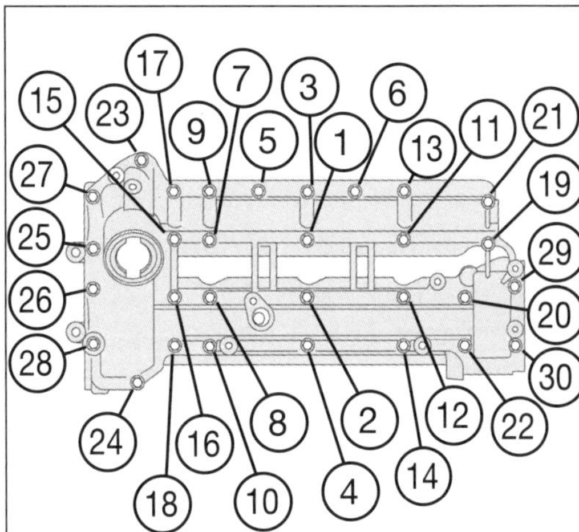

Bild 24

(4) herausschrauben. Die Schrauben verbleiben an der Zylinderkopfhaube (1).
■ Zylinderkopfhaube (1) abnehmen.

Die Montage erfolgt sinngemäß in umgekehrter Reihenfolge.
■ Dichtflächen reinigen und Dichtung erneuern.
■ Dichtringe am Railanschluss erneuern.
■ Prüfen Sie die Dichtigkeit der Kraftstoffleitungen bei laufendem Motor.

Ventildeckel/Zylinderkopfhaube aus- und einbauen (OM642)

☞ Vor der eigentlichen Demontagearbeit der beiden Ventildeckel müssen einige Vorarbeiten durchgeführt werden.

■ Die Motorabdeckung (soweit verbaut) wie bereits beschrieben demontieren.
■ Die Einspritzleitungen zu den Injektoren (Einspritzventilen des betreffendes Rails) ausbauen.
■ Die Verbindungsleitung am Rail und am Ladeluftverteilerrohr lösen.

Rail am linken Zylinderkopf ausbauen:
Die Arbeiten fallen dann an, wenn der linke Ventildeckel demontiert werden soll.

- Drehen Sie die Schraube am Halter für die Hochdruckleitung am Ventildeckel heraus.
- Bauen Sie die Druckleitung am Rail ab.
- Ziehen Sie die elektrische Steckverbindung am Druckregelventil ab.
- Bauen Sie die Kabelbinder ab und legen Sie den Motorleitungssatz frei.
- Die Schelle am Rücklaufschlauch öffnen und das Rail vom Rücklaufschlauch abziehen.
- Das linke Rail abnehmen.

Tipp: Offene Anschlüsse mit geeigneten Verschlussstopfen verschließen, um Verunreinigungen zu vermeiden.

Rail am rechten Zylinderkopf ausbauen:
Die Arbeiten fallen dann an, wenn der rechte Ventildeckel demontiert werden soll.

- Drehen Sie die Schraube am Halter für die Hochdruckleitung am Ventildeckel heraus.
- Bauen Sie die Druckleitung am Rail ab.
- Clipsen Sie den Halter mit der elektrischen Steckverbindung des Temperaturfühlers vor dem Abgasturbolader am Rail aus.
- Trennen Sie die elektrische Steckverbindung am Raildrucksensor.
- Nehmen Sie das Rail ab.

Weiterarbeit am linken Ventildeckel:
Die Arbeiten fallen dann an, wenn der linke Ventildeckel demontiert werden soll.

- Lassen Sie das Kühlmittel ab.
- Demontieren Sie die Unterdruckleitung am Bremskraftverstärker und legen Sie sie zur Seite.
- Bauen Sie die Abdeckung über dem Ventildeckel ab.
- Drehen Sie die Befestigungsschrauben heraus und legen Sie den Halter mit dem Kühlmittelschlauch nach vorne aus dem Arbeitsbereich heraus.
- Demontieren Sie das Ladeluftrohr und legen Sie es aus dem Arbeitsbereich heraus.
- Bauen Sie den Vorratsbehälter für die Hydraulikflüssigkeit ab und legen Sie ihn aus dem Arbeitsbereich heraus.
- Demontieren Sie den Halter mit dem Glühkerzensteuergerät und legen Sie ihn zur Seite.
- Die Einspritzleitungen am Ventildeckel und an der Hochdruckpumpe demontieren.

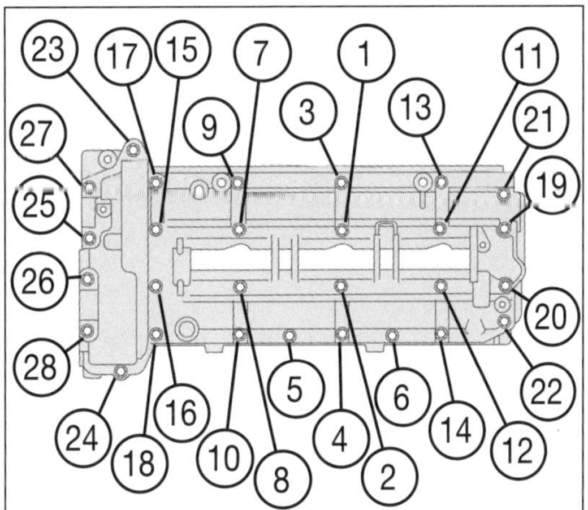

Bild 25

Bild 25
OM642 Anzugsfolge der Schrauben im Ventildeckel rechts
1 - 28 Reihenfolge zum Anziehen des Ventildeckels
28 - 1 Reihenfolge zum Lösen des Ventildeckels

- Die Leckölleitung am Rücklauf entsichern und abziehen.

Achtung: Fangen Sie austretenden Kraftstoff mit einem saugfähigen Lappen auf.

Tipp: Verschließen Sie die Anschlüsse und Leitungen mit passenden Stopfen, um das Eindringen von Verschmutzungen zu verhindern.

- Öffnen Sie die Schelle und ziehen Sie die Leckölleitung von der Kraftstoffleitung ab.
- Bauen Sie die Kraftstoffleitung am Kraftstofffilter und an der Hochdruckpumpe ab.
- Drehen Sie die Halteschrauben heraus und legen Sie die Kraftstoffleitung aus dem Arbeitsbereich heraus.
- Bauen Sie die Kabelbinder ab und legen Sie den Motorleitungssatz frei.
- Lösen Sie die Schrauben des Ventildeckels stufenweise in umgekehrter Reihenfolge zur im Bild 25 vorgestellten Anzugsfolge.
- Heben Sie den Ventildeckel vorsichtig mit geeignetem Werkzeug vom Zylinderkopf ab.

Achtung: Der Ventildeckel ist Bestandteil der Nockenwellenlagerung und bildet mit dem Zylinderkopf eine Paarung. Er kann nur zusammen mit dem Zylinderkopf ersetzt werden.

Weiterarbeit am rechten Ventildeckel:
Die Arbeiten fallen dann an, wenn der rechte Ventildeckel demontiert werden soll.

- Drehen Sie die beiden Schrauben zum Ölabscheider seitlich heraus und bauen Sie den Ölabscheider ab.
- Drehen Sie die beiden Schrauben zum Anschlussstutzen auf der Rückseite des Motors heraus und bauen Sie den Anschlussstutzen ab.

Bild 26
OM642 Ventildeckel.
1 Dichtmittelnaht
2 Dichtfläche Ventildeckel

■ Bauen Sie die Injektoren (Einspritzventile) auf der rechten Seite aus.

Die Demontage der Injektoren beschreiben wir Ihnen im Kapitel Gemischaufbereitung.

Öffnungen im Zylinderkopf mit einem fusselfreien Lappen oder passenden Stopfen verschließen.

■ Entlüftungsschlauch an der Zylinderkopfhaube abziehen.
■ Demontieren Sie die Anschlusskabel zum Nockenwellengeber und lösen Sie sie vom Ventildeckel.
■ Demontieren Sie die Unterdruckpumpe.
■ Ziehen Sie den Entwässerungsschlauch des Kraftstofffilters von der Entwässerungsleitung am rechten Zylinderkopf ab.
■ Drehen Sie die Schraube zum Halter heraus und legen Sie die Entwässerungsleitung aus dem Arbeitsbereich heraus.
■ Drehen Sie die Schraube heraus und drehen Sie den Ölmessstab zur Seite.
■ Demontieren Sie den Kabelsatz vom rechten Ventildeckel und legen Sie ihn aus dem Arbeitsbereich heraus.
■ Bauen Sie die Abgasrückführung aus.
■ Lösen Sie die Schrauben des Ventildeckels stufenweise in umgekehrter Reihenfolge zur im Bild 25 vorgestellten Anzugsfolge.
■ Heben Sie den Ventildeckel vorsichtig mit geeignetem Werkzeug vom Zylinderkopf ab.

Der Ventildeckel ist Bestandteil der Nockenwellenlagerung und bildet mit dem Zylinderkopf eine Paarung. Er kann nur zusammen mit dem Zylinderkopf ersetzt werden.

Die Montage erfolgt sinngemäß in umgekehrter Reihenfolge.
■ Die Dichtflächen gründlich reinigen.
Eine neue Dichtnaht (Silikondichtmasse) mit etwa 1,5 mm Stärke auftragen (Bild 26).

Achten Sie auf die Verarbeitungszeit der Dichtmasse und auf das Mindesthaltbarkeitsdatum.

■ Ziehen Sie die Schrauben in drei Stufen wieder an.
■ Dichtringe am Railanschluss erneuern.
■ Prüfen Sie die Dichtigkeit der Kraftstoffleitungen bei laufendem Motor.
■ Prüfen Sie den Zustand der Wellendichtringe und erneuern Sie diese wenn erforderlich.

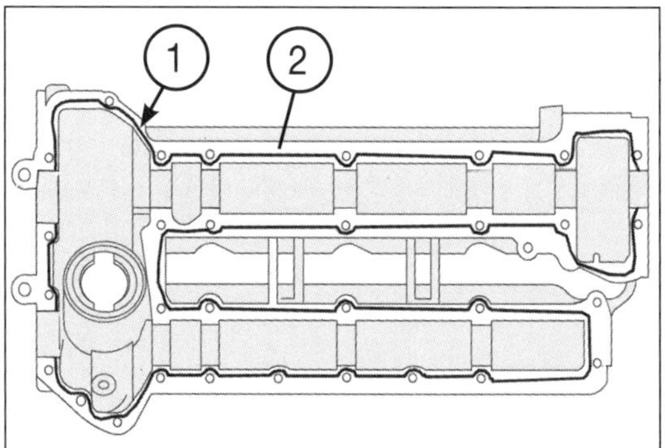

Bild 26

■ Reinigen Sie die Dichtflächen des Anschlussstutzens hinten rechts und erneuern Sie den Dichtring.

Prüfen der Steuerzeiten

Die Markierungen am Motor sind zur Kontrolle nach den Montagearbeiten oder aber auch schon beim Verdacht auf verstellte Steuerzeiten bei der Fehlersuche recht wichtig.

Steuerzeiten am OM646 prüfen

Markierung an der Nockenwelle (Bild 27):
■ Motorabdeckung oben, soweit verbaut, ausbauen.
■ Ventildeckel (Zylinderkopfhaube) wie bereits beschrieben ausbauen.
■ Stellen Sie den Kolben des 1. Zylinders auf Zünd-OT.
■ Die beiden Markierungen (4 im Bild 27) müssen sich gegenüberstehen.
■ Die Markierungen an den Nockenwellen und die auf dem 2. Lagerbock müssen übereinstimmen.

Markierung an der Kurbelwelle (Bild 28):
■ Motorabdeckung oben ausbauen.

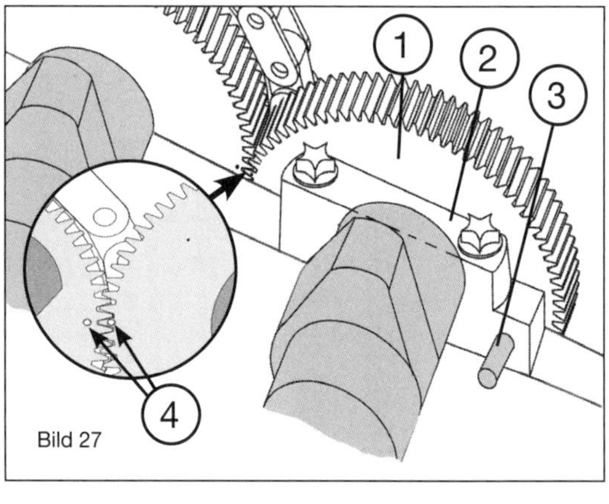

Bild 27

Bild 27
Abstecken der Nockenwelle am OM646.
1 Nockenwellenrad
2 Nockenwellenbock
3 Absteckstift
4 Markierung auf den Nockenwellenrädern

■ Ventildeckel (Zylinderkopfhaube) wie bereits beschrieben ausbauen.

Es gibt zwei OT-Stellungen des Kolbens. Zum einen kann er sich im Überschneidungs-OT befinden und zum anderen genau 360° KWU weiter, im Zünd-OT.

Im Zünd-OT stimmen die Markierungen an den Nockenwellen überein.

■ Verdrehen Sie die Kurbelwelle so weit, dass die Markierung auf der Riemenscheibe (2 im Bild 28) dem Steg des Gehäusedeckels gegenübersteht.

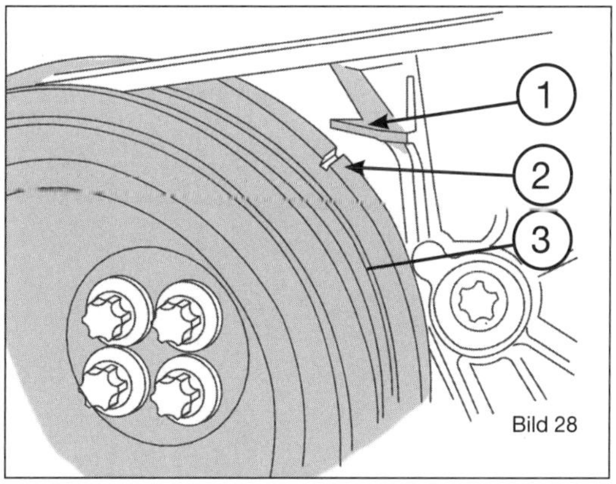

Bild 28

Bild 28
Die Markierungen an der Kurbelwelle ist bei allen Motorvarianten ähnlich.
1 Steg am Gehäusedeckel
2 Markierung an der Riemenscheibe
3 Riemenscheibe/ Schwingungsdämpfer

Steuerzeiten am OM651 prüfen

Markierung an der Nockenwelle (Bild 29):

■ Motorabdeckung oben, soweit verbaut, ausbauen.

■ Nockenwellensensor ausbauen.

■ Motor an der Kurbelwelle mit geeignetem Gegenhalter in Motordrehrichtung drehen, bis die Markierung 0° KW an der Riemenscheibe/Schwingungsdämpfer (2 im Bild 28) mit dem Steg (1) am Zylinderkurbelgehäuse übereinstimmt.

Die Markierung (4 im Bild 29) muss mit der Markierung 5) fluchten.

■ Demontieren Sie das Öleinfüllrohr und blicken Sie auf die Einlassnockenwelle.

Wenn die Markierung (5) nicht sichtbar ist, die Kurbelwelle eine Umdrehung weiterdrehen und nochmals prüfen.

Fluchtet die Markierung (5) nicht mit der Markierung (4), muss die Grundstellung der Nockenwellen eingestellt werden.

■ Blicken Sie durch die Bohrung des Nockenwellensensors und prüfen Sie die Einstellung der Auslassnockenwelle.

Die Kante (2 im Bild 29) muss mit der Markierung (3) fluchten. Fluchtet die Markierung (3) nicht mit der Markierung (2), muss die Grundstellung der Nockenwellen durchgeführt werden.

Markierung an der Kurbelwelle (Bild 28):

Es gibt zwei OT-Stellungen des Kolbens. Zum einen kann er sich im Überschneidungs-OT befinden und zum anderen genau 360° KWU weiter, im Zünd-OT.

■ Die OT-Markierung (2 im Bild 28) des Schwingungsdämpfers (3) muss mit dem Steg des Steuergehäusedeckels (1) fluchten.

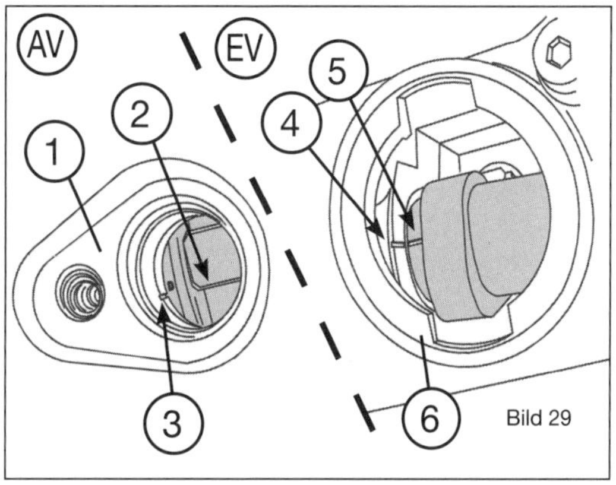

Bild 29

Bild 29
Markierungen an den Nockenwellen (OM651).
AV Auslassnockenwelle
EV Einlassnockenwelle
1 Einbauposition Nockenwellengeber Auslassnockenwelle
2 Kante (der Aussparung des Inkrementenrades der Auslassnockenwelle)
3 Markierung (in Bohrung für den Nockenwellensensor)
4 Markierung (auf Nockenwellen-Lagerdeckel)
5 Markierung (auf Einlassnockenwelle)
6 Einbauposition Öldeckel (Einfüllrohr)

■ Achten Sie auf die Stellung und die Markierungen der Nockenwelle.

Steuerzeiten am OM642 prüfen

Die Kontrolle der Steuerzeiten ist ohne die Demontage der beiden Ventildeckel nicht möglich. Diese sind allerdings die oberen Hälften der Nockenwellenlager.

Markierung an der Kurbelwelle (Bild 28):

Es gibt zwei OT-Stellungen des Kolbens. Zum einen kann er sich im Überschneidungs-OT befinden und zum anderen genau 360° KWU weiter, im Zünd-OT.

■ Die OT-Markierung (2 im Bild 28) des

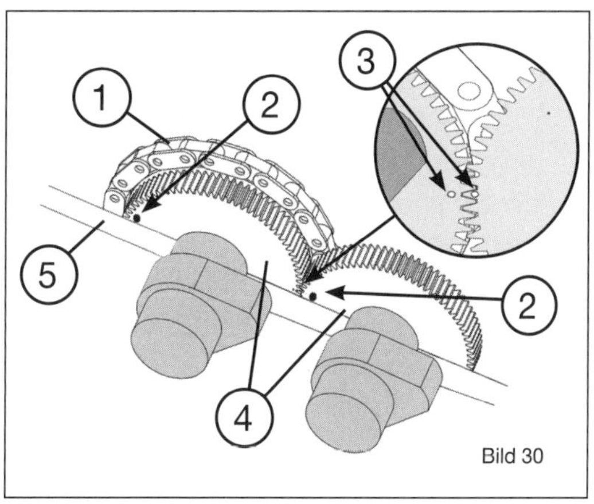

Bild 30

Bild 30
Markierungen an den Nockenwellen (OM642).
1 Nockenwellenrad mit Steuerkette
2 Markierung der Nockenwellenräder an der Kopfkante
3 Markierung der Nockenwellenräder zueinander
4 Nockenwellenzahnräder
5 Zylinderkopfkante

Schwingungsdämpfers (3) muss mit dem Steg des Steuergehäusedeckels (1) fluchten.
- Achten Sie auf die Stellung und die Markierungen der Nockenwelle (Bild 30).

Markierung an der Nockenwelle:
- Die Viskose-Lüfterkupplung ausbauen.
- Den rechten und linken Ventildeckel wie bereits beschrieben ausbauen.
- Die Niederhalter an die mittleren Nockenwellenlager der Zylinderköpfe anbauen.

Die Niederhalter übernehmen die Funktion der Nockenwellenlager und entlasten die Nockenwellenhalter (2).
- Auf die Position der Markierungen (1) und (2) im Bild 30 achten.
- Motor am Schwingungsdämpfer in Motordrehrichtung drehen, bis sich die Markierungen (3 im Bild 30) der Nockenwellen gegenüberstehen und die Markierungen (2), in Fahrtrichtung gesehen, auf der linken Seite zur Oberkante des Zylinderkopfes fluchten. Die Kurbelwelle muss dann auf OT stehen.

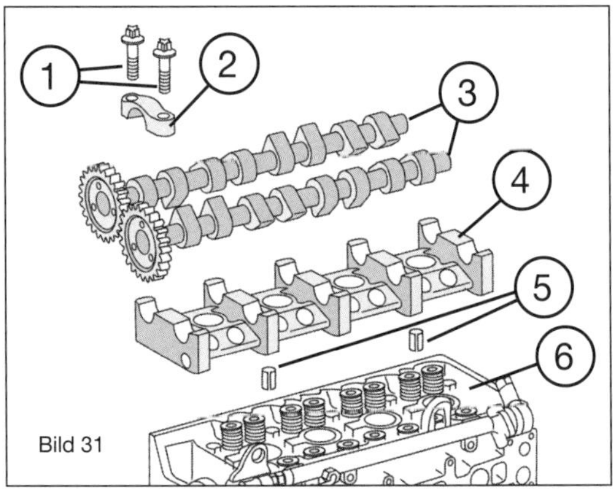

Bild 31

Bild 31
Bauteilübersicht Nockenwellen am OM646.
1 Schrauben
2 Nockenwellenlagerdeckel
3 Nockenwellen
4 Lagerbock
5 Passhülsen
6 Zylinderkopf

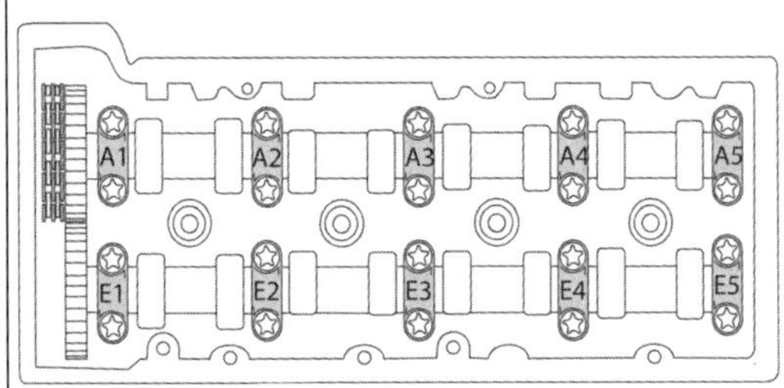

Bild 32

Bild 32
Beschriftung der Lagerböcke am OM646.
Die Lagerdeckelkennzeichnungen sind im Lagerdeckel eingeprägt.

Nockenwelle aus-/einbauen

Nockenwelle am OM646

Ausbau der Nockenwellen:
- Zuerst die Zylinderkopfhaube (Ventildeckel) wie beschrieben ausbauen.
- Kolben des 1. Zylinders wie bereits beschrieben auf Zünd-OT stellen.
- Den vorderen Deckel am Zylinderkopf ausbauen.
- Die Steuerkette mit Kabelbinder am Auslassnockenwellenrad fixieren.
- Den Steuerkettenspanner herausdrehen.
- Schrauben herausschrauben und Auslassnockenwellenrad mit aufgelegter Steuerkette abnehmen.
- Die Nockenwellen-Lagerdeckel ausbauen.

Die Kennzeichnung der Nockenwellen-Lagerdeckel (Bild 32) beachten.

Lösen Sie die Lagerdeckel gleichmäßig, um Verspannungen zu vermeiden.
- Einlass- und Auslassnockenwelle (3) herausnehmen.

Die Montage erfolgt sinngemäß in umgekehrter Reihenfolge.
- Ausgleichselemente und Nockenwellenlagerstellen einölen.
- Ausgleichselemente (Hydrostößel) auf Leichtgängigkeit prüfen.
- Achten Sie auf die Einbauposition der Ausgleichselemente (Hydrostößel) und der Lagerdeckel. Wenn erforderlich die Einbauposition markieren.

Nockenwellengehäuse aus-, einbauen:
- Nockenwellen (3 im Bild 31) ausbauen.
- Nockenwellengehäuse (4) vom Zylinderkopf abnehmen.
- Ausgleichselemente herausnehmen.

Keinen Magneten verwenden. Die Gleitflächen der Ausgleichselemente werden sonst magnetisiert. Dadurch können sich kleinste Eisenspäne ansammeln, die zu Schäden an den Ausgleichselementen und den Nocken der Nockenwellen (3) führen.

Die Montage erfolgt sinngemäß in umgekehrter Reihenfolge.
- Ausgleichselemente einölen.
- Ausgleichselemente, die nicht erneuert werden, müssen an gleicher Stelle wieder eingebaut werden.

Bei Beschädigung der Oberfläche der Grundbohrung bzw. der Auflageflächen der Nockenwellen (3) muss das Nockenwellengehäuse (4) oder/und die Nockenwellen (3) erneuert werden.

Nockenwelle am OM651

Ausbau der Nockenwellen:

Die Nockenwelle wird zusammen mit den Nockenwellenrädern ausgebaut. Die Zentralschrauben der Nockenwellenräder müssen nur dann gelöst werden, wenn die Nockenwellenräder zu den Nockenwellen verstellt werden müssen.

■ Den Ventildeckel (Zylinderkopfhaube), wie bereits beschrieben ausbauen.

■ Die Grundstellung der Nockenwellen wie beschrieben prüfen und Kolben des 1. Zylinders auf oberem Totpunkt (OT) stehen lassen.

■ Den Kettenspanner ausbauen.

■ Die Position der Steuerkette zu den beiden Nockenwellenrädern wasserfest kennzeichnen.

■ Markieren Sie auch den Sechskant der Nockenwelle (3) zum Lagerdeckel (1). Er steht normalerweise mittig zum Lagerdeckel.

■ Die Schrauben der Nockenwellen-Lagerdeckel (1 im Bild 33) schrittweise herausdrehen und Nockenwellen-Lagerdeckel abnehmen.

■ Die Schrauben der Nockenwellen-Lagerdeckel (4) schrittweise herausdrehen und Nockenwellen-Lagerdeckel abnehmen.

■ Die Auslassnockenwelle (3) aus der Steuerkette aushängen und herausnehmen.

Den Steuergehäuseschacht mit sauberen Lappen abdecken. Anderenfalls kann es durch hineingefallene Teile zu einem Motorschaden kommen.

■ Sichern Sie die Steuerkette gegen Herunterfallen in den Kettenkasten.

■ Die Einlassnockenwelle (2 im Bild 33) aus der Steuerkette aushängen und herausnehmen.

Einbau der Nockenwellen:

■ Die hydraulischen Ausgleichselemente auf Beschädigung und Leichtgängigkeit prüfen.

■ Das Nockenwellenrad der Einlassnockenwelle in Steuerkette einsetzen und Einlassnockenwelle in die Lagerhälften des Zylinderkopfes legen.

Die Kennzeichnung an der Steuerkette und zwischen Sechskant und Nockenwellenlagerdeckel (Bild 34) beachten.

■ Rollenschlepphebel und Nockenwellenlagerstellen einölen.

■ Einlassnockenwelle (3 im Bild 35) so einsetzen, dass die Markierung (Pfeil 3) mit der

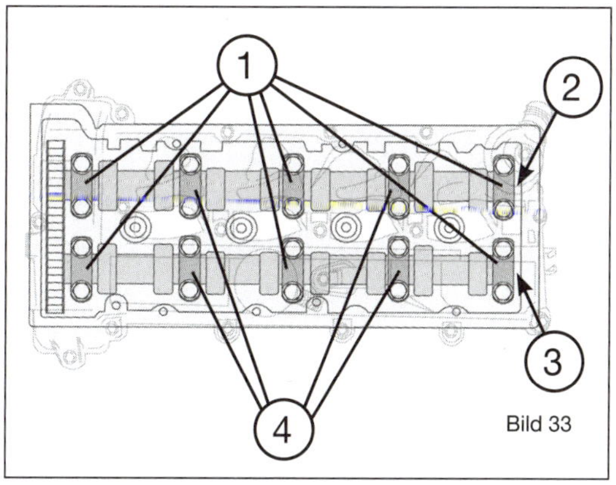

Bild 33
Lagerdeckel der Nockenwellen (OM651).
1 Lagerdeckel Mitte und außen
2 Einlassnockenwelle
3 Auslassnockenwelle
4 Lagerdeckel innen

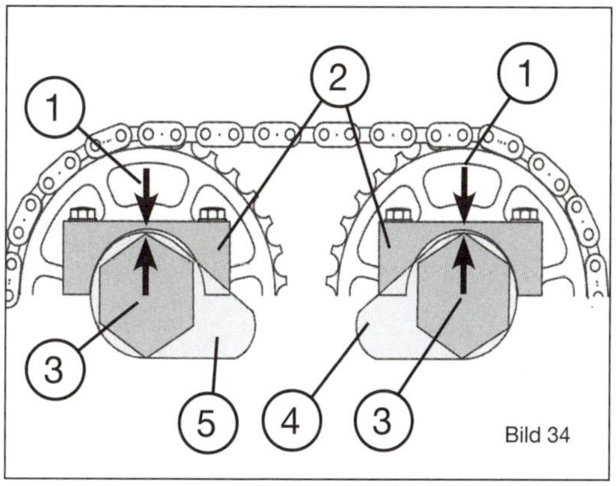

Bild 34
Markierungen Sechskant der Nockenwellen zu den Lagerdeckeln (OM651).
1 Markierung auf dem Lagerdeckel
2 Lagerdeckel
3 Markierungen auf der obersten Kante des Sechskant
4 Einlassnockenwelle
5 Auslassnockenwelle

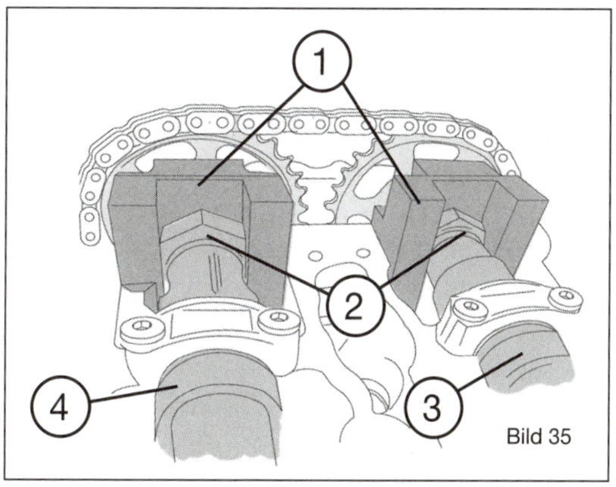

Bild 35
Blockieren der Nockenwellen am OM651.
1 Blockierwerkzeug (DB 651 589 09 40 00)
2 Sechskant auf den Nockenwellen
3 Einlassnockenwelle
4 Auslassnockenwelle

Markierung (Pfeil 1) fluchtet und der Niederhalter (2) spannungsfrei festgeschraubt werden kann.

■ Niederhalter (1) der Einlassnockenwelle festschrauben und die Nockenwellen-Lagerdeckel (2) einbauen.

■ Nockenwellen-Lagerdeckel abwechselnd und gleichmäßig festschrauben.

Trennen der Nockenwellenräder von den Nockenwellen:

Die Demontage der Nockenwellenräder ist nach Mercedes-Vorgaben bei ausgebauten Nockenwellen durchzuführen.

■ Demontieren Sie die Nockenwellen wie

Sichtprüfung Messen

Bild 36
Gegenhalter der Nockenwellen am OM642.
1 Niederhalter außen
2 Nockenwellenkettenrad
3 Untere Schraube
4 Obere Schrauben
5 Niederhalter (MB 642 589 00 31 00)

bereits beschrieben.

■ Spannen Sie die Nockenwelle mit Schutzbacken auf dem Sechskantprofil der Nockenwelle in einen Schraubstock ein.

■ Lösen Sie die Schraube des Nockenwellenrades.

■ Nehmen Sie das entsprechende Nockenwellenrad von der Nockenwelle ab.

Montage der Nockenwellenräder auf die Nockenwellen:

■ Drehen Sie die Zentralschraube des Nockenwellenrades lediglich so weit an, dass sich das Nockenwellenrad auf der Nockenwelle noch verdrehen lässt.

■ Bauen Sie die Nockenwellen wieder ein.

■ Verdrehen Sie die Nockenwellen so weit, dass Sie das Blockierwerkzeug (1 im Bild 35) einsetzen können.

■ Bauen Sie die Nockenwellen wieder ein.

Die weitere Montage erfolgt sinngemäß in umgekehrter Reihenfolge.

Nockenwelle am OM642

Ausbau der Nockenwellen:

Die Arbeiten unterscheiden sich zwischen der rechten und der linken Nockenwelle nur geringfügig. Wir stellen Ihnen deshalb allgemeingültige Arbeitsschritte vor.

■ Demontieren Sie den Steuerkettenspanner auf der rechten Motorseite.

■ Den Ventildeckel (Zylinderkopfhaube), wie bereits beschrieben, demontieren.

■ Montieren Sie die Niederhalter (1 und 5 im Bild 36) für die Nockenwellen des entsprechenden Zylinderkopfes.

■ Tragen Sie in den Lagerbereichen der Nockenwellen etwas Öl auf. Die Niederhalter werden im Folgenden die Aufgabe der Nockenwellenlagerung übernehmen.

■ Drehen Sie den Steuerkettenspanner handfest wieder ein.

■ Den Motor an der Riemenscheibe so weit verdrehen, dass der Motor auf der OT-Markierung steht (siehe Bild 28).

■ Verdrehen Sie den Motor so viel weiter, dass Sie die untere Schraube (3 im Bild 36) des Nockenwellenkettenrades erreichen können.

■ Drehen Sie die untere Schraube heraus und drehen Sie den Motor, in der Motordrehrichtung, wieder in die OT-Stellung.

■ Befestigen Sie das Steuerkettenrad mit

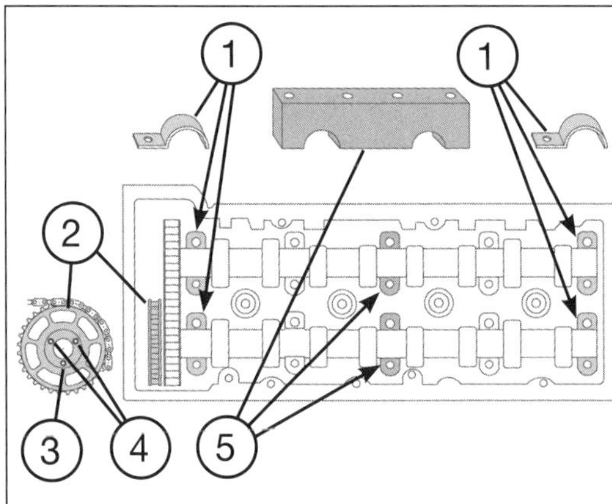

Bild 36

Kabelbinder an der Steuerkette.

■ Drehen Sie die verbliebenen zwei Schrauben aus dem Steuerkettenrad heraus.

■ Rechtes bzw. linkes Nockenwellenrad mit aufgesetzter Steuerkette von den auszubauenden Nockenwellen (4) abnehmen.

■ Niederhalter (1) abbauen.

■ Niederhalter (5) ausbauen.

■ Auszubauende Nockenwelle aus dem Zylinderkopf herausheben.

Einbau der Nockenwellen:

Die Montage erfolgt sinngemäß in umgekehrter Reihenfolge.

■ Prüfen Sie den Zustand der Hydrostößel und der Schlepphebel vor der Montage der Nockenwelle.

■ Ölen Sie die Lagerstellen leicht ein.

■ Beachten Sie die Steuerzeiten.

☞ Achten Sie auf die Anzugsreihenfolge (Bild 25).

Arbeiten am Steuerkettenantrieb (OM646)

Steuerkettenwechsel

Grundsätzlich kann mit entsprechendem Mercedes Spezialwerkzeug die Steuerkette auch ohne die Demontage des Steuerkettenkastens gewechselt werden. Die neue Steuerkette wird an die alte Steuerkette mit einem Kettenschloss angebunden. Mit Hilfe eines zweiten Mechanikers wird nun der Motor vorsichtig verdreht, gleichzeitig die alte Kette herausgezogen und die neue Kette auf das Zahnrad der Auslassnockenwelle aufgelegt. Die Schwierigkeit besteht darin, Kettenführung und Drehung des Motors gut aufeinander abzustimmen.

Die Steuerketten im OM646 treibt über ein Kettenrad die Auslassnockenwelle an. Die Einlassnockenwelle wird über ein Zahnradpaar auf den Nockenwellen von der Auslassnockenwelle angetrieben.

Die Steuerkette ist doppelreihig ausgeführt.

■ Bauen Sie den Ventildeckel wie beschrieben ab.

■ Prüfen Sie die Steuerzeiten, wie bereits beschrieben.

■ Lösen Sie die Verschraubung des Ausgleichsbehälters und legen Sie ihn zur Seite.

■ Demontieren Sie den Luftführungsschlauch zwischen Luftfilter und Abgasturbolader.

■ Bauen Sie den Steuerkettenspanner aus.

■ Stopfen Sie den freien Querschnitt im Steuerkasten um die Steuerkette und die Steuerkettenräder mit fusselfreien Lappen aus.

So wird das Hineinfallen von Kleinteilen in den Motor sehr wirkungsvoll verhindert.

■ Pressen Sie mit einem geeigneten Kettentrenner (Bild 38) den Bolzen der alten Steuerkette heraus.

■ Verbinden Sie das Endglied der Steuerkette mit einem passenden Kettenschloss (MB 602 589 02 40 00) (3 im Bild 37). Verbinden Sie das Ende (2) der neuen mit der alten Steuerkette (4).

■ Ziehen Sie den Lappen wieder aus dem Kettenkasten heraus.

Achten Sie darauf, dass keine Teile in den Kettenkasten hineinfallen. Diese Teile können leicht einen Motorschaden verursachen.

■ Verdrehen Sie mit Hilfe einer zweiten Person den Motor im Uhrzeigersinn. Legen Sie hierbei gleichzeitig die neue Steuerkette auf das Kettenrad des Nockenwellenrades auf und nehmen Sie die alte Steuerkette vom Kettenrad ab.

Durch die Drehung des Motors wird die neue Kette eingezogen (6) und die alte Kette (10) ausgefädelt. Achten Sie darauf, dass die Steuerkette sich bei dieser Arbeit nicht verhakt.

■ Sobald die alte Steuerkette komplett herausgezogen und der Anfang der neuen Steuerkette wieder auf dem Kettenrad angekommen ist, wird der Kettenkasten wieder mit dem fusselfreien Lappen zugestopft.

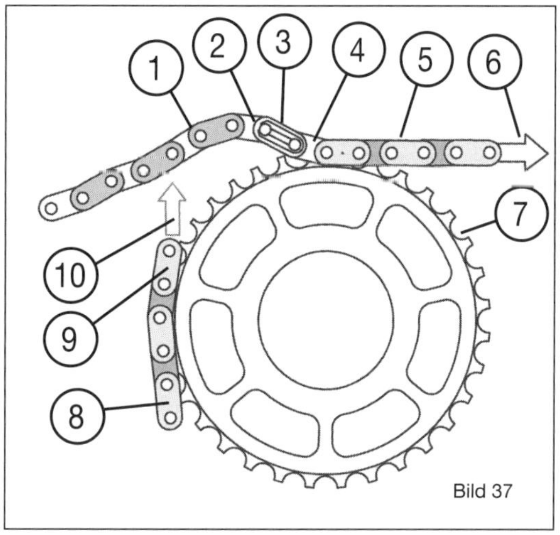

Bild 37

Einfädeln der neuen Steuerkette am OM651.

1 Neue Steuerkette
2 Inneres Kettenglied der neuen Steuerkette
3 Kettenschloss
4 Inneres Kettenglied der alten Steuerkette
5 Anfang der alten Steuerkette
6 Bewegungsrichtung der Kette mit der Motordrehung beim Einziehen
7 Auslasssteuerkettenrad
8 Ende der alten Steuerkette
9 Laschen des Kettengliedes
10 Herausziehen der alten Kette mit der Motordrehung

Bild 38

Kettennietwerkzeug im Einsatz.

1 Kettentrenner
2 Bolzen
3 Laschen (Außenglied)
4 Innenglied

■ Demontieren Sie das Kettenschloss. Es ist nicht für den Dauerbetrieb im Motor geeignet.

■ Montieren Sie das Nietkettenschloss und vernieten Sie es mit dem Kettennietwerkzeug (siehe Bild 38).

■ Prüfen Sie die Steuerzeiten, wie in diesem Kapitel, bereits beschrieben.

Wenn erforderlich, müssen die Steuerzeiten, wie beim Ausbau der Nockenwelle beschrieben, neu eingestellt werden.

Die weitere Montage erfolgt sinngemäß in umgekehrter Reihenfolge.

Steuerkastendeckel demontieren

Der Steuerkastendeckel ist auf der Motorvorderseite verbaut. Der Steuerkastendeckel muss entfernt werden, wenn Führungs- oder Spannschienen ersetzt werden sollen.

■ Klemmen Sie den Masseanschluss der Batterie ab.

■ Bauen Sie die Wasserpumpe aus.

■ Bauen Sie den Steuerkettenspanner aus.
■ Demontieren Sie den vorderen Deckel am Zylinderkopf.
■ Bauen Sie den Keilrippenriemenspanner aus.
■ Demontieren Sie den Kühlmittelschlauch am Wärmetauscher (Öl/Wasser).
■ Bauen Sie die Servopumpe ab und binden Sie sie mit Kabelbindern am Aufbau fest.
■ Demontieren Sie den Generator.

Fahrzeuge mit geregelter Klimaanlage:
■ Bauen Sie den Klimakompressor ab und binden Sie sie mit Kabelbindern am Aufbau fest.

Weiter für alle Fahrzeuge:
■ Bauen Sie die Riemenscheibe ab.
■ Demontieren Sie die Ölwanne. Die Arbeitsschritte hierzu stellen wir Ihnen im Kapitel 5 »Motorschmierung« vor.
■ Drehen Sie die Schrauben (1-4 im Bild 39) heraus.
■ Hebeln Sie den Steuerkastendeckel vorsichtig vom Motorblock ab.

Die Montage erfolgt sinngemäß in umgekehrter Reihenfolge.
■ Beachten Sie die unterschiedlichen Schraubenlängen (Bild 39).
■ Reinigen Sie die Dichtflächen gründlich und entfetten Sie sie.

⚠ Tragen Sie die Dichtmasse (1,5 mm breite Raupe) nur auf den im Bild 40 gekennzeichneten Bereichen auf.

☞ Die Dichtmasse darf nicht verstrichen werden.

Wechsel der Spann- und Gleitschienen
■ Bauen Sie den Zylinderkopf aus.
■ Demontieren Sie den Steuerkettenspanner.
■ Bauen Sie den Steuerkastendeckel wie bereits beschrieben ab.
■ Ziehen Sie die Spannschiene vom Lagerbolzen ab.
■ Ziehen Sie die Gleitschiene der Steuerkette und die Spannschiene der Antriebskette der Ölpumpe nach vorne und entspannen Sie die Spannschienenfeder der Ölpumpenkette.
■ Nehmen Sie die Spannschiene der Ölpumpe von der Gleitschiene der Steuerkette ab.
■ Nehmen Sie die Feder der Spannschiene der Ölpumpenkette ab.

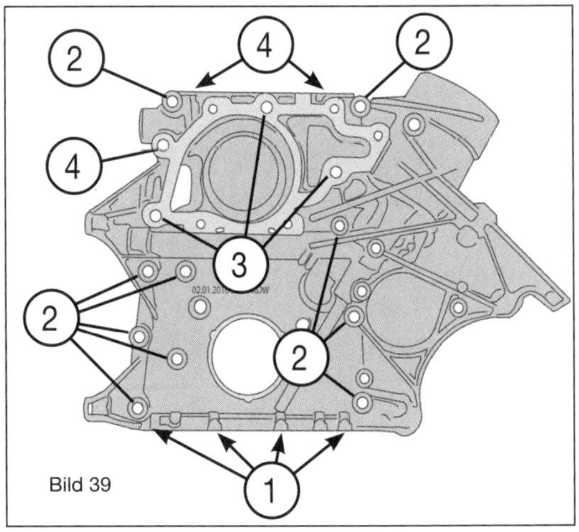

Bild 39

Bild 39
Steuerkastendeckel am OM646.
1 Schraube M6x20
2 Schrauben M8x60
3 Schrauben M8x80
4 Schrauben M8x90

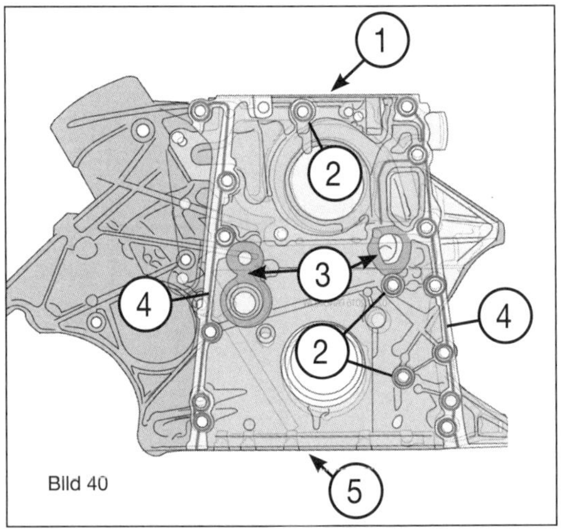

Bild 40

Bild 40
Rückseite des Steuerkastendeckels am OM646.
1 Dichtfläche zum Zylinderkopf
2 Ringdichtfläche mit 1,5 mm Raupe
3 Auf diese Flächen darf keine Dichtmasse aufgetragen werden.
4 Dichtfläche mit 1,5 mm Raupe
5 Dichtfläche zur Ölwanne

Die Montage erfolgt sinngemäß in umgekehrter Reihenfolge.
■ Achten Sie auf den Zustand der Spann- und Gleitschienen.
■ Achten Sie auf den korrekten Sitz der Spannschienenfeder der Ölpumpenkette.

Ausbau des Steuerkettenspanners
■ Bauen Sie das Luftfiltergehäuse aus.
■ Demontieren Sie den Luftführungsschlauch zwischen Luftfiltergehäuse und Turbolader.

Motornummer 646.982 und 464983 bis zur Motornummer 007337:
■ Bauen Sie das Führungsrohr für den Ölmessstab vom Zylinderkopf ab und drücken Sie es leicht zur Seite.

■ Lösen Sie die Schlauchschelle im Bereich des Steuerkettenspanners und drehen Sie sie etwas zur Seite.

Weiter für alle Fahrzeuge:
■ Drehen Sie den Steuerkettenspanner aus dem Steuerkastendeckel heraus.

Die Montage erfolgt sinngemäß in umgekehrter Reihenfolge.
■ Erneuern Sie den Dichtring des Kettenspanners.

Prüfen Sie die Dichtigkeit nach der Montage bei laufendem Motor.

Arbeiten am Steuerkettenantrieb (OM651)

Steuerkettenwechsel
Grundsätzlich kann mit entsprechendem Mercedes Spezialwerkzeug die Steuerkette auch ohne die Demontage des Steuerkettenkastens gewechselt werden. Die neue Steuerkette wird an die alte Steuerkette mit einem Kettenschloss angebunden. Mit Hilfe eines zweiten Mechanikers wird nun der Motor vorsichtig verdreht, gleichzeitig die alte Kette herausgezogen und die neue Kette auf das Zahnrad der Auslassnockenwelle aufgelegt. Die Schwierigkeit besteht darin, Kettenführung und Drehung des Motors gut aufeinander abzustimmen.
■ Bauen Sie den Ventildeckel wie beschrieben ab.
■ Bauen Sie den Steuerkettenspanner aus.
■ Stopfen Sie den freien Querschnitt im Steuerkasten um die Steuerkette und die Steuerkettenräder mit fusselfreien Lappen aus.

So wird das Hineinfallen von Kleinteilen in den Motor sehr wirkungsvoll verhindert.

■ Pressen Sie mit einem geeigneten Kettentrenner den Bolzen der alten Steuerkette heraus.
■ Verbinden Sie mit einem geeigneten Kettenschloss (siehe Bild 37) ein Ende der neuen mit der alten Steuerkette.
■ Drehen Sie den Steuerkettenspanner mit einer neuen Dichtung einige Umdrehungen wieder ein, um ein Überspringen der Steuerkette zu verhindern.
■ Verbinden Sie das Endglied der Steuerkette mit dem Kettenschloss (MB 651 589 04 63 00) (3 im Bild 37).
■ Legen Sie die neue Steuerkette so ab, dass Sie sie leicht auf das Kettenrad auflegen können.
■ Ziehen Sie den Lappen wieder aus dem Kettenkasten heraus.

Achten Sie darauf, dass keine Teile in den Kettenkasten hineinfallen. Diese Teile können leicht einen Motorschaden verursachen.

■ Verdrehen Sie mit Hilfe einer zweiten Person den Motor im Uhrzeigersinn. Legen Sie hierbei gleichzeitig die neue Steuerkette auf das Kettenrad der Auslassnockenwelle auf und nehmen Sie die alte Steuerkette vom Kettenrad ab.

Durch die Drehung des Motors wird die neue Kette eingezogen (6) und die alte Kette (10) ausgefädelt. Achten Sie darauf, dass die Steuerkette sich bei dieser Arbeit nicht verhakt.

■ Sobald die alte Steuerkette komplett herausgezogen und der Anfang der neuen Steuerkette wieder auf dem Kettenrad angekommen ist, wird der Kettenkasten wieder mit dem fusselfreien Lappen zugestopft.
■ Demontieren Sie das Kettenschloss. Es ist nicht für den Dauerbetrieb geeignet.
■ Montieren Sie das Nietkettenschloss und vernieten Sie es mit dem Kettennietwerkzeug.
■ Prüfen Sie die Steuerzeiten, wie bereits beschrieben.

Wenn erforderlich, müssen die Steuerzeiten wie beim Ausbau der Nockenwelle beschrieben neu eingestellt werden.
Die weitere Montage erfolgt sinngemäß in umgekehrter Reihenfolge.

Steuerkastendeckel demontieren
Der Steuerkastendeckel ist gleichzeitig die Kupplungsglocke, an der das Getriebe befestigt ist.

Bild 41
Bei Steuerketten mit Ölbohrungen (1) müssen die Bohrungen nach außen weisen.

Sichtprüfung

Messen

Bild 42
Steuergehäusedeckel OM651.
1 Schraube im Kettenkasten
2 Schrauben im Kettenkasten
3 Schrauben Vorderseite
4 Schrauben Vorderseite
5 Schrauben Rückseite

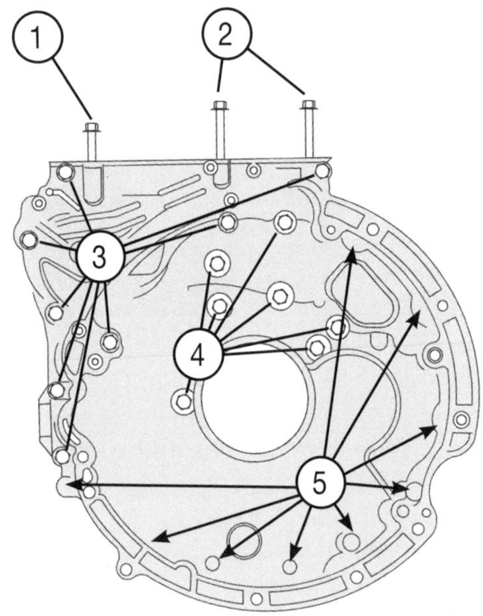

Bild 42

Bild 43
Dichtmittel auf dem Steuergehäusedeckel des OM651.
1 Dichtmittelraupe am Gehäuserand
2 Dichtmittelraupe um die Bohrungen

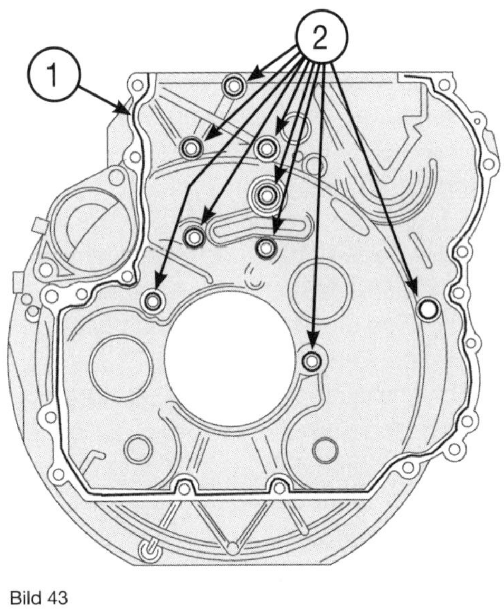

Bild 43

■ Lesen Sie den Fehlerspeicher aus und sichern Sie die Ergebnisse.
■ Fahrzeug mit der Hebebühne anheben.

⚠ Fahrzeug zwischen den Hebebühnensäulen ausrichten und die vier Aufnahmeteller an den vom Fahrzeughersteller vorgeschriebenen Hebebühnenaufnahmepunkten platzieren.

■ Lassen Sie das Motoröl ab.
■ Bauen Sie den Motor zusammen mit dem Getriebe aus. Diesen Arbeitsschritt werden wir am Ende dieses Kapitels genauer beschreiben.
■ Bauen Sie das Getriebe ab.
■ Demontieren Sie das Schwungrad, beziehungsweise die Mitnehmerscheibe.
■ Demontieren Sie den Ventildeckel und den Deckel am Zylinderkopf.
■ Legen Sie den Schlauch aus dem Arbeitsbereich heraus.
■ Drehen Sie die Schrauben (1 und 2) im Bild 42) heraus.

⚠ Achten Sie darauf, dass keine Teile in den Kettenkasten hineinfallen. Diese Teile können leicht einen Motorschaden verursachen.

■ Ziehen Sie den Steckkontakt zum Positionsgeber der Kurbelwelle ab.
■ Drehen Sie die Halteschelle für die Kraftstoffleitungen los und legen Sie die Kraftstoffleitungen aus dem Arbeitsbereich heraus.
■ Drehen Sie die Schrauben (3 und 4) von der Vorderseite aus heraus.
■ Drehen Sie die Schrauben (5) von der Rückseite aus heraus.
■ Hebeln Sie den Gehäusedeckel möglichst gerade mit einem geeigneten Werkzeug ab.

☞ Achten Sie darauf, die Dichtfläche nicht zu beschädigen.

Die Montage erfolgt sinngemäß in umgekehrter Reihenfolge.
■ Tragen Sie die Dichtmittelraupe wie im Bild 43 gezeigt auf.

☞ Die Dichtmittelraupe sollte etwa 2 mm Breite aufweisen.

⚠ Beachten Sie die angegebene Verarbeitungszeit und das Mindesthaltbarkeitsdatum auf der Tube der Dichtmasse.

Wechsel der Spann- und Gleitschienen
Vorbereitungen:
■ Bauen Sie den Kettenspanner aus.
■ Demontieren Sie den Steuerkastendeckel, wie bereits beschrieben.

Demontage der Spannschiene:
■ Drehen Sie ein Gewinde in den Lagerbolzen unten im Lagerbolzen der Spannschiene ein und ziehen Sie den Lagerbolzen mit einem Zughammer aus dem Motorblock heraus.
■ Nehmen Sie die Spannschiene nach unten heraus.

Demontage der Führungsschiene:

■ Drehen Sie ein Gewinde in die Lagerbolzen seitlich am Zylinderkopf ein und ziehen Sie die Lagerbolzen mit einem Zughammer aus dem Zylinderkopf heraus.

■ Nehmen Sie die Gleitschiene nach unten heraus.

Ausbau des Steuerkettenspanners

Der Steuerkettenspanner ist in Fahrtrichtung rechts hinten am Motor verbaut.

■ Schalten Sie die Zündung aus und ziehen Sie den Schlüssel ab.

■ Demontieren Sie die Motorabdeckung oben.

■ Bauen Sie das Luftfiltergehäuse aus und legen Sie den Luftführungskanal aus dem Arbeitsbereich heraus.

■ Bauen Sie die hintere Motorabdeckung unten ab.

Fahrzeuge mit Automatikgetriebe:

■ Bauen Sie das Einfüllrohr des Automatikgetriebes ab.

Weiter für alle Fahrzeuge:

■ Demontieren Sie das Halteblech für die Kabelstecker am Zylinderkopf hinten rechts.

■ Bauen Sie das Wärmeschutzblech am Abgaskrümmer ab.

■ Drehen Sie den Steuerkettenspanner aus dem Steuerkastendeckel heraus.

Die Montage erfolgt sinngemäß in umgekehrter Reihenfolge.

■ Erneuern Sie den Dichtring des Kettenspanners.

Prüfen Sie die Dichtigkeit nach der Montage bei laufendem Motor.

Arbeiten am Steuerkettenantrieb (OM642)

Steuerkettenwechsel

Mit Mercedes-Spezialwerkzeug (Kettennietwerkzeug) kann die Steuerkette auch ohne die Demontage des Steuerkettenkastens gewechselt werden. Die neue Steuerkette wird an die alte Steuerkette mit einem Kettenschloss angebunden. Mit Hilfe eines zweiten Mechanikers wird nun der Motor vorsichtig verdreht, gleichzeitig die alte Kette herausgezogen und die neue Kette auf das Zahnrad der Auslassnockenwelle aufgelegt. Die Schwierigkeit besteht darin, Kettenführung und Drehung des Motors gut aufeinander abzustimmen.

■ Bauen Sie beide Ventildeckel wie beschrieben ab.

■ Bauen Sie die Niederhalter wie im Bild 36 im Kapitel beschrieben an beiden Zylinderköpfen ein.

Versehen Sie die Anlagestellen der Niederhalter mit ausreichend Öl. Die Niederhalter müssen bei den folgenden Arbeitsschritten die Lagerung der Nockenwellen übernehmen.

■ Bauen Sie den Steuerkettenspanner aus.

■ Stopfen Sie den freien Querschnitt im Steuerkasten um die Steuerkette und die Steuerkettenräder mit fusselfreien Lappen aus.

So wird das Hineinfallen von Kleinteilen in den Motor sehr wirkungsvoll verhindert.

■ Pressen Sie mit einem geeigneten Kettentrenner (Bild 38) den Bolzen der alten Steuerkette heraus.

■ Verbinden Sie mit einem geeigneten Kettenschloss (siehe Bild 37) ein Ende der neuen mit der alten Steuerkette.

■ Drehen Sie den Steuerkettenspanner mit einer neuen Dichtung einige Umdrehungen wieder ein, um ein Überspringen der Steuerkette zu verhindern.

■ Verbinden Sie das Endglied der Steuerkette mit dem Kettenschloss (MB 651 589 04 63 00) (3 im Bild 37).

■ Legen Sie die neue Steuerkette so ab, dass Sie sie leicht auf das Kettenrad auflegen können.

■ Ziehen Sie den Lappen wieder aus dem Kettenkasten heraus.

Achten Sie darauf, dass keine Teile in den Kettenkasten hineinfallen. Diese Teile können leicht einen Motorschaden verursachen.

■ Verdrehen Sie mit Hilfe einer zweiten Person den Motor im Uhrzeigersinn. Legen Sie hierbei gleichzeitig die neue Steuerkette auf das Kettenrad der Auslassnockenwelle auf und nehmen Sie die alte Steuerkette vom Kettenrad ab.

Durch die Drehung des Motors wird die neue Kette eingezogen (6) und die alte Kette (10) ausgefädelt. Achten Sie darauf, dass die Steuerkette sich bei dieser Arbeit nicht verhakt.

Bild 44
Steuergehäusedeckel am OM642.
1 Steuergehäusedeckel
2 Schrauben Vorderseite
3 Wellendichtring
4 Einbauposition Passhülsen
5 Schrauben von der Ölwanne aus zugänglich

Bild 45
Dichtflächen am Steuergehäusedeckel OM642.
1 Dichtfläche Steuergehäusedeckel
2 Dichtmittelraupe 1,5 mm
3 Steuergehäusedeckel

■ Sobald die alte Steuerkette komplett herausgezogen und der Anfang der neuen Steuerkette wieder auf dem Kettenrad angekommen ist, wird der Kettenkasten wieder mit dem fusselfreien Lappen zugestopft.
■ Demontieren Sie das Kettenschloss. Es ist nicht für den Dauerbetrieb im Motor geeignet.
■ Montieren Sie das Nietkettenschloss und vernieten Sie es mit dem Kettennietwerkzeug.
■ Prüfen Sie die Steuerzeiten wie bereits beschrieben.

☞ Wenn erforderlich, müssen die Steuerzeiten wie beim Ausbau der Nockenwelle beschrieben neu eingestellt werden.

Die weitere Montage erfolgt sinngemäß in umgekehrter Reihenfolge.

Steuerkastendeckel demontieren

■ Bauen Sie die Luftführung um das Lüfterrad ab.
■ Drehen Sie den Motor, wie bereits im Kapitel beschrieben, auf die OT-Stellung des 1. Zylinders.
■ Demontieren Sie die Lüfterradnabe.
■ Demontieren Sie den Wellendichtring zur Kurbelwelle.
■ Ziehen Sie den Wellendichtring (3 im Bild 44) heraus.
■ Bauen Sie die Spannvorrichtung des Keilrippenriemens aus.
■ Bauen Sie die Umlenkrolle unten am Steuergehäusedeckel ab.
■ Bauen Sie die Umlenkrolle oben am Steuergehäusedeckel ab.
■ Bauen Sie das Ölwannenunterteil aus.
■ Demontieren Sie den Ölansaugstutzen der Ölpumpe.
■ Drehen Sie die Schrauben (2 und 5) heraus.
■ Nehmen Sie den Steuergehäusedeckel ab.

⚠ Aufgrund der Dichtmasse kann der Deckel sich schwer ablösen lassen. Achten Sie darauf, den Deckel gleichmäßig abzuziehen, um ihn nicht zu verziehen.

■ Nehmen Sie die Passhülsen (4) heraus. Sie werden nicht mehr verbaut.

☞ Eine richtige Montage ist nur bei ausgebautem Ölwannenoberteil möglich.

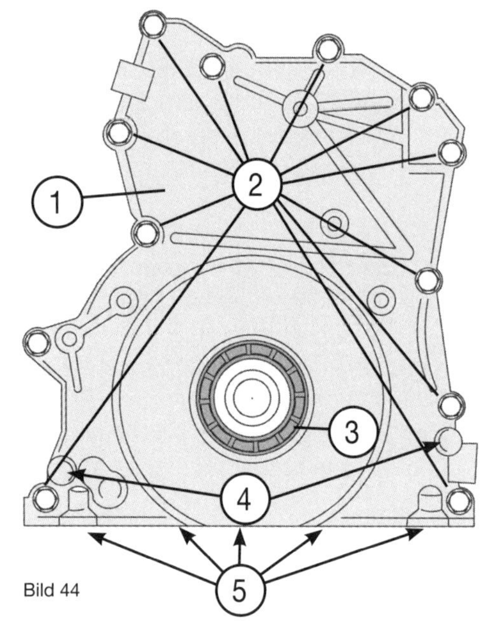

Bild 44

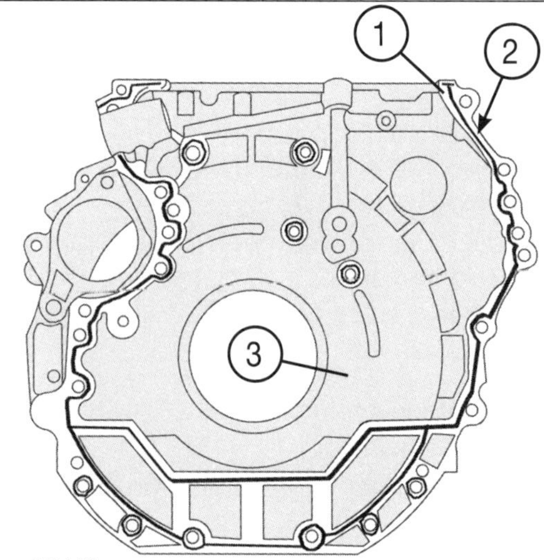

Bild 45

■ Reinigen Sie die Dichtflächen am Motorblock und an der Ölwanne gründlich.
■ Tragen Sie die Dichtmasse wie im Bild 46 gezeigt auf die Dichtflächen des Motorblocks und der oberen Ölwanne auf.
■ Setzen Sie den Steuergehäusedeckel vorsichtig auf und drehen Sie die beiden unteren Schrauben (4 im Bild 46) von vorne handfest in den Motorblock ein.
■ Setzen Sie die Passhülse (DB 642 58 00 14 00) in den Steuergehäusedeckel ein. Sie sorgt für die genaue Positionierung der Bohrung des Wellendichtringes zur Kurbelwelle.
■ Montieren Sie die restlichen Schrauben (2 und 5 im Bild 44) und ziehen Sie sie mit dem passenden Drehmoment an.

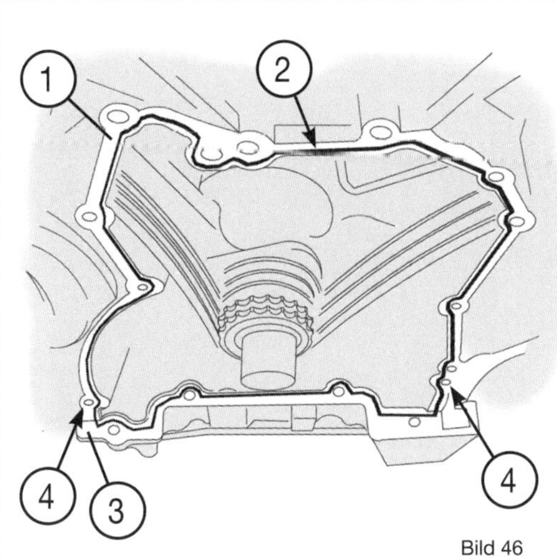

Bild 46

Bild 46
Dichtflächen am Steuergehäusedeckel OM642.
1 Dichtfläche Motorblock
2 Dichtmittelraupe 1,5 mm bis 2,0 mm
3 Dichtfläche Ölwannenoberteil
4 Position der unteren Schrauben im Motorblock

■ Bauen Sie den Ansaugtrichter der Ölpumpe wieder an.
■ Montieren Sie das Ölwannenunterteil wieder.
■ Montieren Sie einen neuen Wellendichtring zur Kurbelwelle.

Die weitere Montage erfolgt sinngemäß in umgekehrter Reihenfolge.

Wechsel der Spann- und Gleitschienen
■ Stellen Sie den Motor, wie bereits beschrieben, auf die OT-Stellung des 1.-Zylinders.
■ Demontieren Sie beide Ventildeckel.
■ Lösen Sie die drei Schrauben der Steuerkettenzahnräder (rechte Zylinderbank Einlassnockenwelle, linke Zylinderbank Auslassnockenwelle).
■ Bauen Sie das Ölfiltergehäuse ab.
■ Demontieren Sie die Kraftstoffhochdruckpumpe.
■ Bauen Sie den Steuergehäusedeckel aus.

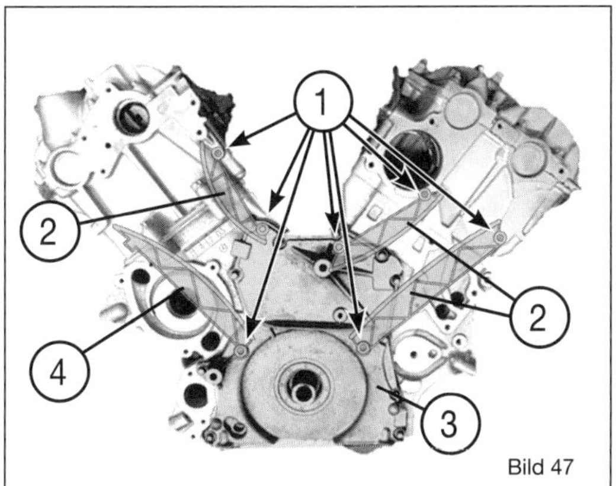

Bild 47

Bild 47
Führungs- und Spannschienen am OM642.
1 Lagerbolzen
2 Führungsschienen
3 Steuerkastendeckel
4 Spannschiene

■ Demontieren Sie die Steuerkettenräder und nehmen Sie die Steuerkette von den Steuerkettenrädern ab und aus dem Motor heraus.
■ Ziehen Sie die Gleitschienenbolzen (1 im Bild 47) aus den Zylinderköpfen heraus.
■ Ziehen Sie die Gleitschienenbolzen (1 im Bild 47) im Bereich des Steuerkastendeckels heraus.
■ Nehmen Sie die Spannschiene (4) und die Führungsschienen (2) nach unten heraus.

Tipp: Für den Ausbau der unteren Führungsschiene müssen Sie den Kettenspanner für die Antriebskette der Ölpumpe nach oben drücken.

Die Montage erfolgt sinngemäß in umgekehrter Reihenfolge.

Kettenspanner am OM642
Der Steuerkettenspanner ist in Fahrtrichtung rechts vorne am Motor verbaut. Um ihn erreichen zu können, müssen Teile des Abgasrückführungssystems demontiert werden.
■ Schalten Sie die Zündung aus und ziehen Sie den Schlüssel ab.
■ Klemmen Sie die Masseleitung der Batterie ab.
■ Bauen Sie die untere und die obere Motorraumverkleidung ab.
■ Demontieren Sie den Ladeluftschlauch zum Ladeluftkühler.
■ Bauen Sie den Halter am Drosselklappengehäuse ab und legen Sie die Anschlusskabel frei.
■ Ziehen Sie den Anschlussstecker zum Drosselklappengehäuse ab und legen Sie ihn aus dem Arbeitsbereich heraus.
■ Demontieren Sie die Lüfterhaube.
■ Bauen Sie die Abgasrückführungsleitung vom AGR-Ventil ab.
■ Demontieren Sie das Mischrohr vom Ansauggehäuse.
■ Bauen Sie den Halter vor dem Steuerkettenspanner aus.
■ Bauen Sie den Steuerkettenspanner aus.

Tipp: Fangen Sie austretendes Restöl mit einem saugfähigen Lappen auf.

Nockenwellensensor aus- und einbauen

Der Nockenwellensensor ist bei allen Motoren im Ventildeckel verbaut. Die Montage-

Bild 48
Axialspielmessung an der Nockenwelle.
1 Nockenwelle
2 Zylinderkopf
3 Messuhrhalter
4 Messuhr
5 Spielprüfung

arbeiten unterscheiden sich nicht wesentlich. Wir stellen Ihnen an dieser Stelle eine allgemeingültige Montageanleitung zur Verfügung.

- Schalten Sie die Zündung aus und ziehen Sie den Schlüssel ab.
- Demontieren Sie die Abdeckung über dem Motor.
- Betätigen Sie die Steckerraste und ziehen Sie den Steckkontakt am Nockenwellensensor ab.
- Drehen Sie die Schraube am Nockenwellensensor heraus.
- Ziehen Sie den Nockenwellensensor gerade aus dem Ventildeckel heraus.

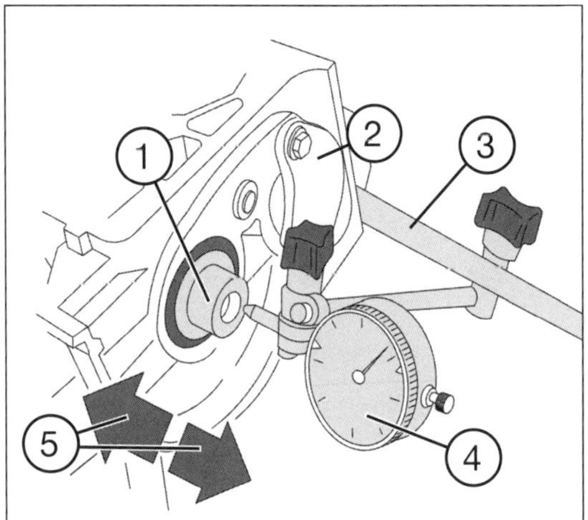

Bild 48

Der Einbau erfolgt sinngemäß in umgekehrter Reihenfolge.

- Erneuern Sie den Dichtring am Nockenwellensensor.
- Lesen Sie den Fehlerspeicher aus.

Prüfungen an der Nockenwelle

Vor der Montage und nach der Reinigung sollten Sie die Nockenwellen, die Lager und das Spiel der Lager prüfen.

Axialspiel der Nockenwelle

- Bauen Sie wie im Bild 48 gezeigt eine Messuhr und einen Messuhrhalter auf.
- Legen Sie die Nockenwelle ohne die Ventilbetätigung (Kipp- oder Schlepphebel oder auch ohne Hydrostößel) in die Lagerstellen ein.
- Drehen Sie die Schrauben der Nockenwellenlagerböcke, wie bereits beschrieben, in mehreren Stufen gleichmäßig an.
- Richten Sie die Messuhr mit etwa 2 mm Vorspannung ein und stellen Sie die Außenskala auf null.
- Verschieben Sie die Nockenwelle in Achsenrichtung.
- Erfassen Sie das Spiel der Nockenwelle in Achsenrichtung. Ein Axialspiel bis 0,10 mm ist zulässig.

Optische Kontrolle der Lagerstellen

- Kontrollieren Sie alle Lagerstellen der Nockenwelle im Zylinderkopf und auch an der Nockenwelle auf Schäden wie Klemmspuren und Grate (Bild 49).
- Liegen Beschädigungen vor, müssen die entsprechenden Bauteile ersetzt werden.

Bild 49
Eingelaufene Nockenwelle.

Bild 49

Kontrolle der Tassenstößel und der Nockenflanken

- Ziehen Sie jeden Hydrostößel aus seiner Bohrung im Zylinderkopf heraus und prüfen Sie die Leichtgängigkeit im Zylinderkopf und auf mögliche Klemm- oder Fressspuren.
- Achten Sie auf der Stößelfläche auf mögliche Schäden oder Verschleißspuren.

⚠ Die Tassenstößel müssen grundsätzlich in der alten Position verbaut werden.

- Kontrollieren Sie die Nockenflanken auf Verschleißspuren oder Grate.
- Liegen Beschädigungen vor, müssen die entsprechenden Bauteile ersetzt werden.

Kontrolle des Ventilspiels

Die Motoren im Vito/Viano sind alle mit hydraulischen Ventilspiel-Ausgleichs-Elementen (kurz Hydrostößel) ausgerüstet. Rasselnde Geräusche können von der Steuerkette, dem Steuerkettenspanner und natürlich auch von den Hydrostößeln verursacht werden. Das Ventilspiel ist nicht einstellbar.

Demontage des Zylinderkopfes

Warnende Anzeichen beachten

Vor dem Zerlegen sollten Sie grundsätzlich sicherstellen, dass der Fehler auch durch die Zylinderkopfdichtung oder den Zylinderkopf verursacht wird. Druck und Gasbildung können auch leicht durch eine defekte Wasserpumpe oder einen Thermostat verursacht werden. Vor der aufwendigen Montage sollte immer eine genaue Untersuchung der umliegenden Systeme erfolgen. Ein Kühlmitteldrucktester und auch ein CO_2-Tester können hier hilfreich sein.

Sehr anspruchsvolle Reparaturarbeit

Bereits bei den genannten ersten Anzeichen ist es also ratsam, den Zylinderkopf abzubauen, prüfen zu lassen und die Dichtung zu wechseln. Diese Arbeit gehört zu den anspruchsvolleren Arbeiten der Motorreparatur. Es sind zahlreiche Baugruppen der Motorperipherie zu demontieren. Der Zusammenbau muss mit äußerster Sorgfalt erfolgen, um nicht etwa dann erst kapitale Schäden zu verursachen.

Es gibt ein allgemeingültiges Schema zum Aus- und Einbau des Zylinderkopfes, dem auch wir hier folgen und dabei auf motorspezifische Ergänzungen eingehen. Orientieren Sie sich an der Beschreibung der jeweiligen Motoren.

- Der Motor darf höchstens handwarm sein, sonst kann sich der Zylinderkopf verziehen.
- Die Kolben dürfen, falls nicht anders gefordert, nicht im OT stehen.
- Vor Ausbau des Kühlmitteltemperaturgebers muss Druck vom Kühlsystem abgebaut werden.
- O-Ringe an Geber und Zylinderkopfdichtung sind immer zu ersetzen.
- Nach dem Ersetzen der Zylinderkopfdichtung müssen wie nach dem Wechsel des Zylinderkopfes das Kühlmittel und das Motoröl erneuert werden.
- Den ausgebauten Zylinderkopf nur auf einer Schaumstoffunterlage ablegen, da die Glühkerzen (soweit sie aus dem Zylinderkopf herausragen) beschädigt werden können.
- Den ausgebauten Zylinderkopf mit Haarlineal und Fühlerblattlehre an mehreren Stellen auf Verzug prüfen.
- Vor dem Einbauen kontrollieren, ob beide Passhülsen zur Zentrierung des Zylinderkopfs am Zylinderblock vorhanden sind.
- Beim Lösen und auch beim Einbau der Zylinderkopfschrauben ist die vorgegebene Reihenfolge unbedingt zu beachten.

Vorbereitung für alle Motoren

- Lesen Sie den Fehlerspeicher aus und sichern Sie die möglichen Einträge.
- Schalten Sie die Zündung aus und ziehen Sie den Zündschlüssel ab.
- Klemmen Sie die Batterie ab.
- Fahrzeug mit der Hebebühne anheben.
- Lassen Sie das Kühlmittel ab.

Fahrzeug zwischen den Hebebühnensäulen ausrichten und die vier Aufnahmeteller an den vom Fahrzeughersteller vorgeschriebenen Hebebühnenaufnahmepunkten platzieren.

Demontage des Zylinderkopfes (OM646)

Für diesen Arbeitsschritt sind wiederum einige Vorarbeiten notwendig. Um den Ablauf nicht mehrfach in unterschiedlichen Kapiteln zu schildern, werden Arbeitsbeschreibungen wie der Ausbau der Hochdruckpumpe zum Beispiel im Kapitel Gemischaufbereitung vorgestellt.

- Klemmen Sie die Masseleitung von der Batterie ab.
- Bauen Sie das Luftfiltergehäuse aus.
- Heben Sie das Fahrzeug an und lassen Sie das Kühlmittel ab.
- Drehen Sie die Schrauben im Abgaskrümmer zum Turbolader heraus.
- Demontieren Sie den Steller des AGR-Ventils.
- Den Ladeluftverteiler oder das Ladeluftverteiler-Oberteil ausbauen.
- Demontieren Sie die Abdeckung über dem Ventildeckel wie bereits beschrieben.
- Lösen Sie die Schellen der Kühlmittelschläuche am Thermostatgehäuse und ziehen Sie die Kühlschläuche ab.

Herauslaufendes Restkühlmittel mit einem geeigneten Lappen auffangen.

Fahrzeuge mit Partikelfilter:

- Bauen Sie den Temperaturfühler am Katalysator aus.

Weiter für alle Fahrzeuge:

- Entsichern Sie den Steckkontakt und zie-

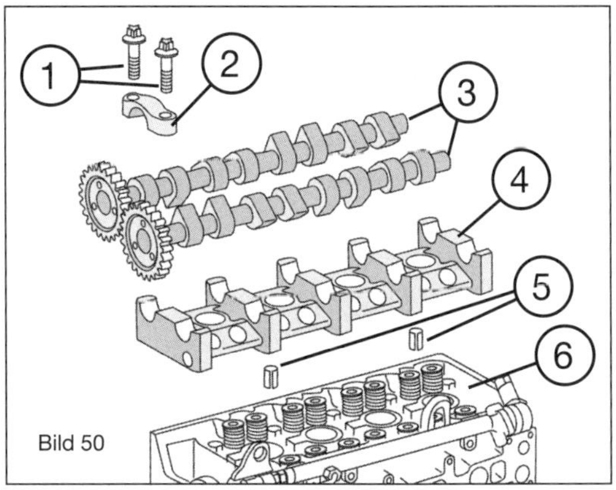

Bild 50

Bild 50
Bauteilübersicht Nockenwellen am OM646.
1 Schrauben
2 Nockenwellenlagerdeckel
3 Nockenwellen
4 Lagerbock
5 Passhülsen
6 Zylinderkopf

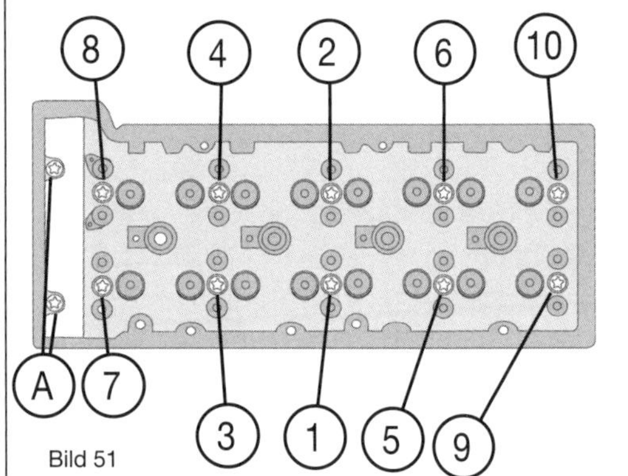

Bild 51

Bild 51
Schrauben des Zylinderkopfes am OM646.
1-10 Anzugsreihenfolge
10-1 Lösereihenfolge
A die Schrauben werden nach dem Anziehen der Schrauben 1-10 angezogen beziehungsweise vor dem Lösen der Schrauben 10-1 gelöst.

hen Sie den Steckkontakt zum Heizelement der Motorentlüftung ab.

- Demontieren Sie den Luftführungsschlauch zwischen Turbolader und Luftfilterkasten am Turbolader.
- Bauen Sie den Entlüftungsschlauch am Ölabscheider ab.
- Nehmen Sie den Entlüftungsschlauch und den Luftführungsschlauch heraus.
- Elektrische Steckverbindung am Zylinderkopf entsichern und trennen.

Markieren Sie die Steckerzugehörigkeit mit einem wasserfesten Stift.

- Demontieren Sie die Lecköleitungen an den Injektoren.
- Betätigen Sie die Bremse, um den Unterdruck abzubauen.
- Bauen Sie die Unterdruckpumpe aus.
- Demontieren Sie die Unterdruckleitungen am Druckspeicher.
- Legen Sie die Hauptunterdruckleitung aus dem Arbeitsbereich heraus.
- Bauen Sie die Hochdruckpumpe aus.
- Demontieren Sie den Halter und bauen Sie die Rücklaufleitung am T-Stück ab.
- Lösen Sie die Schrauben am Railrohr und nehmen Sie das Railrohr zusammen mit den Kraftstoffleitungen ab.
- Lösen Sie den elektrischen Leitungssatz am Zylinderkopf und legen Sie ihn aus dem Arbeitsbereich heraus.
- Bauen Sie die Injektoren aus. Die Arbeitsschritte hierzu werden wir im Kapitel 8 im Detail beschreiben.
- Lösen Sie das Kühlmittelrohr am Zylinderkopf.
- Drehen Sie die Schraube am Ölführungsrohr heraus und lösen Sie den elektrischen Leitungssatz am Ölführungsrohr.
- Ölvorlaufleitung des Abgasturboladers ausbauen.
- Demontieren Sie den Ventildeckel, wie bereits beschrieben.
- Prüfen Sie die Steuerzeiten, wie bereits beschrieben.
- Bauen Sie den vorderen Deckel am Zylinderkopf ab.
- Demontieren Sie das Zwischenrad der Hochdruckpumpe.
- Nockenwellen wie beschrieben ausbauen.
- Das Nockenwellengehäuse (4 im Bild 50) abnehmen.
- Die Zylinderkopfschrauben (10-1 im Bild 51) und Schrauben (A) stufenweise lösen und herausdrehen.
- Zylinderkopf abbauen.
- Zylinderkopfdichtung abnehmen.

Die Montage erfolgt sinngemäß in umgekehrter Reihenfolge.

- Die Gewindebohrungen der Zylinderkopfschrauben am Kurbelgehäuse reinigen.
- Die Stiftschrauben des Abgaskrümmers am Zylinderkopf links auf Beschädigung prüfen.
- Zylinderkopfschrauben prüfen.
- Den Zylinderkopf und das Kurbelgehäuse auf Beschädigungen prüfen.
- Anziehschema (Bild 51) und Anziehvorschriften der Zylinderkopfschrauben beachten, da es sonst zum Verzug des Zylinderkopfes kommen kann.

Demontage des Zylinderkopfes (OM651)

- Bauen Sie Motor und Getriebe aus.
- Bauen Sie den Ventildeckel (Zylinderkopfhaube) wie bereits beschrieben ab.
- Demontieren Sie das Kraftstoffrail.
- Bauen Sie den Kühlerlüfter aus.
- Demontieren Sie den Halter des Luftfiltergehäuses.

■ Trennen Sie die elektrischen Steckverbindungen am Zylinderkopf und ziehen Sie den Steckkontakt des Temperatursensors vor dem Abgasturbolader ab.
■ Bauen Sie die Aufhängeöse für die Motordemontage vorne ab.
■ Demontieren Sie den Ölmessstab mit seinem Führungsrohr.
■ Bauen Sie den AGR-Kühler aus.
■ Demontieren Sie das Abgasführungsrohr zum AGR-Ventil.
■ Bauen Sie die Ladeluftleitungen ab.
■ Drehen Sie die Schrauben heraus und legen Sie die Kraftstoffleitungen aus dem Arbeitsbereich heraus.
■ Bauen Sie das Magnetventil ab und legen Sie es mit angeschlossenen Leitungen aus dem Arbeitsbereich heraus.
■ Demontieren Sie den Halter für die Kraftstoffleitungen am Zylinderkopf.
■ Bauen Sie den Kraftstofffilter aus dem Halter aus.
■ Lösen Sie die Steckverbindungen an den Anbauteilen des Zylinderkopfs und legen Sie die Anschlusskabel frei.
■ Demontieren Sie den Unterdruckschlauch zur Membrandose der Bypassklappe.
■ Klemmen Sie die Anschlüsse am AGR-Steller ab und bauen Sie ihn aus.
■ Bauen Sie den Sensor im Ladeluftrohr mit seinem Halter ab.
■ Ziehen Sie den Anschluss zur Einlasskanalabschaltung ab.
■ Bauen Sie die Glühkerzen aus.

Tipp: Legen Sie die Glühkerzen in Montagereihenfolge ab.

■ Bauen Sie den Kühlmittelthermostat aus.
■ Demontieren Sie die Hochdruckleitung zwischen Hochdruckpumpe und Rail.
■ Bauen Sie die Aufhängeöse für die Motordemontage hinten ab.
■ Ziehen Sie die Leckölleitung ab und befestigen sie außerhalb des Arbeitsbereiches.
■ Demontieren Sie den Kettenspanner wie bereits beschrieben.
■ Bauen Sie das Hitzeschutzblech über dem Abgaskrümmer ab.
■ Drehen Sie die Schrauben des Abgaskrümmers zum Turbolader heraus.
■ Bauen Sie den Halter vorne am Zylinderkopf ab.
■ Bauen Sie die Nockenwellen wie bereits beschrieben aus.

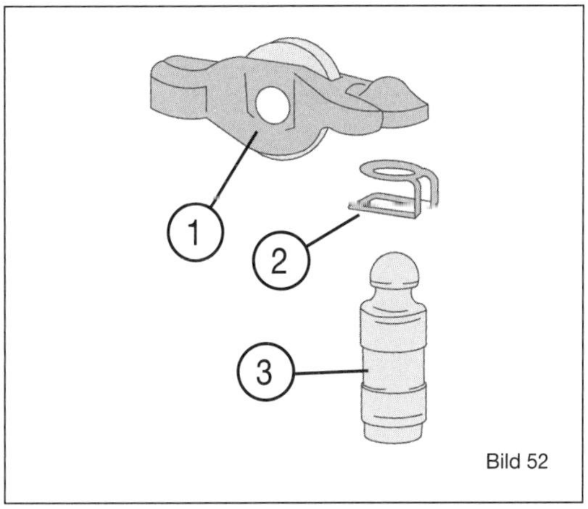

Bild 52
Aufbau des Ventilspielausgleichselements.
1 Schlepphebel
2 Halteklammer
3 Hydrostößel

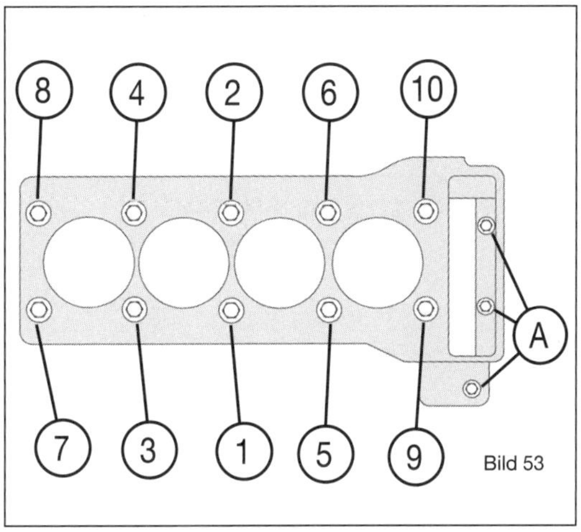

Bild 53
Schrauben des Zylinderkopfes am OM651.
1-10 Anzugsreihenfolge
10-1 Lösereihenfolge
A die Schrauben werden nach dem Anziehen der Schrauben 1-10 angezogen beziehungsweise vor dem Lösen der Schrauben 10-1 gelöst

■ Ziehen Sie die Rollenschlepphebel zusammen mit den Hydrostößeln nach oben heraus (Bild 52).

Tipp: Legen Sie die Rollenschlepphebel mit den Hydrostößeln in der Montagereihenfolge ab.

■ Drehen Sie die Schrauben (A im Bild 53) heraus.
■ Drehen Sie die Zylinderkopfschrauben in der Reihenfolge (10-1 im Bild 53) heraus.
■ Lösen Sie den Zylinderkopf und nehmen Sie ihn mit dem Abgaskrümmer und dem Ansaugrohr (Ladeluftverteiler) ab.
■ Legen Sie den Zylinderkopf auf einer weichen Ablage ab.

Die Montage erfolgt sinngemäß in umgekehrter Reihenfolge.
■ Reinigen Sie die Gewindebohrungen im Motorblock.
■ Reinigen Sie die Dichtflächen vorsichtig und gründlich.
■ Prüfen Sie die Dichtflächen des Zylinderkopfes und des Motorblocks auf Beschädigungen.

■ Prüfen Sie den Zylinderkopf auf Beschädigungen. Im Zweifelsfall lassen Sie ihn auf Dichtigkeit prüfen.
■ Verwenden Sie neue Zylinderkopfschrauben.
■ Führen Sie einen Ölwechsel durch.
■ Prüfen Sie die Dichtigkeit des Motors und der Anbauteile.

Demontage des Zylinderkopfes (OM642)

Für den V6 steht die Montagearbeit sogar für zwei Zylinderköpfe an. Wir werden die Arbeitsschritte für beide im Detail vorstellen.

Demontage des Zylinderkopfes links:
■ Den Ladeluftverteiler (Ansaugrohr) ausbauen.
■ Bei Automatik-Fahrzeugen das Einfüllrohr am rechten Zylinderkopf abbauen.
■ Das Ölfiltergehäuse ausbauen.
■ Demontieren Sie die Kraftstoffrücklaufleitung.
■ Die Hochdruckpumpe ausbauen.
■ Nockenwellen im Zylinderkopf links wie beschrieben ausbauen.
■ Alle hydraulischen Ventilspiel-Ausgleichselemente im Zylinderkopf links (1-3 im Bild 52) nach oben herausziehen.
■ Die Schrauben herausdrehen und das Wärmeschutzblech über dem Krümmer abbauen.

Beachten Sie die unterschiedlichen Größen der Schrauben.

■ Die Schraube herausdrehen und die Kraftstoffleitungen zur Seite legen.
■ Den Halter abbauen.
■ Den Gleitschienenbolzen am Zylinderkopf links ausbauen.
■ Die Zylinderkopfschrauben in der Reihenfolge (A, 8-1 im Bild 54) bei abgekühltem Motor stufenweise lösen und herausdrehen.
■ Den Zylinderkopf links und die Zylinderkopfdichtung vom Kurbelgehäuse abbauen.
■ Die Zylinderbohrungen und die Trennfläche am Kurbelgehäuse abdecken.

Die Montage erfolgt sinngemäß in umgekehrter Reihenfolge.
■ Die Gewindebohrungen der Zylinderkopfschrauben im Kurbelgehäuse reinigen.
■ Die Stiftschrauben des Abgaskrümmers am Zylinderkopf links auf Beschädigung prüfen.
■ Zylinderkopfschrauben erneuern.
■ Den Zylinderkopf links und das Kurbelgehäuse auf Beschädigungen prüfen.

Das Anziehschema (Bild 54) und Anziehvorschriften der Zylinderkopfschrauben beachten, da es sonst zum Verzug des Zylinderkopfes kommen kann.

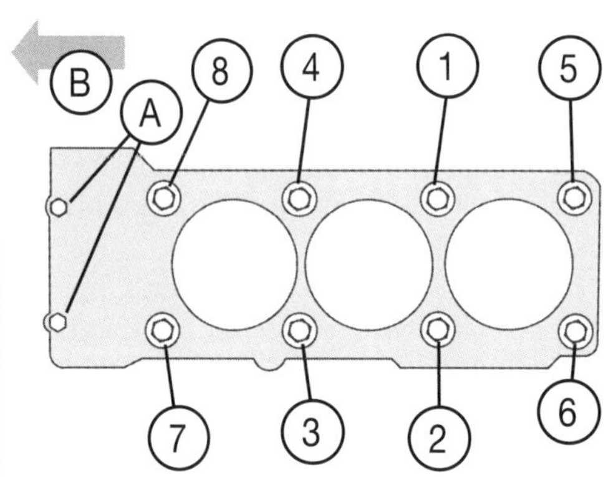

Bild 54

Bild 54
Schrauben des linken Zylinderkopfes am OM642.
1-8 Anzugsreihenfolge
8-1 Lösereihenfolge
A Die Schrauben werden nach dem Anziehen der Schrauben 1-8 angezogen beziehungsweise vor dem Lösen der Schrauben 8-1 gelöst
B Fahrtrichtung

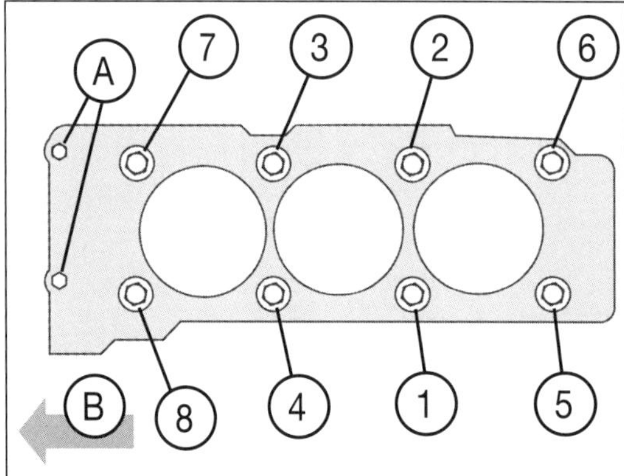

Bild 55

Bild 55
Schrauben des rechten Zylinderkopfes am OM642.
1-8 Anzugsreihenfolge
8-1 Lösereihenfolge
A Die Schrauben werden nach dem Anziehen der Schrauben 1-8 angezogen beziehungsweise vor dem Lösen der Schrauben 8-1 gelöst
B Fahrtrichtung

Demontage des Zylinderkopfes rechts:
■ Das AGR-Mischgehäuse auf der Vorderseite des Motors ausbauen.
■ Den Ladeluftverteiler (Ansaugrohr) demontieren.
■ Die Abgasrückführung ausbauen.
■ Den Motorleitungssatz am Halter abbauen.
■ Den Halter der Abgasrückführung am Zylinderkopf rechts abbauen.
■ Die Masseleitung am Zylinderkopf rechts abbauen.
■ Den Halter des Abgasrohres am Zylinderkopf rechts abbauen.
■ Den Abgaskrümmer vom Zylinderkopf rechts abbauen und nach unten aus dem Arbeitsbereich herauslegen.

■ Die Nockenwellen im Zylinderkopf rechts wie bereits beschrieben ausbauen.
■ Das hydraulische Ventilspiel-Ausgleichselement im Zylinderkopf rechts ausbauen.
■ Die Schraube des Halters herausdrehen.
■ Die elektrischen Steckverbindungen an der Glühendstufe trennen und die Glühendstufe mit dem Halter ausbauen.
■ Die elektrischen Steckverbindungen an den Glühkerzen trennen und Motorleitungssatz am Zylinderkopf rechts frei legen.
■ Die Gleitschienenbolzen am Zylinderkopf rechts (siehe 1 im Bild 47) ausbauen.
■ Die Zylinderkopfschrauben in der Reihenfolge (A, 8-1 im Bild 55) bei abgekühltem Motor stufenweise lösen und herausdrehen.
■ Den Zylinderkopf rechts und die Zylinderkopfdichtung vom Kurbelgehäuse abbauen.
■ Die Zylinderbohrungen und die Trennfläche am Kurbelgehäuse abdecken.

Die Montage erfolgt sinngemäß in umgekehrter Reihenfolge.
■ Die Gewindebohrungen der Zylinderkopfschrauben im Kurbelgehäuse reinigen.
■ Die Bolzen des Abgaskrümmers am Zylinderkopf rechts auf Beschädigung prüfen.
■ Zylinderkopfschrauben erneuern.
■ Den Zylinderkopf links und das Kurbelgehäuse auf Beschädigungen prüfen.

Das Anziehschema (Bild 55) und Anziehvorschriften der Zylinderkopfschrauben beachten, da es sonst zum Verzug des Zylinderkopfes kommen kann.

Kompressionsdruck prüfen

Die Prüfwerte des Kompressionsdrucks in den einzelnen Zylindern zeigen an, ob der Motor sich noch in einem guten mechanischen Zustand befindet oder ob er für einen Austausch reif ist, zumindest aber komplett überholt werden muss.

Zur Prüfung werden ein Kompressionsdruck-Prüfgerät, ein Zündkerzenschlüssel sowie ein Drehmomentschlüssel 5 bis 50 Nm benötigt.

Die Motoröltemperatur muss mindestens 30 °C und die Batteriespannung mindestens 11,5 V betragen.

Vorbereitung und Druckprüfung

■ Motorabdeckungen oben oder den Luftfilterkasten ausbauen, um den Zugang zu den Glühkerzen und den Anschlüssen zu den Glühkerzen zu ermöglichen.
■ Die Steckkontakte aller Glühkerzen abziehen und die Anschlusskabel zur Seite legen.
■ Alle Glühkerzen ausbauen.
■ Soweit erforderlich die Drossel- oder Abstellklappe im Ansaugtrakt öffnen. Der Luftansaugweg muss frei sein.
■ Den Kompressionsdruck mit Kompressionsdruck-Prüfgerät prüfen. Die Handhabung des Prüfgerätes ist in der jeweiligen Bedienungsanleitung beschrieben.
■ Den Anlasser so lange betätigen, bis kein Druckanstieg mehr vom Prüfgerät angezeigt wird. Der Höchstdruck sollte spätestens nach 12 bis 15 Umdrehungen erreicht sein.

Auswertung

■ Werten Sie die Schreiberkarte oder die Messergebnisse aus:

Der Druck sollte zwischen 23 und 30 bar liegen.

Der Druckunterschied zwischen einzelnen Zylindern (höchster und niedrigster) darf höchstens 3,0 bar betragen.
■ Fallen die Messergebnisse deutlich anders aus, sollte mittels Druckverlustprüfung

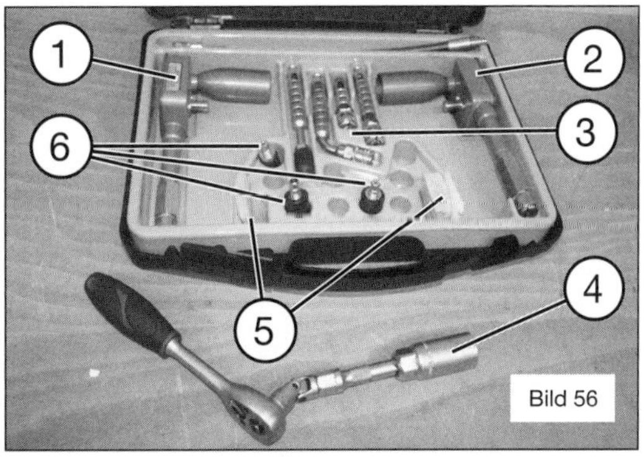

Bild 56

Bild 56
Kompressionsdruckschreiber.
1 Schreiber für Dieselmotoren
2 Schreiber für Ottomotoren
3 Verlängerungen
4 Knarre mit Kerzenschlüssel
5 Schreiberkarten für Otto- und Dieselmotoren
6 Dichtkonus für das Andrücken auf die Kerzenbohrungen im Zylinderkopf

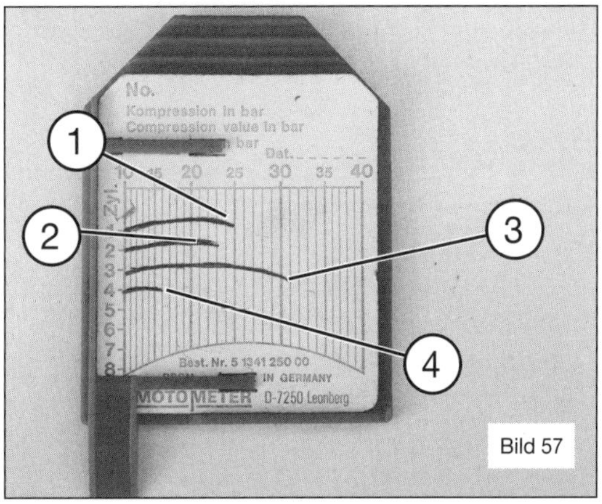

Bild 57

Bild 57
Auswertung des Schreiberkärtchens. Der gemessene Druck sollte bei etwa 23 - 30 bar liegen und zwischen den einzelnen Zylindern höchstens 1,5 bar abweichen.
1 Abgelesener Druck 25 bar
2 Abgelesener Druck 23 bar
3 Abgelesener Druck 32 bar
4 Abgelesener Druck 16 bar

die Undichtigkeit des Brennraums genauer lokalisiert oder der Motor für eine genauere Diagnose zerlegt werden.

Rückbau und in Betrieb setzen

- Glühkerzen mit dem Glühkerzenschlüssel einschrauben und mit dem richtigen Drehmoment festziehen.
- Der weitere Zusammenbau erfolgt sinngemäß in entgegengesetzter Reihenfolge zum Ausbau.
- Fehlerspeicher abfragen und ggf. vorhandene Fehler beheben, danach Fehlerspeicher löschen.

Druckverlusttest

Oft schon vergessen war er schon vor einigen Jahrzehnten bekannt. Da der Tester in den meisten Werkstätten nicht mehr oder kaum noch zum Einsatz kommt, lässt sich ab und an ein solches Gerät auch von Bosch schon mal günstig erstehen. 25 bis 150 Euro werden es dann meist. Auch mit diesem Gerät wird die Dichtheit des Zylinders bewertet. Nur dass nicht der Motor den Druck aufbringt, sondern der Motor mit Luftdruck aus dem Tester beaufschlagt wird. Undichtheiten können nun zum einen zahlenmäßig erfasst und zum anderen »erhört« werden. Die Diagnose fällt deshalb deutlich präziser aus als das Ergebnis des Kompressionstests.

Vorbereitung

- Bauen Sie alle Glühkerzen aus.
- Schalten Sie die Zündung aus.
- Prüfen Sie, ob die Steuerzeiten in Ordnung sind.
- Schließen Sie den Druckverlustprüfer an die Druckluftversorgung Ihrer Werkstatt an.
- Stimmen Sie den Druckschreiber auf den Kompressordruck Ihrer Werkstatt ab.
- Wählen Sie den passenden Gewindeadapter und den Anschlussschlauch für den Druckverlusttest aus.
- Stellen Sie Radio und andere Lärmquellen ab.
- Verdrehen Sie den Motor so weit, bis er am Ende des Verdichtungstaktes oder am Anfang des Arbeitstaktes steht.
- Ertasten Sie vorsichtig den Kolbenboden mit einem OT-Finder (Bild 60) und verdrehen Sie den Motor bis zu Zünd-OT.

Bild 58
Druckverlusttest am Motor. Verlustwert und Verlustort werden festgestellt.

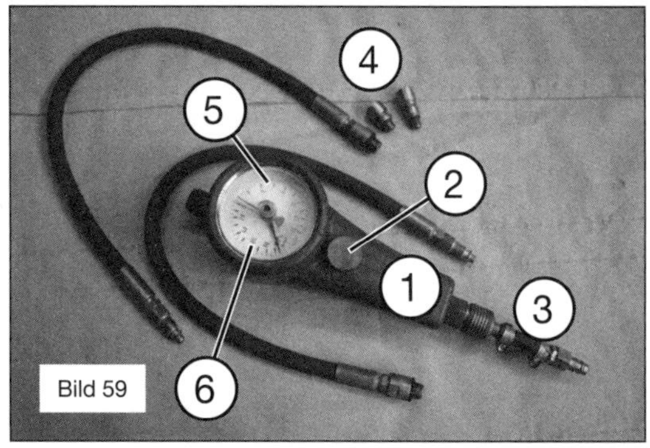

Bild 59
Meist recht günstig zu ersteigern: der Druckverlustprüfer.
1 Gehäuse
2 Einstellrad für Druckangleich
3 Anschlussschlauch Druckluftnetz
4 Prüfanschluss
5 Messuhr Kompressionsdruck
6 Messuhr Kompressionsdruck

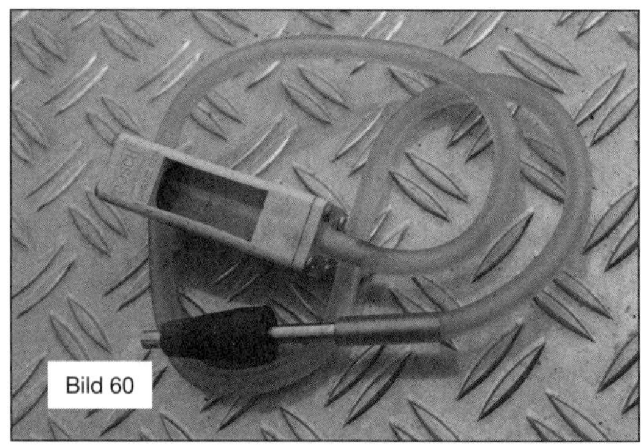

Bild 60
Der OT-Finder. Auf dem Weg nach OT verdrängt der Kolben Luft und schiebt den Anzeigekolben im Gerät nach oben. Fällt er schlagartig ab, wurde der OT-Punkt überschritten.

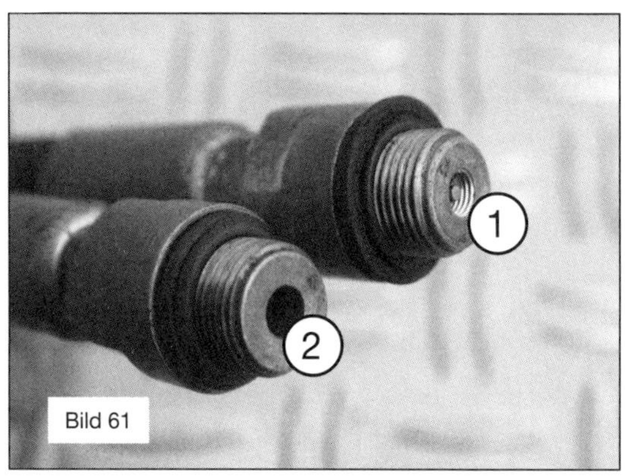

Bild 61
Nicht verwechseln: Mit Ventil (1) ist er für den Kompressionstest gerüstet, ohne Ventil (2) für den Druckverlusttest.

- Blockieren Sie den Motor (Gang einlegen, Handbremse anziehen). Sollten Sie den Motor mit einem passenden Schlüssel auf der Kurbelwelle festhalten wollen, achten Sie darauf, dass sich der Motor verdrehen kann, sobald der Prüfdruck des Testers auf dem Kolben lastet. Er erzeugt ein nicht unbedeu-

Bild 62

Bild 63

Bild 62
Druckverlust problematisch.

Bild 63
Druckverlust in Ordnung.

tendes Drehmoment, das Sie eventuell nicht von Hand halten können.

Es besteht Verletzungsgefahr an den Händen durch Abrutschen des Werkzeugs oder Klemmen!

Messung/Prüfung

- Führen Sie den Anschlussschlauch des Druckverlusttesters zuerst in das Glühkerzenloch des 1. Zylinders ein.
- Kuppeln Sie den Messschlauch an das Messgerät an.
- Werten Sie jeden Zylinder einzeln wie unten beschrieben aus.
- Wiederholen Sie diesen Vorgang nun für alle Zylinder des Motors, Auswertung (Bilder 62 und 63).
- Notieren Sie den angezeigten Druckverlust für jeden Zylinder einzeln.

Ein Druckverlust beim 4-Takt-Hubkolbenmotor ist bis zu 15 % zulässig. Über 15 % muss die Ursache gesucht werden.

- Drehen Sie den Öldeckel ab und achten Sie auf Zischgeräusche aus dem Motorblock.
- Legen Sie den Kopf auf den Luftfilter oder besser noch, entfernen Sie den Luftfilter und hören Sie, ob Zischgeräusche aus dem Ansaugtrakt wahrnehmbar sind.
- Kontrollieren Sie auch am Auspuff, ob hier ein Luftstrom oder ein Zischgeräusch hörbar ist.

Beschreibung (Bild 62)	**Toleranz**	**Ursache**
Druckverlust zu groß: Zischgeräusch am Ansaugtrakt feststellbar, keine Zischgeräusche am Auspuff feststellbar.	Bis 15 % sind zulässig.	Einlassventil nicht sauber geschlossen, Einlassventil undicht, Einlassventil beschädigt; Steuerzeiten stimmen nicht, Motor steht nicht im Zünd-OT (Arbeitstakt).
Druckverlust zu groß: Zischgeräusche am Auspuff feststellbar, keine Zischgeräusche am Ansaugtrakt feststellbar.	Bis 15 % sind zulässig.	Auslassventil nicht sauber geschlossen, Auslassventil undicht, Auslassventil beschädigt, Steuerzeiten stimmen nicht, Motor steht nicht im Zünd-OT (Arbeitstakt).
Druckverlust zu groß: Zischgeräusche am Auspuff feststellbar, Zischgeräusche am Ansaugtrakt feststellbar.	Bis 15 % sind zulässig.	Beide Ventile nicht sauber geschlossen, beide Ventile undicht, beide Ventile beschädigt; Steuerzeiten stimmen nicht, Motor steht nicht im Zünd-OT (Arbeitstakt).
Druckverlust zu groß: keine Zischgeräusche am Auspuff feststellbar, keine Zischgeräusche am Ansaugtrakt feststellbar.	Bis 15 % sind zulässig.	Druckverlust über Kolben und Zylinder, Kolben und/oder Kolbenringe verschlissen oder defekt, Zylinderkopfdichtung defekt (während der Prüfung »blubbert« der Ausgleichsbehälter).

Verschleißmessung am Motor

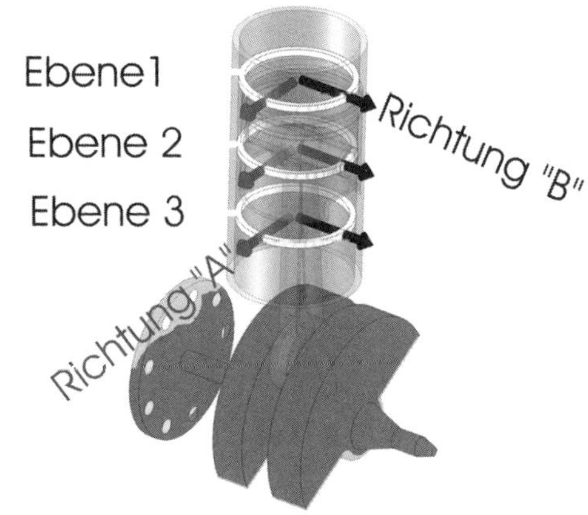

Bild 64

Bild 64
Messebenen und Messrichtungen am Zylinder.

Zugegeben, in der heutigen Zeit werden diese Arbeiten nur noch selten durchgeführt. Es ist aber nicht so, dass man die Verschleißmessung am Motor nicht mehr benötigen würde. Vielmehr wird sie oft aus Zeitgründen nicht mehr durchgeführt.

Im privaten Bereich legen wir nun aber eher Wert auf eine kostengünstige Reparatur und möchten gerne den Zustand unseres Gefährtes sicher dokumentieren. Sollten Sie den Motor einmal so weit zerlegt haben oder sind auf der Suche nach erhöhtem Ölverbrauch des Motors, können Sie, nachdem Zylinderkopf und Kolben demontiert wurden, den Motorblock ausmessen. Oftmals ist der Kolbenausbau auch am eingebauten Motor realisierbar. Schließlich müssen wir lediglich die Ölwanne abnehmen können, um die Pleuellager abschrauben zu können. Ob und wie weit die Laufleistung oder auch ungünstige Betriebszustände dem Motor zugesetzt haben, muss mit einigen einzelnen Messungen kontrolliert werden. Für die Messungen werden ein Innenmessgerät mit Innentaster, eine Messuhr, ein Messschieber, eine Fühlerlehre sowie eine Bügelmessschraube benötigt. Die Messung beschreibt den Zustand von Zylinder und Kolben. Das Zusammenspiel dieser Bauteile wird durch die Auswertung der Messergebnisse bewertet.

Messungen am Zylinder

Vorbereitung der Messungen:

- Demontieren Sie den Zylinderkopf.
- Reinigen Sie Zylinderlaufbahn und Kolben.
- Messen Sie mit Hilfe des Messschiebers den Zylinderdurchmesser. Legen Sie anhand dieses Maßes fest, welche Adaptionsstücke in das Innenmessgerät eingebaut werden müssen.
- Montieren Sie das ausgewählte Adaptionsstück am Innenmessgerät.
- Führen Sie die Messuhr in die Aufnahme ein. Festgezogen wird sie aber erst, nachdem die Voreinstellung durchgeführt wurde.
- Richten Sie die Messuhr gerade in der Zylinderlaufbahn aus und stellen sie mit einer Vorspannung von 2 mm fest.
- Richten Sie das Grundmaß (entweder das mit dem Messschieber ermittelte und gerundete oder ein vom Hersteller angegebenes) mit der Bügelmessschraube aus.
- Führen Sie die Feinjustierung des Innenmessgerätes durch.

Messungen:

- Als Nächstes wird nun das Innenmessgerät in den zu messenden Zylinder eingeführt. Die Messung der Zylinderbuchse soll den Verschleiß genau darstellen.

Da der Verschleiß im Zylinder in der Regel durch die unterschiedlichen Belastungszustände ungleichmäßig ausfällt, werden die Zylinder in zwei Richtungen und drei Ebenen beurteilt. Die Messrichtung wird in die Richtung »A« und »B« aufgeteilt, wobei »B« dann die Messung in Achsenrichtung der Kurbelwelle und »A« die Messung in Drehrichtung der Kurbelwelle darstellt.

Die Messhöhe nennt sich recht einfach »1«, »2« oder »3«. So wird ein sehr genaues Bild des Zylinderverschleißes dargestellt.

- Zuerst einmal sollten alle Messungen in der Richtung »A« gemacht und in das Auswertungsblatt eingetragen werden.

Erst dann werden die Messungen in der Richtung »B« durchgeführt und eingetragen. Das erspart das mehrmalige Einsetzen des Innenmessgerätes in den Zylinder.

- Führen Sie die Messung in Richtung »A« durch und tragen Sie diese ins Auswerteblatt ein.
- Führen Sie die Messungen in der Richtung »B« durch und tragen Sie diese in das Auswerteblatt ein.

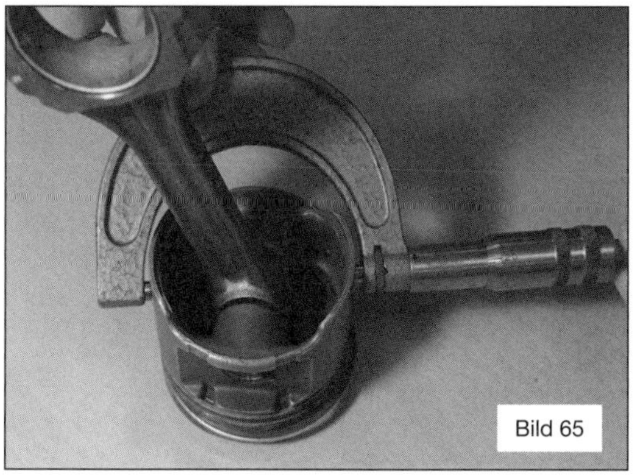

■ Werte, die über das Grundmaß gehen, werden als »+«-Wert eingetragen.

Werte, die das Grundmaß unterschreiten, werden in der Tabelle als »-«-Wert geführt. Diese Praxis spart viel Rechnerei und somit auch mögliche Fehlerquellen ein.

Messungen am Kolben
Nachdem die Messungen festgehalten wurden, werden nun die Kolben gemessen. Die Bügelmessschraube ist nun noch auf das Grundmaß des Zylinders eingestellt.

■ Sie muss nun etwas geöffnet werden. Die Messungen werden grundsätzlich 90° versetzt zur Kolbenbolzenachse durchgeführt.
■ Die Messung erfolgt nach Herstellerangaben am Kolbenhemd. Bei den meisten Herstellern liegt diese Messhöhe bei ca. 1,5 cm vom Hemdende, also vom unteren Ende des Kolbens.
■ Auch hier werden die Messergebnisse im Messprotokoll unter dem Begriff Kolbendurchmesser notiert.

Kolben und Ölabstreifringe:

Neben dem Verschleiß am Kolbenhemd können auch die Kolbenringe beziehungsweise die Ölabstreifringe sowie die Ringnuten im Kolben verschleißen. Durch die Bewertung der Kolbenringe mit Stoß- und Höhenspiel kann hier eine ausreichend genaue Aussage über den Zustand der Bauteile getroffen werden.

Höhenspiel prüfen (66):

Der Kolbenring dichtet den Kolben zum Zylinder ab. Er schleift bei jeder Kolbenbewegung an der Zylinderwand entlang. Zwar wird er durch das Motoröl geschmiert, Verschleiß entsteht dennoch. Der Verschleiß der Kolbenringe muss also auch beachtet und vermessen werden.

■ Nun wird der Kolbenring in die Ringnut eingelegt.
■ Mit Hilfe der Fühlerlehre wird nun geprüft, wie groß das Spiel des Kolbenrings nach oben und unten ist.
■ Die Messwerte werden natürlich auch im Auswertebogen festgehalten.

Stoßspiel prüfen (Bild 67):
Mit dieser Prüfung wird der Verschleiß des Kolbenringes selbst geprüft.

■ Zuerst einmal muss der Kolbenring genau gerade in den Zylinder eingesetzt werden.
■ Liegt der Kolbenring wie gezeigt im Zylinder, wird nun wiederum mit der Fühlerlehre das Spaltmaß zwischen den beiden Kolbenringenden gemessen.
■ Auch hier muss ein Maß aus den Herstellerunterlagen herausgesucht werden. Über den Daumen darf dieses Maß nicht größer als 1 mm ausfallen.

Auswertung Zylinder und Kolben

Die Messung ist der eine Teil, die Auswertung der Ergebnisse ist aber mindestens genauso wichtig.

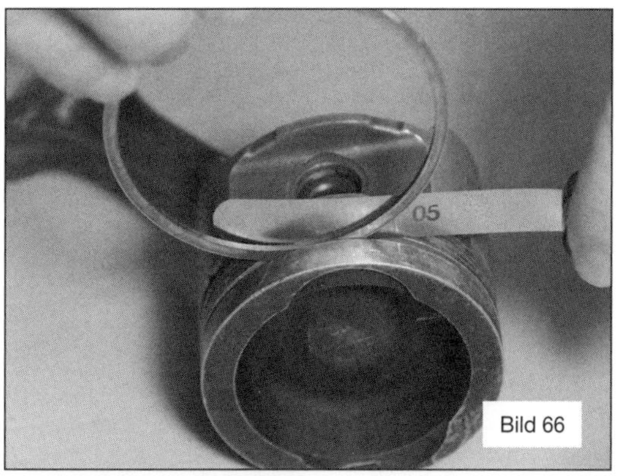

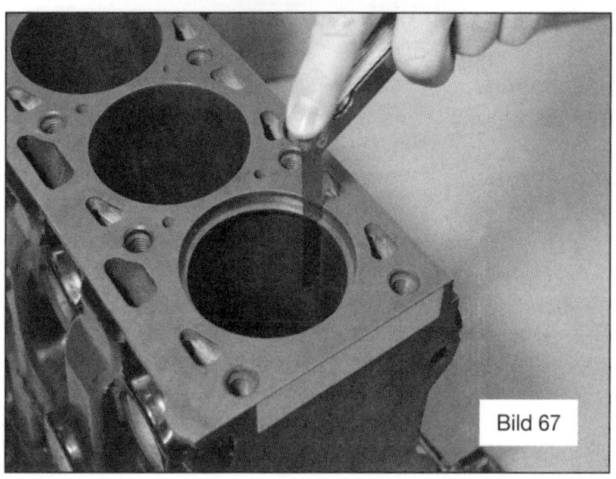

Bild 65
Messung des Kolbendurchmessers.

Bild 66
Höhenspielmessung am in die Ringnut eingelegten Kolbenring.

Bild 67
Stoßspielmessung am im Zylinder gerade eingelegten Kolbenring.

Nachdem nun die Ergebnisse aus den Messungen des Zylinders und der Kolben vorliegen, können wir schon eine Aussage über die Verwendbarkeit von Zylinder und Kolben treffen. Die folgenden Begriffe können aus den Messwerten ermittelt werden. Die Ergebnisse hieraus stellen wir ihnen für die einzelnen Begriffe vor.

Die Ovalität:
Ovalität ist die Verformung des Zylinders. Sie kann zum einen durch die Einwirkung von Temperatur und zum anderen durch den Verschleiß entstehen. Sie wird als die größte Ovalität angegeben und vergleicht die Ovalität der einzelnen Messebene eines Zylinders.

Das Laufspiel:
Es beschreibt, wie viel Platz zwischen Kolben und Zylinder ist. Auch hier müssen wieder die Herstellerangaben zurate gezogen werden. Als Daumenwert kann von einem Laufspiel von 0,04 mm bis zu 0,09 mm ausgegangen werden.

- Das Laufspiel errechnet sich, wenn man den Kolbendurchmesser vom größten und dem kleinsten Zylinderdurchmesser abzieht.

Lagerspiel an Kurbelwelle und Pleuel mit Plastigage messen (Bild 68)
Im Gegensatz zu den Messungen mit dem Innenmessgerät ist die Messung mit Plastigage ungenauer, aber dafür sehr schnell durchzuführen.

Liegen keine besonderen Verschleißspuren oder eigenartig anmutende Lagertragbilder vor, ist diese Messmethode durchaus legitim.

Für die Messung werden die Lager komplett montiert (oder bleiben es). Um gut an die Lagerdeckel heranzukommen, empfiehlt es sich, die Kolben in eine Stellung zu bringen,

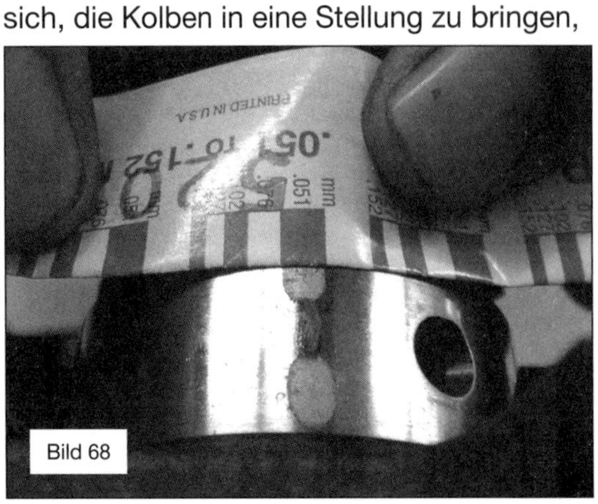
Bild 68

Bild 68
Lagerspielprüfung mit Plastigage.

an der die Lagerdeckel bequem de- und montiert werden können.

- Demontieren Sie die Lagerdeckel und reinigen Sie die Lagerstelle mit einem fusselfreien Lappen.
- Legen Sie einen Messfaden ein und montieren Sie das Lager wieder.
- Ziehen Sie das Lager auf das Solldrehmoment an. Der Messfaden wird nun »platt gedrückt«.
- Nach dem Entfernen des Lagerdeckels lässt sich anhand der Breite des Messfadens mit der mitgelieferten Tabelle das Lagerspiel ermitteln.

Beurteilen von Planflächen

Für diese Prüfung ist ein Präzisionslineal erforderlich. Das Haarlineal wird auf dem Zylinderkopf aufgelegt und gegen das Licht gehalten. Diese Prüfung über Kreuz und an mehreren Stellen am Zylinderkopf durchgeführt, lässt so die gesamte Fläche des Zylinderkopfes auf Ebenheit prüfen.

Prüfungen an der Nockenwelle
Auch die Nockenwelle unterliegt dem Verschleiß, oftmals finden sich bereits durch genaues Betrachten Mängel, die natürlich auch entsprechend bewertet werden müssen.

Laufspuren an der Nockenwelle (Bild 49)

Kleine Laufspuren dürfen gerade in Anbetracht des Alters des Motors als normal bezeichnet werden. Tiefe Rillen und Ausbuchtungen müssen eine Ursache haben. Gratartige scharfkantige Ausformungen an den Lagerstellen sind ein deutliches Zeichen für Verschleiß. In diesen Fällen muss das Lagerspiel geprüft werden.

Verschleiß an der Nockenwelle

Wenn sich die Nocken abnutzen, bedeutet das immer eine geringere Ventilöffnung und somit Leistungsverlust des Motors. Da auch die Oberflächenqualität in diesen Fällen stark leidet, werden die Ventilbetätigungen, also die Kipp- oder Schlepphebel mit beeinträchtigt. Die Lagerstellen für diese Bauteile sollten dann sehr gründlich untersucht werden. Lässt man durch Laufspuren beschädigte Teile weiterhin in Betrieb, kann es sein, dass der Schaden sich auf der beispielsweise erneuerten Nockenwelle wieder einstellt. Auch die Ursache für den Schaden muss festgestellt werden. Ist die Ölpumpe noch in Ordnung? Betrachten wir einmal einige einfache Messungen, die an der Nockenwelle durchgeführt werden sollen:

Schlagprüfung an der Nockenwelle

- Entweder wird die Nockenwelle zwischen die Spitzen der Drehbank eingespannt oder auf Auflager gelegt.
- Man richtet nun eine Messuhr mit Halter auf die einzelnen Lager aus und dreht die Nockenwelle.
- Der Höhenunterschied wird auf der Messuhr schnell deutlich. Die maximalen Toleranzen müssen den Herstellerunterlagen entnommen werden.

Als Daumenrichtwert kann ein Schlag bis zu 0,01 mm angenommen werden. Nockenwellen mit einer größeren Abweichung sollten ersetzt werden.

Nockenhubmessung

Mit dem gleichen Messaufbau wie bei der Schlagprüfung kann auch der Hub der Nocken festgestellt werden.

Gemessen wird der Unterschied zwischen der tiefsten Stelle und der höchsten Stelle eines Nockens. Auch diese Maße werden von jedem Motorenhersteller angegeben und sind nicht ohne Weiteres übertragbar.

Sollte ein relevanter Verschleiß vorliegen, ist er in der Regel auch schon am Verschleißbild gut zu erkennen. Sinnvoll ist es allerdings, die Nocken der einzelnen Zylinder untereinander auszumessen und zu vergleichen. Die Ursache für einen deutlichen Unterschied kann schon mangelhafte Schmierung für den Ventiltrieb dieses Zylinders sein.

Lagerspielmessung der Nockenwelle

Will man das Lagerspiel lediglich kontrollieren und hat keinen besonderen Befund, reicht es aus, die Lager mit Plastigage auszumessen.
Die Vorgehensweise wurde bereits an den Kurbelwellen- und Pleuellagern vorgestellt (Bild 68).

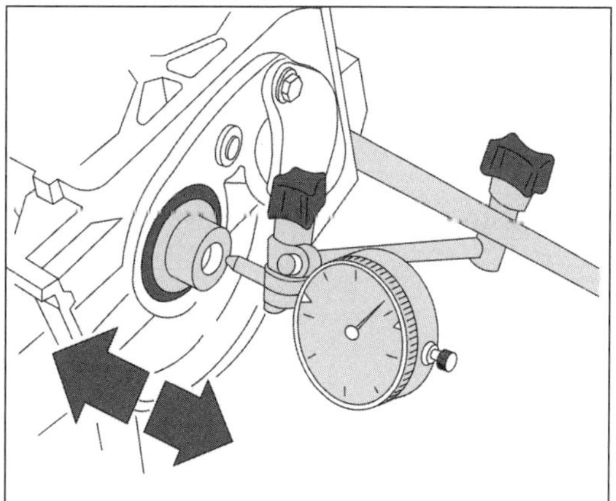
Bild 69

Bild 69
Messaufbau zur Axialspielmessung an der Nockenwelle.

Soll das Lagerspiel genau in Augenschein genommen werden, müssen das gute alte Innenmessgerät und eine entsprechende Bügelmessschraube zum Einsatz kommen. Auch diese Vorgehensweise wurde bereits vorgestellt und muss lediglich auf den kleineren Durchmesser der Nockenwelle abgestimmt werden.

Axialspielmessung an der Nockenwelle

Das Axialspiel (Bild 69) ist das seitliche Spiel der Nockenwelle. Auch diese Richtung ist Beschränkungen unterlegen. Selbstverständlich müssen auch hier die Werte der Motorenhersteller herangezogen werden.

Im Grundsatz kann aber davon ausgegangen werden, dass ein Axialspiel von 0,15 mm noch in Ordnung ist. Am einfachsten lässt sich das Axialspiel ausmessen, wenn Ventile und/oder Ventiltrieb nicht eingebaut sind. So entfällt die Reibung zwischen den betätigten Ventilhebeln und der Nockenwelle.

Als Messmittel kommt auch hier die Messuhr mit Messuhrträger zum Einsatz. Sie sollte dann entweder mit dem Magnetfuß befestigt oder an einer geeigneten Stelle verschraubt werden. Eine gebrochene Nockenwelle ist immer ein Zeichen großer mechanischer Kräfte. Oftmals bedeutet das, dass Ventile und eventuell auch die Stößelstangen beschädigt wurden. Diese Teile müssen dann in jedem Fall genauer unter die Lupe genommen werden.

Ventil und Führung beurteilen

Ventil ausmessen:

Natürlich gibt es auch Abmessungen am

Sichtprüfung | Messen

Bild 70
Abmessungen am Ventil.
a Tellerdurchmesser
b Schaftdurchmesser
c Ventillänge
d Sitzbreite
α Sitzwinkel

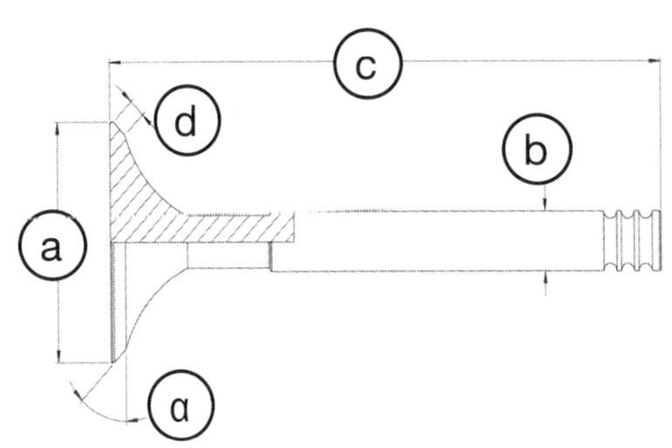

Bild 70

Bild 71
Abmessungen am Ventilsitz.
a Ventiltellerdurchmesser
b Maximales Nachbearbeitungsmaß
c Sitzbreite
α Sitzwinkel
Y Korrekturwinkel innen

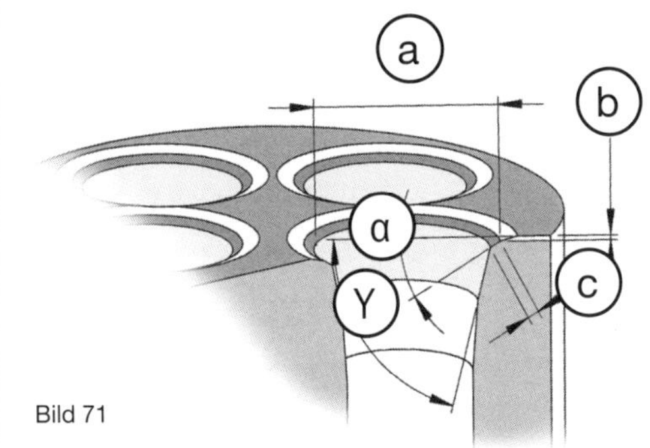

Bild 71

Ventil. Die Tellerbreite und die Ventilsitzbreite gehören auch zu den Abmessungen, die bei der Beurteilung eines Ventils sehr wichtig sind. Daran entscheidet sich, inwieweit ein Ventil wieder eingesetzt, überarbeitet oder erneuert werden muss. In den meisten Fällen ist aber die Überarbeitung nicht zulässig und auf das Einläppen oder Einschleifen beschränkt.

Ventilschlag ausmessen:
Um den Ventilschlag beurteilen zu können, muss das Ventil spielfrei gelagert werden. Das geht schon recht gut auf einem Messprisma. Besser jedoch ist die Aufnahme in einer Ventilprüfvorrichtung. Beurteilt werden der Ventilschlag am Ventilteller und in der Mitte des Schaftes.

Ventilführung ausmessen:
Auch diese Messung ist mit Hilfe einer Messuhr recht einfach zu bewerkstelligen. Das Ventil wird ohne Ventilfedern, Klemmstücken und Ventilschaftdichtung eingeführt. Nun wird das Kippen des Ventils mit einer Messuhr erfasst. Auch hier gelten durchaus unterschiedliche Werte, die von den jeweiligen Motorenherstellern vorgegeben werden. Auch muss darauf geachtet werden, dass die Messlänge (also das Maß, um das das Ventil aus dem Kopf herausragt) eingehalten wird.

Antriebseinheit ausbauen

Im weiteren Arbeitsablauf muss die Batterie ausgebaut werden. Prüfen Sie deshalb bitte, ob ein codiertes Radio eingebaut ist. Gegebenenfalls ist vorher die Anti-Diebstahl-Codierung zu erfragen.

Der Motor wird bei allen Varianten zusammen mit dem Getriebe nach vorne ausgebaut. Alle Kabelbinder, die beim Motorausbau gelöst oder aufgeschnitten werden, sind beim Motoreinbau an der gleichen Stelle wieder zu befestigen. Offene Leitungen und Leitungsanschlüsse mit sauberen Stopfen aus dem Verschlussstopfenset für Motor verschließen. Fangen Sie abgelassenes Kühlmittel zur Entsorgung oder Wiederverwendung nach Herstellervorgaben in einem sauberen Behälter auf.

Vorbereitungen mit Tester
Der Testereinsatz zu diesem Zeitpunkt ist sehr wichtig. Nicht, dass Sie nach der Montage einen Fehler suchen, den Sie sich »gefühlt» selbst eingebaut haben, der aber schon vor den Montagearbeiten vorhanden war.

- Vor dem Ausbau die Ereignisspeicher aller Steuergeräte mit dem Fahrzeugdiagnosetester abfragen.
- Fehlereinträge notieren und die Abarbeitung mit einbeziehen.

Vorbereitung karosserieseitig
Um ausreichend Platz zu gewinnen, um den Motor zusammen mit dem Getriebe nach vorne auszubauen, müssen die Bauteile der Fahrzeugfront demontiert werden. Es macht keinen Sinn, das Getriebe im Fahrzeug zu belassen. Das An- und Abflanschen und die Stabilisierung des Getriebes ist zu aufwendig.

⚠ Das Fahrzeug grundsätzlich auf der Hebebühne mit Spanngurten gegen Abrutschen oder Kippen sichern. Beim Ausbau der Antriebseinheit findet eine erhebliche Gewichtsverlagerung statt.

- Klemmen Sie das Masseband an der Batterie bei ausgeschalteter Zündung ab.
- Bauen Sie die Masseleitung der Zusatzbatterie ab.

- Soweit vorhanden, die Zusatzbatterie im Beifahrersitzkasten ausbauen.
- Bauen Sie den Stoßfänger aus.
- Stoßfängerträger vorn ausbauen.
- Bauen Sie den Schlossträger und die Scheinwerfer aus.
- Bauen Sie die Frontklappe aus.
- Kühlergrill ausbauen.
- Stellen Sie das Getriebe in Neutralstellung.

Vorbereitungen am Motorheber

- Hängen Sie die Anhängevorrichtung (Winkeladapter) am Werkstattkran ein.
- Hängen Sie die Anhängevorrichtung wie im Bild 72 gezeigt am Motor ein.

Mit dem Winkeladapter wird eine Beschädigung der Karosserie durch Spannketten vermieden. Der Schwerpunkt der Antriebseinheit liegt etwa im Bereich der hinteren Hebeöse beziehungsweise am Getriebeflansch des Motors.

Vorbereitung von unten

- Falls vorhanden, Geräuschdämpfung oben ausbauen.
- Lassen Sie das Kühlmittel ab.
- Bauen Sie den Schalldämpfer und das Abgasendrohr (soweit vorhanden) aus.
- Lösen Sie die Kardanwelle am Getriebeflansch.
- Bauen Sie den Partikelfilter aus.
- Bauen Sie die Kardanwelle aus.

Arbeiten an der Klimaanlage

- Lassen Sie die Klimaanlage sachgerecht evakuieren.

Beachten Sie die Sicherheitshinweise zum Umgang mit der Klimaanlage im Kapitel 1 dieses Buches.

- Demontieren Sie die Kältemittelleitung zwischen Kondensator und der Trennstelle vorn am Längsträger.
- Bauen Sie die Kältemittelleitung zwischen Kondensator und Kältemittelkompressor am Kondensator ab.
- Demontieren Sie die Kältemittelleitung am Kältemittelkompressor.

Um Beschädigungen am Kondensator sowie an den Kältemittelleitungen/-schläuchen zu vermeiden, ist darauf zu achten, dass die Leitungen und Schläuche nicht überdehnt, geknickt oder verbogen werden. Um den Motor auch ohne Öffnen des Kältemittelkreislaufs aus- und einbauen zu können, lösen Sie den Klimakompressor vom Halter. Befestigen Sie den Klimakompressor so am Aufbau, dass die Kältemittelleitungen/-Schläuche entlastet sind.

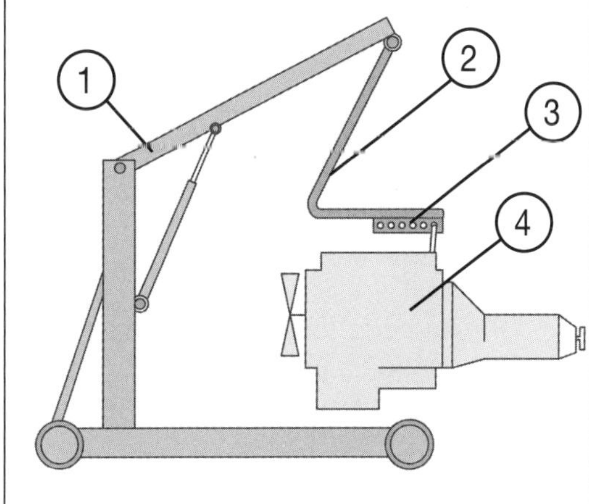

Bild 72

Bild 72
Montage der Antriebseinheit am Motorkran.
1 Motorkran (Werkstatt)
2 Winkeladapter
3 Anbauplatten
4 Antriebseinheit (Motor und Getriebe)

Arbeiten im Motorraum

- Falls vorhanden, Geräuschdämpfung oben und unten ausbauen.
- Bauen Sie den Luftfilter mit Luftfilterkasten aus.
- Bauen Sie den Kühler und den Ladeluftkühler und falls vorhanden den Kondensator der Klimaanlage aus.
- Bauen Sie die Halter für das Luftfiltergehäuse aus.
- Lösen Sie die Verschlauchung der Servopumpe und fangen Sie die Servoflüssigkeit auf.

Die Servoflüssigkeit wird ersetzt und muss fachgerecht entsorgt werden.

- Die Rücklaufschlauchleitung der Servolenkung am Kühler Servolenkung abbauen.
- Den Niederdruckschlauch der Servolenkung am Kühler Servolenkung abbauen.
- Trennen Sie die elektrischen Leitungen zwischen Antriebseinheit und Karosserie, die von oben erreicht werden können.
- Demontieren Sie die Ladeluftschläuche zum Ladeluftkühler und vom Ladeluftkühler.
- Bauen Sie die Sensoren vor dem Katalysator oder dem Dieselpartikelfilter ab.
- Trennen Sie die Steckverbindung zum Temperatursensor des Dieselpartikelfilters.
- Demontieren Sie die Leitungen und Schläuche zwischen Motor und Karosserie.

Bei Allradfahrzeugen:

- Die Gelenkwelle zur Vorderachse vom Verteilergetriebe abbauen.
- Die Entlüftungsleitung aus Rahmenquerträger herausziehen. Die Entlüftungsleitung darf dabei nicht geknickt werden.
- Das Verteilergetriebe mit Getriebeheber und einer passenden Getriebeplatte abstützen und mit einem Spanngurt sichern.
- Bauen Sie das Verteilergetriebe aus.

Das Aggregat muss beim Herausheben sorgfältig geführt werden, um Beschädigungen am Aufbau und am Lenkgetriebe zu vermeiden.

Weiter für alle Fahrzeuge:

- Trennen Sie die elektrischen Leitungen am Getriebe bei angehobenem Fahrzeug.
- Bauen Sie die Leitungen und Schläuche, die von unten erreichbar sind, zwischen Antriebseinheit und Karosserie ab.
- Trennen Sie die elektrische Steckverbindung am Getriebe.
- Demontieren Sie die Schaltzüge vom Getriebe.
- Demontieren Sie die Gelenkwelle zur Hinterachse vom Antriebsflansch des Getriebes und befestigen Sie sie außerhalb des Arbeitsbereiches.
- Drehen Sie die Schrauben des Motorlagers hinten heraus.
- Lösen Sie die Schrauben des Querträgers am Rahmen. Belassen Sie den Querträger aber noch in seiner Position.
- Hängen Sie den Motorheber wie in diesem Kapitel beschrieben am Motor ein.
- Heben Sie den Motor so weit an, dass die Motorlager leicht entlastet werden.
- Bauen Sie die Masseleitung vom Längsträger ab und befestigen Sie sie außerhalb des Arbeitsbereiches.
- Drehen Sie die Schrauben des Motorlagers unten heraus.
- Bauen Sie den Querträger unter dem Getriebe aus.
- Heben Sie den Motor mit dem Getriebe mithilfe der Ausbauvorrichtung und Motorkran nach vorn aus dem Motorraum heraus.

Die Montage erfolgt sinngemäß in umgekehrter Reihenfolge.

- Bei Schaltfahrzeugen das Kupplungsbetätigungssystem entlüften.
- Entlüften Sie die Servolenkung.
- Entlüften Sie das Kühlsystem.
- Lassen Sie die Klimaanlage befüllen.
- Prüfen Sie die Funktionen aller Systeme.
- Führen Sie eine Probefahrt durch und fragen Sie anschließend den Fehlerspeicher mit dem Diagnosetester ab.

Messblatt Zylinderverschleiß (Laufspielauswertung)

Zylinderverschleiß	Zylinder 1	Zylinder 2	Zylinder 3	Zylinder 4	Zylinder 5	Zylinder 6
A1						
B1						
A2						
B2						
A3						
B3						

Kolben	Zylinder 1	Zylinder 2	Zylinder 3	Zylinder 4	Zylinder 5	Zylinder 6
Stoßspiel 1. Ring						
Stoßspiel 2. Ring						
Ölabstreifring						
Kolbendurchmesser am Hemd						

Auswertung	Zylinder 1	Zylinder 2	Zylinder 3	Zylinder 4	Zylinder 5	Zylinder 6
Ovalität						
Laufspiel						

5 Motorschmierung

Alle Stellen im Motor, an denen Metalle aufeinander gleiten, müssen ständig mit Öl versorgt werden: Kolben, Zylinderlaufbahnen, die Lager von Kurbelwelle und Nockenwelle. Kein Triebwerk des Vito oder Viano hielte mehr als einige wenige Minuten ohne passende Schmierung durch. Damit das Öl seine Aufgabe erfüllen kann, strömt es im Motorblock durch ein System von Leitungen und feinen Bohrungen an die richtige Adresse. Eine wichtige Rolle in diesem Kreislauf spielt die Ölpumpe. Sie holt über das Ölsaugrohr das Motoröl aus der Ölwanne und drückt es in die Leitungen. Zuvor muss die Flüssigkeit den im Hauptstrom des Schmiersystems sitzenden Ölfilter passieren. Dort werden Verunreinigungen wie Ruß, Metallabrieb und Staub herausgefiltert. Ein Überdruckventil an der Pumpe öffnet bei zu hohem Druck, sodass ein Teil des Öls in die Ölwanne zurückfließen kann. Der Motor verbraucht Öl, weil es teilweise in den Verbrennungsraum gelangt und dort verbrennt. Ein undichter Motor, defekte Ventilschaftabdichtungen, auch falsch eingebaute Kolbenringe oder zu viel Spiel zwischen Ventilführung und Ventilschaft treiben den Verbrauch in die Höhe. Wenn der Motor technisch in Ordnung ist, verbraucht er allerdings so wenig, dass zwischen den Ölwechselintervallen nichts oder nur eine geringe Menge nachgefüllt werden muss.

Motorölstand prüfen

■ Das Fahrzeug zum Messen des Ölstandes waagerecht abstellen. Motor abstellen und mindestens drei Minuten warten, damit das Öl in die Wanne zurückfließen kann.

■ Ölmessstab herausziehen, mit einem sauberen Putzlappen abwischen und den Messstab wieder bis zum Anschlag hineinschieben.

■ Messstab anschließend wieder herausziehen und Ölstand ablesen (Bilder 1 und 2).

Tipp: Die Bilder zeigen die hauptsächlich eingesetzten Varianten des Messstabs, es gibt aber noch andere Ausführungen.

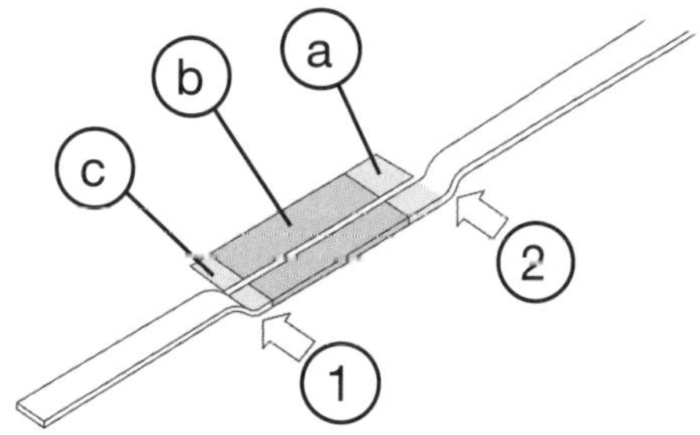

Bild 1

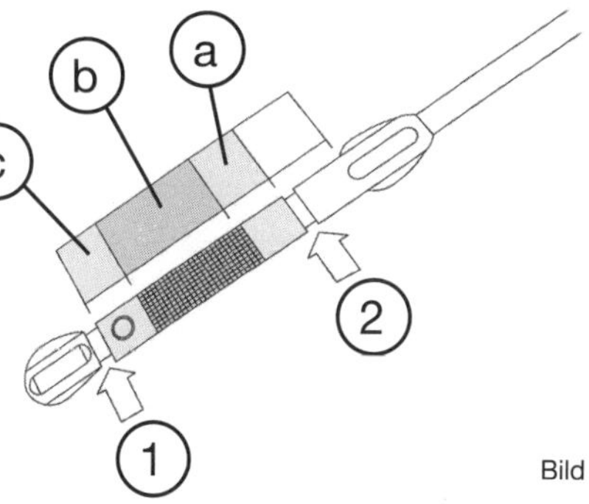

Bild 2

Bild 1
Markierungen an Ölmessstäben in Flachmetallform.
a Kein Öl nachfüllen
b In diesem geriffelten Feld kann Öl nachgefüllt werden
c Öl muss unbedingt nachgefüllt werden.
Pfeile: Markierungen für maximalen (1) und minimalen (2) Füllstand.

Bild 2
Markierungen an Ölmessstäben in Kunststoffausführung.
a Öl muss unbedingt nachgefüllt werden
b In diesem geriffelten Feld kann Öl nachgefüllt werden
c Kein Öl nachfüllen
Pfeile: Markierungen für maximalen (1) und minimalen (2) Füllstand

Das in den Bildern gezeigte Prinzip gilt jedoch generell. Die Markierungen besagen:

■ Bei Ölstand oberhalb der Markierung »a« (Max-Marke Pfeil 1) besteht die Gefahr von Katalysatorschäden.

■ Bei Nachfüllen im Bereich »b« kann es vorkommen, dass der Ölstand danach im Bereich »a« steht.

■ Beim unbedingt nötigen Nachfüllen von Öl im Bereich »c« genügt es, dass danach der Ölstand im Messfeld »b« (geriffeltes Feld) steht. Bei Ölstand unterhalb der c-Markierung (Min-Marke Pfeil 2) etwa 0,5 Liter Öl (bis zur a-Markierung) auffüllen.

Motoröl ablassen oder absaugen, Motoröl auffüllen

Ölwechsel mit Altölauffang- und Absauggerät

■ Öleinfüllverschlussdeckel abnehmen und Motoröl mit Altölauffang- und Absauggerät absaugen.

Tipp: Der Motorölwechsel mit einem Altölauffang- und Absauggerät sollte nach Möglichkeit bei betriebswarmem Motor durchgeführt werden.

Bild 3
SAE-Viskositätsklassen. Die SAE-Viskositätsklasse muss in Abhängigkeit von der jahreszeitlich bedingten, durchschnittlichen Lufttemperatur ausgewählt werden.

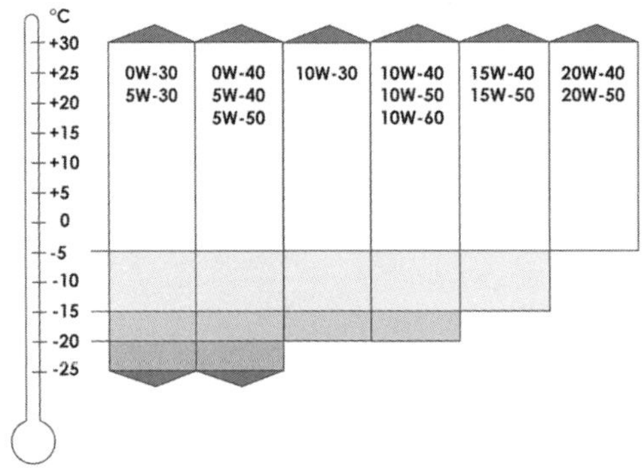

Bild 3

Öl über Schraube ablassen

■ Fahrzeug anheben, Ölablassschraube unten in der Ölwanne herausdrehen und das austretende Öl auffangen.

■ Neue Ölablassschraube mit Dichtring handfest einschrauben und mit 30 Nm anziehen. Das Drehmoment darf nicht überschritten werden. Ein zu hohes Drehmoment könnte zu Undichtigkeiten oder sogar zu Beschädigungen im Bereich der Ölablassschraube führen.

■ Ölfilter ersetzen (im Anschluss).

Motoröl einfüllen

Werkseitig ist ein Qualitätsmehrbereichsöl eingefüllt, das außer in extrem kalten Klimazonen als Ganzjahresöl gefahren werden kann. Die Benzinmotoren benötigen die in obiger Tabelle angegebenen Ölfüllmengen mit Ölfilterwechsel, der immer zum Ölwechsel gehört.

Wird der Filter nicht ausgebaut und gewechselt, werden rund 0,5 Liter weniger Öl benötigt. Beim Nachfüllen und beim Ölwechsel muss unbedingt die Spezifikation beachtet werden, wie sie der Hersteller vorschreibt.

■ Einfüllöffnung aufschrauben, Öl gemäß Spezifikation (Mercedes-Benz-Freigabe) möglichst mit Trichter auffüllen.

■ Öleinfüllverschlussdeckel wieder aufschrauben.

■ Motor anlassen und auf Undichtigkeiten prüfen.

■ Motorölstand erneut prüfen und ggf. Öl nachfüllen.

■ Nachdem Öl erneut nachgefüllt worden ist, mindestens drei Minuten warten und dann erneut Ölstand prüfen.

Motortyp	Füllmenge mit Öl-filter	Mercedes Freigabe
OM646	9,0 l	0W30 0W40 (nach Temperatur) (MB 229.51, MB 229.52, MB 229.31)
OM651	11,5 l	
OM642	12,5 l	

■ Soweit verbaut, die Geräuschdämpfung einbauen und Fahrzeug ablassen.

Ölfiltereinsatz wechseln

Zum Einsatz kommt hier im Wesentlichen eine Bauart für die unterschiedlichen Motortypen.

Ölfiltereinsatz (4 im Bild 4):

■ Lassen Sie das Motoröl ablaufen.

■ Drehen Sie den Deckel (1) los und lassen Sie das darin enthaltene Restöl ablaufen.

■ Nehmen Sie den Deckel (1) zusammen mit dem Ölfiltereinsatz (4) heraus.

■ Nehmen Sie den Dichtring (2) aus dem Deckel (6) heraus.

■ Reinigen Sie Deckel und Ölfiltergehäuse.

■ Setzen Sie den neuen Ölfilter ein und ziehen Sie den Deckel handfest an.

■ Ziehen Sie den Deckel mit etwa 25 Nm nach.

Eine passende Nuss sowie ein Gelenkschlüssel können hier hilfreich sein.

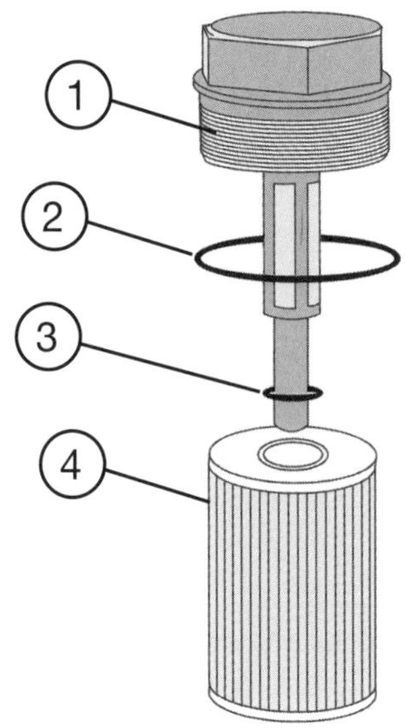

Bild 4

Bild 4
Filtereinsatz in der Bauart bei allen Motoren verbaut.
1 Deckel
2 Dichtring im Deckel
3 Dichtring im Schaft
4 Filtereinsatz

Ein Montageschlüssel wie im Bild 5 abgebildet, kann hier sehr hilfreich sein.

Ölwanne aus- und einbauen

Vorbereitungen zur Demontage

■ Fahren Sie das Fahrzeug auf die Hebebühne.

■ Lassen Sie das Motoröl ab.

Ölwanne am OM646

■ Die Ölwanne ist bei diesem Motor einteilig. Um sie vom Getriebe abflanschen zu können muss der Motor etwas angehoben werden.

■ Bauen Sie das Luftfiltergehäuse aus.

■ Hängen Sie den Motor an einer Motortraverse auf.

Wenn das Fahrzeug weiterhin mit der Hebebühne angehoben werden soll, muss die Motorkonsole im Bereich der Kotflügelkanten verschraubt werden.

■ Demontieren Sie die Motorverkleidungen unten.

■ Soweit verbaut, demontieren Sie die Getriebeölleitung an der Ölwanne.

■ Bauen Sie das Ladeluftrohr unten aus.

■ Demontieren Sie den Öleinfüllstutzen aus der Ölwanne.

■ Entsichern Sie den Steckkontakt und ziehen Sie ihn vom Ölsensor ab.

■ Drehen Sie die beiden Schrauben an der Getriebeglocke zur Ölwanne heraus.

■ Drehen Sie die Schrauben der Ölwanne heraus.

■ Achten Sie auf die unterschiedlichen Schraubenlängen und Gewindedurchmesser.

■ Heben Sie den Motor vorsichtig an.

■ Drehen Sie die Schrauben am Motorlager hinten heraus und heben Sie das Getriebe etwas an.

■ Hebeln Sie die Ölwanne ab und kippen Sie sie so weit ab, dass Sie das Ölansaugrohr an der Ölpumpe abschrauben können.

■ Nehmen Sie die Ölwanne ab.

Die Montage erfolgt sinngemäß in umgekehrter Reihenfolge.

■ Entfernen Sie die Dichtmittelreste am Zylinderblock mit einem Flachschaber.

■ Je nach Ausführung der Dichtung entfernen Sie die alte Papier-Dichtung vom Motorblock beziehungsweise von der Ölwanne.

■ Entfernen Sie die Dichtmittelreste an der

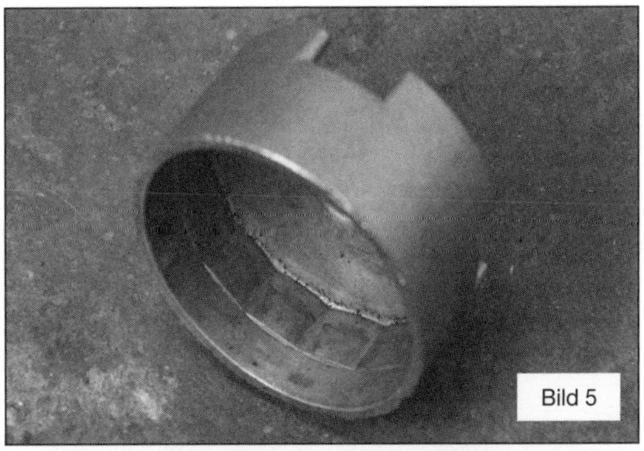

Bild 5

Bild 5
Adapter für Ölfilter und Deckeldemontage.

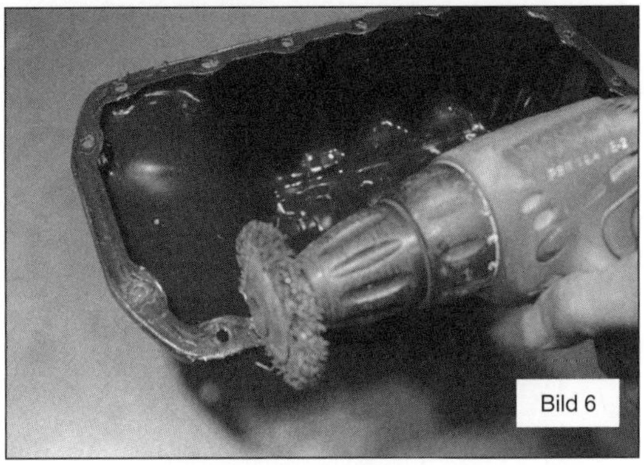

Bild 6

Bild 6
Reinigung mit einem Bürstenaufsatz auf einer Bohrmaschine.

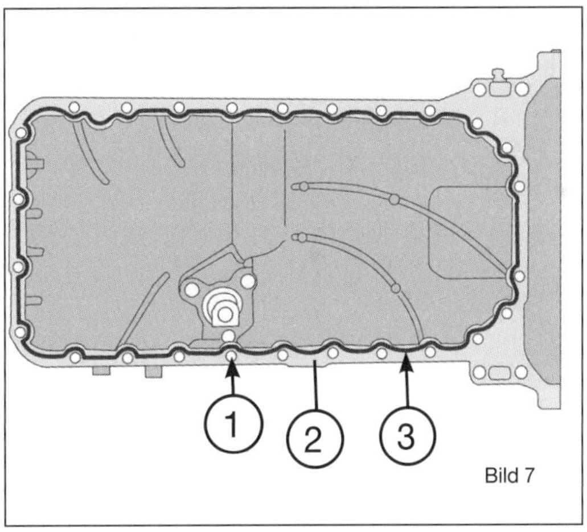

Bild 7

Bild 7
Ölwanne (OM646).
1 Schraubenloch der Ölwanne
2 Dichtfläche der Ölwanne
3 Dichtmittelraupe (1,5 bis 2,5 mm Stärke)

Ölwanne mittels einer rotierenden Bürste, z. B. einer Handbohrmaschine (Bild 6) mit Kunststoffbürsten-Einsatz (Schutzbrille aufsetzen).

■ Reinigen Sie die Dichtflächen. Sie müssen öl- und fettfrei sein.

■ Tragen Sie die Dichtmasse wie im Bild 8 gezeigt auf. Die Dichtmasse sollte eine Raupe von etwa 1,5 mm bis 2,5 mm aufweisen.

Beachten Sie die angegebene Verarbeitungszeit und das Mindesthaltbarkeitsdatum der Dichtmasse.

Untere Ölwanne am OM651

Die Ölwanne bei diesem Motor ist zweiteilig. Der untere Teil kann recht einfach demontiert

Sichtprüfung Messen

Bild 8
Ölwanne unten (OM651).
1 Aussparung zum Abheben
2 Dichtfläche der Ölwanne
3 Schraubenloch der Ölwanne
4 Dichtmittelraupe (1,5 bis 2,5 mm Stärke)

werden. Für den oberen Teil muss der Motor ausgebaut werden.

Die Ölwanne ist mit Abdrückgewinden ausgerüstet. Sie ermöglichen, die aufgeklebte untere Ölwanne von der oberen Ölwanne abzudrücken.

■ Bauen Sie das Luftfiltergehäuse aus.

Fahrzeuge mit Allradantrieb:

Bei Fahrzeugen mit Allradantrieb muss der Integralträger gelöst und so weit abgelassen werden, dass die Ölwanne abgenommen werden kann.

■ Bringen Sie das Lenkgetriebe in Mittelstellung.
■ Bauen Sie Motorabdeckung aus.
■ Bauen Sie Motorabdeckungen/Unterfahrschutz unten aus.
■ Hängen Sie den Motor an einer Motortraverse auf.

Wenn das Fahrzeug weiterhin mit der Hebebühne angehoben werden soll, muss die Motorkonsole im Bereich der Kotflügelkanten verschraubt werden.

■ Demontieren Sie die beiden Koppelstangen am Stabilisator.
■ Drehen Sie die Mutter unten am Motorträger ab.
■ Demontieren Sie die beiden Gelenkwellen am Vorderachsgetriebe.
■ Bei Fahrzeugen mit Xenon-Lampen die Koppelstange des Höhensensors am Querlenker abbauen.
■ Bauen Sie den rechten und linken Querlenker vom Achsträger ab.
■ Bauen Sie die beiden Spurstangenköpfe vom Achsschenkel ab.
■ Bauen Sie das Kreuzgelenk von der Lenkung ab.
■ Lösen Sie die Befestigungsschellen der Druckleitung zur Servolenkung im vorderen Bereich vom Achsträger.
■ Drehen Sie die Befestigungsschrauben zum Lenkgetriebe heraus.
■ Unterbauen Sie den Achsträger und drehen Sie die vier Schrauben zur Karosserie heraus.
■ Nehmen Sie den Achsträger heraus.

Weiter für alle Fahrzeuge:

■ Trennen Sie die elektrische Steckverbindung zum Ölsensor.
■ Drehen Sie die Schrauben des Ölwannenunterteils heraus.

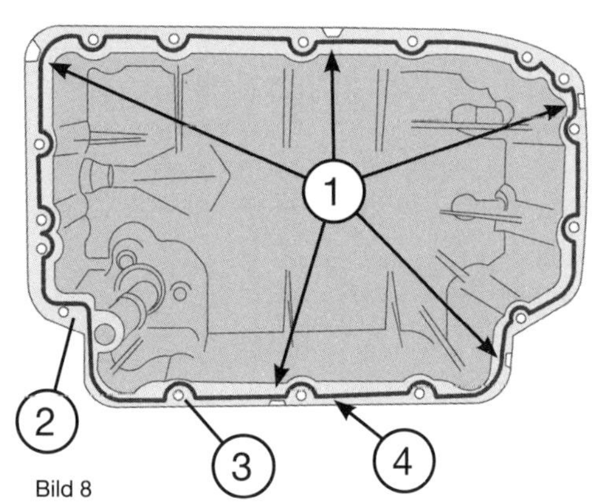

Bild 8

Drehen Sie zwei sich gegenüberliegende Schrauben nur 5 mm heraus, belassen sie aber im Gewinde eingeschraubt. Sie dienen als Sicherung gegen Herunterfallen.

■ Drehen Sie zwei Schrauben in die Abdrückgewinde ein und drehen Sie sie vorsichtig an.
■ Entfernen Sie die Ölwanne vorsichtig, indem Sie die Dichtmasse mit einem geeigneten Werkzeug einschneiden und die Ölwanne vorsichtig an den Aussparungen (1 im Bild 8) abhebeln.
■ Drehen Sie die beiden verbliebenen Schrauben heraus und nehmen Sie die untere Ölwanne ab.

Die Montage erfolgt sinngemäß in umgekehrter Reihenfolge.

■ Entfernen Sie die Dichtmittelreste am Zylinderblock mit einem Flachschaber.
■ Entfernen Sie die Dichtmittelreste an der Ölwanne mittels einer rotierenden Bürste, z. B. einer Handbohrmaschine (Bild 6) mit Kunststoffbürsten-Einsatz (Schutzbrille aufsetzen).
■ Reinigen Sie die Dichtflächen. Sie müssen öl- und fettfrei sein.
■ Tragen Sie die Dichtmasse wie im Bild 7 gezeigt auf. Die Dichtmasse sollte eine Raupe von etwa 1,5 mm bis 2,5 mm aufweisen.

Beachten Sie die angegebene Verarbeitungszeit und das Mindesthaltbarkeitsdatum der Dichtmasse.

Obere Ölwanne am OM651

■ Motor mit dem Getriebe ausbauen.

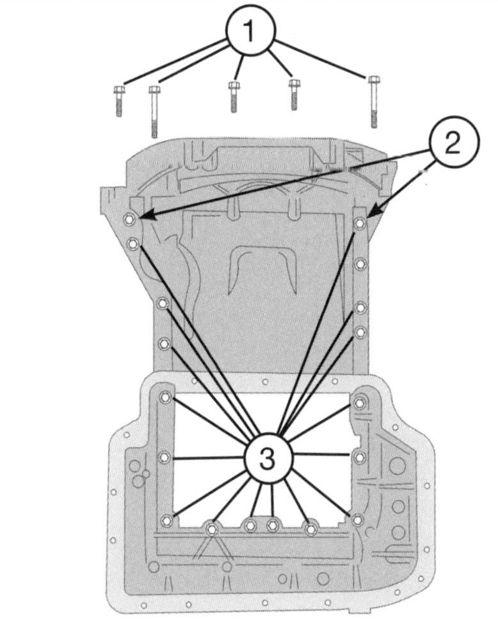

Bild 9

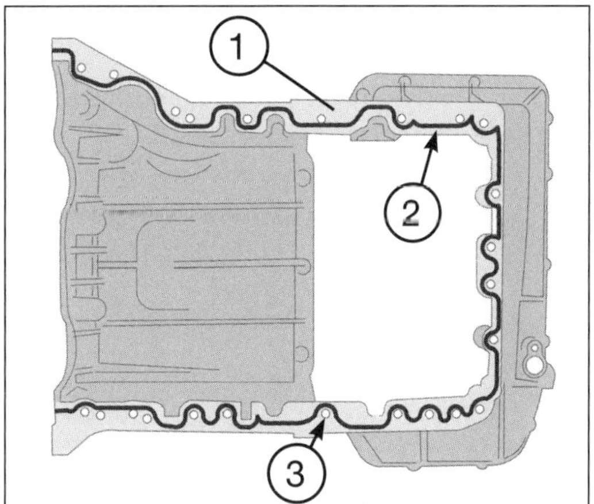

Bild 10

Bild 9
Ölwanne oben (OM651).
1 Dichtfläche der Ölwanne
2 Dichtmittelraupe (1,5 bis 2,5 mm Stärke)
3 Schraubenloch der Ölwanne

Bild 10
Ölwanne oben (OM651).
1 Schrauben aus Richtung Schwungscheibe
2 Schrauben im Übergang zum Steuergehäusedeckel
3 Schrauben

■ Das Schwungrad oder die Mitnehmerscheibe ausbauen.
■ Bauen Sie den Motor an einen Montagebock an.
■ Demontieren Sie das Ölmessstabrohr.
■ Bauen Sie das Ölwannenunterteil aus.
■ Demontieren Sie den elektrischen Leitungssatz von der Ölwanne ab.
■ Die Schrauben (3 im Bild 9) der Ölwanne herausdrehen.
■ Die zwei Schrauben (2) der Ölwanne herausdrehen.
■ Die Schrauben (1) schwungradseitig der Ölwanne herausdrehen.
■ Drehen Sie die Schrauben des Ölwannenunterteils heraus.
■ Entfernen Sie die Ölwanne vorsichtig, indem Sie die Dichtmasse mit einem geeigneten Werkzeug einschneiden und die Ölwanne vorsichtig abhebeln.

Die Montage erfolgt sinngemäß in umgekehrter Reihenfolge.
■ Entfernen Sie die Dichtmittelreste am Zylinderblock mit einem Flachschaber.
■ Entfernen Sie die Dichtmittelreste an der Ölwanne mittels einer rotierenden Bürste, z. B. einer Handbohrmaschine (Bild 6) mit Kunststoffbürsten-Einsatz (Schutzbrille aufsetzen).
■ Reinigen Sie die Dichtflächen. Sie müssen öl- und fettfrei sein.

■ Tragen Sie die Dichtmasse wie im Bild 10 gezeigt auf. Die Dichtmasse sollte eine Raupe von etwa 1,5 mm bis 2,5 mm aufweisen.
⚠ Beachten Sie die angegebene Verarbeitungszeit und das Mindesthaltbarkeitsdatum der Dichtmasse.

Ölwanne am OM642
Die Ölwanne ist auch bei diesem Motor zweiteilig. Der untere Teil kann recht einfach demontiert werden. Für den oberen Teil müssen Motor und Getriebe nicht zwingend ausgebaut werden, das würde die Arbeiten erheblich erleichtern.

Untere Ölwanne am OM642
■ Heben Sie das Fahrzeug an. Beachten Sie die Hinweise zum Anheben des Fahrzeugs im Kapitel 1.
■ Demontieren Sie die untere Motorraumverkleidung (soweit verbaut).
■ Lassen Sie das Motoröl ab.
■ Trennen Sie die elektrische Steckverbindung zum Ölsensor.

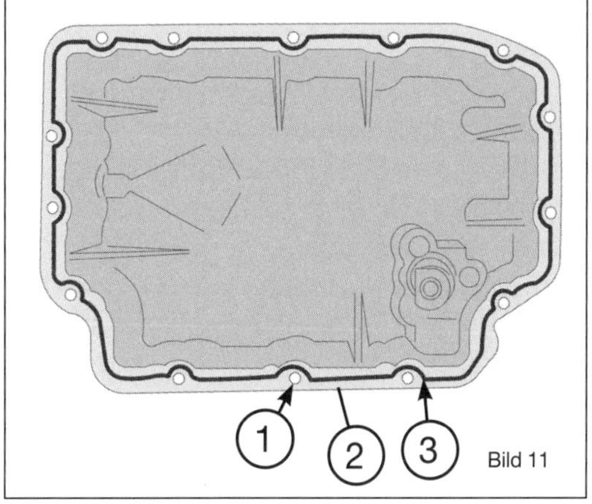

Bild 11

Bild 11
Ölwanne unten (OM642).
1 Schraubenloch der Ölwanne
2 Dichtfläche der Ölwanne
3 Dichtmittelraupe (1,5 bis 2,5 mm Stärke)

■ Drehen Sie die Schrauben des Ölwannenunterteils heraus.
■ Fangen Sie abtropfendes Restöl mit einem saugfähigen Lappen auf.
■ Entfernen Sie die Ölwanne vorsichtig, indem Sie die Dichtmasse mit einem geeigneten Werkzeug einschneiden und die Ölwanne vorsichtig abhebeln.
■ Nehmen Sie die untere Ölwanne ab.

Die Montage erfolgt sinngemäß in umgekehrter Reihenfolge.
■ Entfernen Sie die Dichtmittelreste am Zylinderblock mit einem Flachschaber.
■ Entfernen Sie die Dichtmittelreste an der Ölwanne mittels einer rotierenden Bürste, z. B. einer Handbohrmaschine (Bild 6) mit Kunststoffbürsten-Einsatz (Schutzbrille aufsetzen).
■ Reinigen Sie die Dichtflächen. Sie müssen öl- und fettfrei sein.
■ Tragen Sie die Dichtmasse wie im Bild 10 gezeigt auf. Die Dichtmasse sollte eine Raupe von etwa 1,5 mm bis 2,5 mm aufweisen.

⚠ Beachten Sie die angegebene Verarbeitungszeit und das Mindesthaltbarkeitsdatum der Dichtmasse.

Obere Ölwanne am OM642

☞ Die Anzugsfolge beziehungsweise die Reihenfolge zum Lösen der Schrauben entspricht der im Bild 9 beschriebenen Reihenfolge für den OM651.

■ Klemmen Sie die Masseleitung an der Batterie ab.
■ Bauen Sie die Motorabdeckungen unten ab.
■ Demontieren Sie das Führungsrohr für den Ölmessstab.
■ Bei Fahrzeugen mit Automatikgetriebe bauen Sie das Öleinfüllrohr für das automatische Getriebe am Zylinderkopf ab.
■ Bauen Sie den Kühlerlüfter zusammen mit der Viscokupplung aus.
■ Demontieren Sie den Keilrippenriemen.
■ Bauen Sie die Geräuschdämmung des Abgasturboladers ab.
■ Bauen Sie den Ladeluftkanal zwischen Turbolader und Ladeluftkühler vom Ventildeckel und dem oberen Halter ab.
■ Bauen Sie bei der 150 kW-Variante den Katalysator vom Abgasturbolader und dem Halter am Zylinderkopf ab.
■ Demontieren Sie bei der 165 kW-Variante das Abgasrohr vom Turbolader.
■ Bauen Sie den oberen Kühlschlauch vom Kühlmittelrohr beziehungsweise vom Gehäuse des Kühlmitteltemperaturreglers ab.
■ Drehen Sie die Schrauben der Motorlager oben heraus.
■ Hängen Sie den Motor an einer Motortraverse auf.

☞ Wenn das Fahrzeug weiterhin mit der Hebebühne angehoben werden soll, muss die Motorkonsole im Bereich der Kotflügelkanten verschraubt werden.

■ Bauen Sie den Ladeluftkühler aus.
■ Demontieren Sie das Ölwannenunterteil wie bereits beschrieben.
■ Das Getriebe ausbauen.
■ Das Schwungrad oder die Mitnehmerscheibe ausbauen.
■ Bauen Sie den Abschlussdeckel zusammen mit Radial-Wellendichtring unter dem Schwungrad beziehungsweise der Mitnehmerscheibe aus.

☞ Fangen Sie den Motor mit Stützstreben (MB 642 589 03 40 00) ab, um ein Kippen zu vermeiden. Sie dienen als Anschlag der Ölwanne. Wenn die Ölwanne nicht korrekt montiert wird, können Undichtigkeiten entstehen.

■ Bauen Sie den Kältemittelkompressor ab.

☞ Lassen Sie die Leitungen angeschlossen und befestigen Sie den Kompressor mit Kabelbindern außerhalb des Arbeitsbereiches.

■ Lösen Sie den elektrischen Leitungssatz mit dem Halter von der Ölwanne und legen Sie ihn aus dem Arbeitsbereich heraus.
■ Bauen Sie den Plusanschluss vom Starter ab.
■ Heben Sie den Motor vorsichtig an.
■ Bauen Sie das Ölansaugrohr der Ölpumpe ab.
■ Drehen Sie die Schrauben (3 im Bild 9) des Ölwannenoberteils heraus.
■ Die Schrauben (1) schwungradseitig der Ölwanne herausdrehen.
■ Entfernen Sie die Ölwanne vorsichtig, indem Sie die Dichtmasse mit einem geeigneten Werkzeug einschneiden und die Ölwanne vorsichtig abhebeln.

Die Montage erfolgt sinngemäß in umgekehrter Reihenfolge.

■ Entfernen Sie die Dichtmittelreste am Zylinderblock mit einem Flachschaber.
■ Entfernen Sie die Dichtmittelreste an der Ölwanne mittels einer rotierenden Bürste, z. B. einer Handbohrmaschine mit Kunststoffbürsten-Einsatz (Schutzbrille aufsetzen).
■ Reinigen Sie die Dichtflächen. Sie müssen öl- und fettfrei sein.
■ Tragen Sie die Dichtmasse wie im Bild 12 gezeigt auf. Die Dichtmasse sollte eine Raupe von etwa 1,5 mm bis 2,5 mm aufweisen.

⚠ Beachten Sie die angegebene Verarbeitungszeit und das Mindesthaltbarkeitsdatum der Dichtmasse.

Demontage der Ölpumpe

Montage am OM646 (Bild 13)

■ Bauen Sie die Ölwanne wie bereits beschrieben aus.
■ Drehen Sie die Befestigungsschrauben (8) heraus.
■ Drücken Sie die Spannschiene (3) zurück und nehmen Sie das Ölpumpenrad (9) aus der Antriebskette heraus.
■ Nehmen Sie die Ölpumpe (7) ab.

Die Montage erfolgt sinngemäß in entgegengesetzter Reihenfolge zum Ausbau.
■ Prüfen Sie die Ölpumpe (7) auf Leichtgängigkeit.
■ Befüllen Sie die Ölpumpe (7) vor der Montage mit Motoröl.

Montage am OM651 (Bild 14)

☞ Für die Demontage der Ölpumpe sind an diesem Motor einige Vorarbeiten erforderlich. Die Reihenfolge der Arbeiten entspricht der, die Sie bei der Demontage durchführen sollten.

■ Demontieren Sie den Steuerkastendeckel wie bereits beschrieben.
■ Bauen Sie Unterdruckpumpe aus.
■ Demontieren Sie die Ölwanne unten und oben, wie bereits beschrieben.
■ Stellen Sie den Kolben des 1. Zylinders auf Zünd-OT.
■ Die Lanchester-Ausgleichswellen in der Grundstellung entsprechend unveränderbar markieren.
■ Bauen Sie den Kunststoff-Ölabweiser (Schwallblech und Ansaugtrichter) (1) unter der Ölpumpe ab.

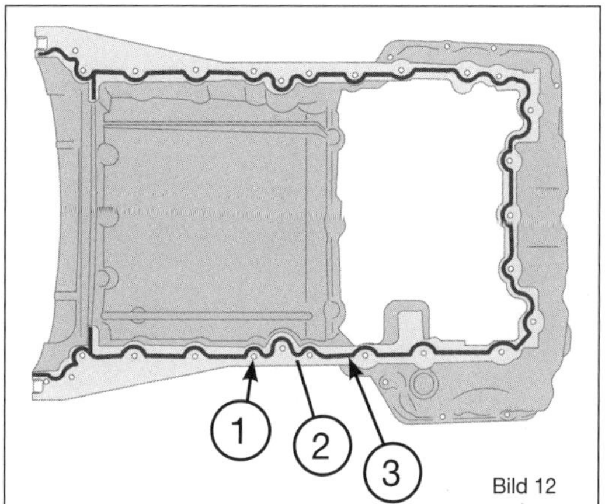

Bild 12

Bild 12
Ölwanne oben (OM642).
1 Schraubenloch der Ölwanne
2 Dichtfläche der Ölwanne
3 Dichtmittelraupe (1,5 bis 2,5 mm Stärke)

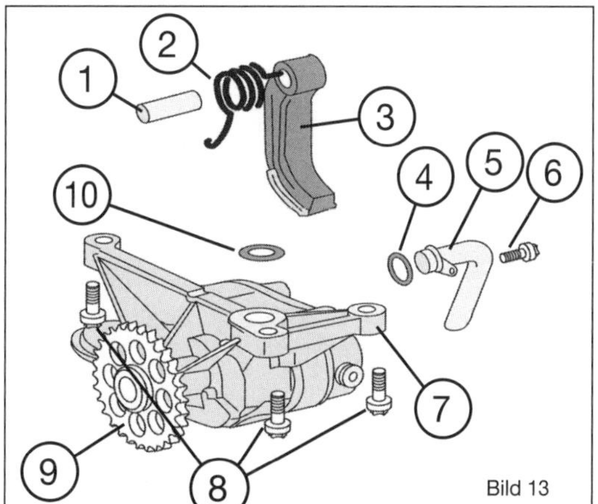

Bild 13

Bild 13
Ölpumpe (OM646).
1 Zylinderstift
2 Andruckfeder
3 Kettenspanner
4 O-Ring
5 Saugrohr
6 Schraube
7 Ölpumpe
8 Schrauben
9 Antriebsrad
10 O-Ring

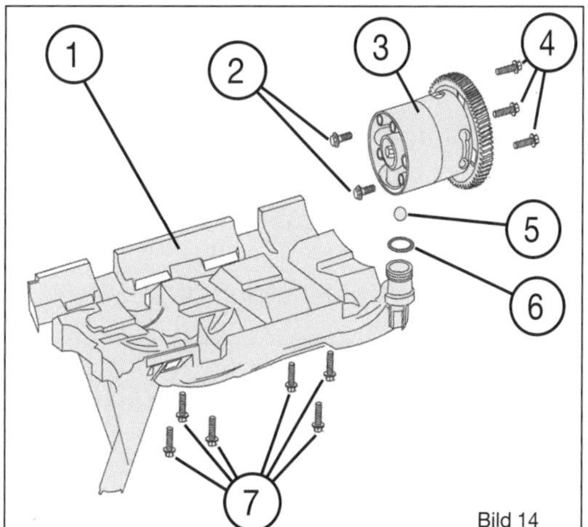

Bild 14

Bild 14
Ölpumpe (OM651).
1 Schwallblech und Ansaugtrichter
2 Schrauben
3 Ölpumpe
4 Schrauben
5 Kugel
6 Dichtring
7 Schrauben

■ Drehen Sie die Schrauben der Ölpumpe heraus (4) und ziehen Sie sie heraus.

Die Montage erfolgt sinngemäß in entgegengesetzter Reihenfolge zum Ausbau.
■ Prüfen Sie die Ölpumpe (3) auf Leichtgängigkeit.
■ Befüllen Sie die Ölpumpe vor der Montage mit Motoröl.

Bild 15
Ölpumpe (OM642).
1 Ölpumpe
2 Dichtring
3 Schrauben
4 Ansaugschnorchel
5 Dichtring
6 Schrauben

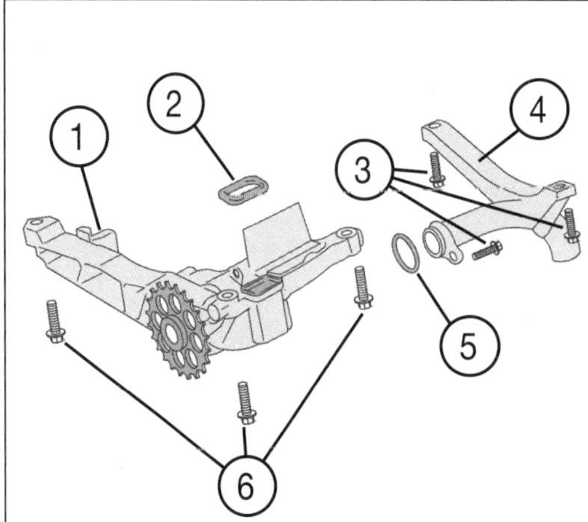

Bild 15

Montage am OM642
Die Ölpumpe am OM642 ist schon fast klassisch in der Ölwanne verbaut.
- Falls vorhanden, Geräuschdämpfung ausbauen.
- Die Ölwannen oben und unten ausbauen.
- Die Schrauben herausschrauben und den Ölabweiser abnehmen.
- Die Schrauben (3) herausschrauben und den Ansaugschnorchel (4) abbauen.
- Die Schrauben (6) herausschrauben.
- Den Spannbügel wegdrücken, die Ölpumpe (1) aus der Ölpumpenkette aushängen und abnehmen.
- Den Halter von der Ölpumpe (1) abbauen.

Die Montage erfolgt sinngemäß in entgegengesetzter Reihenfolge zum Ausbau.
- Die Ölpumpe (1) vor dem Einbau mit Motorenöl befüllen.
- Die Dichtung an der Ölpumpe erneuern.

Bild 16
Messaufbau zur Öldruckprüfung.
1 Anschluss Batterieplus
2 Anschluss am Öldruckschalter
3 Druckmessuhr
4 LED (Kontrolllampe)
5 Ventilsteller
6 Anschluss am T-Stück für den Öldruckschalter oder am Anschlussgewinde

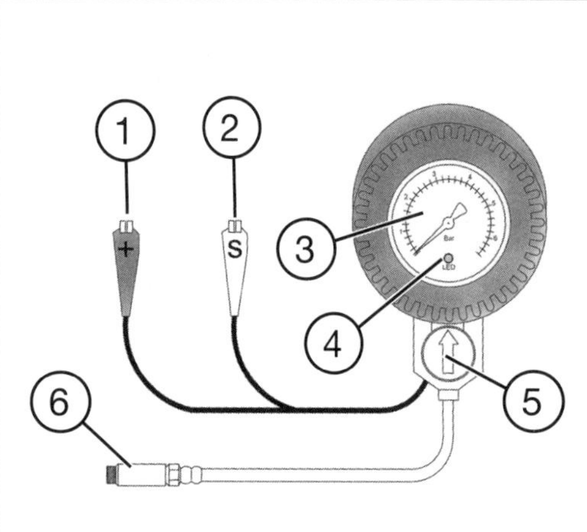

Bild 16

Öldruckprüfung

Die Prüfung des Öldrucks fällt für die drei in diesem Buch vorgestellten Motoren grundsätzlich verschieden aus.
- Prüfen Sie den Ölstand des Motors.
- Lassen Sie den Motor warm laufen. Der Öldruck fällt bei warmem Motor aufgrund des dünnflüssigeren Öls geringer aus. Bewertet wird der Druck im Betriebszustand.

Öldruckmessung am OM646
Zwischen Kurbelwellenriemenscheibe und Riemenspanner ist eine Verschlussschraube verbaut, die zur Öldruckmessung demontiert werden muss.
- Bauen Sie das Luftfiltergehäuse aus.
- Drehen Sie die Verschlussschraube heraus.
- Montieren Sie in der Bohrung einen Doppelstutzen (DB 639 589 05 6300) oder je nach Prüfgerät direkt den Anschlussschlauch des Prüfgerätes.
- Luftfiltergehäuse so weit wie möglich wieder einbauen und den Stecker zum Luftmassenmesser wieder aufstecken.
- Bei betriebswarmem Motor sollte der Motor folgende Messwerte erreichen können:

Drehzahl	Druck
Leerlauf	0,6 bar
3200 1/min	> 2,5 bar

Öldruckmessung am OM651
Unter dem Drosselklappenmodul ist der Öldrucksensor verbaut. Anstatt des Öldrucksensors wird ein Doppelstutzen verbaut, der den Öldruckschalter aufnimmt und einen Anschluss für ein Manometer ermöglicht. Bei betriebswarmem Motor sollte der Motor folgende Messwerte erreichen können:

Drehzahl	Druck
Leerlauf	0,9 bar
3750 1/min	> 3 bar

Öldruckmessung am OM642
Im Vorgängermodell wurde die Messung noch über das Einschrauben eines Doppelstutzens in die Druckleitung über der Riemenscheibe durchgeführt. Für den Vito/

Viano gibt es einen Messadapter, der ersatzweise für die Ölfilterverschlusskappe montiert wird. Bei betriebswarmem Motor sollte der Motor folgende Messwerte erreichen können:

Drehzahl	Druck
Leerlauf	0,3 bar
3000 1/min	> 3 bar

Öldruckschalter

Keiner der Motoren ist mit einem Öldruckschalter oder Öldrucksensor ausgerüstet. Die Warnleuchte mit der üblichen Ölkanne weist auf einen zu geringen Ölstand hin.

Ölfüllstandsanzeige

Der Ölstandssensor ist grundsätzlich in der Ölwanne verbaut. Der Montageablauf ist für die drei Motorbaureihen OM646, OM651 und OM642 annähernd gleich. Wir stellen Ihnen an dieser Stelle eine allgemeingültige Beschreibung zur Verfügung.

- Heben Sie das Fahrzeug mit der Hebebühne an.
- Demontieren Sie die Motorabdeckung vorne.
- Lassen Sie das Motoröl ablaufen.

Bei dieser Gelegenheit können Sie gleich einen Ölwechselservice durchführen.

- Entsichern Sie den Steckkontakt und ziehen Sie den Stecker des Ölsensors ab.
- Drehen Sie die Schrauben des Ölsensors heraus.
- Ziehen Sie den Ölsensor nach unten aus der Ölwanne heraus und fangen Sie austretendes Restöl mit einem Lappen auf.

Die Montage erfolgt sinngemäß in umgekehrter Reihenfolge.

Messen des Ölverbrauchs

Ölverbrauch ist bis zu einem gewissen Maß für einen Verbrennungsmotor normal. Über die Kolbenringe und auch über die Motorentlüftung werden Öl oder Ölnebel in den Brennraum übertragen. Bei den Turbomotoren kommt auch der Turbolader mit dazu. Zum Einschätzen des Ölverbrauches Ihres Vito/Viano stellen wir Ihnen die Auswertung nach den Herstellerrichtlinien vor.

Vorarbeiten

- Stellen Sie das Fahrzeug auf die Hebebühne und untersuchen Sie den Motor, Turbolader, Ladeluftleitungen und Anbauteile auf Ölspuren.
- Eventuelle Undichtigkeiten müssen vor der Messung beseitigt werden.

Soweit seit dem letzten Ölwechsel mehr als 1000 km gefahren wurden, muss zuerst ein Ölwechsel durchgeführt werden.

- Stellen Sie sicher, dass ein zugelassenes Motoröl eingefüllt wurde. Wenn sich nicht nachvollziehen lässt, welches Öl in den Motor eingefüllt wurde, sollten Sie zuerst das Öl wechseln.

Die Messung

- Bringen Sie das Fahrzeug auf Betriebstemperatur (etwa 80 °C) und stellen Sie das Fahrzeug auf eine ebene Fläche ab.
- Warten Sie 5 Minuten ab und kontrollieren Sie den Ölstand mit dem Ölmessstab.
- Belassen Sie den Ölmessstab etwa 1 Minute komplett eingeschoben und ziehen Sie ihn dann heraus.

Der Ölstand darf nicht über der Maximum-Markierung stehen.

- Markieren Sie den genauen Ölstand mit einer Reißnadel auf dem Ölmessstab.

Auswertung Ölverbrauch

- Nach etwa 500 bis 1000 km Fahrtstrecke wiederholen Sie die Messung.
- Stellen Sie das Fahrzeug wieder auf die gleiche ebene Fläche, auf der Sie die Eingangsmessung durchgeführt haben.
- Füllen Sie mit einem Messbecher, soweit erforderlich, den Ölstand bis zur Markierung (durch die Reißnadel) auf. Gehen Sie hier in kleinen Schritten vor (etwa 100 ml).

Berechnen Sie den Ölverbrauch:

$$\frac{\text{Nachfüllmenge (in Litern) x 1000}}{\text{Zurückgelegte Strecke (in km)}}$$

Das Ergebnis ergibt den Ölverbrauch auf 1000 km. Mercedes gibt einen zulässigen Ölverbrauch bis 0,8 Liter auf 1000 km an.

6 Kühlsystem

Funktion des Kühlkreislaufs
Das Kühlsystem sorgt für die richtige Betriebstemperatur des Motors. Es besteht aufbauseitig aus Kühler, Ladeluftkühler, Luftführungshutze mit Kühlerlüftern und Ausgleichsbehälter für Kühlmittel. Motorseitig gehören Kühlmittelschläuche und Kühlmittelrohre sowie ein Netz aus kleinen, genau bemessenen Kanälen in Motorblock und Zylinder, in denen die in den Ausgleichsbehälter eingefüllte Kühlflüssigkeit zirkuliert, zum System. So entsteht ein Wassermantel, der die Verbrennungswärme über die Schläuche des Kühlsystems an den Kühler abführt. Welche Wege im jeweils konkreten Betriebszustand das Kühlmittel im Kühlsystem nimmt, hängt von der Temperatur des Motors ab.

Zu den motorseitigen Aggregaten des Kühlsystems gehört auch der Motorölkühler. Eine mechanische Kühlmittelpumpe (»Wasserpumpe«) sorgt für den ständigen Kreislauf des Kühlmittels. Sie wird über den Keilrippenriemen angetrieben. Ein Kühlmittelregler (Dehnstoff-Thermostat) hält die Kühlmitteltemperatur konstant. Das Kühlsystem steht unter einem Überdruck von etwa 1,2 bis 1,5 bar bei Betriebstemperatur. Dadurch und durch den Einsatz von Kühlmittelzusätzen erhöht sich der Siedepunkt der Kühlflüssigkeit von 100 °C auf rund 120 °C.
Die höhere Temperatur ermöglicht einen wirtschaftlicheren und damit Kraftstoff sparenden Motorbetrieb. Wenn bei einem heißen Motor der Kühlmitteldruck 1,5 bar übersteigt, tritt das Überdruckventil am Ausgleichsbehälter in Aktion. Es öffnet dann und lässt zum Druckausgleich etwas Wasserdampf entweichen.

Sicht- und Funktionsprüfungen

Kühlmittelstand prüfen
■ Der Kühlmittelstand wird bei kaltem Motor am Kühlmittel-Ausgleichsbehälter geprüft. Dieser Behälter befindet sich im Motorraum rechts hinten. Er ist meist mit den Markierungen »Max« und »Min« gekennzeichnet, auf jeden Fall mit der »Min«-Markierung und einer Markierungslinie für den maximalen Füllstand.

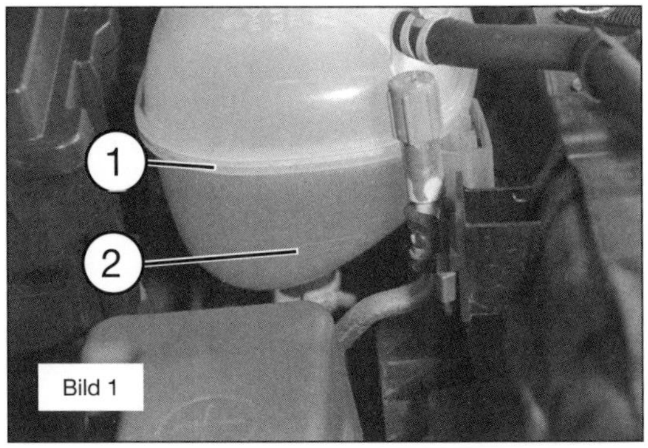

Bild 1
Kühlmittelstand am Kühlmittelausgleichsbehälter.
1 Maximum-Markierung
2 Minimum-Markierung

■ Ist der Motor kalt, muss das Kühlmittel zwischen »Max« und »Min« (Bild 1), bei warmem Motor etwas über der Markierungslinie für maximalen Füllstand stehen.
■ Bei nicht verbrauchsbedingtem Flüssigkeitsverlust muss die Ursache ermittelt und durch Reparatur beseitigt werden.

Frostschutz des Kühlmittels prüfen
Zur Frostschutzprüfung wird ein handelsüblicher Ansaugprüfer oder für genauere Prüfung ein sogenanntes Refraktometer benötigt. Beim Ansaugprüfer wird der jeweilige Frostschutz in °C angezeigt. Mercedes schreibt den Werkstätten aber vor, die Konzentration des Kühlmittelzusatzes bei der jüngsten Motorengeneration mit dem Refraktometer entsprechend Bedienungsanleitung zu prüfen (Bilder 2 und 3). Die Skala »1« des Refraktometers bezieht sich auf die Kühlmittelzusätze G12, G12 plus, G12 Plusplus und G30, die für die Vito/Viano-Kühlsysteme empfohlen werden. Die Skala »2« bezieht sich nur auf den zu verwendenden Kühlmittelzusatz G13.
■ Prüfen Sie den Kühlmittelstand im Ausgleichsbehälter bei kaltem Motor.

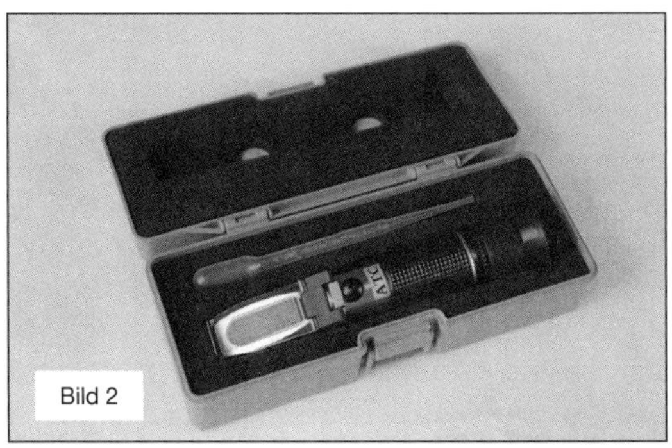
Bild 2
Refraktometer zur Frostschutzgehaltsprüfung.

■ Den genauen Wert bei den Prüfungen liest man an der Hell-Dunkel-Grenze ab. Zur besseren Veranschaulichung der Hell-Dunkel-Grenze wird mit der Pipette ein Tropfen Wasser auf das Glas gebracht. Die Hell-Dunkel-Grenze ist dann deutlich an der »Waterline« zu erkennen (Bild 3). Der Frostschutz muss bis etwa -25 °C gewährleistet sein.
■ Bei zu geringem Frostschutz Kühlflüssigkeit ablassen und durch Kühlmittelzusatz G30 (violett) ergänzen.
■ Probefahrt durchführen und Frostschutz des Kühlmittels erneut prüfen.

Kühlsystem auf Dichtigkeit prüfen
Zur Prüfung der Dichtheit des Kühlsystems und des Überdruckventils wird ein Kühlsystem-Prüfgerät mit Adapter (Bild 5) benötigt. Der Motor muss betriebswarm sein.
■ Verschlussdeckel vom Kühlmittel-Ausgleichsbehälter öffnen.
■ Adapter für das Kühlsystemprüfgerät in den Kühlmittelausgleichsbehälter schrauben.
■ Anschlussstück in den Adapter für Kühlsystemprüfgerät klemmen und das Anschlussstück über den mitgelieferten Verbindungsschlauch mit dem Kühlsystem-Prüfgerät verbinden.
■ Mit der Handpumpe des Kühlsystemprüfgerätes ca. 1,5 bar Überdruck erzeugen.

Fällt der Druck ab:
■ Undichte Stelle suchen und Fehler beseitigen.

⚠ Bevor das Kühlsystemprüfgerät vom Verbindungsschlauch oder Anschlussstück getrennt wird, muss unbedingt der vorhandene Druck abgebaut werden.
■ Dazu das Druckentlastungsventil am Kühlsystem-Prüfgerät drücken, bis das Druckmanometer den Wert »0« anzeigt.

Überdruckventil im Verschlussdeckel des Kühlmittelbehälters prüfen
■ Verschlussdeckel des Kühlmittel-Ausgleichsbehälters in den Adapter für Kühlsystemprüfgerät schrauben, Anschlussstück in den Adapter für Kühlsystemprüfgerät klemmen und das Anschlussstück über den mitgelieferten Verbindungsschlauch mit dem Kühlsystem-Prüfgerät verbinden.
■ Mit der Handpumpe des Kühlsystem-Prüfgerätes einen Überdruck von max. 1,6 bar

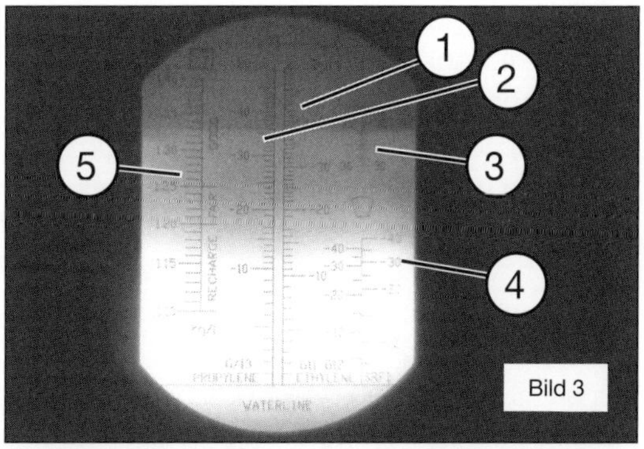

Bild 3

Bild 3
Sichtfeld des Refraktometers.
1 G12; G12 Plus, G12 Plusplus, G11 und auch G30
2 G13
3 AdBlue
4 Scheibenfrostschutz
5 Säuredichte der Batterie

Bild 4

Bild 4
Frostschutzspindel zur Frostschutzgehaltsprüfung.

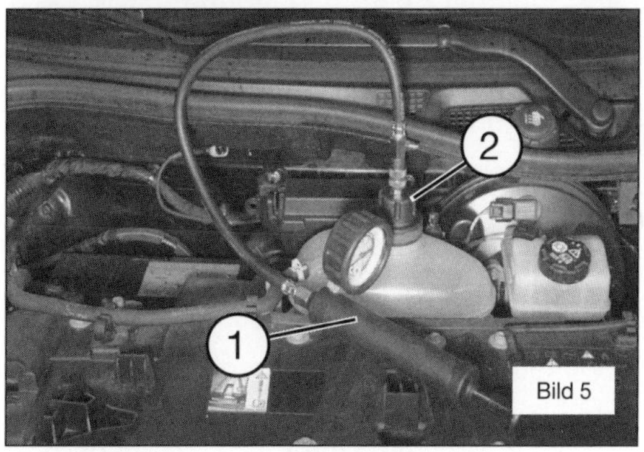

Bild 5

Bild 5
Druckpumpe mit Adapter auf dem Kühlmittelbehälter.
1 Prüfpumpe
2 Adapter

erzeugen. Das Überdruckventil darf noch nicht öffnen.

Öffnet das Überdruckventil vorzeitig: Verschlussdeckel ersetzen.
■ Druck auf über 1,6 bar erhöhen. Das Überdruckventil muss öffnen.

Öffnet das Überdruckventil nicht: Verschlussdeckel ersetzen.

Kühlmittel ablassen, ergänzen, auffüllen

Kühlmittel ablassen
Die wesentlichen Arbeitsschritte unterscheiden sich nicht in den einzelnen Motorvarianten. Wir stellen Ihnen eine allgemeingültige Anweisung vor, die auch für Ihr Fahrzeug angewendet werden kann.

Sichtprüfung Messen

Vorbereitungen

■ Verschlussdeckel vom Kühlmittel-Ausgleichsbehälter öffnen.

⚠ Bei warmem Motor steht das Kühlsystem unter Druck, beim Öffnen des Ausgleichsbehälters kann deshalb heißer Dampf bzw. heißes Kühlmittel entweichen. Überdruck abbauen, dazu Verschlussdeckel mit einem Lappen abdecken und vorsichtig öffnen. Schutzbrille und Schutzbekleidung tragen, um Augenverletzungen und Verbrühungen zu vermeiden.

■ Das Fahrzeug auf die Hebebühne fahren.

■ Fahrzeug anheben und Motorspritzschutz (Geräuschdämpfung) abschrauben.

■ Auffangwanne für Werkstattkräne unter den Motor stellen.

Kühlmittel ablassen

Das abgelassene Kühlmittel darf nicht wiederverwendet werden.

Fahrzeuge mit Ablasshahn (am Kühler):

■ Öffnen Sie den Kühlerverschlussdeckel.

■ Drehen Sie die Ablassschraube unten links im Kühler los.

■ Öffnen Sie den Ausgleichsbehälterdeckel.

■ Lassen Sie das Kühlmittel ablaufen.

■ Entsorgen Sie das Kühlmittel fachgerecht.

Fahrzeuge ohne Ablasshahn:

■ Öffnen Sie den Kühlerverschlussdeckel.

■ Schlauchschellen lösen und den unteren Kühlerschlauch am Unterboden abziehen.

■ Lassen Sie das Kühlmittel ablaufen.

■ Entsorgen Sie das Kühlmittel fachgerecht.

Fahrzeuge mit Standheizung:

■ Kühlmittelschläuche auch am Heizsystem abbauen und restliches Kühlmittel ablaufen lassen.

■ Entsorgen Sie das Kühlmittel fachgerecht oder geben Sie es beim Händler zurück.

Kühlmittel zum Befüllen vorbereiten

Als Kühlmittelzusatz darf nur »G40« oder die originale Flüssigkeit nach Vorschriftenblatt 325.6 und 325.7 verwendet werden. Erkennungsmerkmal ist die lila Färbung. Auf keinen Fall darf G30 mit anderen Kühlmittelzusätzen vermischt werden! Ist die Flüssigkeit im Ausgleichbehälter braun, wurde G30 mit einem anderen Kühlmittel vermischt. In diesem Fall muss das Kühlmittel gewechselt werden. G30 und Kühlmittelzusätze verhindern Frost- und Korrosionsschäden, Kalkansatz und heben außerdem die Siedetemperatur an. Aus diesen Gründen muss das Kühlsystem unbedingt ganzjährig mit Kühlerfrost- und Korrosionsschutzmittel befüllt sein.

Frostschutz und Klimazonen:

Besonders in Ländern mit tropischem Klima trägt das Kühlmittel durch den höheren Siedepunkt bei hoher Belastung des Motors zur Betriebssicherheit bei. Der Frostschutz muss bis etwa -25 °C (in Ländern mit arktischem Klima bis etwa -35 °C) gewährleistet sein.

Die Konzentration des Kühlmittels darf auch in der warmen Jahreszeit bzw. in warmen Ländern nicht durch Nachfüllen von Wasser verringert werden. Der Kühlmittelzusatz-Anteil muss mindestens 40 % betragen. Ist aus klimatischen Gründen ein stärkerer Frostschutz erforderlich, kann der Anteil von G30 erhöht werden, aber nur bis zu 60 % (Frostschutz bis etwa -40 °C), da sich sonst der Frostschutz wieder verringert und außerdem die Kühlwirkung verschlechtert wird.

■ Zum Festlegen der aktuellen Frostschutzdichte wird das Refraktometer wie schon beschrieben empfohlen.

Anmischen:

Je nach Kühlmittelhersteller und Klimazone muss eine Mischung aus Frostschutzkonzentrat und Wasser hergestellt werden. Die erforderliche Menge können Sie einer Tabelle auf dem Behälter des Frostschutzkonzentrats ablesen.

■ Stellen Sie einen sauberen 5-l-Eimer bereit.

■ Mischen Sie die erforderliche Konzentratmenge mit der dazugehörigen Wassermenge an.

■ Kontrollieren Sie den Frostschutzgehalt mit dem Refraktometer oder der Frostschutzspindel.

Befüllen mit Kühler-Vakuum-Befüllgerät

Wurden Kühler, Wärmetauscher, Zylinderkopf oder Zylinderkopfdichtung ersetzt: Gebrauchtes Kühlmittel vorschriftsmäßig entsorgen und nicht wiederverwenden! Das Kühlmittel kann auch über die Abgabestellen für Sondermüll entsorgt werden.

■ Ablassschraube Kühler schließen.
■ Prüfverschluss oder einen Universalanschluss (7 im Bild 6) am Ausgleichsbehälter befestigen.
■ Druckluftleitung an dem Anschluss (2) anschließen und mit Druckluft beaufschlagen.
■ Den Sauganschluss (5) in einen Kanister mit gebrauchsfertig angemischter Kühlflüssigkeit leiten.
■ Den Abluftschlauch (11) in einen offenen Behälter legen.
■ Ablaufventil (8) und Zulaufventil (7) schließen.
■ Die für das Kühlsystem angegebene Kühlmittelmenge in der vorgeschriebenen Zusammensetzung aufbereiten und in den Kanister oder Behälter für den Ansaugschlauch (5) geben.

Damit keine Luft angesaugt wird darauf achten, dass etwas mehr Kühlmittel im Kanister oder Behälter für den Ansaugschlauch (5) ist, als die maximale Füllmenge des Kühlsystems beträgt.

■ Das Filterstück (6) mit dem Schlauch am Sauganschluss in den Kanister einführen und das Filterstück (6) am tiefsten Punkt platzieren.
■ Das Ventil für den Venturianschluss (9) öffnen.
■ Das Ventil für den Kühlmittelzufluss (8) öffnen.

Praxistipp: Destilliertes Wasser als Mischbasis

Zum Befüllen wird laut Werkstattunterlagen einiger Fahrzeughersteller ausdrücklich destilliertes Wasser (plus Frostschutz) vorgeschrieben. »Leitungswasser mit dem vorgeschriebenen Frostschutzzusatz« ist nicht immer ausreichend. Auch dann, wenn der Hersteller das Anmischen mit Leitungswasser zulässt, kann das Verwenden von destilliertem Wasser Vorteile haben. Durch die unterschiedlichen Inhaltsstoffe, die länderspezifisch und sogar regionalspezifisch sein können, haben einige Hersteller entschieden, die Wasserqualität für Kühlsysteme zu definieren. Destilliertes Wasser erfüllt alle Anforderungen. Aus diesem Grund wird empfohlen, auch bei älteren Modellen das Kühlmittel bei Ergänzungen und Neubefüllungen mit destilliertem Wasser anzumischen.

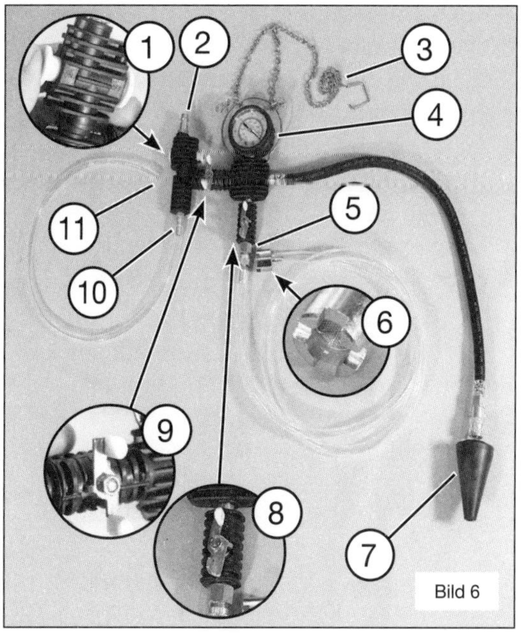

■ Das Druckluftventil (1) öffnen. Im Kühlsystem wird nun ein Unterdruck erzeugt.
■ Das Ventil für den Kühlmittelzufluss (8) so lange öffnen, bis sich der Zulaufschlauch mit Kühlmittel gefüllt hat.
■ Das Ventil für den Venturianschluss (9) schließen, wenn sich die Anzeige der Kontrolleinheit (3) im grünen Bereich (etwa 0,5 bis 0,6 bar Unterdruck) befindet.
■ Das Druckluftventil (1) schließen.
■ Beobachten, ob der Unterdruck etwa 30 Sekunden stabil bleibt.
■ Ist dies nicht der Fall, Schläuche und Anschlüsse überprüfen, ggf. instandsetzen und Prüfung wiederholen.
■ Das Ventil für den Kühlmittelzufluss (8) öffnen. Das Kühlsystem wird nun befüllt.
■ Das Ablaufventil (8) öffnen, wenn kein Kühlmittel mehr aus dem Kühlmittelbehälter angesaugt wird und das Kühlmittel im Ausgleichsbehälter sichtbar ist.
■ Das Ventil für den Kühlmittelzufluss (8) schließen.
■ Das Ventil für den Venturianschluss (9) öffnen, um den Unterdruck im Kühlsystem abzubauen.
■ Das Vakuumbefüllgerät mit allen Anschlüssen und den entsprechenden Verschlauchungen zurückbauen.
■ Kühlmittelstand bis zur Unterkante der Markierung am Ausgleichsbehälter (Bild 1) auffüllen.
■ Falls demontiert, die verbaute Geräuschdämpfung wieder einbauen.

Bild 6
Vakuumbefüllgerät für Kühlsysteme.
1 Druckluftventil
2 Druckluftanschluss
3 Haltekette zum Aufhängen an der Haube
4 Unterdruckanzeige
5 Sauganschluss für Kühlmittel (aus einem (Kanister)
6 Filterstück für den Kanister
7 Universalanschluss für den Ausgleichsbehälter
8 Ventil Kühlmittel
9 Ventil Venturianschluss
10 Anschluss Abluftschlauch
11 Abluftschlauch für einen offenen Auffangbehälter

Bild 7
Kühler am Vito (OM646).
1 Kondensator (Klimakühler)
2 Motorkühler
3 Kühlmittelschläuche
4 Schellen
5 Schraube
6 Druckschalter Klimaanlage
7 Clips
8 Dichtringe
9 Ladeluftschläuche
10 Schraube
11 Dichtringe
12 Schellen
13 Bolzen
14 Ladeluftkühler

Befüllen ohne Gerät

■ Das Kühlmittel langsam bis zur oberen Markierung des gerasterten Feldes am Ausgleichsbehälter auffüllen (Bild 1).
■ Ausgleichsbehälter verschließen. Den Motor starten und die Motordrehzahl für ca. 3 Minuten auf ca. 2000/min halten.
■ Motor danach im Leerlauf laufen lassen.
■ Kühlmittelstand prüfen und ggf. ergänzen.

Bei betriebswarmem Motor muss der Kühlmittelstand an der oberen Markierung, bei kaltem Motor in der Mitte des gerasterten Feldes liegen.

Kühler aus- und einbauen

Die unterschiedlichen Motorvarianten verändern auch den Arbeitsablauf zum Ausbau des Kühlers im Detail.
Es sind grundsätzlich zwei verschiedene Bauweisen der Kühlereinheiten in den unterschiedlichen Fahrzeugen verbaut worden. Sie lassen sich aber recht einfach schon optisch unterscheiden.

Die zusätzlichen Kühler für Klimaanlage, Ladeluftsystem und auch die Lenkung sind im Umfeld verbaut. Wenn erforderlich, werden wir den Umgang mit den Komponenten bei der Montage des Kühlers berücksichtigen.

Es ist sehr wichtig beim Ersatz des Kühlers den verbauten Kühler mit dem Ersatzteil zu vergleichen. Die Variantenvielfalt für die beiden Kühlersysteme ist sehr umfangreich.

Montagearbeiten am OM646

■ Falls vorhanden, Geräuschdämpfung ausbauen.
■ Bauen Sie das Luftfiltergehäuse wie bereits beschrieben aus.
■ Lösen Sie die Kühlschläuche von der Lüfterzarge (8 im Bild 8), ziehen Sie nach hinten und befestigen sie am Motor.
■ Nehmen Sie die Spreizclips (4) heraus und nehmen Sie die Kühlerabdeckung oben (3) heraus.
■ Entriegeln Sie die seitlichen Kühlerverkleidungen (7) oben und unten und nehmen Sie sie ab.
■ Legen Sie ein Stück Pappe oder Kunststoff ein, um die Lamellen des Kühlers zu schützen.

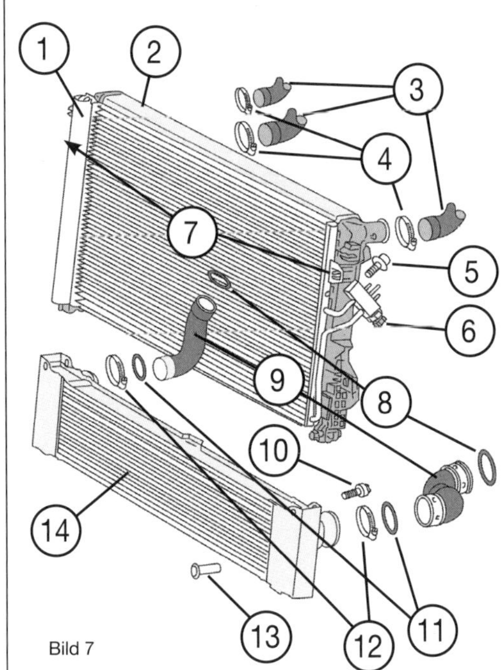

Bild 7

■ Entriegeln Sie die Halteklammern auf beiden Seiten und ziehen Sie die Lüfterzarge (8) nach oben leicht nach hinten geneigt heraus.
■ Halten Sie den Lüfter mit einem geeigneten Gegenhalter fest (DB 611 589 004 000) und lösen Sie die Zentralschraube (6) des Lüfters auf der Vorderseite (Rechtsgewinde).
■ Nehmen Sie den Lüfter nach oben heraus.
■ Lassen Sie das Kühlmittel wie bereits beschrieben ab.
■ Lassen Sie die Klimaanlage entleeren.

Beachten Sie die Sicherheitshinweise zur Klimaanlage, die wir Ihnen im Kapitel zum Umgang mit Bauteilen der Klimaanlage zusammengestellt haben.

Fahrzeuge der Modellgeneration 2:
■ Bauen Sie den Kühlergrill und den Stoßfänger vorne ab.

Weiter für alle Fahrzeuge:
■ Die elektrischen Leitungen vom Schlossträger lösen und nach hinten in Richtung Motor ablegen.
■ Clipsen Sie die Kühlereinheit vom Schlossträger los.
■ Lösen Sie die Hydraulikleitungen der Lenkung.
■ Bauen Sie die Kältemittelleitungen am Anschluss des Kondensators (vor dem Motorkühler) ab.

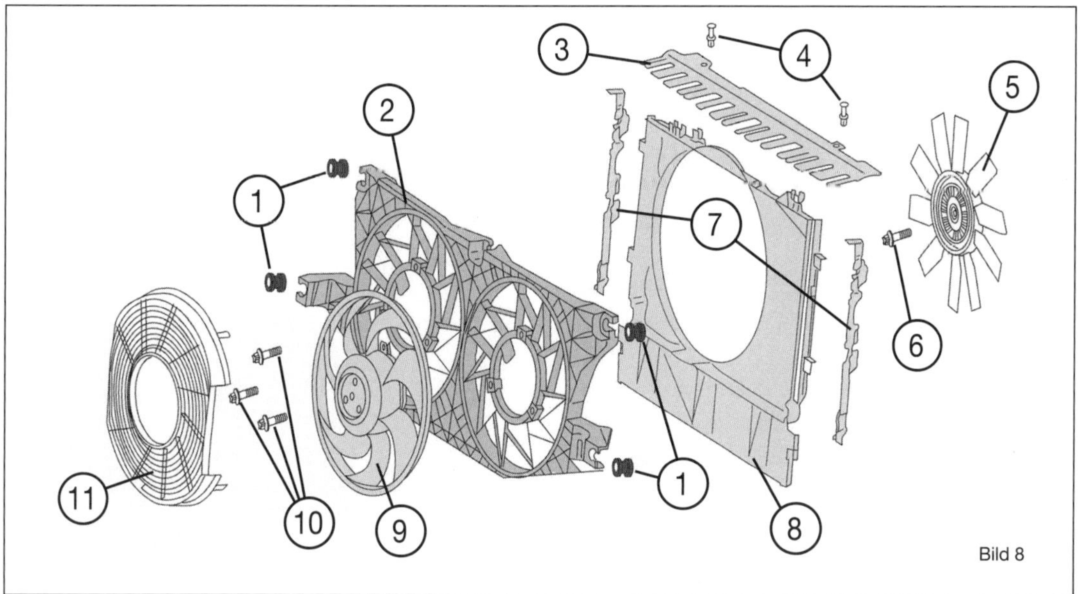

Bild 8
Kühler am Vito (OM646).
1 Bundbuchse
2 Lüfterträger
3 Abdeckung oben
4 Spreizclipse
5 Lüfter mit Viscokupplung
6 Schraube
7 Abdeckung seitlich
8 Lüfterzarge
9 Elektrolüfter
10 Schrauben
11 Schutzgitter

■ Verschließen Sie die Öffnungen des Kühlers mit passenden Stopfen.
■ Entsichern Sie den Steckkontakt und ziehen Sie den Anschlussstecker des Druckschalters (6) der Klimaanlage ab.
■ Bei Fahrzeugen mit Automatikgetriebe den Ölkühler am Kühler (2) abmontieren und mit angeschlossenen Leitungen zur Seite schwenken.
■ Nehmen Sie die Kühlereinheit nach oben heraus.
■ Drücken Sie die Clips rechts und links ein und nehmen Sie den Kondensator (1) vom Kühler (2) ab.

Der Einbau erfolgt sinngemäß in umgekehrter Reihenfolge.
■ Getriebeölstand am automatischen Getriebe prüfen und bei Bedarf korrigieren.
■ Lassen Sie die Klimaanlage wieder befüllen.
■ Prüfen Sie die Dichtigkeit der Anschlüsse, Leitungen und Schläuche.

Montagearbeiten am OM651
■ Bei Fahrzeugen mit Klimaanlage, die Klimaanlage evakuieren (lassen).
⚠ Beachten Sie hierbei die Hinweise zum Umgang mit der Klimaanlage im Kapitel 1 dieses Buches.
■ Falls vorhanden, Geräuschdämpfung ausbauen.
■ Nehmen Sie die Spreizclips (4 im Bild 8) heraus und nehmen Sie die Kühlerabdeckung oben (3) heraus.
■ Die elektrischen Leitungen vom Schlossträger lösen und nach hinten in Richtung Motor ablegen.
■ Lassen Sie das Kühlmittel wie bereits beschrieben ab.
■ Den Kühlmittelschlauch oben ausbauen.
■ Entriegeln Sie die seitlichen Kühlerverkleidungen (7) oben und unten und nehmen Sie sie ab.
■ Legen Sie ein Stück Pappe oder Kunststoff ein, um die Lamellen des Kühlers zu schützen.
■ Entriegeln Sie die Halteklammern auf beiden Seiten und ziehen Sie die Lüfterzarge (8) nach oben leicht nach hinten geneigt heraus.
■ Halten Sie den Lüfter mit einem geeigneten Gegenhalter fest (DB 611 589 004 000) und lösen Sie die Zentralschraube (6) des Lüfters auf der Vorderseite (Rechtsgewinde).
■ Nehmen Sie den Lüfter nach oben heraus.

Fahrzeuge der Modellgeneration 2:
■ Bauen Sie den Kühlergrill und den Stoßfänger vorne ab.

Weiter für alle Fahrzeuge:
■ Bauen Sie die Kühlmittelschläuche (3 im Bild 7) am Kühler ab.
■ Verschließen Sie die Öffnungen des Kühlers mit passenden Stopfen.
■ Entsichern Sie die Clips (7) und ziehen Sie die Kühlereinheit vom Schlossträger ab.
■ Lösen Sie die Hydraulikleitung der Kühl-

Bild 9
Lüfterrad OM642.
1 Gegenhalter (DB 906589004000)
2 Maulschlüssel
3 Schrauben Riemenscheibe
4 Riemenscheibe
5 Lüfterrad
6 Sechskant der Viscokupplung

schleife der Servolenkung und befestigen Sie sie am Schlossträger.

- Bei Fahrzeugen mit Automatikgetriebe den Ölkühler am Kühler (2) abmontieren und mit angeschlossenen Leitungen zur Seite schwenken.
- Bauen Sie die Leitungen der Klimaanlage am Kondensator ab.
- Verschließen Sie die Öffnungen der Klimaanlage und des Kondensators mit passenden Stopfen.
- Entsichern Sie den Steckkontakt und ziehen Sie den Anschlussstecker des Druckschalters (6) der Klimaanlage ab.
- Drehen Sie die Schraube (10) rechts und links heraus.
- Ziehen Sie die Bolzen (13) rechts und links heraus.
- Drehen Sie die Schrauben heraus und lösen Sie den Klimakondensator (1 im Bild 7) vom Motorkühler (2) ab.

Der Einbau erfolgt sinngemäß in umgekehrter Reihenfolge.

- Getriebeölstand am automatischen Getriebe prüfen und bei Bedarf korrigieren.
- Lassen Sie die Klimaanlage wieder befüllen.
- Prüfen Sie die Dichtigkeit der Anschlüsse, Leitungen und Schläuche.

Montagearbeiten am OM642

- Bei Fahrzeugen mit Klimaanlage, die Klimaanlage evakuieren (lassen).

⚠ Beachten Sie hierbei die Hinweise zum Umgang mit der Klimaanlage im Kapitel 1 dieses Buches.

- Falls vorhanden, Geräuschdämpfung ausbauen.
- Nehmen Sie die Spreizclips (4 im Bild 8) heraus und nehmen Sie die Kühlerabdeckung oben (3) heraus.
- Legen Sie ein Stück Pappe oder Kunststoff ein, um die Lamellen des Kühlers zu schützen.
- Setzen Sie den Gegenhalter (DB 906 589 004 000) wie im Bild 9 gezeigt auf die Schrauben der Riemenscheibe (3) auf.
- Setzen Sie einen passenden Maulschlüssel auf den Sechskant der Viscokupplung auf.
- Halten Sie den Gegenhalter (1) fest und lösen Sie den Sechskant der Viscokupplung (6) durch Drehen im Uhrzeigersinn.

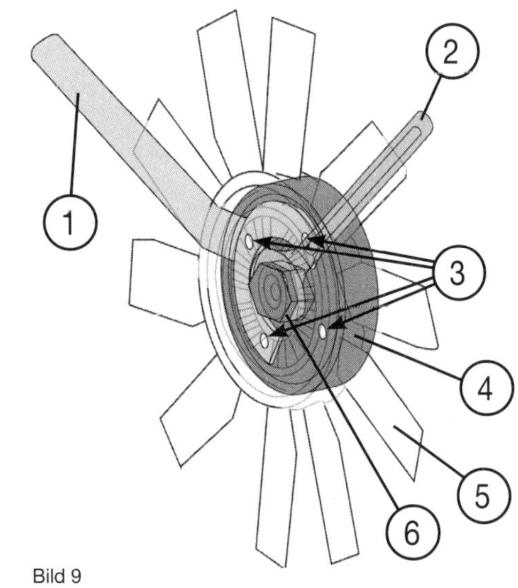

Bild 9

- Bauen Sie die vordere Unterbodenverkleidung wie im Kapitel 4 beschrieben ab.
- Lösen Sie die Hydraulikleitung zum Automatikgetriebe von der Lüfterzarge.
- Nehmen Sie die Lüfterzarge zusammen mit dem Lüfter nach oben heraus.
- Die elektrische Leitungen vom Schlossträger lösen und nach hinten in Richtung Motor ablegen.
- Bei Fahrzeugen mit Automatikgetriebe demontieren Sie die Vor- und Rücklaufleitung am Automatikgetriebeölkühler.
- Lassen Sie das Kühlmittel wie bereits beschrieben ab.
- Bauen Sie die Kühlmittelschläuche (3 im Bild 7) am Kühler ab.
- Verschließen Sie die Öffnungen des Kühlers mit passenden Stopfen.
- Bauen Sie die Leitungen der Klimaanlage am Kondensator ab.
- Verschließen Sie die Öffnungen der Klimaanlage und des Kondensators mit passenden Stopfen.
- Entsichern Sie den Steckkontakt und ziehen Sie den Anschlussstecker des Druckschalters (6) der Klimaanlage ab.
- Lösen Sie die Hydraulikleitung der Kühlschleife der Servolenkung und befestigen Sie sie am Schlossträger.

Fahrzeuge der Modellgeneration 2:

- Bauen Sie den Kühlergrill und den Stoßfänger vorne ab.

Weiter für alle Fahrzeuge:

■ Clipsen Sie die Kühlereinheit vom Schlossträger los.

■ Nehmen Sie die Kühlereinheit nach oben heraus.

■ Drücken Sie die Clips rechts und links ein und nehmen Sie den Kondensator (1) vom Kühler (2) ab.

Der Einbau erfolgt sinngemäß in umgekehrter Reihenfolge.

■ Getriebeölstand am automatischen Getriebe prüfen und bei Bedarf korrigieren.

■ Lassen Sie die Klimaanlage wieder befüllen.

■ Prüfen Sie die Dichtigkeit der Anschlüsse, Leitungen und Schläuche.

Kühlmittelpumpe/Wasserpumpe aus- und einbauen

Kühlmittelpumpe am OM646 (Bild 10)

■ Das Kühlmittel ablassen.

■ Bauen Sie den Flachriemen wie im Kapitel 4 beschrieben aus.

■ Demontieren Sie die beiden Umlenkrollen (1 im Bild 17 im Kapitel 4).

■ Bauen Sie die Kühlmittelschläuche an der Wasserpumpe (1 im Bild 10) ab.

■ Drehen Sie die Schrauben (2) heraus.

■ Hebeln Sie die Wasserpumpe vom Steuergehäusedeckel ab.

Der Einbau erfolgt sinngemäß in umgekehrter Reihenfolge.

■ Die Riemenscheibe (4) muss nur dann demontiert werden, wenn die Wasserpumpe erneuert werden soll.

■ Prüfen Sie die Dichtigkeit der Anschlüsse, Leitungen und Schläuche.

Kühlmittelpumpe am OM651 (Bild 11)

■ Das Kühlmittel ablassen.

■ Lüfterhaube (Zarge) ausbauen.

■ Die Schrauben (2 im Bild 11) der Kühlmittelpumpe (1) herausdrehen.

■ Die Kühlmittelpumpe (1) ausbauen.

Der Einbau erfolgt sinngemäß in umgekehrter Reihenfolge.

■ Die Dichtfläche der Kühlmittelpumpe (1) reinigen.

■ Die Dichtung erneuern.

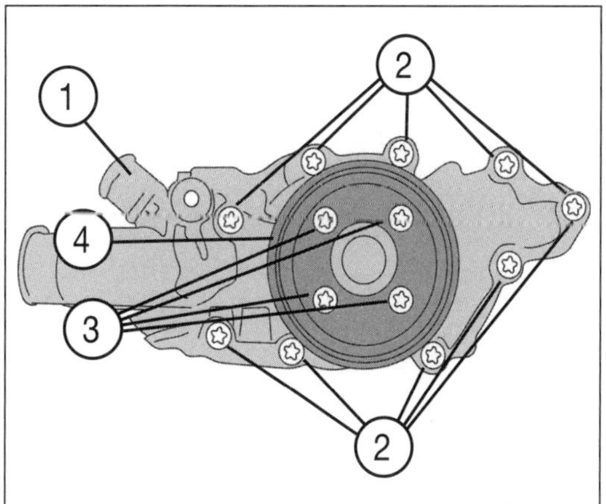

Bild 10

Bild 10
Wasserpumpe (OM646).
1 Wasserpumpe
2 Schrauben
3 Schrauben
4 Riemenscheibe

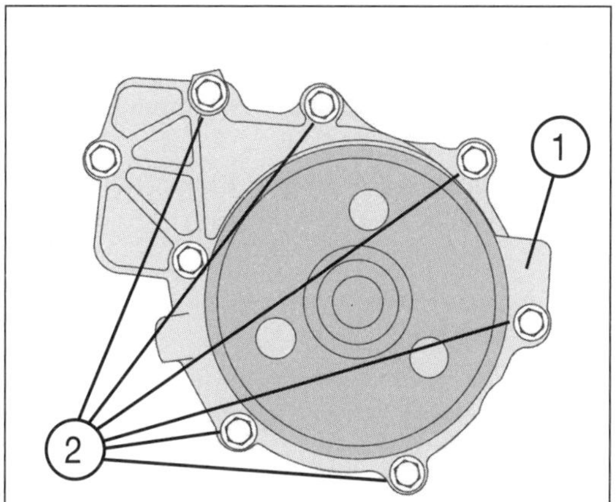

Bild 11

Bild 11
Wasserpumpe (OM651).
1 Wasserpumpe
2 Schrauben

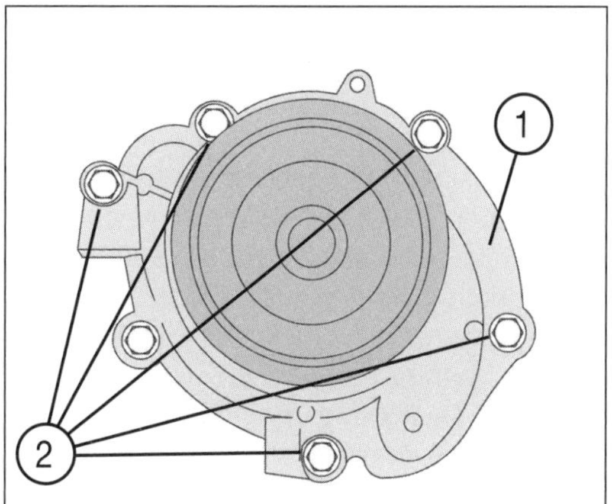

Bild 12

Bild 12
Wasserpumpe (OM642).
1 Wasserpumpe
2 Schrauben

■ Das Kühlsystem auf Dichtheit prüfen.

■ Kühlmittelpumpe (1) auf Dichtheit prüfen.

Kühlmittelpumpe am OM642 (Bild 12)

■ Das Kühlmittel ablassen.

■ Den Keilrippenriemen für den Lüfter ausbauen.

■ Den Keilrippenriemen für 2. Kältemittelver-

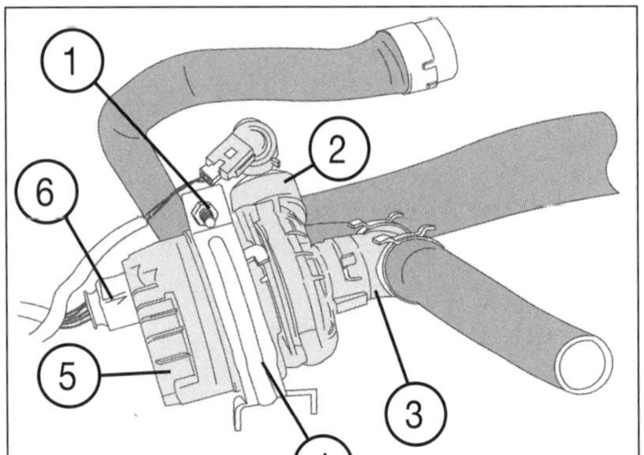

Bild 13

Bild 13
Elektrische Kühlmittelpumpe für den Niedertemperaturkreislauf.
1 Schraube
2 Anschlussstutzen
3 Anschlussstutzen
4 Halter
5 Kühlmittelpumpe
6 Anschlussstecker Pumpe

dichter der Klimaanlage ausbauen (soweit verbaut).

- Den Keilrippenriemen ausbauen.
- Das Mischgehäuse ausbauen.
- Den Drosselklappensteller (Drosselklappenmodul) ausbauen.
- Die Schrauben (2 im Bild 8) herausschrauben und die Kühlmittelpumpe (1) abnehmen.

Der Einbau erfolgt sinngemäß in umgekehrter Reihenfolge.

- Dichtfläche am Steuergehäusedeckel und der Kühlmittelpumpe (1) reinigen.
- Die Dichtung erneuern.
- Das Kühlsystem auf Dichtheit prüfen.

Elektrische Wasserpumpe (Bild 13)
Im Vito/Viano sind durchaus auch zwei Kühlmittelpumpen verbaut. Die mechanische Pumpe ist für die Zirkulation im Motorkühlkreislauf zuständig.
Die elektrische Pumpe ist oft werkseitig nicht verbaut und wird im Rahmen der Nachrüstung nachgerüstet. Sie übernimmt den Volumenstrom zu den zusätzlichen Heizungskühlern. Sie ist meist am Unterboden oder im Motorraum verbaut.

- Lassen Sie den Motor abkühlen.
- Lassen Sie das Kühlmittel ab.
- Klemmen Sie die Kühlschläuche mit Schlauchklemmen zu.
- Lösen Sie die Schlauchschellen mit einer geeigneten Schlauchschellenzange und ziehen Sie die Kühlschläuche von der Wasserpumpe ab.

☞ Fangen Sie austretendes Restkühlmittel mit einem Lappen auf.

- Ziehen Sie die elektrische Steckverbindung von der Kühlwasserpumpe ab.
- Nehmen Sie die elektrische Wasserpumpe nach oben aus dem Gummihalteband heraus.

Die Montage erfolgt sinngemäß in umgekehrter Reihenfolge.

- Füllen Sie das Kühlmittel auf.
- Entlüften Sie das Kühlsystem wie bereits beschrieben.

Thermostat- und Regelventile

☞ Die sogenannte Henn-Kupplung ist ein Schnellkupplungssystem der Firma Henn. Diese werden als Kupplungssystem für Kühlmittel und auch als ein Kupplungssystem für die Ladeluft eingesetzt.

Montage am OM646 (Bild 14):

☞ Der Thermostat ist fest im Thermostatgehäuse verbaut und wird als eine Einheit geprüft oder ersetzt. Er ist oberhalb des Ölfilters auf der linken Seite des Zylinderkopfes verbaut.

- Den Luftfilterkasten wie bereits beschrieben demontieren.
- Die Motorabdeckung oben wie beschrieben ausbauen.
- Das Kühlmittel ablassen.
- Die beiden Kühlmittelschläuche (5 und 6 im Bild 14) vom Kühlmitteltemperaturreglergehäuse (Thermostatgehäuse) abziehen und zur Seite außerhalb des Arbeitsbereiches befestigen.
- Demontieren Sie den Haltebügel am Thermostatgehäuse.
- Drehen Sie die Schrauben (4) heraus und nehmen Sie das Thermostatgehäuse mit dem fest verbauten Thermostat ab.

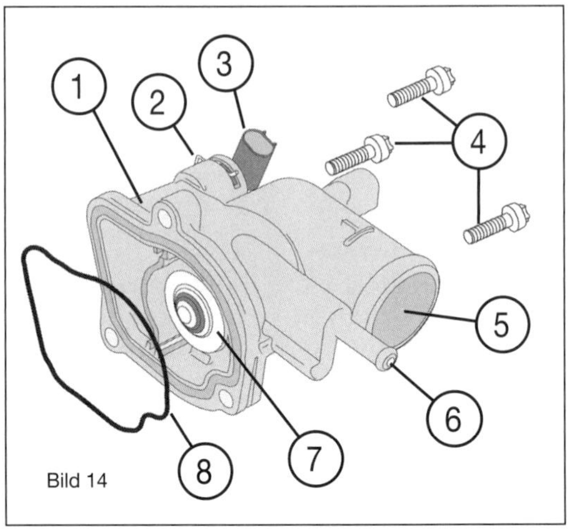

Bild 14

Bild 14
1 Thermostatgehäuse
2 Halteklammer
3 Temperaturfühler
4 Schrauben
5 Anschluss zum Kühler oben
6 Entlüftungsleitung
7 Thermostat
8 Dichtung

Der Einbau erfolgt sinngemäß in umgekehrter Reihenfolge.

- Abschließend das Kühlsystem auf Dichtheit prüfen.
- Den Kühlmittelschlauch sowie die Klemmschelle auf Beschädigung prüfen und wenn erforderlich erneuern.
- Das Kühlsystem wie bereits beschrieben wieder befüllen.
- Das Kühlmittel im Ausgleichsbehälter auffüllen.

Montage am OM651 (Bild 15):

Der Thermostat ist fest im Thermostatgehäuse verbaut und wird als eine Einheit geprüft oder ersetzt. Er ist oberhalb der Wasserpumpe an der Vorderseite des Motors verbaut.

- Den Luftfilterkasten wie bereits beschrieben demontieren.
- Die Motorabdeckung oben wie beschrieben ausbauen.
- Das Kühlmittel ablassen.
- Die »Henn-Kupplung« (7) öffnen und Kühlmittelschlauch am Kühlmitteltemperaturregler (Thermostat) trennen.
- Die beiden Kühlmittelschläuche vom Kühlmitteltemperaturregler (Thermostat) abziehen und zur Seite außerhalb des Arbeitsbereiches befestigen.
- Den Kabelkanal des Motorleitungssatzes lösen.
- Die Steckverbindung am Temperaturfühler für Kühlmittel (1) abziehen.
- Die Steckverbindung (6) am Heizelement des Thermostates abziehen.
- Die Steckverbindung an der Glühkerze des 1. Zylinders trennen.

In der alten Ausführung die elektrische Steckverbindung mit einer geeigneten Zange abziehen. In der neuen Ausführung kann man sie mit einer handelsüblichen Spitzzange abziehen.

- Die Schraube (8) herausschrauben.
- Die beiden Schrauben herausschrauben und den Halter über dem Thermostat herausnehmen.
- Die Klemmschelle des Kühlmittelschlauchs lösen und verschieben.
- Die beiden Befestigungsschrauben (3) des Thermostaten herausschrauben und herausnehmen.
- Den Kühlmitteltemperaturregler aus dem Träger herausziehen und dabei den Kühlmittelschlauch abziehen.
- Den Kühlmitteltemperaturregler herausnehmen.

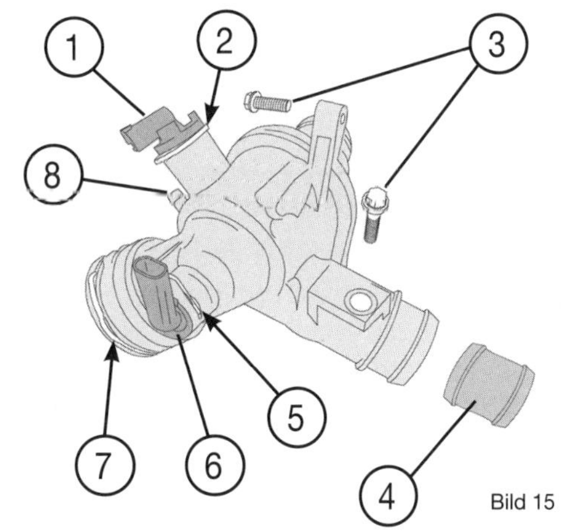

Bild 15

Bild 15
Thermostatgehäuse (OM651).
1 Temperaturfühler Kühlmittel
2 Sicherungsclip
3 Schrauben
4 Rohrstutzen
5 Sicherungsclip
6 Anschluss Heizelement Thermostat
7 Henn-Kupplung
8 Anschluss Entlüftung

Der Einbau erfolgt sinngemäß in umgekehrter Reihenfolge.

- Abschließend das Kühlsystem auf Dichtheit prüfen.
- Das Verbindungsstück (Rohrstutzen) (4) und den Dichtring am Anschlussstutzen erneuern.
- Den Kühlmittelschlauch sowie die Klemmschelle auf Beschädigung prüfen und wenn erforderlich erneuern.
- Das Kühlsystem wie bereits beschrieben wieder befüllen.
- Das Kühlmittel im Ausgleichsbehälter auffüllen.

Montage am OM642 (Bild 16):

Der Thermostat (1) wird in der Regel nur zusammen mit dem Thermostatgehäuse geliefert. Das Zerlegen ist zwar nicht vorgesehen, trotzdem aber möglich.

- Das Kühlmittel ablassen.
- Das Luftfiltergehäuse ausbauen.
- Die Unterdruckleitung an der Abdeckung der linken Zylinderkopfhaube ausclipsen.
- Den Halter mit der Glühendstufe ausbauen und aus dem Arbeitsbereich legen. Die elektrische Steckverbindungen an der Glühendstufe muss abgezogen werden.
- Den Kühlmittelschlauch am Halter auf dem Ventildeckel ausclipsen.
- Die »Henn-Kupplung« öffnen und Kühlmittelschlauch (4) am Kühlmittel-Temperaturregler (Thermostatgehäuse) (5) abbauen.

Bild 16
Thermostatgehäuse (OM642).
1 Thermostateinsatz
2 Dichtung
3 Halteclip
4 Henn-Kupplung
5 Thermostatgehäuse
6 Schrauben

■ Die Lecköleitung (Kraftstoff) am Kühlmittel-Temperaturregler ausclipsen.
■ Die Schrauben (6) herausdrehen und den Kühlmittel-Temperaturregler abbauen.

Der Einbau erfolgt sinngemäß in umgekehrter Reihenfolge.
■ Den Dichtring der Kühlmittelleitung zum Thermostat prüfen und erneuern.
■ Die Dichtung (2) am Kühlmittel-Temperaturregler (5) prüfen, ggf. Kühlmittel-Temperaturregler erneuern und die Dichtflächen reinigen.
■ Das Kühlsystem wie beschrieben wieder befüllen.
■ Das Kühlmittel auffüllen.
■ Abschließend das Kühlsystem auf Dichtheit prüfen.

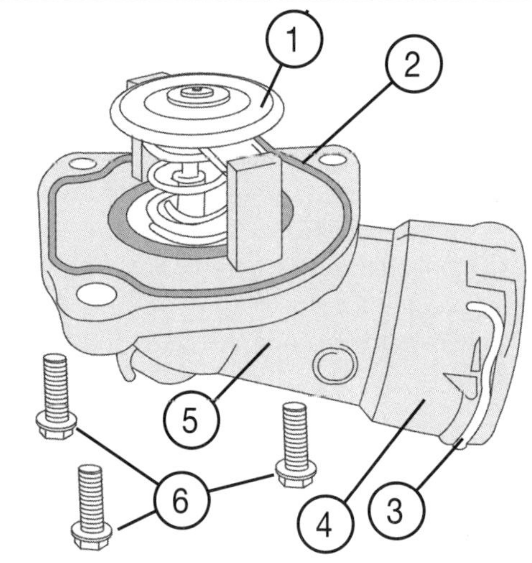

Bild 16

Bild 17
Heizungsventil zur Drosselung der Wärmezufuhr zum Heizungskühler.
1 Elektrischer Anschluss
2 Heizungsventil
3 Gummiführung
4 Gummiführung
5 Gummiführung
6 Anschlüsse Kühlmittelschläuche
A Bewegungsrichtung zum Aushängen der Gummiführung 4
B Bewegungsrichtung zum Einhängen der Gummiführung 4
C Bewegungsrichtung zum Herausnehmen des Heizungsventils

Das Heizungsventil (Bild 17)

Im Vito/Viano ist ein elektrisches Heizungsventil eingebaut. Verbaut ist es auf der linken Fahrzeugseite unter dem Hauptbremszylinder. Das Ventil wird durch das Steuergerät der Klimaanlage angesteuert. Es ist durch PWM-Antaktung (**P**uls **W**eiten **M**oduliertes Signal) in der Lage auch teilweise zu öffnen. Der Steller arbeitet gegen eine Feder. Ohne Ansteuerung bleibt es geschlossen. Je länger die angesteuerte Phase ausfällt, umso weiter wird das Ventil geöffnet.
■ Lassen Sie den Motor abkühlen.
■ Bauen Sie den Kühlmitteldruck ab, indem Sie den Verschlussdeckel des Ausgleichsbehälters langsam und vorsichtig eine halbe Umdrehung gegen den Uhrzeigersinn öffnen.
■ Bauen Sie den Luftfilterkasten aus.
■ Entsichern Sie den Steckkontakt und ziehen Sie die elektrische Steckverbindung (1 im Bild 17) des Heizungsventils (2) ab.
■ Drücken Sie die Anschlussschläuche des Heizungsventils mit passenden Schlauchklemmzangen zu.
■ Bauen Sie die Anschlussschläuche vom Heizungsventil (6) ab.

Fangen Sie die austretende Restkühlflüssigkeit mit geeigneten saugfähigen Lappen auf.
■ Hängen Sie das Heizungsventil aus der Gummiführung (3) aus.
■ Verdrehen Sie das Heizungsventil (2) in Pfeilrichtung (B) und lösen Sie die Gummiführung (4).

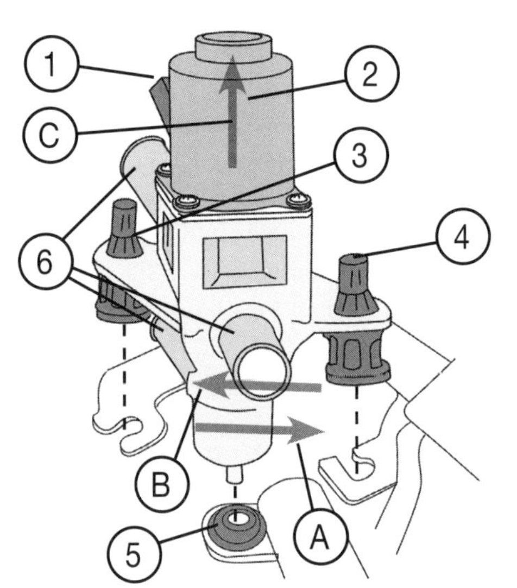

Bild 17

■ Nehmen Sie das Heizungsventile gerade nach oben aus der Gummiführung (5) heraus.

Zusatzheizungen mit Regelsystemen

Vom Transporter, über den Camper-Bus bis hin zum Luxusliner ergeben sich unzählige Fahrzeugvarianten. Aufgrund der Modellvielfalt und auch der Ausstattungsvarianten, wurden in diesem Fahrzeug Zusatzheizsysteme von der Warmluft-Diesel-Zusatzheizung am Unterboden der Fahrerkabine bis zum PTC-Zusatzheizgeät im Lüfterkasten verbaut. Wir haben uns entschieden, aufgrund der geringen Störanfälligkeit und des erheblichen Umfangs der Systeme, auf die Beschreibungen der Arbeiten an diesen Systemen zu verzichten.

7 Kraftstoffversorgung

Bauteile der Anlage und Arbeiten am Kraftstoffsystem

Sicherheit geht vor

Der Kraftstoffdruck im Hochdruckrohr kann beim Common-Rail-System bis zu 2000 bar betragen! Beachten Sie die Sicherheitsmaßnahmen zum Druckabbau im Hochdruckbereich. Selbst die Kraftstoffvorlaufleitung steht unter Druck! Tragen Sie Schutzbrille und Schutzbekleidung, um Verletzungen und Hautkontakt zu vermeiden. Vor dem Lösen von Schlauchverbindungen Putzlappen um die Verbindungsstelle legen. Dann durch vorsichtiges Abziehen des Schlauchs Druck abbauen.

Aus Sicherheitsgründen muss vor dem Öffnen des Kraftstoffsystems die Stromzufuhr zur Kraftstoffpumpe unterbrochen werden. Die Kraftstoffpumpe kann auch beim Öffnen der Fahrertür aktiviert werden. Nutzen Sie eine der folgenden Möglichkeiten, um die Stromzufuhr zu unterbrechen.

Wichtig zu wissen für die Arbeit an dieser Reparaturgruppe ist die Tatsache, dass es automatische Ein- und Ausschaltfunktionen für die Kraftstoffpumpe gibt.

Die Crash-Kraftstoffabschaltung
Sie soll die Gefahr eines Fahrzeugbrandes nach einem Crash reduzieren, indem die Kraftstoffpumpe abgeschaltet wird.

Komfortschaltung
Kurzzeitiges Einschalten der Pumpe beim Öffnen der Tür soll andererseits eine Komfortverbesserung des Startverhaltens beim Motor bewirken. Dabei wird die Kraftstoffpumpe 2 Sekunden lang angesteuert, damit sich im Kraftstoffsystem Druck aufbaut. Weil die Kraftstoffpumpe beim Einschalten der Zündung und durch den Türkontaktschalter der Fahrertür aktiviert wird, muss vor dem Öffnen des Kraftstoffsystems aus Sicherheitsgründen, wenn die Batterie nicht abgeklemmt wird, der Anschlussstecker von der Kraftstoff-Fördereinheit abgezogen oder die Sicherung für die Ansteuerung der Kraftstofffördereinheit aus dem Sicherungshalter entfernt werden.

Die Anlage im Überblick
Wichtigste Bauteile des Systems der Kraftstoffversorgung sind der Kraftstoffbehälter (Tank), in den der Kraftstoff über Tankklappeneinheit und Einfüllstutzen eingebracht

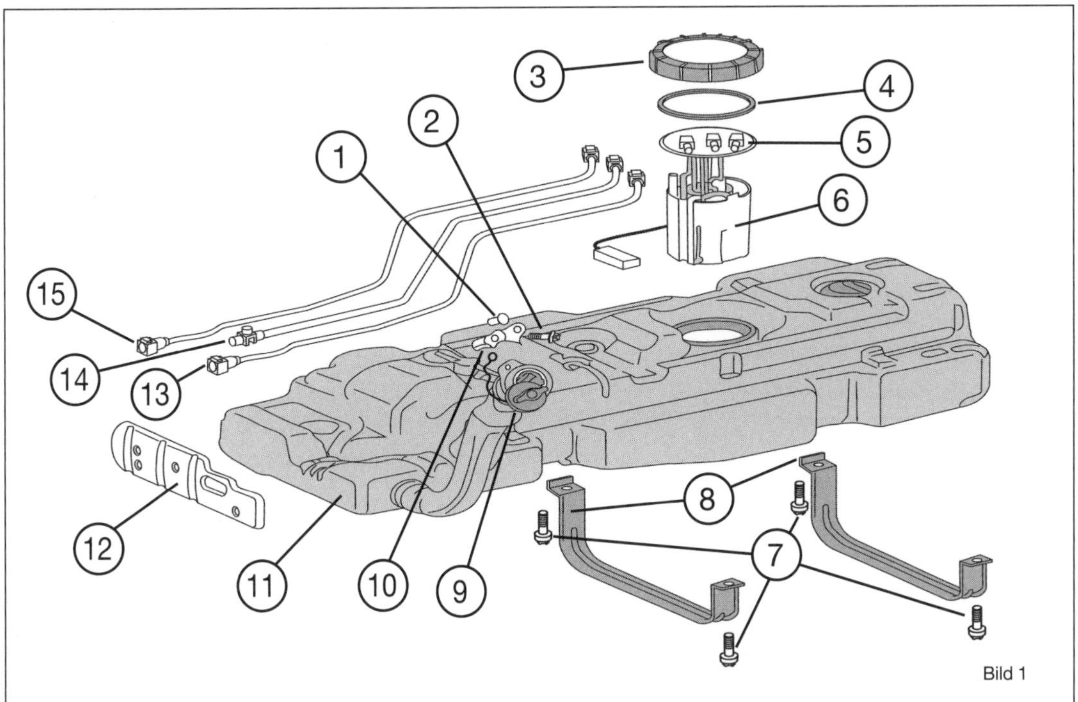

Bild 1
Tankanlage Vito/Viano.
1 Niet
2 Schraube
3 Überwurfmutter
4 Dichtring
5 Anschlussplatte
6 Tankfördermodul mit Tankgeber
7 Schraube
8 Tankfangband
9 Tankdeckel
10 Halter
11 Tank
12 Schutzblech
13 Anschluss Zusatzverbraucher (Heizung usw.)
14 Kraftstoffrücklauf
15 Kraftsoffvorlauf

wird, die in den Tank eingebaute Kraftstoffördereinheit (Kraftstoffpumpe), der Kraftstofffilter und die Kraftstoffleitungen (Bild 1). Es gibt kaum Merkmale, durch die sich die durchaus unterschiedlichen Tankanlagen für die unterschiedlichen Modelle im Kraftstoffversorgungssystem voneinander unterscheiden lassen. Die Einbauposition der Komponenten unterscheidet sich nicht. Erfahrungsgemäß wird der Ersatz oder auch Arbeiten am Tanksystem sich auf die Intankpumpe oder den Kraftstoffgeber beschränken. Der Austausch der kompletten Tankanlage ist möglich, aber aufwendig und kommt sehr selten vor.

Ansteuerung der Kraftstoffpumpe
Während sich in den Vorgängermodellen die Kraftstoffpumpe noch über eine Sicherung bestromen ließ, ist das in dieser Baureihe nicht mehr möglich. Auch dann nicht, wenn man die Anschlüsse des Tankfördermoduls freilegt. Die Kraftstoffpumpe ist ein dreiphasiger Gleichstrommotor. Durch das Steuergerät wird wie bei einem Wechselstrommotor hier ein Drehfeld erzeugt. Der Pumpenmotor kann nun stufenlos entsprechend der Anforderung an die Förderleistung angepasst werden. Die Ansteuerung für Service und Reparatur muss entsprechend über einen Diagnosetester erfolgen. Diese Funktion ist aber bei fast keinem der auf dem freien Markt verfügbaren Tester vorgesehen. Diese Funktion wird im Rahmen der Updates der Diagnosesoftware noch nachgeschoben.

Steckkupplungen trennen

Bei Fahrzeugen dieser Baureihen finden sich sechs typische Stecksysteme für die Verbindungen der Kraftstoffversorgungsschläuche, die durchaus auch bei anderen Fahrzeugherstellern zum Einsatz kommen.

Variante 1 (Bild 2)
- Steckkupplung (1) auf die Leitung drücken.
- Entriegelungstasten in Pfeilrichtung (3) drücken und gedrückt halten.
- Steckkupplung (1) von der Kraftstoffleitung (2) abziehen.
- Beim Einbau Farbzuordnung beachten.

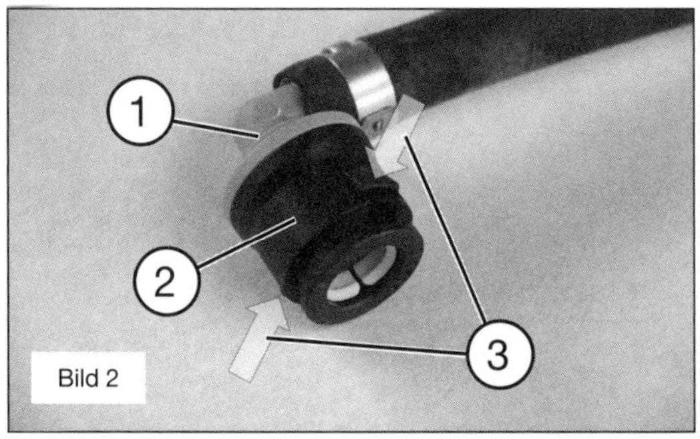

Bild 2

Bild 2
Variante 1.
1 Kupplungsgehäuse
2 Rastenring
3 Entriegelungstasten

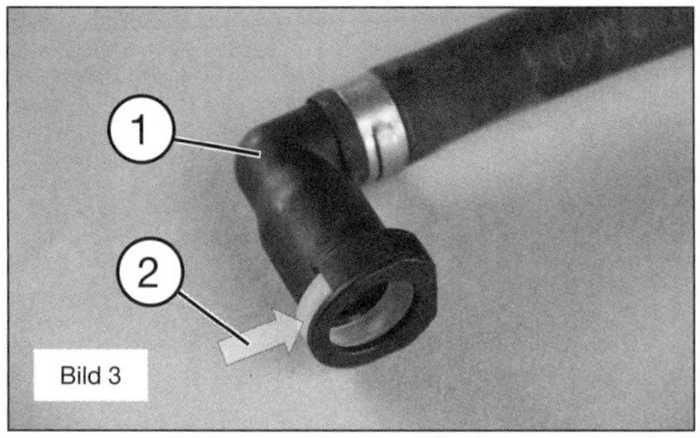

Bild 3

Bild 3
Variante 2.
1 Kupplungsgehäuse
2 Rastenring

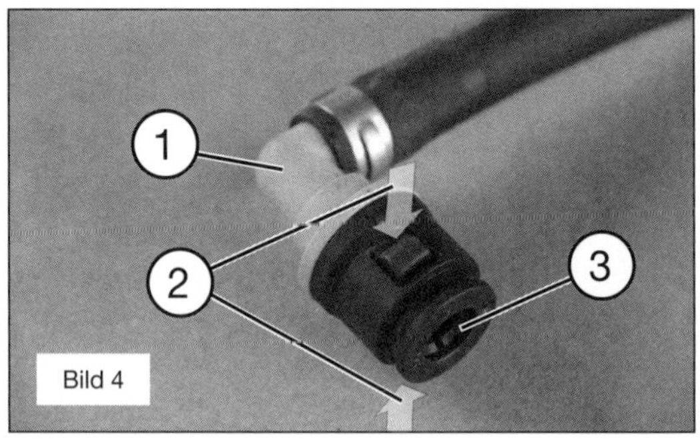

Bild 4

Bild 4
Variante 3.
1 Kraftstoffleitung
2 Zugentriegelung
3 Steckkupplung

- Steckkupplungen müssen beim Verriegeln »hörbar« einrasten.

Den festen Sitz der Steckkupplung durch Gegenziehen prüfen!

Variante 2 (Bild 3)
- Steckkupplung (1) auf die Leitung drücken.
- Zugentriegelung in Pfeilrichtung (2) ziehen.
- Steckkupplung (1) von der Kraftstoffleitung (2) abziehen.
- Beim Einbau Farbzuordnung beachten.
- Die Steckkupplungen müssen beim Verriegeln »hörbar« einrasten.

Den festen Sitz der Steckkupplung durch Gegenziehen prüfen!

Variante 3 (Bild 4)
- Steckkupplung (1) auf die Leitung drücken.
- Entriegelungstaste (2) drücken und Steckkupplungen abziehen.
- Beim Einbau Farbzuordnung beachten.

■ Steckkupplungen müssen beim Verriegeln »hörbar« einrasten.

Den festen Sitz der Steckkupplungen durch Gegenziehen prüfen!

Variante 4 (Bild 5)

■ Steckkupplung (1) auf die Leitung drücken.
■ Entriegelungstaste (2) drücken und Steckkupplung abziehen.
■ Beim Einbau Farbzuordnung beachten.
■ Steckkupplungen müssen beim Verriegeln »hörbar« einrasten.

Den festen Sitz der Steckkupplung durch Gegenziehen prüfen!

Variante 5 (Bild 6)

■ Steckkupplung (1) auf die Leitung drücken.
■ Außenring (2) in Pfeilrichtung (3) zurückziehen und die Steckkupplungen abziehen.
■ Beim Einbau Farbzuordnung beachten.
■ Steckkupplungen müssen beim Verriegeln »hörbar« einrasten.

Den festen Sitz der Steckkupplung durch Gegenziehen prüfen!

Variante 6 (Bild 7)

■ Die Sicherungsklammer (2) rechts und links zusammendrücken (1).
■ Die Entriegelungstasten (4) rechts und links zusammendrücken und gedrückt halten.
■ Die Steckkupplung (3) abziehen.
■ Beim Einbau Farbzuordnung beachten.
■ Steckkupplungen müssen beim Verriegeln »hörbar« einrasten.

Den festen Sitz der Steckkupplung durch Gegenziehen prüfen!

Kraftstoffbehälter entleeren oder befüllen

Die Montagearbeiten für die einzelnen Motorvarianten und Fahrzeugaufbauten unterscheiden sich nur unwesentlich.

Grundsätzlich sollten Sie den Kraftstofftank niemals im gefüllten Zustand demontieren oder mit hohem Füllstand die Verschlussschraube öffnen. Der Kunststofftank kann sich verziehen und so auch der Verschluss zum Tankgeber undicht werden.

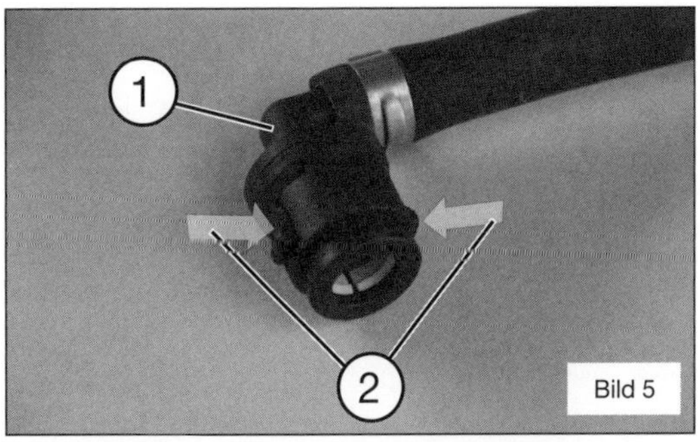

Bild 5

Bild 5
Variante 4.
1 Kupplungsgehäuse
2 Entriegelungstasten

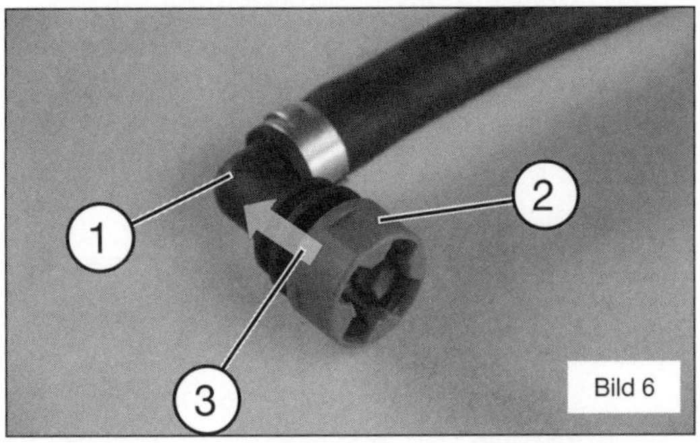

Bild 6

Bild 6
Variante 5.
1 Kupplungsgehäuse
2 Außenring
3 Bewegungsrichtung

Bild 7

Bild 7
Variante 6.
1 Bewegungsrichtung (sichern)
2 Sicherungsklammer
3 Kupplungsgehäuse
4 Entriegelungstaste

Tank absaugen (Teilentleerung)

Der Kraftstofftank ist bei den meisten Fahrzeugen mit Tankfangbändern (11 im Bild 1) gehalten. Um den Umgang mit dem Kraftstofftank zu erleichtern, sollte er möglichst für eine Demontage entleert worden sein.

Auch schon beim Ausbau des Fördermoduls ist bereits eine Teilentleerung erforderlich.

Teilentleerung über die Kraftstoffpumpe:

Die Entleerung des Tanks über die Kraftstoffpumpe ist in der Regel nicht vorgesehen. Die Kraftstoffpumpe wird über ein Steuergerät angesteuert. Die Bestromung über eine Sicherung ist nicht mehr möglich. Die Kraftstoffpumpe ist mit Sensoren für den Kraftstoffdruck und Temperatur ausgerüstet. Zudem handelt es sich nicht mehr um einen klassischen Gleichstrommotor, sondern um einen Dreiphasen-Wechselstrommotor. Bedarfsgerecht kann die

Bild 8
Markierung am Absaugschlauch.
1 Externe Pumpe
2 Markierung am Schlauch (140 cm vom Schlauchende)
3 Tankfüllrohr
4 Absaugschlauch
5 Tank

Drehzahl den Anforderungen angepasst werden. Die Ansteuerung ist über den Diagnosetester möglich. Die Tankentleerung über das System wird seitens des Herstellers nicht beschrieben.

Absaugen über das Tankfüllrohr:

⚠ Bei der Verwendung von einer externen Pumpe muss die Pumpe (das Pumpengehäuse) zur statischen Entladung an die Fahrzeugmasse angeschlossen werden.

☞ Beim Vito/Viano bietet sich hier der Türschlossbügel der Fahrerseite an.

- Schalten Sie die Zündung ein und lesen Sie den Füllstand der Kraftstoffanzeige ab.
- Schätzen Sie über den Tankinhalt Ihres Fahrzeuges die erforderliche Größe für die Auffangbehälter ein.

☞ Es ist nicht möglich den gesamten Tank über diese Methode zu entleeren. Muss der Tank vollständig entleert werden (beispielsweise bei Falschbetankung), muss der Tank ausgebaut werden.

- Schalten Sie die Zündung aus und ziehen Sie den Zündschlüssel ab.
- Führen Sie den Absaugschlauch in den Tankstutzen ausreichend weit in den Tank ein (etwa 1,5 m Schlauchlänge).
- Schalten Sie die Absaugpumpe ein und beobachten Sie den Füllstand des Auffangbehälters (Kanister).

Die Montage erfolgt sinngemäß in umgekehrter Reihenfolge.

☞ Die Steckverbindungen der Entlüftungs- und Kraftstoffleitungen müssen beim Zusammenstecken hörbar einrasten.

- Kraftstoffleitungen am Kraftstoffbehälter einclipsen.

☞ Auf festen Sitz der Kraftstoffschläuche achten.

⚠ Soll der abgesaugte Kraftstoff wiederverwendet werden, darf er keine Verschmutzungen aufweisen und es darf keine Beimischung von anderen Stoffen erfolgt sein.

Restentleerung des Tanks über den Zugang der Intankpumpe:

- Den Kraftstofftank ausbauen.
- Das Tankfördermodul ausbauen.
- Kraftstoffördereinheit entleeren und auf

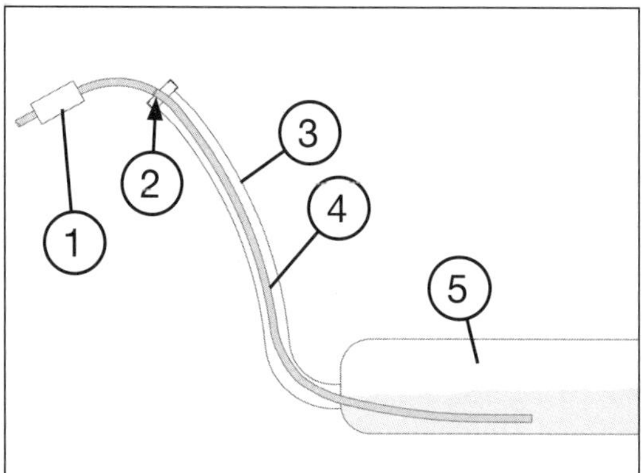

Bild 8

einen sauberen Untergrund stellen.

- Kraftstoffbehälter mit einem Kraftstoffabsauggerät über die Öffnung der Kraftstoffördereinheit vollständig entleeren.

Der Einbau erfolgt sinngemäß in umgekehrter Reihenfolge.

⚠ Es besteht Explosionsgefahr des Kraftstoffbehälters! Nach dem Einbau eines neuen oder vollkommen entleerten Kraftstoffbehälters muss umgehend eine Mindestmenge von 3 bis 5 Litern Kraftstoff eingefüllt werden. Die Kraftstoffpumpe darf in einem vollkommen leeren Kraftstoffbehälter nicht anlaufen.

☞ Die Steckverbindungen der Entlüftungs- und Kraftstoffleitungen müssen beim Zusammenstecken hörbar einrasten.

- Kraftstoffleitungen am Kraftstoffbehälter einclipsen.
- Stecker am Flansch der Kraftstoffpumpe aufstecken und Leitung am Kraftstoffbehälter einclipsen.

☞ Auf festen Sitz der Kraftstoffschläuche achten.

Kraftstofftank aus- und einbauen

⚠ Es kann beim Ausbau des Kraftstofftanks immer Restkraftstoff austreten. Legen Sie sich Bindemittel und einige Lappen bereit, um den austretenden Kraftstoff aufzufangen.
Um zu vermeiden, dass Verschmutzungen in die Anschlüsse oder in den Tank selber eintreten, kann man die Anschlussstücke mit Klebeband abkleben oder durch Lappen verschließen.

■ Prüfen Sie zuerst, ob ein codiertes Radio eingebaut ist. In diesem Fall erfragen Sie bitte die Anti-Diebstahl-Codierung.
■ Klemmen Sie bei ausgeschalteter Zündung das Masseband der Batterie ab.
■ Entleeren Sie den Kraftstofftank wie bereits beschrieben.
■ Die Unterbodenverkleidung oder den Unterfahrschutz, soweit verbaut, im Bereich des Kraftstofftanks ausbauen.
■ Die elektrische Steckverbindung im vorderen Bereich des Tanks am Unterboden trennen.
■ Kraftstoffvorlauf- und Rücklaufleitungen entsichern und abziehen.
■ Die Kraftstoffleitung zur Zusatzheizung (soweit verbaut) trennen.
■ Stützen Sie den Kraftstofftank mit einem Getriebeheber oder mit anderen geeigneten Hubmitteln ab.
■ Drehen Sie die Schrauben (3 im Bild 9) der Tankfangbänder (2) heraus.
■ Legen Sie die Anschlussleitungen frei.
■ Lassen Sie den Kraftstofftank langsam ab und kontrollieren Sie, dass der Tank freigängig ist.
■ Nehmen Sie den Kraftstoffbehälter (1) mit Hilfe einer zweiten Person heraus.

Der Einbau erfolgt in umgekehrter Reihenfolge.
■ Verwenden Sie ausschließlich Schellen, die dem Serienstand entsprechen.
■ Ersetzen Sie beschädigte Bauteile sofort.
■ Prüfen Sie die Dichtheit der Kraftstoffanlage zum Aktivkohlefilter und zum Tankstutzen.

Kraftstoff-Fördereinheit aus- und einbauen

Die Montagearbeiten für die einzelnen Modelle unterscheiden sich nur unwesentlich. Die hier beschriebenen Arbeitsschritte können als Arbeitsschema für alle Modelle übernommen werden.

⚠ Der Kraftstoffbehälter darf maximal 1/2 gefüllt sein.

☞ Im weiteren Arbeitsablauf muss das Masseband der Batterie abgeklemmt werden. Prüfen Sie deshalb bitte, ob ein codiertes Radiogerät eingebaut ist. Gegebenenfalls ist dann vorher die Antidiebstahlcodierung zu erfragen.
■ Klemmen Sie bei ausgeschalteter Zündung das Masseband der Batterie ab.
Bauen Sie den Kraftstofftank wie bereits beschrieben aus.
■ Den Anschlussstecker (6 im Bild 10) sowie Leitungen (1-3) abziehen.

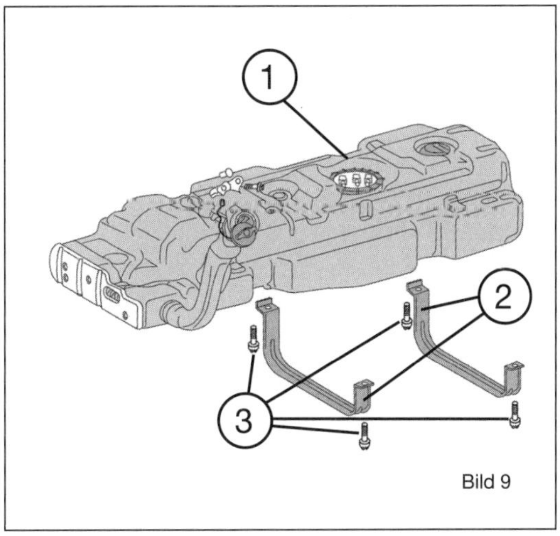

Bild 9
Tank und Halterungen.
1 Kraftstofftank
2 Tankfangbänder
3 Schrauben

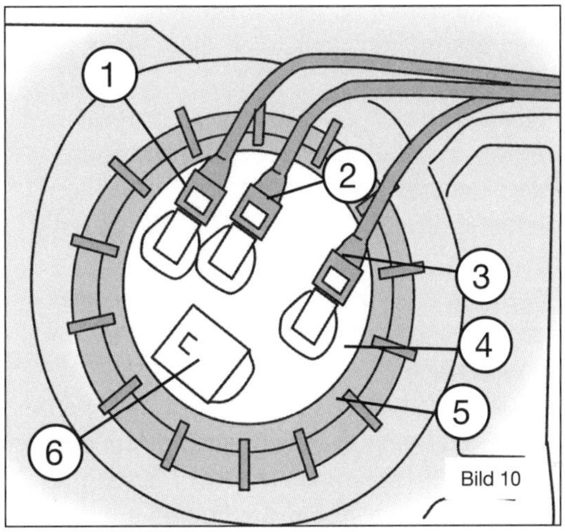

Bild 10
Tankfördermodul.
1 Anschluss Zusatzverbraucher (Heizung)
2 Kraftstoffrücklauf
3 Kraftstoffvorlauf
4 Tankfördermodul
5 Überwurfmutter
6 Elektrischer Anschluss

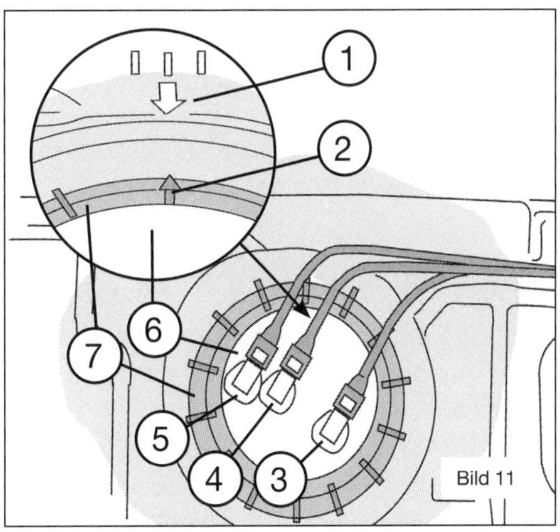

Bild 11
Einbaulage Tankfördermodul.
1 Markierung am Tank
2 Markierung am Fördermodul
3 Kraftstoffvorlauf
4 Kraftstoffrücklauf
5 Anschluss Zusatzverbraucher (Heizung)
6 Tankfördermodul
7 Überwurfmutter/Verschlussring

Bild 12
Fördermenge prüfen.
1 Vorlaufleitung
2 Kraftstofftank mit Kraftstofffördermodul (Intankpumpe und Füllstandssensor)
3 Messbecher (2 l)

■ Reinigen Sie den Bereich um das Tankfördermodul und verschließen Sie die Leitungen, damit kein Schmutz in das Kraftstoffsystem gelangen kann.
■ Drehen Sie den Verschlussring (7) mit einem geeigneten Schlüssel ab.
■ Kraftstoff-Fördereinheit und Dichtring aus der Öffnung des Kraftstoffbehälters ziehen.

Wenn Sie die Fördereinheit ersetzen wollen, müssen Sie die alte Fördereinheit vor dem Entsorgen entleeren.

Der Einbau der Kraftstoff-Fördereinheit erfolgt sinngemäß in umgekehrter Reihenfolge.
■ Beim Einsetzen der Kraftstoff-Fördereinheit bitte darauf achten, dass der Geber für die Kraftstoffvorratsanzeige nicht verbogen wird.
■ Den Dichtring der Kraftstoff-Fördereinheit trocken in die Öffnung des Kraftstoffbehälters einsetzen. Den Dichtring nur zur Montage der Kraftstoff-Fördereinheit mit Kraftstoff benetzen.
■ Auf festen Sitz der Kraftstoffschläuche achten. Kraftstoffschläuche mit Federbandschellen sichern.
■ Die Einbaulage des Flansches der Kraftstoff-Fördereinheit beachten: Die Markierung auf dem Flansch muss mit der Markierung auf dem Kraftstoffbehälter übereinstimmen.
■ Nach dem Einbau der Kraftstoff-Fördereinheit prüfen, ob die Vorlauf-, Rücklauf- und Entlüftungsleitungen noch am Kraftstoffbehälter eingeclipst sind.
■ Prüfen Sie die Dichtigkeit der Anschlüsse und den sicheren Sitz der Kupplungen.

Kraftstoffpumpe prüfen

Prüfungsvoraussetzungen

Die Prüfung der Kraftstoffpumpe ist ohne den Einsatz eines Diagnosetesters, der die Ansteuerung der Pumpe erlaubt, nicht oder nur sehr schwer möglich. Die Pumpe ist nicht mehr als klassischer Gleichstrommotor ausgelegt, der lediglich über ein Relais bestromt wurde.

■ Die Batteriespannung muss mindestens 11,5 V betragen.
■ Schließen Sie ein Dauerladegerät zur Ladungserhaltung an die Batterie an.
■ Die Sicherungen sind alle intakt.
■ Alle elektrischen Verbraucher wie z. B.

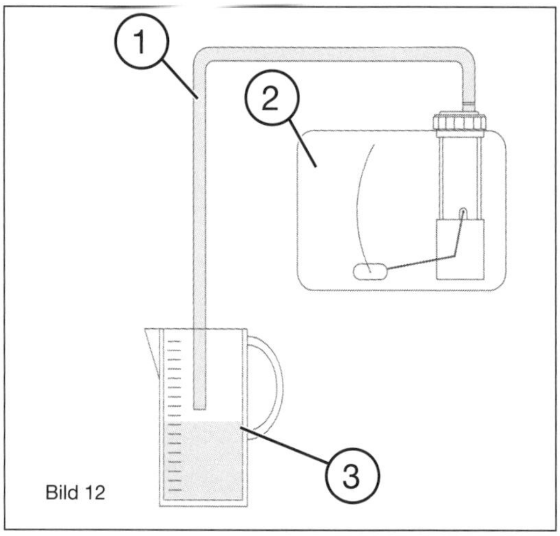

Bild 12

Licht und Heckscheibenheizung müssen ausgeschaltet sein.
■ Ist das Fahrzeug mit einer Klimaanlage ausgerüstet, muss diese ausgeschaltet sein.

Im weiteren Arbeitsablauf ist es eventuell erforderlich, das Masseband der Batterie abzuklemmen. Prüfen Sie deshalb bitte, ob ein codiertes Radiogerät eingebaut ist. Gegebenenfalls ist dann vorher die Antidiebstahlcodierung zu erfragen.

Fördermenge prüfen (Bild 12)

■ Nehmen Sie den Verschlussdeckel vom Kraftstoff-Einfüllstutzen ab.
■ Ziehen Sie den Vorlaufschlauch am Sammelrohr ab und fangen den ausfließenden Kraftstoff mit einem Putzlappen auf.
■ Schließen Sie ein T-Stück an die Kraftstoffvorlaufleitung an.
■ Stecken Sie einen Schlauch auf das T-Stück auf und halten Sie ihn in ein Messgefäß (3).
■ Betätigen Sie die Kraftstoffpumpe über den Diagnosetester.
■ Lassen Sie etwa 250 ml in den Messbecher laufen, schalten Sie die Kraftstoffpumpe ab. So werden T-Stück und der Anschlussschlauch entlüftet.
■ Das Messgefäß (3) entleeren.

Die Fördermenge der Kraftstoffpumpe hängt von der Batteriespannung ab. Prüfen Sie die Batteriespannung und schließen Sie, wenn erforderlich, ein Dauerladegerät an.

Betätigen Sie die Fernbedienung 15 Sekunden lang und messen dabei die geförderte Kraftstoffmenge. Sie sollte mindestens 0,5 l betragen.

Wird die Mindestfördermenge nicht erreicht:
■ Kraftstoffleitungen auf mögliche Verengungen (Knicke) oder Verstopfungen prüfen.
■ Ziehen Sie die Vorlaufleitung (1) vom Kraftstofffilter-Eingang ab.
■ Prüfung der Fördermenge vor dem Kraftstofffilter wiederholen.

Wird die Mindestfördermenge jetzt erreicht:
■ Ersetzen Sie den Kraftstofffilter.

Wird die Mindestfördermenge wieder nicht erreicht:
■ Bauen Sie die Kraftstoff-Fördereinheit aus und prüfen Sie das Filtersieb auf Verschmutzung.

Bisher liegt kein Fehler vor:
■ Kraftstoffpumpe defekt, ersetzen Sie die Kraftstoff-Fördereinheit.

Kraftstoffdruck im Niederdruckkreislauf messen (Bild 13)
Sie haben die Fördermenge erreicht, vermuten trotzdem einen Fehler in der Kraftstoffversorgung (Undichtigkeiten in der Pumpe unter Druck). Auch hier findet sich eine Besonderheit der Kraftstoffpumpe in diesem System. In der Pumpe ist ein Drucksensor für die Erfassung des Drucks im Niederdruckkreislauf verbaut. Das Auslesen ist somit mit einem geeigneten Tester auch ohne jegliche Montage möglich. Gleichzeitig können aber auch Fehlmessungen dieses Sensors Fehler in der Gemischaufbereitung verursachen.
■ Belassen Sie das T-Stück in der Kraftstoffleitung, stecken aber den Adapter auf das Kraftstoffverteilerrohr auf.
■ Verlegen Sie einen Verlängerungsschlauch (1 im Bild 14), sodass Sie den Kraftstoffdruck während der Fahrt beobachten können.
■ Fahren Sie das Fahrzeug mit einem zweiten Mechaniker Probe, um den Kraftstoffdruck beobachten zu können.
■ Fahren Sie das Fahrzeug auch unter hoher Last. Der Kraftstoffdruck muss bei etwa 4,0 bar bleiben.
■ Fällt der Kraftstoffdruck ab, müssen der Kraftstofffilter und die Kraftstoffleitungen überprüft werden.
■ Liegt kein Fehler vor, ist die Kraftstoffpumpe defekt, ersetzen Sie die Kraftstoff-Fördereinheit.

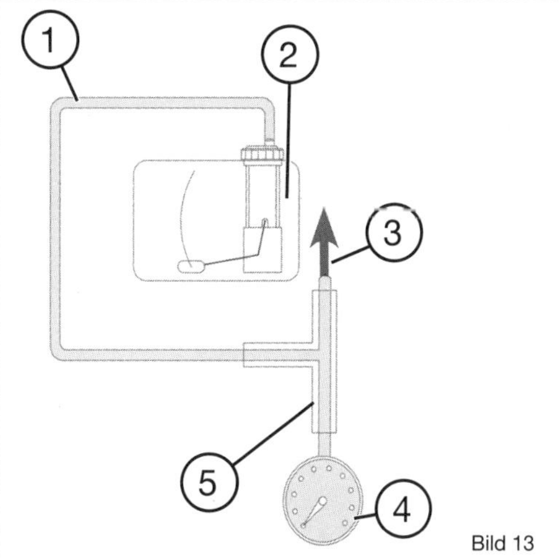

Bild 13

Bild 13
Druckprüfung.
1 Vorlaufleitung
2 Kraftstofftank mit Kraftstofffördermodul (Intankpumpe und Füllstandssensor)
3 Anschluss zum Kraftstofffilter
4 Druckmessuhr
5 Anschlussadapter

Stromaufnahme messen
Sie haben die Fördermenge erreicht, vermuten trotzdem einen Fehler in der Kraftstoffversorgung (z. B. zeitweiser Ausfall der Kraftstoffversorgung):
■ Alle gelösten Kraftstoffleitungen wieder anschließen.
■ Multimeter oder Stromzange an die Leitungen (Pin am Stecker 5, 7 und 9) vom Leitungsstrang anschließen.
■ Lassen Sie den Motor an und im Leerlauf laufen.
Stromaufnahme der Kraftstoffpumpe messen. Sollwert: Max. 9,5 Ampere.
■ Ist die Störung in der Kraftstoffanlage nur zeitweise vorhanden, können Sie die Prüfung auch während einer Probefahrt durchführen. Es ist dazu jedoch eine zweite Person erforderlich.

Wird die Stromaufnahme überschritten:
■ Kraftstoffpumpe defekt.

Rückschlagventil Kraftstoffpumpe prüfen
■ Der Fernschalter ist noch angeschlossen.
■ Die Druckmessuhr ist wie für die Druckmessung im Bild 13 noch angeschlossen.
Mit dieser Prüfung werden gleichzeitig die Anschlüsse der Kraftstoffvorlaufleitung von der Kraftstoff-Fördereinheit bis zur Anschlussstelle der Druckmessvorrichtung und der weitere Verlauf über das Kraftstoffverteilerrohr bis zur Einspritzdüse auf Dichtheit geprüft.
■ Schalten Sie die Kraftstoffpumpe ein, bis der Kraftstoffdruck auf der Messuhr ablesbar ist.

Sichtprüfung Messen

Bild 14
Druckprüfgeräteset.
1 Verlängerungsschlauch
2 Messuhr bis 5 bar
3 Messuhr bis 10 bar
4 Anschlussadapter mit T-Stücken

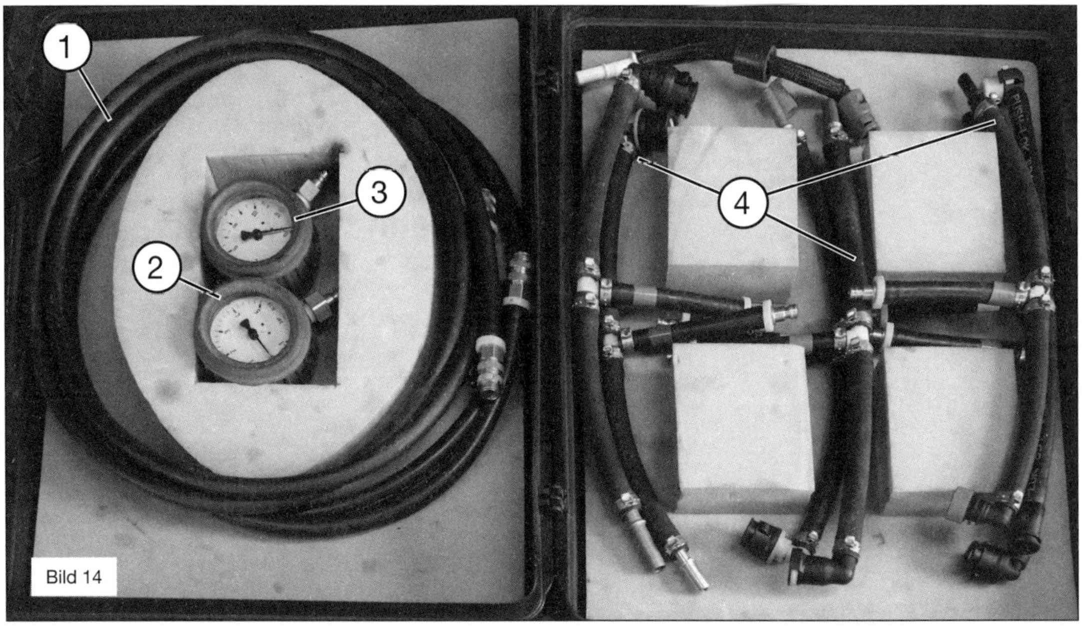

Bild 14

■ Beachten Sie den Druckabfall am Manometer. Der Druck darf nach 10 Minuten nicht unter 2,5 bar abfallen.

Fällt der Druck weiter ab:
■ Prüfen Sie die Leitungsanschlüsse auf Dichtheit.

Wird kein Fehler in den Leitungen festgestellt:
■ Kraftstoffpumpe defekt, ersetzen Sie die Kraftstoff-Fördereinheit.

Verhalten bei Falschbetankung

Durch eine Falschbetankung kann es wegen mangelnder Schmierung durch den falschen Kraftstoff (z. B. Ottokraftstoff) zu irreversiblen Schäden an den Hochdruckkomponenten, insbesondere der Hochdruckpumpe, kommen. Schäden in Form von »Fressern« und Partikelabtrag sind zu erwarten. Durch diese Partikel sind weitere Schäden im Druckregelventil und in den Injektoren als sicher anzunehmen. Betrachten wir als Nächstes zwei mögliche Szenarien genauer.

Der Motor wurde mit falschem Kraftstoff gestartet.
Verunreinigter beziehungsweise falscher Kraftstoff ist in das Kraftstoffsystem eingedrungen und hat die Hochdruckkomponenten erreicht.

⚠ Der Kraftstoffbehälter darf nicht vollständig über den Einfüllstutzen mit dem Kraftstoffabsauggerät entleert werden. Wird der Kraftstoffbehälter über den Einfüllstutzen mit dem Kraftstoffabsauggerät vollständig entleert, wird das Rückschlagventil beschädigt.

■ Zündung nicht einschalten.
■ Kraftstoffbehälter ausbauen.
■ Kraftstofffördereinheit ausbauen und gegen eine neue tauschen.
■ Kraftstoffbehälter mit dem Kraftstoffabsauggerät über die Öffnung der Kraftstofffördereinheit vollständig entleeren.
■ Kraftstoffbehälter auf Verschmutzung und Späne kontrollieren.
■ Ggf. den Kraftstoffbehälter reinigen.

Keine Späne im Kraftstoffbehälter:
■ Den Kraftstoffbehälter mit 5 Liter Dieselkraftstoff befüllen.
■ Kraftstoffbehälter nochmals wie oben beschrieben vollständig entleeren.
■ Hochdruckpumpe ersetzen.
■ Die Schrauben herausdrehen und die Zumesseinheit von der ALTEN Hochdruckpumpe abnehmen.

(Sichtprüfung) Die Zumesseinheit und die Hochdruckpumpe auf Späne kontrollieren.

Falls Späne in der Hochdruckpumpe vorhanden sind, müssen folgende Komponenten ersetzt werden:
a) Hochdruckleitungen,
b) Hochdruckspeicher (Kraftstoffverteiler) inklusive Regelventil für Kraftstoffdruck und Kraftstoffdruckgeber,

c) Einspritzeinheiten (Injektoren),
d) Kraftstoffrücklaufleitungen (Leckölleitungen),
e) Kraftstofffilter.
■ Fahrzeug volltanken.
■ Kraftstoffsystem entlüften.
■ Probefahrt durchführen.

Keine Späne in der Hochdruckpumpe:
■ Kraftstofffilter erneuern.
■ Das Kraftstoffsystem mit dem Diagnosetester entlüften.
■ Das Fahrzeug volltanken und Probefahrt durchführen.

Späne im Kraftstoffbehälter:
Kraftstoffbehälter auf Verschmutzung und Späne kontrollieren.
■ Kraftstoffbehälter gründlich reinigen.
■ Alle Hochdruckkomponenten ersetzen:
a) Hochdruckpumpe,
b) Hochdruckleitungen,
c) Hochdruckspeicher (Kraftstoffverteiler) inklusive Regelventil für Kraftstoffdruck und Kraftstoffdruckgeber,
d) Einspritzeinheiten,
e) Kraftstoffrücklaufleitungen (Leckölleitungen),
f) Einspritzeinheiten/Hochdruckspeicher (Rail).
■ Die Kraftstofffördereinheit einbauen.
■ Den Kraftstoffbehälter einbauen.
■ Den Kraftstofffilter ersetzen.

Um einen Trockenlauf der Hochdruckpumpe zu vermeiden und einen raschen Motorstart nach Teiletausch zu erzielen, sind folgende Punkte unbedingt zu beachten:
■ Den Kraftstoffbehälter mit 5 Liter Dieselkraftstoff befüllen.

Anschließend in den »Geführten Funktionen« die Funktion »Kraftstoffsystem entlüften« durchführen. Bei Austausch bzw. Ausbau von Bauteilen/Komponenten des Kraftstoffsystems zwischen Kraftstoffbehälter und Hochdruckpumpe muss dieses entlüftet werden. Dieser Vorgang dauert etwa 130 Sekunden. Dabei werden die Kraftstoffpumpen insgesamt 3 Mal angesteuert. Der Vorgang darf nicht vorzeitig abgebrochen werden.
■ Den Kraftstoffbehälter vollständig mit Dieselkraftstoff befüllen.
■ Das Kraftstoffsystem entlüften.

Falschbetankung wurde VOR dem Start des Motors bemerkt.

Der Motor wurde NICHT gestartet, die Zündung wurde NICHT eingeschaltet.
■ Die Zündung NICHT einschalten.
■ Steckverbindung der Kraftstoffpumpe für Vorförderung und den Geber für Kraftstoffvorratsanzeige im Bereich Unterboden entriegeln und abziehen.
■ Den Kraftstoffbehälter wie bereits beschrieben ausbauen.
■ Die Kraftstofffördereinheit wie bereits beschrieben ausbauen und entleeren.
■ Das Sieb der Kraftstofffördereinheit auf Verschmutzung prüfen und wenn erforderlich reinigen.
■ Kraftstoffbehälter mit dem Kraftstoffabsauggerät über die Öffnung der Kraftstofffördereinheit vollständig entleeren.
■ Ist der Kraftstoffbehälter vollständig entleert, den Kraftstoffbehälter mit einem fusselfreien Lappen innen reinigen.
■ Kraftstofffördereinheit einbauen.
■ Kraftstoffbehälter einbauen.
■ Steckverbindung Kraftstoffpumpe für Vorförderung und Geber für Kraftstoffvorratsanzeige im Bereich des Unterbodens Mitte links anschließen.

Bei Ausführungen, bei denen die Kraftstoffpumpe durch den Türöffner angesteuert wird, ist der Kraftstofffilter zu ersetzen!

Um einen Trockenlauf der Hochdruckpumpe zu vermeiden und einen raschen Motorstart nach Teiletausch zu erzielen, sind folgende Punkte unbedingt zu beachten:
a) Kraftstoffbehälter mit 5 Liter Dieselkraftstoff befüllen,
b) Kraftstoffsystem entlüften.

Werden Bauteile/Komponenten des Kraftstoffsystems zwischen Kraftstoffbehälter und Hochdruckpumpe abgebaut, ausgebaut oder ersetzt, muss zur Entlüftung des Kraftstoffsystems mit dem Fahrzeugdiagnosetester in den »Geführten Funktionen« die Funktion »Kraftstoffsystem Entlüften« durchgeführt werden.

Die Kraftstoffpumpe wird 3 Mal angesteuert. Der Vorgang darf nicht vorzeitig abgebrochen werden.
■ Kraftstoffbehälter vollständig mit Dieselkraftstoff befüllen.

8 Gemischaufbereitung und Einspritzung

Gemischaufbereitung, Einspritzung und (Selbst-)Zündung werden durch elektronisch gesteuerte Einspritzsysteme realisiert. Die Aufladung über Abgasturbolader gehört zur Ausrüstung der Motoren, wie bei den meisten Herstellern der aktuellen Generationen.

Diesel-Motoren

Die CDI-Motoren haben direkte Kraftstoffeinspritzung über Hochdruckspeicher »Common Rail« (Bild 1) mit Aufladung über Abgasturbolader. Der Kraftstoff für die CDI, Diesel mit einer Cetanzahl (CZ) von mindestens 51, wird von der Fördereinheit im Tank über Vorlaufleitung und Kraftstofffilter zur Hochdruckpumpe geschafft. Diese drückt ihn ins »Common Rail«, das Kraftstoffsammler- und Verteilerrohr und von dort in die Piezo-Injektoren, die hier als Einspritzventil zum Einsatz kommen. Kraftstoffvor- und -Rücklaufleitungen sind aus besonders druckfestem Material gefertigt. Die erzielten Verbesserungen sind ein größeres, verfügbares Einspritzvolumen sowie eine besonders feine und schnelle Dosierung der Einspritzmenge durch exakt abgestimmte Schaltzeiten. Die direkte Ansteuerung der Piezodüsen durch das Motorsteuergerät erlaubt eine sehr feine Anpassung an Last und Drehzahlanforderungen. Eine sehr präzise Mehrfacheinspritzung ermöglicht eine Reduzierung des Kraftstoffverbrauchs und eine Verbesserung der Abgasemissionen. Nebenbei wird das Laufgeräusch leiser und auch im Leerlauf deutlich ruhiger.

Hauptkomponenten der Anlage
Einige Anmerkungen zu einzelnen Komponenten der Einspritzanlage gemäß Bild 1. Das Schema zeigt eine Anlage für die 4-Zylinder-CDI. Das Ventil für Kraftstoffdosierung (8) an der Hochdruckpumpe darf nicht geöffnet werden. Wenn die Kraftstoff-Hochdruckpumpe (7) erneuert wurde, muss eine Kraftstofferstbefüllung vorgenommen werden, auf jeden Fall muss Trockenlauf vermieden werden. Die Einspritzventile (6), die bei den CDI von Anfang an Piezo-Injektoren waren, haben Vorteile gegenüber magnetisch angesteuerten Dieselinjektoren. Ein Kraftstoffkühler muss nicht zwingend eingebaut sein. Auch das separate Vorwärmventil (1) muss nicht eingebaut sein. Die Komponenten in der Montage-Übersicht Bild 1 vermittelt einen Eindruck von der konkreten Umsetzung des Systems mit den wichtigsten Bauteilen. In den folgenden Arbeitsbeschreibungen geben wir einige der direkt aufs Bauteil bezogenen Arbeitshinweise des Herstellers wieder, um auf die Sensibilität des Systems aufmerksam zu

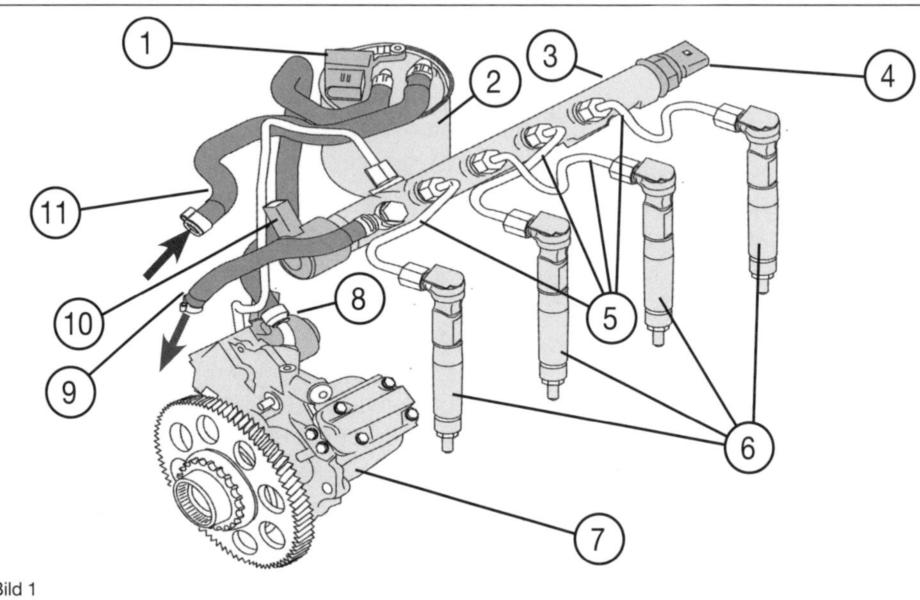

Bild 1

Bild 1
Bauteile der Common-Rail am 4-Zylinder.
1 Heizelement Kraftstoff
2 Kraftstofffiltergehäuse
3 Rail
4 Raildrucksensor
5 Druckleitung
6 Piezo-Injektor
7 Hochdruckpumpe
8 Mengenregelventil
9 Rücklaufleitung
10 Druckregelventil
11 Vorlaufleitung

machen. Daran darf nur mit Kenntnis, Sachverstand und Fingerspitzengefühl gearbeitet werden. Die Hochdruckleitung (5) verläuft zwischen Hochdruckpumpe (8) und Rail-Element (3) (Common Rail, Hochdruckspeicher). Sie muss spannungsfrei eingebaut werden. Die Hochdruckleitung kann wiederverwendet werden, wenn ihr Dichtkonus ohne Beanstandungen auf Verformungen und Risse geprüft wurde und wenn die Leitungsbohrung nicht verformt, verengt oder beschädigt ist. Korrodierte Leitungen dürfen nicht mehr verwendet werden.

⚠ Der Einspritzdruck kann bis zu 2000 bar erreichen. Es dürfen keine Verbindungen am Einspritzsystem bei laufendem Motor gelöst werden.

Injektoren/Bohrungen reinigen

Hinweise zum Reinigen des Injektorschachtes und des Injektorsitzes bei leichter Verkokung

■ Die Rundbürste (651 589 01 68 00) mit dem Wollkopf verwenden, das Verschließen der Brennraumbohrung ist hierbei nicht erforderlich.

■ Vor jedem erneuten Einsatz der Rundbürste mit dem Wollkopf müssen die Schmutz- und Fettrückstände mit einem Lappen entfernt werden.

☞ Bei der Verwendung der Rundbürste mit Wollkopf ist die Verwendung eines Akkuschraubers zulässig.

☞ Die Verwendung vom spanabhebenden Werkzeugen ist nicht zulässig.

■ Den Reinigungsvorgang so lange wiederholen, bis der Injektorschacht und der Injektorsitz metallisch blank sind. Wird kein zufriedenstellendes Ergebnis erreicht, dann ist mit der Reinigungsmethode bei starker Verkokung fortzufahren.

■ Den Injektorschacht nach Reinigung abdecken oder mit geeigneten Mitteln verschließen.

Hinweise zum Reinigen des Injektorschachtes und des Injektorsitzes bei starker Verkokung

■ Die Verwendung von Maschinen ist bei dieser Reinigungsmethode nicht zulässig.

■ Den Injektorschacht mit der Zylinderbürste (668 589 00 68 00) reinigen.

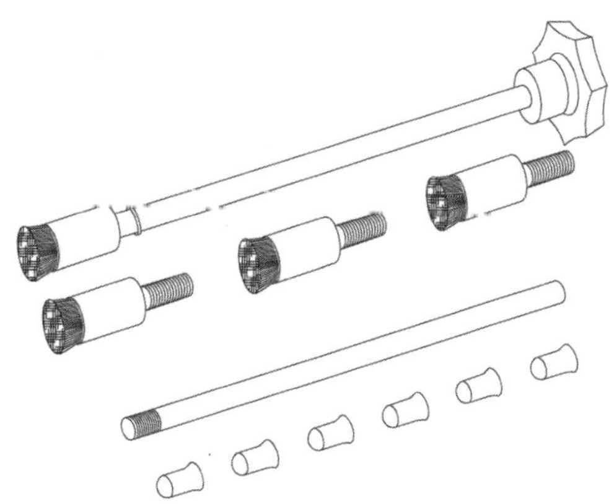

Bild 2

Bild 2
Die Rundbürste mit der Mercedesnummer 611 589 00 68 00.

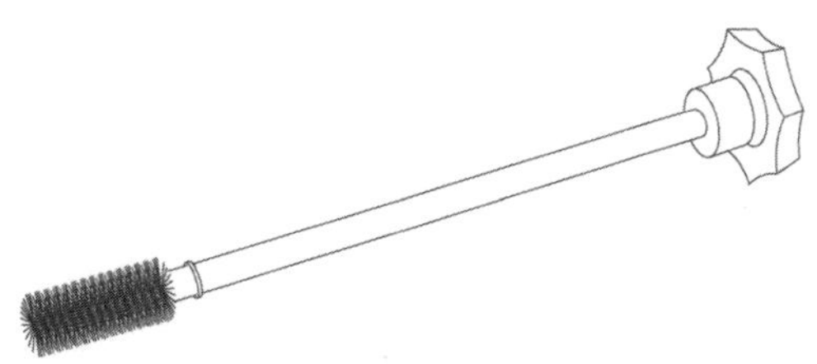

Bild 3

Bild 3
Die Zylinderbürste mit der Mercedesnummer 668 589 00 68 00.

☞ Vor dem Reinigen des Injektorsitzes muss die Bohrung zum Brennraum mit den Verschlussstopfen aus dem Reinigungsset (611 589 00 68 00) verschlossen werden.

■ Den Injektorsitz mit der Rundbürste von Hand reinigen.

■ Die Rundbürste sorgfältig und behutsam einsetzen.

■ Den Reinigungsvorgang so lange wiederholen, bis der Injektorschacht und der Injektorsitz metallisch blank sind.

■ Die Reinigungsrückstände mit Luft ausblasen.

Hinweise zum Reinigen des Injektors

☞ Die Injektoren dürfen nicht zerlegt werden.

☞ Die Verwendung vom spanabhebenden Werkzeugen ist nicht zulässig.

■ Der Injektorbereich (A) kann mit einer Messingdrahtbürste gereinigt werden.

■ Die Düsenspitze niemals mit einer Messingdrahtbürste reinigen.

■ Den Injektor mit Vlieslappen gründlich nachreinigen.

■ Die Faserrückstände des Vlieslappens entfernen.

Bild 4
Reinigung der Injektoren.
A Bereich, der mit einer Messingbürste gereinigt werden darf
B Bereich, der bei der Montage mit einem Spezialfett behandelt werden muss
C Die Spitze darf nichtmechanisch behandelt oder bearbeitet werden

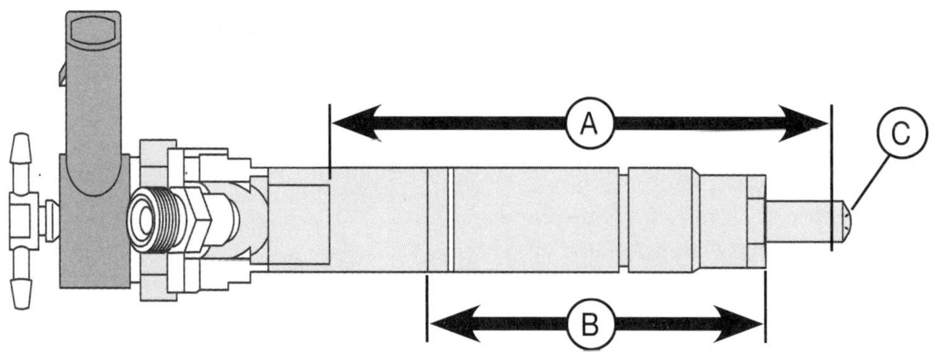

Bild 4

Bild 5
Anschluss am Injektor.
1 Rücklaufleitung
2 Anschlussstecker
3 Injektor (Einspritzventil)
4 Verriegelung
A Verriegelung lösen
B Leckölleitung abziehen

Hinweise zum Reinigungswerkzeug

■ Die Rundbürste (611 589 00 68 00) und Rundbürste (651 589 01 68 00) mit Wollkopf nach Gebrauch gründlich säubern.

■ Die Borstenlänge der Rundbürste (Bild 2) ist einstellbar. Die Borstenlänge soll 3 mm betragen. Bei Bedarf kann die Bürstenfläche eben geschliffen werden.

Einspritzdüsen (Injektoren) wechseln

Montage am OM646

■ Bauen Sie die Motorabdeckung oben und den Luftfilterkasten aus.

■ Die Einspritzleitungen (5 im Bild 1) ausbauen.

■ Die elektrischen Steckverbindungen zum Nockenwellengeber trennen.

■ Elektrische Steckverbindung (2 im Bild 5) am Injektor trennen und den Leitungskanal aus dem Arbeitsbereich herauslegen.

■ Die Sicherungsklammer (4) eindrücken (A) und die Leckölleitung (1) gerade vom jeweiligen Injektor (3) abziehen.

■ Legen Sie die Leckölleitung aus dem Arbeitsbereich heraus.

■ Die Schraube der Spannpratze des Injektors herausschrauben und die Spannpratze abnehmen.

⚠ Reinigen Sie den Montagebereich der Injektoren gründlich, um das Hineinfallen von Ablagerungen in die Injektorbohrung zu verhindern.

■ Den Injektor nach oben herausziehen.

☞ Sitzen die Injektoren aufgrund von Ablagerungen zwischen Zylinderkopf und Injektor fest, zuerst ein Injektorenspray einwirken lassen und dann den Injektor mit

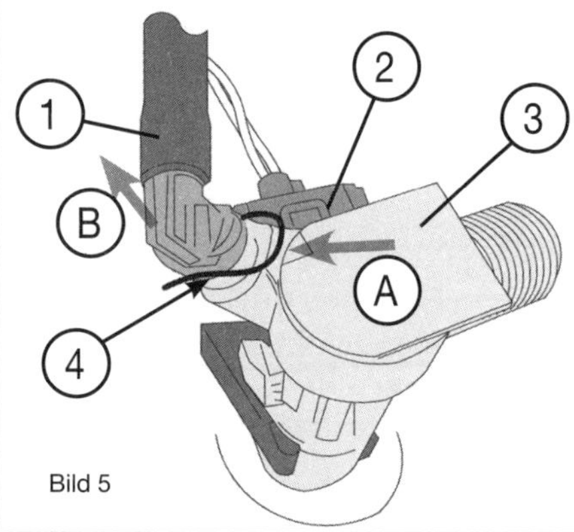

Bild 5

einem geeigneten Auszieher gerade nach oben herausziehen.

■ Anschlüsse am Injektor und an der Leckölleitung (1) mit geeigneten Stopfen verschließen.

⚠ Die Kraftstoffinjektoren müssen aufrecht mit den Anschlüssen nach oben gelagert werden. So wird verhindert, dass Luft in Kraftstoffinjektoren gelangt, die beim Wiedereinbau zu Start- oder Motorlaufproblemen führen kann.

■ Injektor und Injektorschächte wie beschrieben reinigen.

Der Einbau erfolgt sinngemäß in umgekehrter Reihenfolge.

■ Nach dem Erneuern eines Injektors muss das Diagnosesystem angeschlossen werden und der Fehlerspeicher ausgelesen werden.

■ Die neue Injektorklassifizierung muss dann im Motorsteuergerät eingetragen werden.

■ Der Injektorbereich (B im Bild 4) muss eingefettet werden. Spezialfett muss dünn und gleichmäßig aufgetragen werden.

■ Den Dichtring zwischen Injektor und Brennraum immer erneuern. Dichtring und dessen Anlageflächen müssen fettfrei sein.

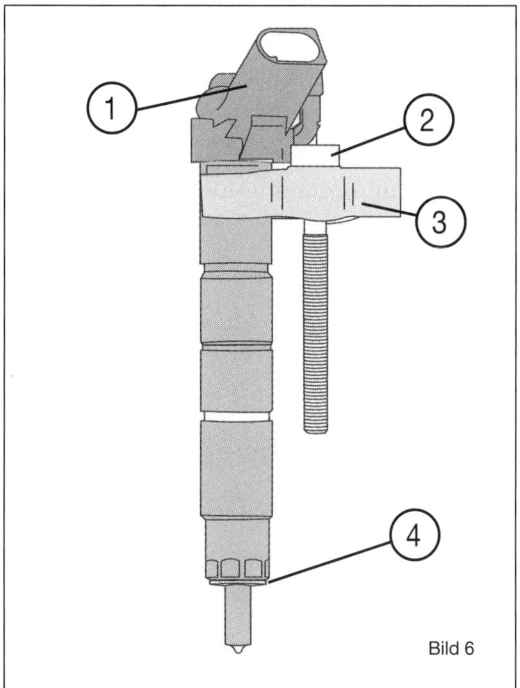

Bild 6

Bild 6
Injektor ausgebaut.
1 Elektrischer Anschluss
2 Schraube Spannpratze
3 Spannpratze
4 Dichtring

■ Die Befestigungsschrauben müssen immer erneuert werden.
■ Befestigungsschrauben müssen leicht hineinzudrehen sein. Bei Bedarf das Gewinde vorsichtig nachschneiden/reinigen.

Montage am OM651

■ Bauen Sie die Motorabdeckung oben und den Luftfilterkasten aus.

Vor dem Ausbau des Injektors ist die Zuordnung zum jeweiligen Injektorschacht zu kennzeichnen, sonst muss die Injektorklassierung (Kennzeichnung auf dem Injektor) mit Diagnosesystem im Steuergerät CDI neu eingetragen werden.

■ Die Einspritzleitungen (5 im Bild 1) ausbauen.
■ Beim Ausbau des Injektors des 3. Zylinders beziehungsweise des Injektors des 4. Zylinders rechten Halter des Luftfiltergehäuses an der Stirnwand abbauen.
■ Die elektrischen Steckverbindungen zum Nockenwellengeber trennen.
■ Die Verriegelung (4 im Bild 5) in Pfeilrichtung entriegeln und Leckölleitung mit Anschlussstück (1) am Injektor (3) abziehen.
■ Elektrische Steckverbindung (2) am Injektor trennen und den Leitungskanal aus dem Arbeitsbereich herauslegen.
■ Die Schraube der Spannpratze des Injektors herausschrauben und die Spannpratze abnehmen.

Reinigen Sie den Montagebereich der Injektoren gründlich, um das Hineinfallen von Ablagerungen in die Injektorbohrung zu verhindern.

■ Den Injektor nach oben herausziehen.

Sitzen die Injektoren aufgrund von Ablagerungen zwischen Zylinderkopf und Injektor fest, zuerst ein Injektorenspray einwirken lassen und dann den Injektor mit einem geeigneten Auszieher gerade nach oben herausziehen.

■ Anschlüsse am Injektor und an der Leckölleitung (1) mit geeigneten Stopfen verschließen.

Die Kraftstoffinjektoren müssen aufrecht mit den Anschlüssen nach oben gelagert werden. So wird verhindert, dass Luft in Kraftstoffinjektoren gelangt, die beim Wiedereinbau zu Start- oder Motorlaufproblemen führen kann.

■ Injektor und Injektorschächte wie beschrieben reinigen.

Der Einbau erfolgt sinngemäß in umgekehrter Reihenfolge.

■ Nach dem Erneuern eines Injektors muss das Diagnosesystem angeschlossen werden und der Fehlerspeicher ausgelesen werden.
■ Die neue Injektorklassifizierung muss dann im Motorsteuergerät eingetragen werden.
■ Der Injektorbereich (B im Bild 4) muss eingefettet werden. Spezialfett muss dünn und gleichmäßig aufgetragen werden.
■ Den Dichtring zwischen Injektor und Brennraum immer erneuern. Dichtring und dessen Anlageflächen müssen fettfrei sein.
■ Die Befestigungsschrauben müssen immer erneuert werden.
■ Befestigungsschrauben müssen leicht hineinzudrehen sein. Bei Bedarf das Gewinde vorsichtig nachschneiden/reinigen.

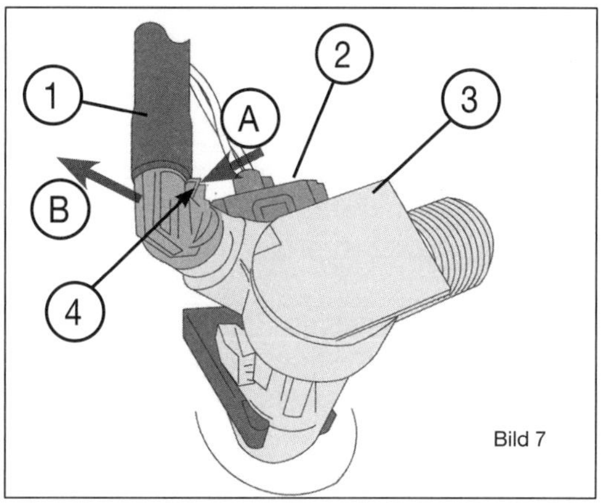

Bild 7

Bild 7
Anschluss am Injektor.
1 Rücklaufleitung
2 Anschlussstecker
3 Injektor (Einspritzventil)
4 Verriegelung
A Verriegelung lösen
B Leckölleitung abziehen

Sichtprüfung   Messen

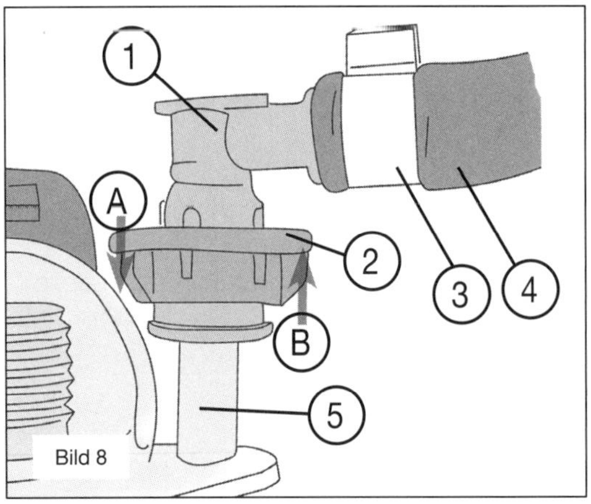

Bild 8
Anschluss am Injektor (Variante 1).
1 Rücklaufleitung
2 Sicherungsring
3 Schelle
4 Rücklaufleitung
5 Injektor
A Bewegungsrichtung zum Entsichern
B Bewegungsrichtung zum Sichern

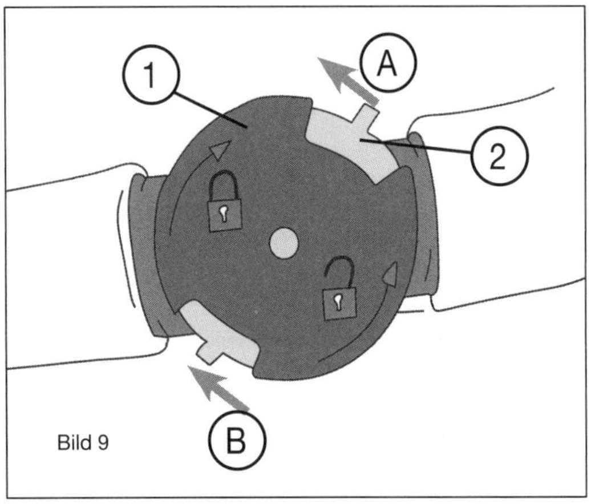

Bild 9
Anschluss am Injektor (Variante 2).
1 Anschluss Leckölleitung
2 Sicherungsring
A Bewegungsrichtung zum Entsichern
B Bewegungsrichtung zum Sichern

Montage am OM642

Kennzeichnen Sie die Zuordnung der ausgebauten Injektoren zum Zylinder. Der Anpassungswert der Injektoren ist im Motorsteuergerät gespeichert.

■ Bauen Sie die Motorabdeckung oben und den Luftfilterkasten aus.

■ Die Leckölleitung gibt es in zwei verschiedenen Ausführungen. Sie sind sehr leicht optisch zu unterscheiden.

Variante 1 (Bild 8):

■ Ziehen Sie den Sicherungsring (2) bis Anschlag nach oben (A) und ziehen Sie die Leckölleitung (1) vom Injektor (5) ab.

Variante 2 (Bild 9):

■ Verdrehen Sie den Sicherungsring (2) gegen den Uhrzeigersinn (A) und ziehen Sie die Leckölleitung vom Injektor ab.

Weiter für alle Varianten:

■ Bauen Sie die Einspritzleitung des auszubauenden Injektors aus.

■ Die elektrische Steckverbindung des auszubauenden Injektors abziehen.

■ Die Schraube (2 im Bild 6) der Spannpratze am auszubauenden Injektor herausdrehen.

■ Die Spannpratze (3) am auszubauenden Injektor abnehmen.

■ Den Bereich um den auszubauenden Kraftstoffinjektor reinigen.

■ Den auszubauenden Injektor herausnehmen.

⚠ Ausgebaute Injektoren müssen stehend gelagert werden. Andernfalls kann es zu Funktionsstörungen der Injektoren kommen.

Die Sauberkeitsregeln bei Arbeiten an der Einspritzanlage beachten. Verschließen Sie sofort die offenen Anschlüsse mit einem geeigneten Verschlussdeckel. Der Einbau erfolgt sinngemäß in umgekehrter Reihenfolge.

Nach dem Erneuern eines Injektors müssen das Diagnosesystem angeschlossen werden, der Fehlerspeicher ausgelesen und Injektorklassierung im Steuergerät CDI eingetragen werden.

■ Reinigen Sie den ausgebauten Injektor, wie bereits beschrieben.

■ Der Injektorbereich (B im Bild 4) muss eingefettet werden. Spezialfett muss dünn und gleichmäßig aufgetragen werden.

■ Den Dichtring zwischen Injektor und Brennraum (4 im Bild 6) immer erneuern. Dichtring und dessen Anlageflächen müssen fettfrei sein.

■ Die Befestigungsschrauben der Spannpratzen müssen immer erneuert werden.

■ Befestigungsschrauben müssen leicht hineinzudrehen sein. Bei Bedarf das Gewinde nachschneiden.

Kraftstofffilter wechseln

Kraftstofffilter beim OM646

Der Kraftstofffilter ist auf der linken hinteren Motorseite verbaut. Es wurden Filtersysteme mit fester und wechselbarer Filterheizung verbaut. Erkennbar sind diese an der Sicherungsschraube der demontierbaren Kraftstoffheizung.

Den Kraftstofffilter gibt es mit fest verbautem Füllstandssensor, demontierbarem Füllstandssensor und ohne Füllstandssensor. Achten Sie bei der Bestellung auf die Ausführung.

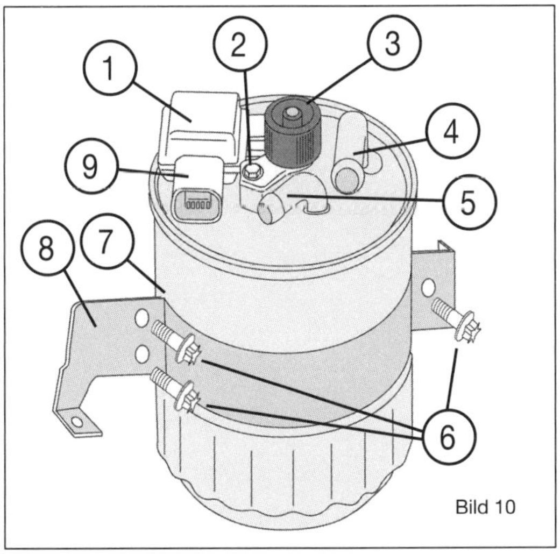

Bild 10

■ Bauen Sie das Luftfiltergehäuse wie beschrieben aus.
■ Demontieren Sie die beiden Kraftstoffschläuche (4 und 5 im Bild 10).
■ Entsichern Sie den Steckkontakt und ziehen Sie den Stecker für den elektrischen Anschluss (9) aus dem Sensor im Filter heraus.
■ Ziehen Sie den Entwässerungsschlauch an der Entwässerungsschraube (3) am Filter ab.
■ Lösen Sie die Schrauben (6) am Halter (8) so weit, dass Sie den Filter (7) bewegen können.
■ Nehmen Sie den Filter (7) nach oben heraus.
■ Drehen Sie die Schraube (2) heraus und ziehen Sie den Sensor zusammen mit der Entwässerungsschraube nach oben heraus.

Fangen Sie austretenden Kraftstoff mit einem geeigneten Lappen auf.

Der Einbau erfolgt sinngemäß in umgekehrter Reihenfolge.
■ Erneuern Sie den Dichtring des Sensors am Filter.

Um ein sofortiges Starten des Motors nach dem Kraftstofffilterwechsel zu gewährleisten und einen Trockenlauf der Pumpen zu verhindern, muss das Kraftstoffsystem mit dem Fahrzeugdiagnosesystem entlüftet werden. Vor dem ersten Motorstart kann der Kraftstofffilter (1) durch mehrmaliges Ein-/Ausschalten der Zündung befüllt werden, um Schäden an der Hochdruckpumpe zu verhindern.
■ Starten Sie den Motor und führen Sie eine Sichtprüfung des Kraftstoffsystems am Kraftstofffilter durch.

Kraftstofffilter beim OM651

Der Kraftstofffilter ist auf der linken hinteren Motorseite verbaut. Es wurden Filtersysteme mit fester und wechselbarer Filterheizung verbaut. Erkennbar sind diese an der Sicherungsschraube der demontierbaren Kraftstoffheizung.
■ Bauen Sie die Motorabdeckung oben aus.
■ Die Schellen der Kraftstoffanschlüsse (3 im Bild 8) öffnen.
■ Die Kraftstoffschläuche (4) am Kraftstofffilter abziehen und die Anschlüsse mit geeigneten Verschlussstopfen verschließen.
■ Die elektrische Steckverbindung der Kraftstofffilterheizung (7) mit Kondenswassersensor trennen.

Filterheizung mit Sensor demontierbar:
■ Die Sicherungsschraube (2) herausdrehen, die Kraftstofffilterheizung mit Kondenswassersensor schwenken und nach oben herausziehen.

Weiter für beide Systeme:
■ Die Klammern am Filterträger öffnen und den Kraftstofffilter (1) nach oben ausbauen.

Der Einbau erfolgt sinngemäß in umgekehrter Reihenfolge.
■ Die Einbaumarkierung (Markierungsstrich auf dem Filter) muss sich mittig über der Öffnung des Filterträgers befinden. Sonst ist ein spannungsfreier Einbau der Kraftstoffschläuche (3) nicht gewährleistet.
■ Die Schellen der Kraftstoffschläuche erneuern, sonst kann es zu Undichtigkeiten kommen.

Um ein sofortiges Starten des Motors nach dem Kraftstofffilterwechsel zu

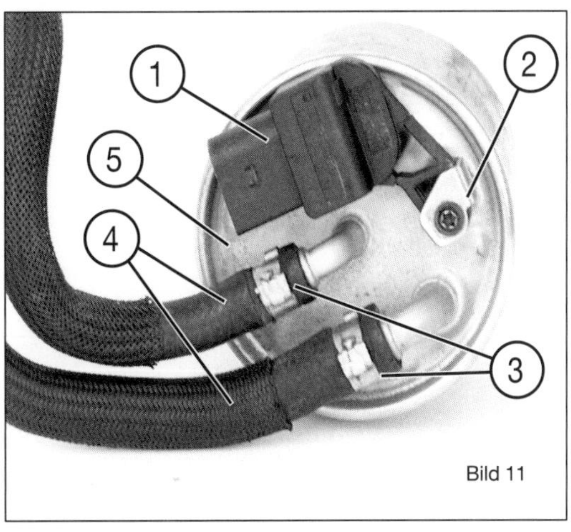

Bild 11

Bild 10
Kraftstofffilter (OM646).
1 Füllstandssensor
2 Schraube
3 Entwässerungsschraube
4 Vorlaufleitung
5 Zur Hochdruckpumpe
6 Schrauben
7 Kraftstofffilter
8 Halter
9 Elektrischer Anschluss

Bild 11
Kraftstofffilter (OM651).
1 Filterheizung und Wassersensor
2 Sicherungsschraube
3 Schlauchschelle
4 Kraftstoffschläuche
5 Kraftstofffilter

Bild 12
Kraftstofffilter mit Entwässerungsleitung (OM642).
1 Entwässerungsleitung
2 Sicherungsclip
3 Spitzzange
4 Kraftstofffilter

gewährleisten und einen Trockenlauf der Pumpen zu verhindern, muss das Kraftstoffsystem mit dem Fahrzeugdiagnosesystem entlüftet werden, oder vor dem ersten Motorstart den Kraftstofffilter durch mehrmaliges Ein-/Ausschalten der Zündung befüllen, um Schäden an der Hochdruckpumpe zu verhindern.

■ Starten Sie den Motor und führen Sie eine Sichtprüfung auf Dichtigkeit des Kraftstoffsystems am Kraftstofffilter durch.

Kraftstofffilter beim OM642

Der Kraftstofffilter ist zwischen den Zylinderbänken im vorderen Bereich des Motors verbaut.

■ Den Luftansaugschlauch nach dem Luftfilter ausbauen.
■ Die Motorabdeckung oben ausbauen (soweit verbaut).
■ Die Unterdruckleitung an der Abdeckung der linken Zylinderkopfhaube ausclipsen und zur Seite drücken.
■ Die Glühendstufe ausbauen und zur Seite legen. Die elektrische Steckverbindung an der Glühendstufe aufgesteckt lassen.
■ Steckverbindung Endlagenschalter »EKAS« (Einlasskanalabschaltung) rechts im Bereich des Kraftstofffilters am Halter abziehen und zur Seite legen.
■ Die beiden Schlauchschellen der Kraftstoffleitungen am Kraftstofffilter öffnen.
■ Kraftstoffschläuche vom Kraftstofffilter abziehen und mit geeigneten Stopfen verschließen.
■ Die Klemmschraube des Filterhalters lösen und den Kraftstofffilter so weit herausheben, bis die elektrische Steckverbindung und die Entwässerungsleitung ausgeclipst werden können.
■ Elektrische Steckverbindung am Wasserstandssensor Kraftstofffilter oder an der Kraftstofffilterheizung mit Wasserstandsensor trennen.

Filtersystem mit Entwässerungsleitung:
■ Sicherungsklammer bis zum Rastpunkt herausziehen, die Rasthaken mit geeigneter Zange am Filter entriegeln und Entwässerungsleitung nach oben abziehen.
■ Den Kraftstofffilter aus dem Halter herausnehmen.
■ Die Verschraubungen lösen und den Wasserstandsensor im Kraftstofffilter ausbauen. Der Einbau erfolgt sinngemäß in umgekehrter Reihenfolge.

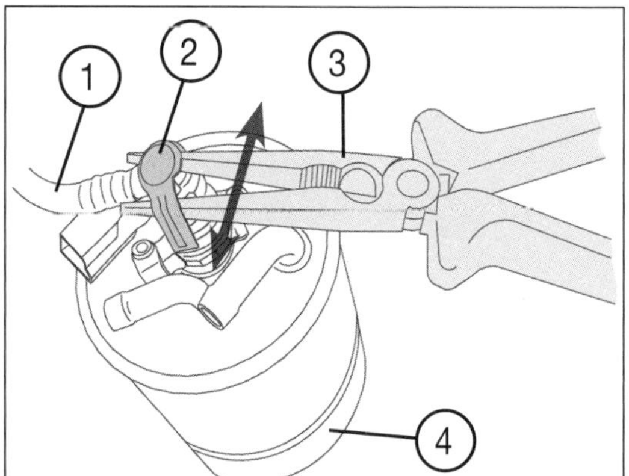

Bild 12

Um ein sofortiges Starten des Motors nach dem Kraftstofffilterwechsel zu gewährleisten und einen Trockenlauf der Pumpen zu verhindern, muss das Kraftstoffsystem mit dem Fahrzeugdiagnosesystem entlüftet werden. Vor dem ersten Motorstart kann der Kraftstofffilter (1) durch mehrmaliges Ein-/Ausschalten der Zündung befüllt werden, um Schäden an der Hochdruckpumpe zu verhindern.

■ Starten Sie den Motor und führen Sie eine Sichtprüfung des Kraftstoffsystems am Kraftstofffilter durch.

Luftfilter wechseln

Beim Ausblasen des Luftfiltergehäuses mit Pressluft ist Folgendes zu beachten:
■ Zur Vermeidung von Funktionsstörungen bitte die kritischen luftführenden Motorbauteile wie Luftmassenmesser, Lufteinlassrohre usw. mit einem sauberen Putzlappen abdecken.

Grundsätzlich sollten Sie das Gehäuse reinigen und wenn erforderlich auch mit einem Staubsauger aussaugen, um Rückstände gründlich zu entfernen.

■ Schlauchstutzen und Schläuche für Ladeluftsystem müssen vor dem Montieren öl- und fettfrei sein.
■ Verwenden Sie keine silikonhaltigen Gleitmittel bei der Montage.

Wechsel des Luftfiltereinsatzes

Der Luftfilter hat sich über die Modellreihen kaum oder besser gar nicht verändert. Wir

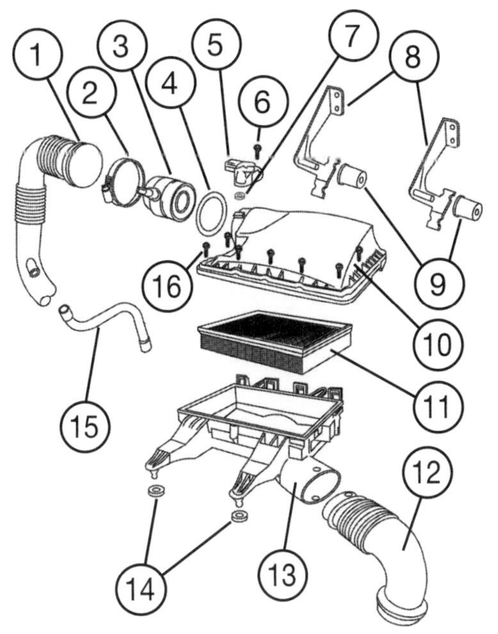

Bild 13

Bild 13
Luftfilter mit Filterkasten.
1 Ansaugschlauch
2 Schelle
3 Luftmassenmesser
4 O-Ring
6 Schraube
7 O-Ring
8 Halter
9 Gummilager
10 Luftfilteroberteil
11 Luftfiltereinsatz
12 Luftführungsrohr
13 Luftfilterunterteil
14 Gummilager
15 Schlauch
16 Schrauben

stellen Ihnen für die Montagearbeiten eine allgemeingültige Beschreibung zur Verfügung.

Luftfiltergehäuse aus- und einbauen:

■ Die Schelle lösen und den Ansaugschlauch (1 im Bild 13) vom Luftmassenmesser (3) abziehen.
■ Den elektrischen Anschlussstecker des Luftmassenmessers (3) entsichern und abziehen.
■ Die Steckverbindung des Saugrohrdruckgebers entsichern und abziehen.
■ Den Oleinfüllstutzen am Luftfilterkasten unten (13) entriegeln und nach oben abziehen.
■ Den Fremdstartpunkt am Luftfilterkasten unten entriegeln und nach oben abziehen.
■ Den Luftfilterkasten nach oben aus den Gummilagern (14) ziehen.
■ Den Luftfilter hinten aus den Haltern (8) ziehen und nach vorn wegnehmen.

Der Einbau erfolgt sinngemäß in umgekehrter Reihenfolge.
■ Tragen Sie etwas säurefreies Fett auf die Gummilager (14) auf, das erleichtert die nächste Demontage.

Luftfiltereinsatz ausbauen:

■ Ziehen Sie den Stecker vom Luftmassenmesser (3 im Bild 10) ab.
■ Lösen Sie die Klemmschelle vom Ansaugschlauch (2) und ziehen Sie den Ansaugschlauch (1) ab.
■ Drehen Sie die sieben Schrauben (16) heraus.
■ Heben Sie das Luftfilteroberteil (10) an und nehmen Sie den Luftfiltereinsatz (11) nach oben heraus.
■ Reinigen Sie gegebenenfalls das Luftfilterunterteil.

Der Einbau erfolgt sinngemäß in umgekehrter Reihenfolge zur Demontage.

Glühkerzen wechseln

Umgang mit Keramik-Glühkerzen

Tipp: Eine Glühkerze darf generell nicht mit 12 V bestromt werden, da diese dadurch zerstört wird. Die Diagnose erfolgt über die Widerstandsmessung oder über den Diagnosetester.

Achtung: Keramik-Glühkerzen sind sehr stoßempfindlich. Stöße können nicht sichtbare Beschädigungen (Haarrisse) verursachen und zu Motorschäden führen. Sie können nicht auf mechanische Beschädigungen (z. B. Haarrisse) geprüft werden. Solche Schäden sind in den meisten Fällen nicht erkennbar. Ist eine Keramik-Glühkerze heruntergefallen, muss diese zwingend erneuert werden.

Tipp: Verwenden Sie Keramik-Glühkerzen nur aus einer ungeöffneten Originalverpackung.

Wechsel der Glühkerzen beim OM 646

Tipp: Die Glühkerzen sind auf der linken Motorseite zwischen Rail und Kabelführungskanal angeordnet.

■ Demontieren Sie den Saugrohrschlauch zum Turbolader am Luftfilterkasten.
■ Bauen Sie den Luftfilterkasten wie beschrieben aus.
■ Die Motorabdeckung oben wie beschrieben demontieren.
■ Die Abdeckung der Zylinderkopfhaube wie beschrieben ausbauen.
■ Die elektrische Steckverbindungen der Glühkerzen trennen. Die elektrische Steckverbindungen der alten Ausführung mit einer speziellen Zange abziehen. Die elektrischen

Bild 14
Reinigung des Glühkerzenkanals.
1 Spray zum Lösen von Verkokungen
2 Montagepaste
3 Bürste zum Reinigen

Steckverbindungen der neuen Ausführung mit handelsüblicher Spitzzange abziehen.
■ Das Umfeld der Glühkerzen mit Bremsenreiniger, Bürste und Druckluft reinigen.

☞ Bei Wiederverwendung der Glühkerzen, die Glühkerzen zum entsprechenden Zylinder 1 bis Zylinder 4 kennzeichnen.

■ Die Glühkerzen herausdrehen.

⚠ Lassen sich die Glühkerzen nicht lösen, lassen Sie den Motor warm laufen und sprühen Sie ein Injektorlösemittel im Bereich des Gewindes auf und warten Sie einige Minuten.

■ Den jeweiligen Glühkerzenschacht reinigen.

Die Montage erfolgt sinngemäß in umgekehrter Reihenfolge.
■ Richtige Verlegung und Befestigung des Motorleitungssatzes beachten.
■ Abdeckung der Zylinderkopfhaube erst nach der Dichtheitsprüfung einbauen.
■ Fehlerspeicher des Motorsteuergeräts löschen und Initialisierung der Glühkerzen durchführen.

Wechsel der Glühkerzen beim OM651

☞ Die Glühkerzen sind auf der linken Motorseite zwischen Rail und Kraftstofffilter angeordnet. Die Verkabelung befindet sich im darüber verbauten Leitungskanal.

■ Die Motorabdeckung oben wie beschrieben demontieren.
■ Die Abdeckung der Zylinderkopfhaube wie beschrieben ausbauen.
■ Den Motor auf Betriebstemperatur (etwa 80 °C) bringen.
■ Bauen Sie die Einspritzleitungen zwischen Rail und Injektoren aus.
■ Demontieren Sie den Leitungskanal für die Anschlussleitungen am Motor.
■ Drehen Sie die Hohlschraube für die Rücklaufleitung am Railrohr heraus.
■ Drehen Sie die Schraube an der Hochdruckleitung zum Rail heraus.
■ Verschließen Sie alle Öffnungen mit passenden Stopfen.
■ Drehen Sie die Befestigungsschrauben heraus und nehmen Sie das Railrohr heraus.
■ Demontieren Sie die Verschraubung der Entwässerungsleitung des Kraftstofffilters.
■ Die elektrische Steckverbindung der

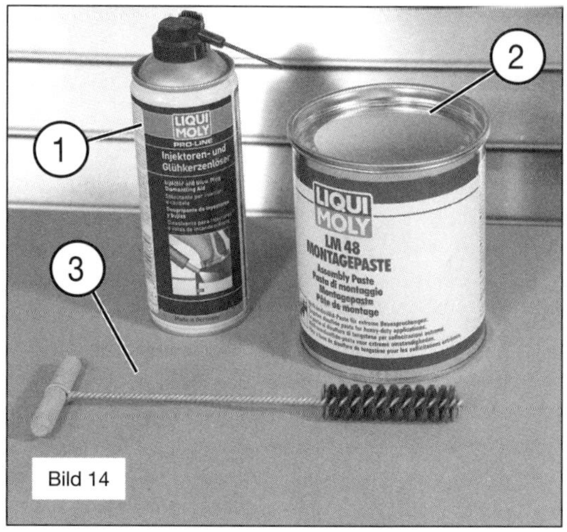

Bild 14

Kraftstofffilterheizung (1 im Bild 11) mit Kondenswassersensor trennen.
■ Die Klammern am Filterträger öffnen und den Kraftstofffilter nach oben herausziehen.
■ Den Kraftstofffilter mit angeschlossenen Kraftstoffleitungen zur Seite legen.
■ Den Kühlmittelschlauch am Leitungskanal der Glühkerzen ausclipsen. Den Leitungskanal des Motorleitungssatzes lösen.
■ Die elektrische Steckverbindungen der Glühkerzen trennen. Die elektrische Steckverbindungen der alten Ausführung mit einer speziellen Zange abziehen. Die elektrischen Steckverbindungen der neuen Ausführung mit handelsüblicher Spitzzange abziehen.
■ Das Umfeld der Glühkerzen mit Bremsenreiniger, Bürste und Druckluft reinigen.

☞ Bei Wiederverwendung der Glühkerzen, die Glühkerzen zum entsprechenden Zylinder 1 bis Zylinder 4 kennzeichnen.

■ Die Glühkerzen herausdrehen.

⚠ Lassen sich die Glühkerzen nicht lösen, lassen Sie den Motor warm laufen und sprühen Sie ein Injektorlösemittel im Bereich des Gewindes auf und warten Sie einige Minuten.

■ Den jeweiligen Glühkerzenschacht reinigen.

Die Montage erfolgt sinngemäß in umgekehrter Reihenfolge.
■ Richtige Verlegung und Befestigung des Motorleitungssatzes beachten.
■ Abdeckung der Zylinderkopfhaube erst nach der Dichtheitsprüfung einbauen.
■ Fehlerspeicher des Motorsteuergeräts löschen und Initialisierung der Glühkerzen durchführen.

Wechsel der Glühkerzen beim OM642

Die Glühkerzen sind in der Mitte des Motors zwischen Rail und Ansaugbrücke (Ladeluftverteiler) angeordnet. Die Verkabelung ist für die Demontage der Glühkerzen ausreichend frei beweglich.

- Die Abdeckung der linken und der rechten Zylinderkopfhaube wie beschrieben ausbauen.
- Den Motor auf Betriebstemperatur (etwa 80 °C) bringen.

Bei ausgebautem Zylinderkopf erwärmen Sie den Zylinderkopf auf 90 °C.

- Motorleitungssatzkanal der linken Zylinderkopfhaube am Ladeluftverteiler lösen und zur Seite drücken.
- Die Steckverbindung Endlagenschalter »EKAS« (Einlasskanalabschaltung) links am Rail der linken Zylinderbank lösen und zur Seite legen.
- Den Motorleitungssatz am Rail der linken Zylinderbank abbauen und freilegen.
- Den Verteiler der Leckölleitung am Ladeluftverteiler abbauen.
- Die elektrische Steckverbindung am Abgasdrucksensor trennen.
- Die elektrische Steckverbindungen der Glühkerzen mit einer speziellen Zange abziehen.

Bei Wiederverwendung der Glühkerzen, die Glühkerzen zum entsprechenden Zylinder 1 bis Zylinder 6 kennzeichnen.

- Die Glühkerzen herausdrehen.

Lassen sich die Glühkerzen nicht lösen, lassen Sie den Motor warm laufen und sprühen Sie ein Injektorlösemittel im Bereich des Gewindes auf und warten Sie einige Minuten.

- Reinigen Sie den Glühkerzenschacht der Glühkerzen.

Verschließen Sie den Glühkerzenschacht, wenn weitere Montagearbeiten in diesem Bereich anliegen.

Die Montage erfolgt sinngemäß in umgekehrter Reihenfolge.

- Richtige Verlegung und Befestigung des Motorleitungssatzes beachten.
- Abdeckung der linken und rechten Zylinderkopfhaube erst nach der Dichtheitsprüfung einbauen.
- Ereignisspeicher des Motorsteuergeräts löschen.

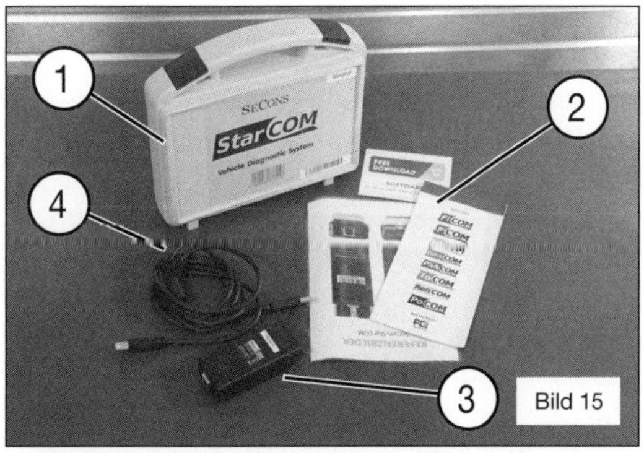

Bild 15
OBD-Tester mit Zubehör.
1 Aubewahrungskoffer
2 Informationsmaterial
3 OBD-Dongel
4 USB-Anschlusskabel

Fahrzeugdiagnosetester einsetzen

Es gibt eine Reihe von Arbeiten im Bereich der Einspritz- und Zündanlage, die man ohne Tester mit Übung und Erfahrung, unter Einsatz bestimmter Spezialwerkzeuge und am besten auch mit fachkundiger Beratung in einer Mietwerkstatt ausführen kann. Darauf gehen wir mit den folgenden Arbeitsbeschreibungen ein. Vielfach aber kann man an den elektronisch gesteuerten Einspritzsystemen nur selbst Hand anlegen, wenn man über einen Diagnosetester verfügt. Das Steuergerät kann viele Fehler an elektrischen Teilen der Einspritz- und Zündanlage per Selbstdiagnose erkennen und sie in einem Fehlerspeicher ablegen. Dabei wird auch eine Entscheidung getroffen, ob es sich um permanente Fehler oder um sporadische Mängel handelt. Entsprechend kann die Diagnose oder der Austausch der einzelnen Komponenten ausgelegt werden. In den meisten Fällen werden aber nur fehlerhafte Abweichungen beschrieben. Die Diagnose muss dann mit Sachkenntnis über Systeme und Bauteile im System erfolgen.

Diagnosegeräte

Die Marken-Werkstätten verwenden ein eigenes Diagnosesystem, das auf die einzelne Marke abgestimmt ist. Mit geeigneter Software und gewisser Kenntnis der Funktions- und Vorgehensweise sind auch andere Werkstattsysteme zu verwenden, wie sie in vielen Mietwerkstätten vorhanden sind. Als Vertreter der frei verfügbaren markenspezifischen Systeme stellen wir Ihnen den »StarCOM« (freier Tester für Mercedes-Fahrzeuge mit Zuschnitt auf die Arbeiten gerade in freien Werkstätten) vor. Der Testerhersteller Secons bietet Testsysteme für unterschiedliche Fahrzeughersteller an. Über regelmäßige Updates wird ein aktueller Software- und Fahrzeugbestand angeglichen. Hier möchten wir die Istwerte für die Gemischaufbereitung erfassen und darstellen. Die Fehlerspeicherauslese unterscheidet sich kaum von den Arbeitsschritten, die wir Ihnen im Kapitel 4 in diesem Buch vorgestellt haben.

Messwerte aus Sicht des Steuergerätes
Da das Motorsteuergerät aus den erfassten Messwerten und den abgespeicherten Kennfeldern definierte Funktionen ausführt, ist es wichtig, die »Sichtweise« des Steuergerätes einzunehmen und die erfassten Messwerte auf Plausibilität zu überprüfen.
Exemplarisch werden wir im Folgenden die »Istwerte« für die Motordrehzahl, die errechnete Luftmasse pro Zylinder und den Saugrohrdruckfühler betrachten. Wir möchten hiermit die Reaktion der Sensoren zeitgleich beobachten. Wenn aus dem Leerlauf die Drosselklappe geöffnet wird, erfolgt ein Drehzahlanstieg des Motors und auch für unseren Turbomotor steigt der Druck im Saugrohr an. Bei geöffneter Drosselklappe erreicht der Saugrohrdruck bis etwa 1000 hPa beim Saugmotor. Bei den Turbomotoren kann sogar ein deutlich höherer Druck anliegen. Nach einigen Gasstößen kann die Auswertung über die Abweichung der Kurven untereinander erfolgen. Die dargestellten Messwertkurven (im Bild 19) und die Messwerte (Bilder 17 und 18) zeigen auch ohne die Istwerte (1) eine Reaktion beispielsweise des Saugdruckfühlers an. Der Messwert des Saugrohrdruckfühlers kann dann auch über eine Druckmessuhr nachkontrolliert werden. Der Anschluss der Messuhr ist allerdings mit zusätzlichem Aufwand verbunden. Zumindest für die Funktionsprüfung in einer ersten Übersicht kann hier einiges an Vorbereitungszeit eingespart werden. Fällt ein Sensor aus oder liefert einen Messwert, der sich nicht erklären lässt, müssen die Spannungsversorgung des Bauteils und natürlich auch das Bauteil einzeln überprüft werden.

Istwerte-Erfassung über das Motorsteuergerät

Die Istwerterfassung verläuft für die meisten Testerhersteller sehr ähnlich. Wir haben für die Darstellung den StarCOM von Secon gewählt und schildern die wichtigsten Arbeitsschritte bis zu den unterschiedlichen Messwertdarstellungen.

- Schließen Sie ein Dauerladegerät (Bild 16) an, um die Batterie in den Phasen der Vorbereitung für die Messungen nicht zu belasten.
- Schließen Sie den Tester an die OBD-Anschlussdose an. Die 13-polige-Anschlussdose befindet sich an der A-Säule im Fahrerfußraum.
- Schalten Sie die Zündung ein.
- Starten Sie die Testersoftware.
- Wählen Sie, wie im Bild 17 vorgestellt, den Fahrzeughersteller, das Modell und das entsprechende Baujahr an.
- Klicken Sie den Button » Select Control Unit« an und wählen Sie das Motorsteuergerät an.
- Wählen Sie über den Button »Measured Values« die Messwerteliste an.
- Über den Button unten »Measured Values 3x3 View« (Bild 18) wählen Sie die Maske an,

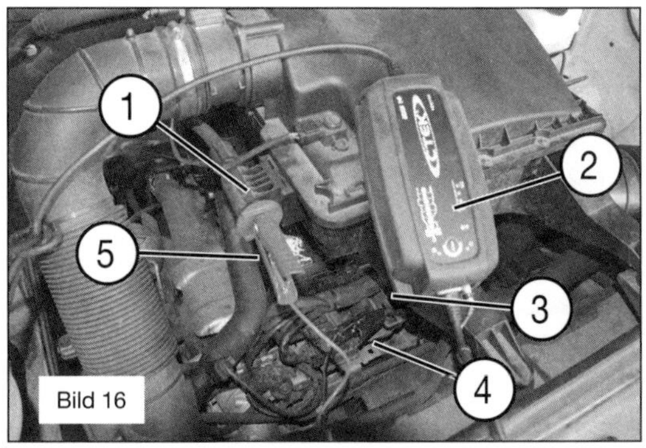

Bild 16
Dauerladegerät zur Ladungserhaltung.
1 »Plus«-Starthilfeanschluss
2 Dauerladegerät
3 Motoraufhängeöse
4 »Minus«-Anschlussklemme
5 »Plus«-Anschlussklemme

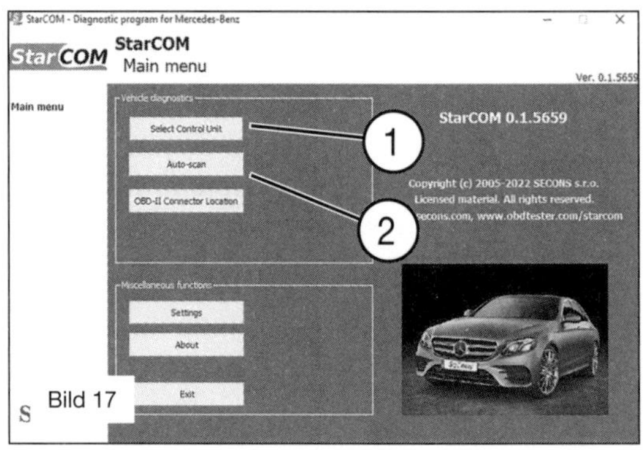

Bild 17
Startmaske StarCom.
1 Auswahl des Steuergerätes
2 Abfrage aller Steuergeräte

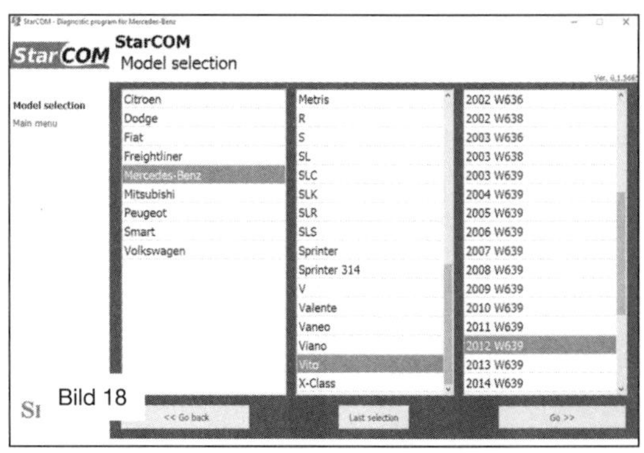

Bild 18
Anwahl der Fahrzeugmarke, des Modells und des Bautyps mit entsprechendem Baujahr.

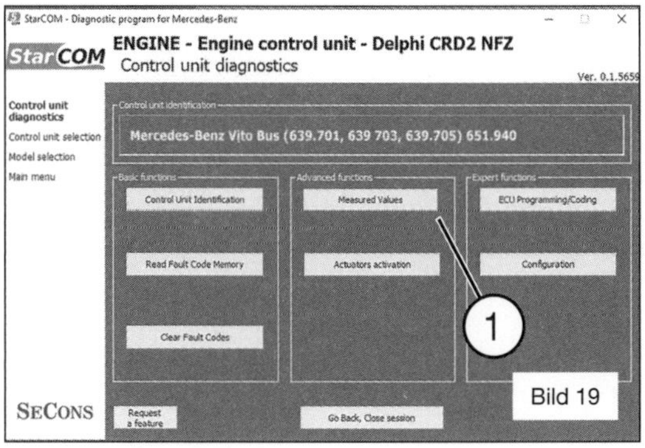

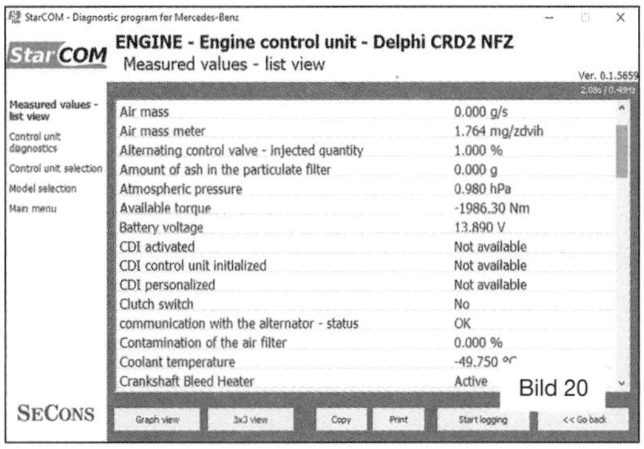

Bild 19

Bild 20

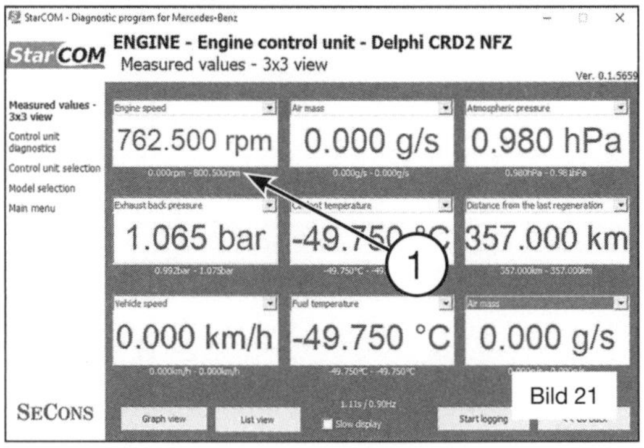

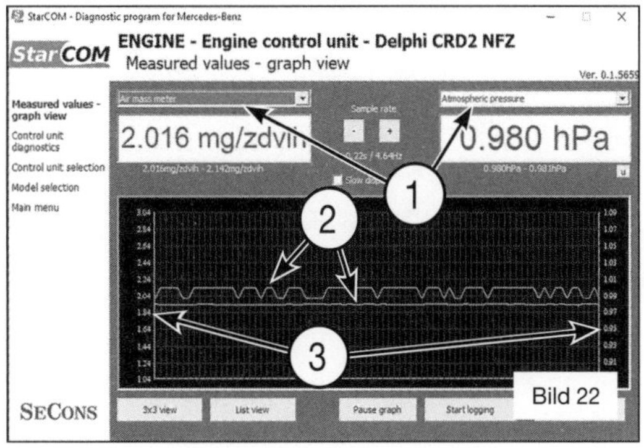

Bild 21

Bild 22

Bild 19
Anwahl der Aufgaben im angewählten Steuergerät.
1 Messwerte

Bild 20
Übersicht der Messwerte in einer Liste.

Bild 21
Messwertübersicht in frei zusammenstellbaren Zahlenblocks.
1 Angegebene Sollwerte

Bild 22
Der Messwertverlauf zur besseren Darstellung der Veränderungen als »Graph«.
1 Messwertlisten zum Anwählen
2 Messwertlinien
3 Messwerthöhe

in der Sie maximal neun Messwerte als Zahlenwert gleichzeitig darstellen können.

■ Über den Button unten »Measured Values Graph View« (Bild 19) wählen Sie die Maske an, in der Sie zwei Messwerte anwählen können, die dann zusammen grafisch auf dem Bildschirm dargestellt werden.

■ Lassen Sie den Motor im Leerlauf laufen.

■ Wählen Sie aus der Liste (1 im Bild 19) die Motordrehzahl, die Luftmasse pro Zylinder und den Saugrohrdrucksensor an.

Über das Herunterscrollen mit dem Seitenschieber in der Liste lassen sich die Messwerte einsehen.

■ Die angewählten Messwerte werden nun auf der rechten Maskenseite beginnend grafisch dargestellt.

Der aktuelle Messwert wird als Zahlenwert mit der entsprechenden Einheit und grafisch dargestellt.

Die neueste Darstellung erfolgt bei diesem Tester immer rechts im Bild.

■ Treten Sie nun das Gaspedal kurz voll durch und lassen Sie das Gaspedal wieder los. Der Saugrohrdruck und die Luftmasse werden etwas früher ansprechen.

■ Wiederholen Sie die Gasstöße einige Male. Die Reaktion sollte ähnlich ausfallen.

Beobachten Sie die Reaktion der drei Messwerte untereinander. Die Messwerte für den Saugrohrdruck und die Luftmasse sollten fast zeitgleich und im erkennbaren Zusammenhang erfolgen.

Sensoren der Gemischaufbereitung

Der Umfang der erforderlichen Beschreibung für alle verbauten Sensoren im System würde den Rahmen dieses Buches sprengen. Im Folgenden werden wir Ihnen die relevantesten Sensoren für das Gemischaufbereitungssystem, ihre Einbauposition und die Demontage vorstellen.

Nockenwellengeber

Die Nockenwellenpositionsgeber oder auch Phasengeber sind bei allen Motorvarianten im Ventildeckel oder im Bereich des Ventildeckels verbaut. Die Demontage ist recht ähnlich. Wir stellen Ihnen hier eine allgemeingültige Beschreibung zur Verfügung.

■ Lassen Sie den Motor für die Montagearbeiten abkühlen.

■ Lesen Sie den Fehlerspeicher aus. Bauen Sie den Luftfilterkasten ab.

■ Demontieren Sie die Motorabdeckung oben und legen Sie den Ventildeckel frei.

■ Legen Sie die Steckkontakte frei.

■ Entsichern Sie den Steckkontakt (4 im

Bild 23) und ziehen Sie ihn ab.
■ Drehen Sie die Schraube (1) heraus.
■ Ziehen Sie den Sensor (2) gerade aus dem Ventildeckel heraus.

Die Montage erfolgt sinngemäß in umgekehrter Reihenfolge.
■ Löschen Sie den Fehlerspeicher und lesen Sie ihn erneut nach der Probefahrt aus.

⚠ Der Nockenwellengeber ist ein Hallsensor. Eine Widerstandsmessung ist nicht sinnvoll und kann den Sensor beschädigen.

Kurbelwellengeber aus- und einbauen

Die Kurbelwellenpositionsgeber oder auch Drehzahlgeber sind bei allen Motorvarianten im Kurbelgehäuse oder am Kurbelgehäuse verbaut. Die Demontage ist recht ähnlich. Wir stellen Ihnen hier eine allgemeingültige Beschreibung zur Verfügung.
■ Das Fahrzeug mit der Hebebühne wie beschrieben anheben.

☞ Fahrzeug zwischen den Hebebühnensäulen ausrichten und die vier Aufnahmeteller an den vom Fahrzeughersteller vorgeschriebenen Hebebühnenaufnahmepunkten platzieren.

■ Den Motor und die Abgasanlage für die Montagearbeiten abkühlen lassen.
■ Lesen Sie den Fehlerspeicher aus.
■ Legen Sie die Steckkontakte frei.
■ Entsichern Sie den Steckkontakt (3 im Bild 24) und ziehen Sie ihn ab.
■ Drehen Sie die Schraube (1) heraus.
■ Ziehen Sie den Sensor (2) gerade aus dem Gehäuse heraus.

Die Montage erfolgt sinngemäß in umgekehrter Reihenfolge.
■ Löschen Sie den Fehlerspeicher und lesen Sie ihn nach der Probefahrt erneut aus.

⚠ Der Kurbelwellengeber ist ein Hallsensor. Eine Widerstandsmessung ist nicht sinnvoll und kann den Sensor beschädigen.

Luftmassenmesser aus- und einbauen

Der Luftmassenmesser ist zwischen Luftfiltergehäuse und Saugseite der Turbolader am Luftfilterkasten verbaut. Die Demontage ist recht ähnlich. Wir stellen Ihnen hier eine allgemeingültige Beschreibung zur Verfügung.
■ Lassen Sie den Motor für die Montagearbeiten abkühlen.

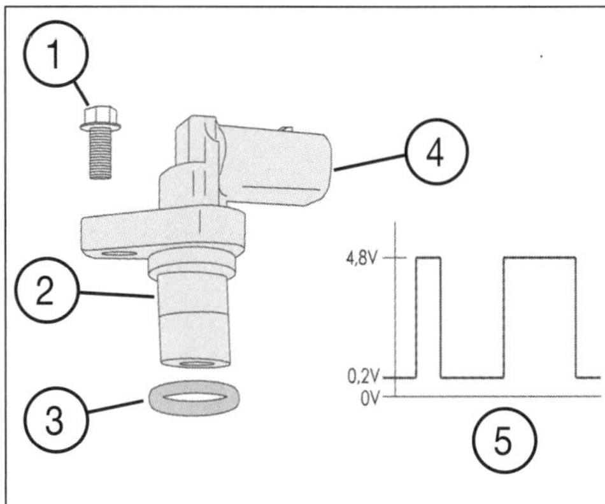

Bild 23

Bild 23
Nockenwellengeber.
1 Schraube
2 Nockenwellengeber (Phasengeber)
3 Dichtring
4 Elektrischer Steckkontakt
5 Typisches Signalbild

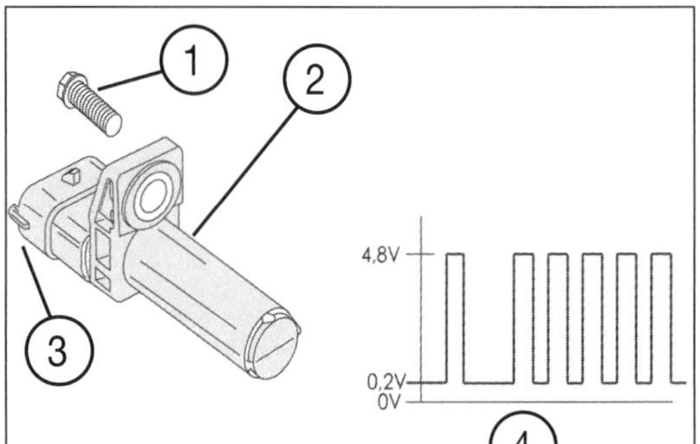

Bild 24

Bild 24
Kurbelwellengeber.
1 Schraube
2 Kurbelwellengeber (Drehzahlgeber)
3 Elektrischer Steckkontakt
4 Typisches Signalbild

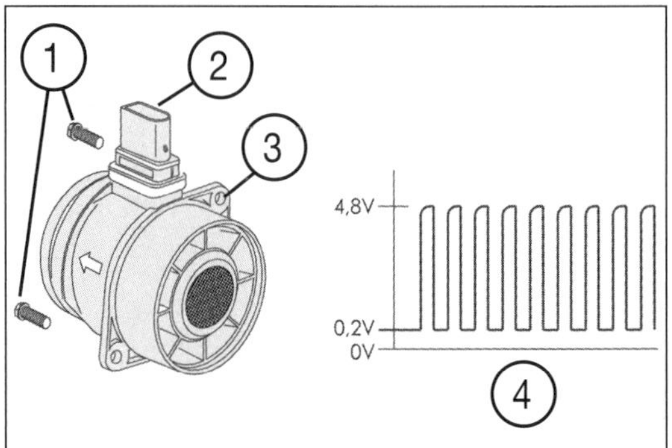

Bild 25

Bild 25
Luftmassenmesser.
1 Schraube
2 Elektrischer Steckkontakt
3 Luftmassenmesser (HFM 8)
4 Typisches Signalbild (die Frequenz verändert sich mit Zunahme der Luftmasse)

■ Lesen Sie den Fehlerspeicher aus.
■ Reinigen Sie den Bereich um den Luftmassenmesser gründlich.
■ Legen Sie die Steckkontakte frei.
■ Entsichern Sie den Steckkontakt (2 im Bild 25) und ziehen Sie ihn ab.
■ Demontieren Sie den Ansaugschlauch am Luftmassenmesser.
■ Drehen Sie die Schraube (1 im Bild 25) heraus.
■ Ziehen Sie den Luftmassenmesser (3) aus dem Luftfilterkasten heraus.

Die Montage erfolgt sinngemäß in umgekehrter Reihenfolge.

■ Löschen Sie den Fehlerspeicher und lesen Sie ihn erneut nach der Probefahrt aus.

Saugrohrdruckfühler aus- und einbauen
Der Saugrohrdrucksensor (MAP-Sensor) ist bei allen Motorvarianten im Ansauggehäuse vor dem Zylinderkopf verbaut.

■ Lassen Sie den Motor für die Montagearbeiten abkühlen.
■ Lesen Sie den Fehlerspeicher aus.
■ Reinigen Sie den Bereich um den Saugrohrdruckfühler gründlich.
■ Legen Sie die Steckkontakte frei.
■ Entsichern Sie den Steckkontakt (3 im Bild 26) und ziehen Sie ihn ab.
■ Drehen Sie die Schraube heraus.
■ Ziehen Sie den Sensor (2) gerade aus dem Getriebegehäuse heraus.

Die Montage erfolgt sinngemäß in umgekehrter Reihenfolge.
■ Löschen Sie den Fehlerspeicher und lesen Sie ihn erneut nach der Probefahrt aus.

Kühlwassertemperaturgeber
Der Kühlwassertemperaturgeber befindet sich beim OM651 am Motor oben vorne rechts im Thermostatgehäuse. Beim OM642 ist er unter der linken Motorabdeckung im Wasserverteilerrohr verbaut. Bei OM654 ist er im Thermostatgehäuse vorne unten rechts zu finden.
Die Temperaturfühler werden mit einem Gummiring abgedichtet und mit der Klammer gehalten.

■ Lassen Sie den Motor für die Montagearbeiten abkühlen.
■ Lesen Sie den Fehlerspeicher aus.
■ Entsichern Sie den Steckkontakt (3 im Bild 27) und ziehen Sie ihn ab.
Stellen Sie einen Auffangbehälter auf und legen Sie einige saugfähige Lappen bereit.
■ Reinigen Sie den Bereich um den Temperaturfühler gründlich.
■ Ziehen Sie die Sicherungsklammer (2) heraus.
■ Ziehen Sie den Temperaturfühler (3) gerade heraus.
■ Fangen Sie austretendes Kühlmittel auf.

Die Montage erfolgt sinngemäß in umgekehrter Reihenfolge.
■ Ergänzen Sie das Kühlmittel.

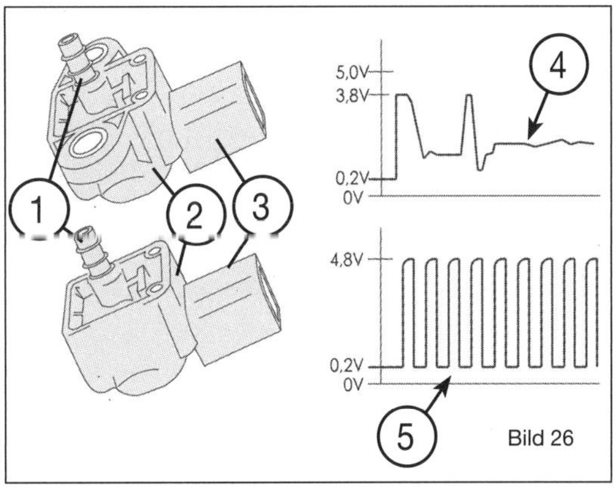

Bild 26

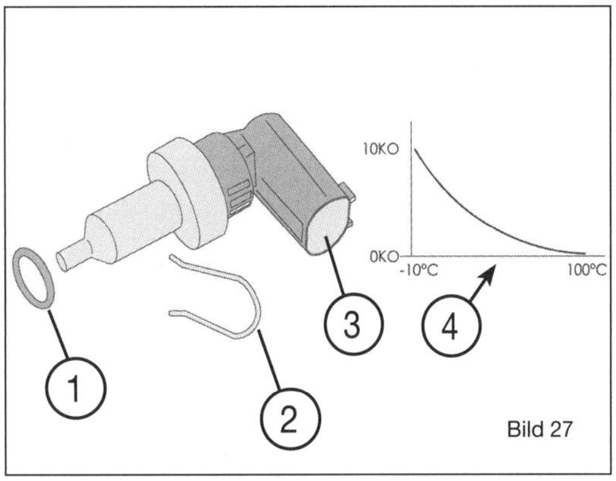

Bild 27

■ Löschen Sie den Fehlerspeicher und lesen Sie ihn erneut nach der Probefahrt aus.

Plausibilität der Messwerte
Die Messwerte, die über das Steuergerät erfasst und ausgewertet werden, sind als »IST-Werte« bezeichnet. Auch wenn man nicht alle Messwerte oder Signalbilder kennt, lässt sich über die Messwertliste (Bild 20) abschätzen, ob ein angezeigter Messwert realistisch ist. Grundsätzlich sollten Sie überprüfen, ob der angezeigte Messwert auch plausibel erscheint. Wird die Kühlmitteltemperatur mit -30 °C bei betriebswarmen Motor angezeigt, ist das eindeutig nicht plausibel. Auch ein Sensor, seine Verkabelung oder auch ein Steckkontakt können Schäden aufweisen. Entsprechend können Messwerte verfälscht werden. Die »IST-Werte« sind die Messwerte, die dem Steuergerät zur Verfügung stehen. Falsche oder verfälschte Messwerte können entsprechende fehlerhafte Reaktionen durch das Gemischaufbereitungssystem verursachen. Auch wenn noch kein Fehlerspeichereintrag vorliegt, kann ein Temperaturfühler mit einem falschen Messwert der Grund für schlechtes Startverhalten sein.

Bild 26
Saugrohrdruckfühler.
1 Messanschluss (im Saugrohr)
2 Saugrohrdruckfühler (MAP-Sensor)
3 Elektrischer Anschluss
4 Analoges Signal (alte Varianten)
5 Digitales Signal mit Frequenzänderung im Verhältnis zum anliegenden Druck (neue Varianten)

Bild 27
Wassertemperaturfühler.
1 O-Ring
2 Sicherungsklammer
3 Temperaturfühler
4 Temperaturkurve (NTC)

9 Abgasanlage

Die Abgas- oder Auspuffanlage am Unterboden des Vito/Viano reinigt mit Partikelfilter beim Diesel plus Oxidationskatalysator die Verbrennungsabgase und leitet sie mit geringem Gegendruck über das Endrohr zum Fahrzeugheck. Ein Schalldämpfer oder Schalldämpfersystem ist in diesem Modell nicht mehr erforderlich. Der Auspuff moderner Pkw ist für mehr als 60.000 Kilometer gut, wobei die Lebensdauer natürlich auch von den Einsatzbedingungen des Fahrzeugs abhängt. Ist man überwiegend auf kurzen Strecken unterwegs, fallen mehr Kondensat, Ruß und aggressive Säuren im Innern der Anlage an als beim Langstreckenbetrieb mit voll durchgewärmtem Motor. Das Abgasvorrohr ist seltener als die anderen Teile vom Rost bedroht, weil dort die Verbrennungsgase noch mit Temperaturen zwischen 800 und 1000 °C einströmen. Danach verlieren die Abgase an Temperatur und sind am Endrohr nur noch 150 bis 300 °C heiß. Dort tritt das meiste Kondenswasser aus. Es mischt sich mit Verbrennungsrückständen zu aggressiven Säuren und lässt das Auspuffblech von innen nach außen durchrosten. Falls das Endrohr nicht aus besonders korrosionsbeständigem Material hergestellt wurde, ist Arbeit angesagt: Ausbau des alten und Einbau eines neuen Abgasrohrs mit Schalldämpfer.

Hinweise und Regeln für Arbeiten an der Auspuffanlage

Reparaturen an durchgerosteten Auspuffanlagen, z. B. mit Auspuffkitt und Bandagen, haben nur kurzzeitig Erfolg. Das Blech bricht bald neben der Reparaturstelle. Werkstätten wechseln Auspuffanlagen meist komplett aus. Vor weiteren Arbeiten daher den Zustand der Anlage genau prüfen und dann entscheiden, ob einzelne Teile oder das ganze System erneuert werden sollen. Wird nach gründlicher Prüfung an der Abgasanlage gearbeitet, sollten folgende Grundregeln beachtet werden:

- Bei einer Demontage darf die Abgasanlage keinesfalls herunterfallen. Dabei könnten wichtige Teile beschädigt werden.
- Dichtungen und selbstsichernde Muttern immer ersetzen.
- Verschraubungen der Auspuffanlage lassen sich beim nächsten Mal leichter lösen, wenn die Gewinde beim Einbau mit hochhitzefestem Kupferfett bestrichen werden.

☞ Werden Partikelfilter oder Katalysator ausgebaut und ersetzt, müssen die Altteile vorschriftsmäßig entsorgt werden. Sie dürfen nicht wie Schrott behandelt werden, weil sie wertvolles Edelmetall enthalten, das wieder in den Produktionsprozess eingebracht werden kann.

☞ Für Arbeiten an Lambdasonden gilt: Nur das Gewinde mit Heißschraubenpaste wie VW »G 052 112 A3« fetten. An die Schlitze des Sondenkörpers darf kein Fett kommen. Aus- und Einbau am besten mit Ringschlüsselsatz für Lambdasonde. Dichtring bei Undichtigkeit aufkneifen und ersetzen. Festziehen mit 45 Nm.

- Alle Schlauchverbindungen mit Schlauchschellen sichern, die dem Serienstand entsprechen.
- Alle Kabelbinder, die beim Ausbau gelöst werden, sind beim Einbau an der gleichen Stelle wieder anzubringen.
- Nach Montagearbeiten an der Abgasanlage darauf achten, dass die Anlage nicht verspannt wird und ausreichend Abstand zum Aufbau hat. Gegebenenfalls Schellen lösen und Schalldämpfer und Abgasrohr so ausrichten, dass überall ausreichend Abstand zum Aufbau vorhanden ist und die Aufhängungen gleichmäßig belastet werden.
- Nach getaner Arbeit immer Motorprobelauf durchführen und »Auspuffanlage auf Dichtheit prüfen« (Bild 2). Ansonsten gelten für Arbeiten an Abgasanlage und Abgasrückführung hinsichtlich Sauberkeit und Sicherheit die Vorschriften, die auch für Arbeiten an Motor, Kraftstoff- oder Einspritzsystem üblich sind.

Zustand der Auspuffanlage kontrollieren

- Fahrzeug auf einer Hebebühne anheben oder absolut rüttelsicher aufbocken. Es darf nicht kippeln, wenn heftig an den Rohren der Auspuffanlage gedreht oder gezerrt wird. Die Aufhängungen und Gummiösen dürfen keine Schäden aufweisen.

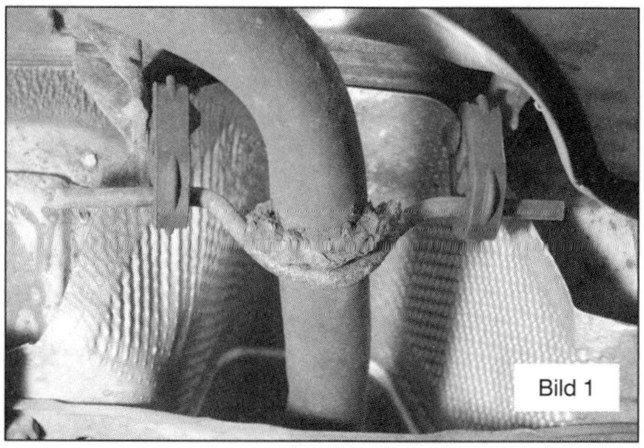

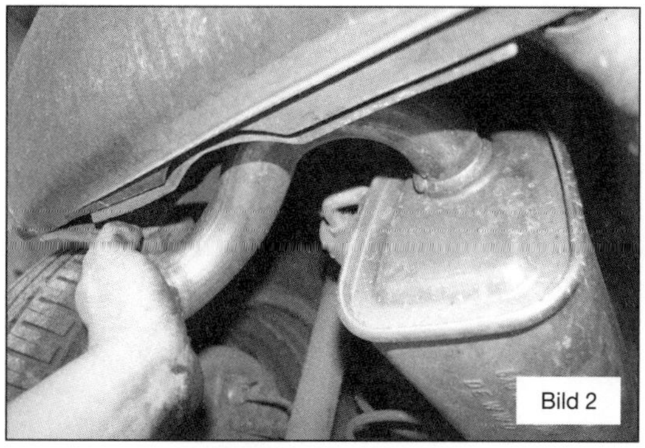

Bild 1
Der Zustand von Schalldämpfern, Schellen und Übergängen muss regelmäßig überprüft werden.

Bild 2
Zuhalten des Abgasrohres zur Dichtheitsprüfung.

■ Zur Kontrolle die Abgasanlage an den Schraubbefestigungen rütteln. Komponenten auf Brüchigkeit, Einrisse oder sonstige Schäden überprüfen, bei Bedarf ersetzen.
■ Wenn sich beim Demontieren eine Verschraubung nicht lösen lässt, mit Rost lösendem Mittel behandeln oder durch Überdrehen abreißen. Beim Festziehen von Verschraubungen z. B. am Abgaskrümmer die Reihenfolge von innen nach außen und über Kreuz einhalten.
■ Wenn Teile der Anlage schon einmal ersetzt wurden, trennt man die Steckverbindung der Rohrenden am besten in erwärmtem Zustand. Schweißbrenner oder Propangasbrenner verwenden und Feuerlöscher bereithalten.
■ Schalldämpfer mit einem Hammer rundum gründlich abklopfen, auch an den Stirnseiten (Übergang von den Töpfen zu den Rohren). Nicht zu zaghaft hämmern. Klingt es bei jedem Schlag hell, ist das Blech noch gesund. Wird das Klopfgeräusch an manchen Stellen dumpfer, ist die Außenhaut bereits geschwächt und wird bald durchbrechen.

Tipp: Ein sehr dumpfer Auspuffton und Knallen im Schiebebetrieb können auf einen durchgerosteten Auspuff hinweisen.

■ Dichtheit der Auspuffanlage prüfen (nachfolgende Anleitung).

Abgasanlage auf Dichtheit prüfen

■ Motor starten und mit Leerlaufdrehzahl laufen lassen.
■ Auspuffendrohr für die Dauer der Dichtheitsprüfung verschließen (Lappen, Stöpsel). Der Motor kann ausgehen. Grundsätzlich sollten Sie keine lauten Zischgeräusche wahrnehmen können.
■ Verbindungsstellen Zylinderkopf/Abgaskrümmer, Abgasturbolader/Abgasvorrohr usw. durch Abhören auf Dichtheit prüfen. Gibt es zischelnde Geräusche an Verbindungsstellen, ist die Anlage an der Geräuschstelle undicht.
■ Festgestellte Undichtigkeiten beseitigen.

Abgasanlage spannungsfrei einrichten

Nach jeder Montagearbeit an der Abgasanlage muss die Abgasanlage spannungsfrei montiert werden, anderenfalls können Halter, Gummis oder auch das Flexstück geschädigt werden.
■ Der Motor muss kalt sein.
■ Verschraubungen der Klemmschellen lösen.
■ Die Schraube handfest anziehen.
■ Die Abgasanlage so ausmitteln, dass diese nirgends gegen stößt und spannungsfrei sitzt.

Tipp: Die Haltegummis der Abgasanlage sollten möglichst nicht in ihre Aufsteckrichtung gezogen werden.

■ Die Verschraubungen der Schellen und Klemmhülsen sollten so ausgerichtet werden, dass sie möglichst nicht nach unten herausstehen.
■ Nach dem Anziehen der Klemmschellen die Freigängigkeit der Auspuffanlage prüfen und gegebenenfalls korrigieren.

Bild 3
Vibrationen und Verspannung: Schweißnaht rundum ausgebrochen.

Sichtprüfung Messen

Bild 4
Auspuffanlage hinten nach den Katalysatoren (verschiedene Varianten).
1 Schalldämpfer mit Abgasendrohr
1a Schalldämpfer mit Abgasrohr
1b Vorschalldämpfer mit Abgasrohr
2 Abgasendrohr
3 Auspuffgummis
4 Schellen
5 Endschalldämpfer

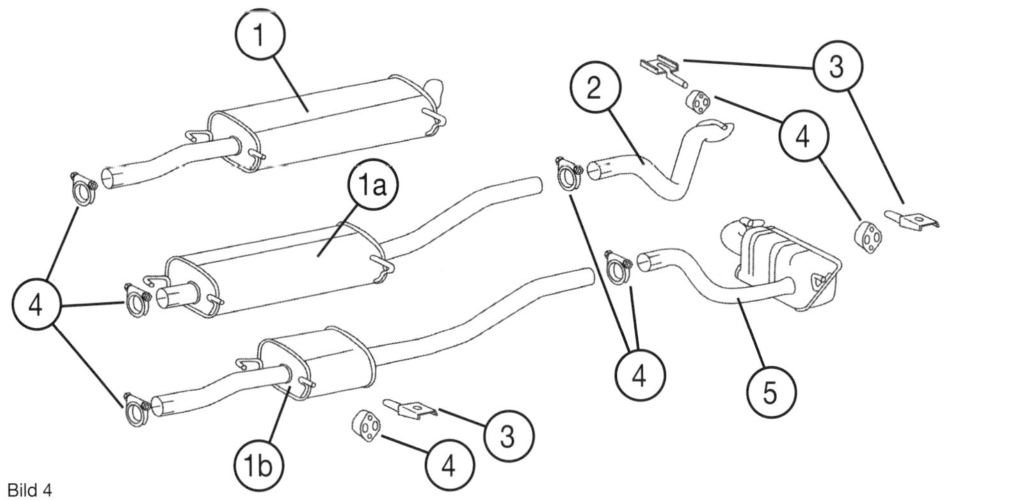

Bild 4

■ Achten Sie darauf, dass das Flexstück im Übergang zwischen Abgasanlage und Katalysator nicht verdreht montiert wurde oder unter Spannung steht.
■ Prüfen Sie abschließend die Dichtheit der Auspuffanlage.

Schalldämpfer und Abgasrohre

In den meisten Fällen werden Arbeiten an den Schalldämpfern und Abgasrohren im hinteren Bereich anfallen. Als sogenannter »kalter Bereich« sind hier deutlich häufiger Schäden und/oder Korrosion zu finden.

Ausbau der Auspuffgummis (4 im Bild 4):
■ Ziehen Sie die Abgasanlage im Bereich des Auspuffgummis, das Sie demontieren möchten etwas herunter.
■ Sprühen Sie in die Lagerstellen, die beim Herunterziehen etwas aufgeweitet sind, etwas Rostlöser ein.
■ Schieben Sie das Auspuffgummi vom Haltebolzen herunter.
☞ Um Schäden zu vermeiden, fangen Sie die Abgasanlage soweit erforderlich mit einen Getriebeheber ab.
■ Ersetzen Sie das Auspuffgummi durch ein neues mit dem gleichen Bautyp.
■ Sprühen Sie in die Lagerstellen etwas Rostlöser ein.
■ Schieben Sie das neue Auspuffgummi auf die Haltebolzen am Schalldämpfer und der Karosserie auf.
■ Kontrollieren Sie die Auspuffanlage auf Schäden und spannungsfreien Sitz.

Ausbau des Schalldämpfers der Kurzversion der Abgasanlage (1 im Bild 4):
■ Heben Sie das Fahrzeug mit einer Hebebühne an.
■ Lösen Sie die Verschraubung der Auspuffschelle (4) zum Katalysator.
■ Lösen Sie die Verbindungsstelle durch leichte Hammerschläge und Drehbewegungen.
☞ Sollte sich die Verbindungsstelle nicht bewegen lassen, weiten Sie die Übergangsstelle etwas auf.
■ Ziehen Sie den Endschalldämpfer etwas herunter.
■ Sprühen Sie in die Lagerstellen, die beim Herunterziehen etwas aufgeweitet sind, etwas Rostlöser ein.
■ Schieben Sie die Auspuffgummis von den Haltebolzen herunter.
■ Ziehen Sie den Endschalldämpfer vom Abgasrohr am Katalysator ab.
■ Nehmen Sie den Endschalldämpfer ab.

Die Montage erfolgt sinngemäß in umgekehrter Reihenfolge.

☞ Tragen Sie etwas Auspuffmontagepaste in das Rohr des Endschalldämpfers auf.
■ Schieben Sie eine neue Schelle auf das Rohr des Endschalldämpfers auf.
■ Achten Sie auf den richtigen Sitz (Einbauposition) der Schelle. Die Verschraubung sollte nicht nach unten überstehen.
■ Richten Sie die Abgasanlage wie bereits beschrieben spannungsfrei aus.
■ Prüfen Sie die Dichtheit der Auspuffanlage wie bereits beschrieben.

Ausbau des Abgasendrohrs (2 im Bild 4):

■ Heben Sie das Fahrzeug mit einer Hebebühne an.

■ Lösen Sie die Verschraubung der Auspuffschelle (4) zum Schalldämpfer (1a).

■ Lösen Sie die Verbindungsstelle durch leichte Hammerschläge und Drehbewegungen.

Sollte sich die Verbindungsstelle nicht bewegen lassen, weiten Sie die Übergangsstelle etwas auf.

■ Ziehen Sie das Abgasendrohr etwas herunter.

■ Sprühen Sie in die Lagerstellen, die beim Herunterziehen etwas aufgeweitet sind, etwas Rostlöser ein.

■ Schieben Sie die Auspuffgummis von den Haltebolzen herunter.

■ Ziehen Sie das Abgasendrohr vom Abgasrohr des Schalldämpfers (1a) ab.

■ Nehmen Sie das Abgasendrohr ab.

Die Montage erfolgt sinngemäß in umgekehrter Reihenfolge.

Tragen Sie etwas Auspuffmontagepaste in die Verbindungsstelle des Abgasendrohres. So wird von Anfang an die Dichtigkeit erreicht.

■ Schieben Sie eine neue Schelle auf das Abgasendrohr auf.

■ Achten Sie auf den richtigen Sitz (Einbauposition) der Schelle. Die Verschraubung sollte nicht nach unten überstehen.

■ Richten Sie die Abgasanlage wie bereits beschrieben spannungsfrei aus.

■ Prüfen Sie die Dichtheit der Auspuffanlage, wie bereits beschrieben.

Ausbau des Endschalldämpfers (5 im Bild 4):

■ Heben Sie das Fahrzeug mit einer Hebebühne an.

■ Lösen Sie die Verschraubung der Auspuffschelle (4) zum Vorschalldämpfer (1b).

■ Lösen Sie die Verbindungsstelle durch leichte Hammerschläge und Drehbewegungen.

Sollte sich die Verbindungsstelle nicht bewegen lassen, weiten Sie die Übergangsstelle etwas auf.

■ Ziehen Sie den Endschalldämpfer etwas herunter.

■ Sprühen Sie in die Lagerstellen, die beim Herunterziehen etwas aufgeweitet sind, etwas Rostlöser ein.

■ Schieben Sie die Auspuffgummis von den Haltebolzen herunter.

■ Ziehen Sie den Endschalldämpfer (5) vom Abgasrohr des Vorschalldämpfers (1b) ab.

■ Nehmen Sie den Endschalldämpfer (5) ab.

Die Montage erfolgt sinngemäß in umgekehrter Reihenfolge.

Tragen Sie etwas Auspuffmontagepaste in die Verbindungsstelle des Endschalldämpfer. So wird von Anfang an die Dichtigkeit erreicht.

■ Schieben Sie eine neue Schelle auf das Rohr des Endschalldämpfers auf.

■ Achten Sie auf den richtigen Sitz (Einbauposition) der Schelle. Die Verschraubung sollte nicht nach unten überstehen.

■ Richten Sie die Abgasanlage wie bereits beschrieben spannungsfrei aus.

■ Prüfen Sie die Dichtheit der Auspuffanlage, wie bereits beschrieben.

Ausbau des Schalldämpfers (1a im Bild 4) oder des Vorschalldämpfers (1b):

■ Heben Sie das Fahrzeug mit einer Hebebühne an.

■ Bauen Sie den Endschalldämpfer beziehungsweise das Abgasendrohr wie bereits beschrieben aus.

■ Lösen Sie die Verschraubung der Auspuffschelle (4) zum Katalysator.

■ Lösen Sie die Verbindungsstelle durch leichte Hammerschläge und Drehbewegungen.

Sollte sich die Verbindungsstelle nicht bewegen lassen, weiten Sie die Übergangsstelle etwas auf.

■ Ziehen Sie den Schalldämpfer (1a) oder den Vorschalldämpfer (1b) etwas herunter.

■ Sprühen Sie in die Lagerstellen, die beim Herunterziehen etwas aufgeweitet sind, etwas Rostlöser ein.

■ Schieben Sie die Auspuffgummis von den Haltebolzen herunter.

■ Ziehen Sie den Schalldämpfer (1a) oder den Vorschalldämpfer (1b) vom Abgasrohr des Katalysators ab.

■ Nehmen Sie den Schalldämpfer (1a) oder den Vorschalldämpfer (1b) ab.

Katalysator ausbauen

Die Montagearbeiten stellen wir Ihnen für die unterschiedlichen Motoren im einzelnen vor. Zu den einzelnen Modellen gibt/gab es Nachrüstsysteme, auf die wir nicht in allen

Sichtprüfung Messen

Bild 5
Auspuffanlage vorne nach dem Turbolader mit 4-Zylinder Motoren (verschiedene Varianten).
1 Klammer
2 Abgasrohr vorne
2a Katalysator
3 Abgasrohr
3a Katalysator
4 Halter
5 Haltegummi
6 Stufenschraube mit Feder
7 Dichtring
8 Halter
9 Lambdasonde
10 Dichtring
11 Schelle

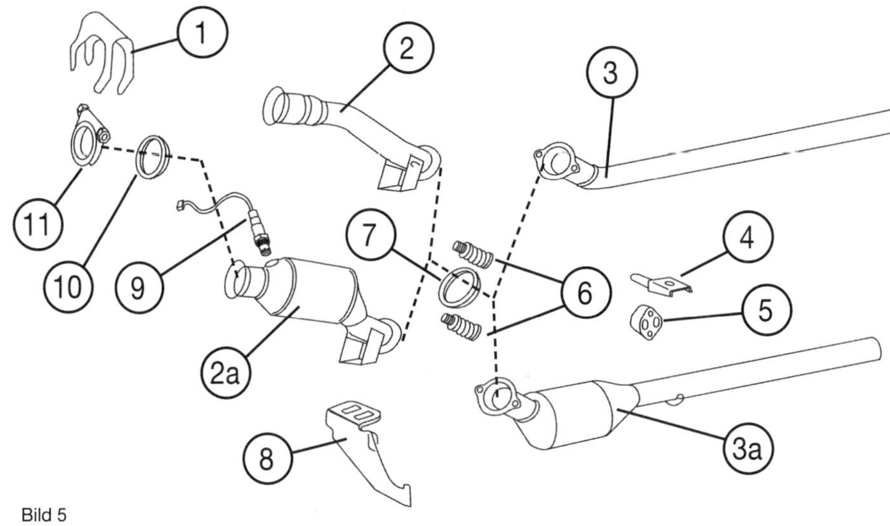

Bild 5

Details für die Montage oder den Umbau eingehen möchten.

Ausbau des Katalysators am OM646

■ Heben Sie das Fahrzeug mit einer Hebebühne an.

■ Bauen Sie die hintere Unterbodenabdeckung wie im Kapitel 4 beschrieben ab.

■ Lösen Sie die Verschraubungen (6 im Bild 5) der Auspuffschelle (4) zum Vorkatalysator (1a).

■ Lösen Sie die Verschraubung der Auspuffschelle (4 im Bild 4) zum Katalysator.

■ Lösen Sie die Verbindungsstelle durch leichte Hammerschläge und Drehbewegungen.

Sollte sich die Verbindungsstelle nicht bewegen lassen, weiten Sie die Übergangsstelle etwas auf.

■ Ziehen Sie die Verbindung zur hinteren Abgasanlage auseinander.

Um Schäden zu vermeiden, fangen Sie die Abgasanlage, soweit erforderlich, mit einen Getriebeheber ab.

■ Drehen Sie die Verschraubungen (6 im Bild 5) der Auspuffschelle (4) zum Vorkatalysator (1b) heraus und nehmen Sie die Federn sowie die Dichtung (7) ab.

■ Ziehen Sie den Katalysator etwas herunter.

■ Sprühen Sie in die Lagerstellen des Auspuffgummis, die beim Herunterziehen etwas aufgeweitet sind, etwas Rostlöser ein.

■ Schieben Sie die Auspuffgummis von den Haltebolzen herunter.

■ Nehmen Sie den Katalysator ab.

Der Einbau erfolgt sinngemäß in umgekehrter Reihenfolge.

Achten Sie auf den richtigen Sitz (Einbauposition) der Schelle. Die Verschraubung sollte nicht nach unten überstehen.

■ Richten Sie die Abgasanlage wie bereits beschrieben spannungsfrei aus.

■ Prüfen Sie die Dichtheit der Auspuffanlage, wie bereits beschrieben.

Ausbau des Vor-Katalysators am OM646

■ Heben Sie das Fahrzeug mit einer Hebebühne an.

■ Bauen Sie den Katalysator wie bereits beschrieben aus.

Fahrzeuge mit Partikelfilter:

■ Bauen Sie den Partikelfilter aus.

Weiter für alle Fahrzeuge:

■ Demontieren Sie den Auspuffhalter (1 im Bild 5).

■ Legen Sie die Anschlusskabel der Lambdasonde frei.

Fahrzeuge ohne Partikelfilter und ohne Reduktionskatalysator:

■ Demontieren Sie die Federklammer (1) zur Seite.

Fahrzeuge mit Partikelfilter oder/und Reduktionskatalysator:

■ Bauen Sie die Schelle (11) ab.

■ Legen Sie die Anschlusskabel und Verschlauchung zum Partikelfilter frei.

- Nehmen Sie die Dichtung (10) heraus.
- Nehmen Sie den Vorkatalysator (2a) nach hinten heraus.

Der Einbau erfolgt sinngemäß in umgekehrter Reihenfolge.

Achten Sie auf die richtige Einbauposition der Verschlauchung und der Kabel.

- Richten Sie die Abgasanlage wie bereits beschrieben spannungsfrei aus.
- Prüfen Sie die Dichtheit der Auspuffanlage, wie bereits beschrieben.

Ausbau des Katalysators am OM651

- Heben Sie das Fahrzeug mit einer Hebebühne an.
- Bauen Sie die hintere Unterbodenabdeckung wie im Kapitel 4 beschrieben ab.
- Lösen Sie die Verschraubungen (6 im Bild 5) der Auspuffschelle (4) zum Vorkatalysator (2a).
- Lösen Sie die Verschraubung der Auspuffschelle (4 im Bild 4) zum Katalysator.
- Lösen Sie die Verbindungsstelle durch leichte Hammerschläge und Drehbewegungen.

Sollte sich die Verbindungsstelle nicht bewegen lassen, weiten Sie die Übergangsstelle etwas auf.

- Ziehen Sie die Verbindung zur hinteren Abgasanlage auseinander.

Um Schäden zu vermeiden, fangen Sie die Abgasanlage, soweit erforderlich, mit einen Getriebeheber ab.

- Drehen Sie die Verschraubungen (6 im Bild 5) der Auspuffschelle (4) zum Vorkatalysator (2a) heraus und nehmen Sie die Federn sowie die Dichtung (7) ab.
- Ziehen Sie den Katalysator etwas herunter.
- Sprühen Sie in die Lagerstellen des Auspuffgummis, die beim Herunterziehen etwas aufgeweitet sind, etwas Rostlöser ein.
- Schieben Sie die Auspuffgummis von den Haltebolzen herunter.
- Nehmen Sie den Katalysator ab.

Der Einbau erfolgt sinngemäß in umgekehrter Reihenfolge.

Achten Sie auf den richtigen Sitz (Einbauposition) der Schelle. Die Verschraubung sollte nicht nach unten überstehen.

- Richten Sie die Abgasanlage wie bereits beschrieben spannungsfrei aus.
- Prüfen Sie die Dichtheit der Auspuffanlage, wie bereits beschrieben.

Ausbau des Vor-Katalysators am OM651

- Heben Sie das Fahrzeug mit einer Hebebühne an.
- Bauen Sie den Katalysator wie bereits beschrieben aus.
- Demontieren Sie die Schelle zum Partikelfilter.
- Lösen Sie die Verschraubung zwischen Auspuffhalter (8 im Bild 5) und Vorkatalysator.
- Bauen Sie die Motorabdeckung oben wie im Kapitel 4 beschrieben ab.
- Legen Sie die Anschlusskabel der Lambdasonde (9) frei und ziehen Sie den Steckkontakt ab.
- Demontieren Sie die Schelle (11 im Bild 5) am Turbolader und nehmen Sie den Dichtring (10) heraus.

Der Einbau erfolgt sinngemäß in umgekehrter Reihenfolge.

Achten Sie auf die richtige Einbauposition der Verschlauchung und der Kabel.

- Richten Sie die Abgasanlage wie bereits beschrieben spannungsfrei aus.
- Prüfen Sie die Dichtheit der Auspuffanlage, wie bereits beschrieben.

Ausbau des Katalysators am OM642

- Heben Sie das Fahrzeug mit einer Hebebühne an.
- Bauen Sie die Unterbodenabdeckung und die Abdeckungen über dem Motor wie im Kapitel 4 beschrieben ab.
- Bauen Sie die Unterdruckleitung an der Unterdruckpumpe ab und legen Sie sie aus dem Arbeitsbereich heraus.
- Demontieren Sie die Luftführung zwischen Luftfilter und Drosselklappenmodul.
- Bauen Sie die hintere Motorabdeckung ab.
- Demontieren Sie das Wärmeschutzblech über dem Abgasturbolader.
- Demontieren Sie die Verschraubungen am Abgasturbolader.
- Bauen Sie die Lambdasonde (2 im Bild 6) aus.
- Lösen Sie die Verschraubung der Schelle zur hinteren Abgasanlage.
- Lösen Sie die Verbindungsstelle durch leich-

Sichtprüfung Messen

Bild 6
Auspuffanlage vorne nach dem Turbolader mit 6-Zylinder-Motoren (verschiedene Varianten).
1 Dichtung
2 Lambdasonde
3 Abgasrohr mit Katalysator
4 Messröhrchen
5 Auspuffgummis
6 Temperatursonde
7 Partikelfilter
8 Katalysator und Partikelfilter
9 Schelle
10 Abgasrohr

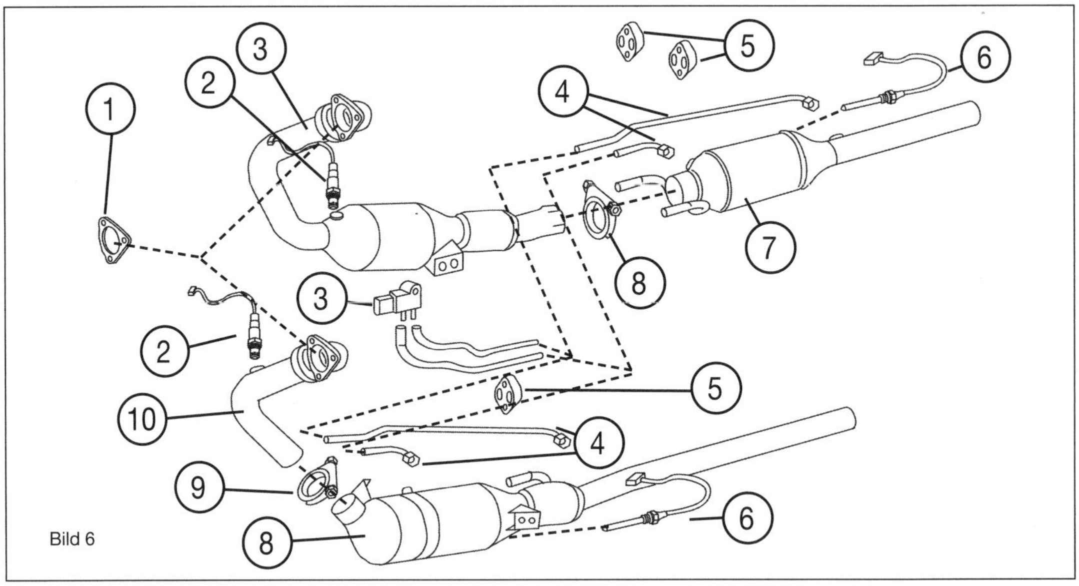

Bild 6

te Hammerschläge und Drehbewegungen.

Sollte sich die Verbindungsstelle nicht bewegen lassen, weiten Sie die Übergangsstelle etwas auf.

■ Ziehen Sie die Verbindung zur hinteren Abgasanlage auseinander.
■ Demontieren Sie den Halter zwischen Katalysator und Getriebe.
■ Bauen Sie die Schraube des Abgasrohrs beziehungsweise des Katalysators am Zylinderkopf ab.
■ Lösen Sie die Verschraubung der Schelle (8).
■ Nehmen Sie das Abgasrohr mit dem Katalysator nach unten heraus.

Der Einbau erfolgt sinngemäß in umgekehrter Reihenfolge.

Achten Sie auf die richtige Einbauposition der Verschlauchung und der Kabel.

■ Richten Sie die Abgasanlage wie bereits beschrieben spannungsfrei aus.
■ Prüfen Sie die Dichtheit der Auspuffanlage, wie bereits beschrieben.

Partikelfilter aus- und einbauen

Nicht in allen Fahrzeugen sind Partikelfilter verbaut. Im Grunde genommen gibt es zwei Bauweisen. Der Partikelfilter nach dem Katalysator (7) und der Partikelfilter in einem Gehäuse mit dem Katalysator (8). Auch die Nachrüstsysteme wurden in beiden Varianten verbaut. Die Montagearbeiten stellen wir den Motortypen zugeordnet vor.

Vorarbeiten für alle Fahrzeuge

■ Prüfen Sie die Dichtigkeit der Auspuffanlage vor der Demontage.
■ Lesen Sie den Fehlerspeicher aus.
■ Fahrzeug mit der Hebebühne anheben.

Das Fahrzeug zwischen den Hebebühnensäulen ausrichten und die vier Aufnahmeteller an den vom Fahrzeughersteller vorgeschriebenen Hebebühnenaufnahmepunkten platzieren.

Es besteht Gefahr durch Verbrennung. Die Teile der Abgasanlage können heiß sein. Vor dem Ausbau der Teile die Abgasanlage abkühlen lassen.

Partikelfilter demontieren

Der Partikelfilter ist nach dem Katalysator am Fahrzeugunterboden verbaut.

■ Bauen Sie die hintere Unterbodenabdeckung wie im Kapitel 4 beschrieben ab.
■ Entsichern Sie den Steckkontakt am Unterboden und ziehen Sie ihn auseinander.
■ Lösen Sie den Halteclip und legen Sie das Anschlusskabel frei.
■ Demontieren Sie die Schellen der Anschlussschläuche für den Druckdifferenzgeber.
■ Bauen Sie den Halter zwischen Getriebe und Partikelfilter aus.
■ Lösen Sie die Verschraubung der Schelle zur hinteren Abgasanlage.
■ Lösen Sie die Verbindungsstelle durch leichte Hammerschläge und Drehbewegungen.

Sollte sich die Verbindungsstelle nicht bewegen lassen, weiten Sie die Übergangsstelle etwas auf.

■ Ziehen Sie die Verbindung zur hinteren Abgasanlage auseinander.

Um Schäden zu vermeiden, fangen Sie die Abgasanlage, soweit erforderlich, mit einen Getriebeheber ab.

■ Nehmen Sie den Dieselpartikelfilter nach unten/hinten heraus.

Der Einbau erfolgt sinngemäß in umgekehrter Reihenfolge.

■ Achten Sie darauf, das Flexstück nicht zu überdehnen oder zu überlasten.

■ Schließen Sie das Diagnosesystem an und löschen Sie den Fehlerspeicher.

Beim Erneuern des Dieselpartikelfilters muss die Initialisierung des Dieselpartikelfilters im Steuergerät mit Diagnosesystem durchgeführt werden.

Flexstück ersetzen

Der Ersatz des Flexstückes ist seitens des Fahrzeugherstellers nicht vorgesehen. Hinsichtlich einer zeitwertgerechten Reparatur und der horrenden Kosten der Bauteile ist der Ersatz des Flexstückes durch Einschweißen durchaus rentabel.

■ Fahrzeug mit der Hebebühne anheben, Fahrzeug zwischen den Hebebühnensäulen ausrichten und die vier Aufnahmeteller an den vom Fahrzeughersteller vorgeschriebenen Hebebühnenaufnahmepunkten platzieren.

■ Bauen Sie den Schalldämpfer wie bereits beschrieben aus.

■ Beschaffen Sie sich ein passendes Flexrohr (Bild 7) im Zubehör. Als Originalteil ist es nicht lieferbar. Hier ist lediglich der Ersatz des Schalldämpfers vorgesehen.

■ Markieren Sie die Einbauposition der Auspuffrohrstücke zum Flexrohr.

■ Trennen Sie das Flexrohr entsprechend der Länge des Flexrohres aus dem Endschalldämpfer heraus.

Führen Sie die Schnitte möglichst gerade aus.

■ Verschweißen Sie zuerst die eine Seite des Auspuffrohrs mit dem Flexrohr.

■ Richten Sie das noch lose Auspuffrohrstück entsprechend Ihrer Markierung aus.

■ Verschweißen Sie das zweite Auspuffrohrstück mit dem Flexrohr.

■ Versiegeln Sie die Schweißnähte mit etwas Zinkspray.

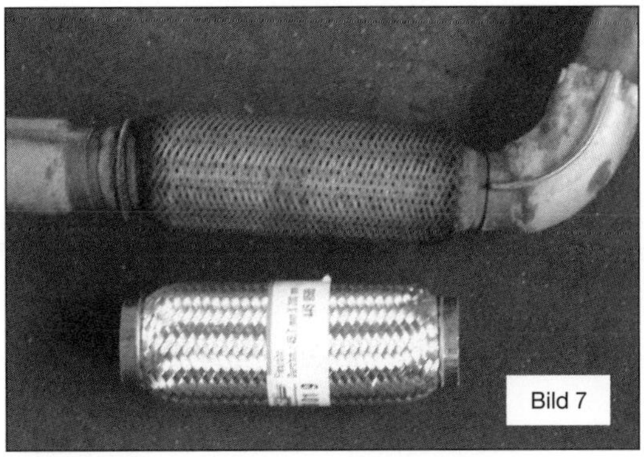

Bild 7

Bild 7
Reparatureinsatz für das Flexstück am Schalldämpfer.

■ Bauen Sie die Auspuffanlage wieder ein.

■ Verwenden Sie etwas Auspuffmontagepaste für die Verbindung zwischen Endschalldämpfer und Abgasrohr.

■ Prüfen Sie die Dichtigkeit der Abgasanlage, wie bereits beschrieben.

Arbeiten am Abgasrückführungssystem

Die Abgasrückführungssysteme unterscheiden sich für die einzelnen Motoren. Wir stellen Ihnen zum Ausbau des AGR-Ventils beispielhaft eine Vorgangsbeschreibung zu den unterschiedlichen Motoren vor.

Ausbau des AGR-Ventils beim OM646
Das AGR-Ventil ist auf der linken Fahrzeugseite hinten am Zylinderkopf verbaut.

■ Bauen Sie das Luftfiltergehäuse aus.

■ Entsichern Sie den Steckkontakt (1 im Bild 8) und ziehen Sie ihn ab.

■ Drehen Sie die Schrauben (3) heraus.

■ Nehmen Sie das AGR-Ventil (2) vom Ventilgehäuse (4) ab.

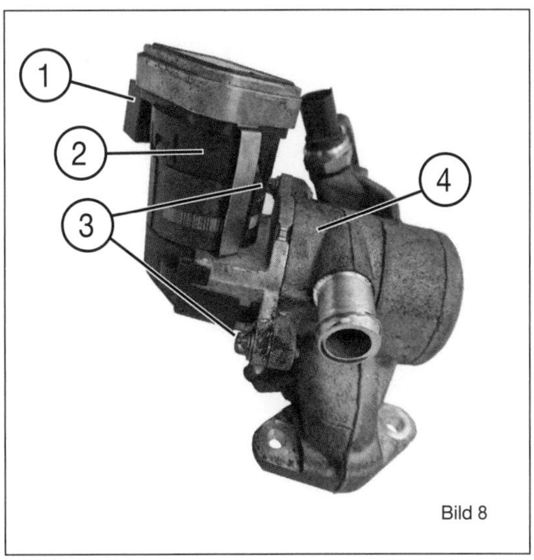

Bild 8

Bild 8
AGR-Ventil (OM646).
1 Elektrischer Steckkontakt
2 AGR-Ventil
3 Schrauben
4 Ventilgehäuse

Bild 9
AGR-Ventil (OM651).
1 Schrauben zum Bypassventil
2 Dichtung
3 AGR-Ventil
4 Dichtung
5 Elektrischer Anschluss

Bild 10
AGR-Ventil (OM642).
1 Befestigungsschrauben
2 Kühlschlauch
3 Elektrischer Steckkontakt
4 Kühlschlauch
5 AGR-Ventil

Der Einbau erfolgt sinngemäß in umgekehrter Reihenfolge.
■ Erneuern Sie den Dichtring und fetten Sie ihn für die Montage leicht ein.

Ausbau des AGR-Ventils beim OM651
Das AGR-Ventil ist auf der linken Fahrzeugseite hinter dem Kraftstofffilter verbaut.
■ Lassen Sie den Motor abkühlen.
■ Bauen Sie den Luftfilterkasten und die Motorabdeckung oben aus.
■ Bauen Sie die Ladeluftleitung zum Drosselklappenmodul aus.
■ Die elektrische Steckverbindung (5 im Bild 9) und den Anschluss zum Klappensteller im Saugrohr trennen.
■ Den Drosselklappensteller ausbauen.
■ Das Ventil der Bypassklappe vom Halter abbauen und den Halter abschrauben.
■ Die Schrauben (1) vom Bypassventil herausdrehen.
■ Den Schlauch an der Membrandose abbauen und den Schlauch aus dem Arbeitsbereich herauslegen.
■ Das Abgasrückführventil (5) zusammen mit dem Abgasrückführsteller der Bypassklappe und der Bypassklappe ausbauen.

Der Einbau erfolgt sinngemäß in umgekehrter Reihenfolge.
■ Schließen Sie das Diagnosesystem an und löschen Sie den Fehlerspeicher, soweit Fehler durch die Montage erfasst wurden.

Ausbau des AGR-Ventils beim OM642
Das AGR-Ventil ist auf der rechten vorderen Ecke des Motors verbaut.
■ Lassen Sie den Motor abkühlen.
■ Öffnen Sie den Deckel des Ausgleichsbehälters und bauen Sie den Druck im Kühlsystem ab.
■ Drücken Sie die Kühlmittelschläuche (2 und 4 im Bild 10) mit Schlauchklemmen ab.
■ Bauen Sie die Kühlmittelschläuche (2 und 4) am Abgasrückführventil (5) ab.

☞ Fangen Sie auslaufendes Kühlmittel mit geeigneten Lappen auf.

■ Ziehen Sie die elektrische Steckverbindung (3) ab.
■ Drehen Sie die Schrauben (1) heraus.
■ Nehmen Sie das Abgasrückführventil (5) nach oben heraus.
■ Reinigen Sie die Dichtflächen gründlich.

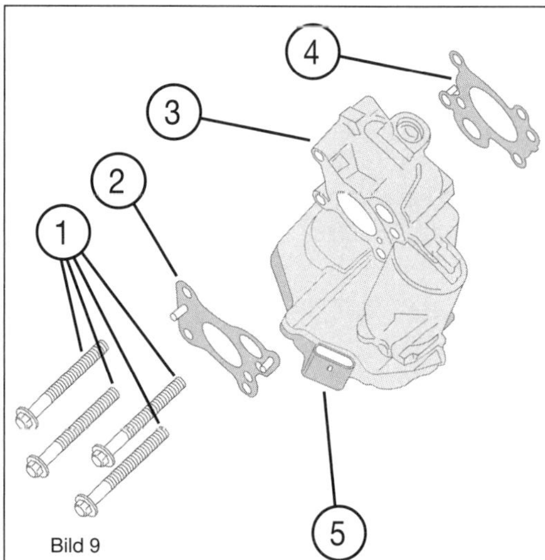

Bild 9

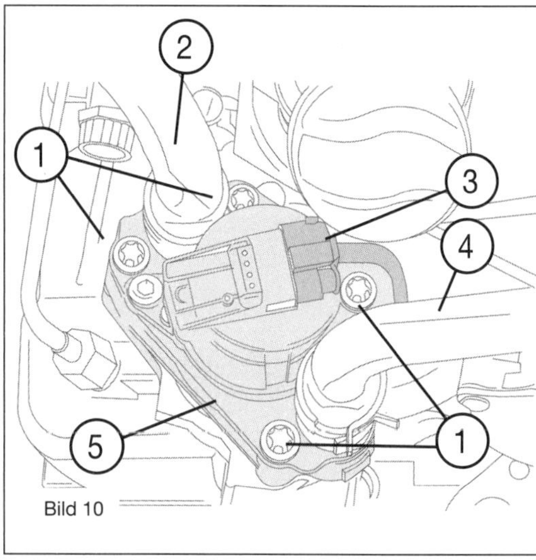

Bild 10

Der Einbau erfolgt sinngemäß in umgekehrter Reihenfolge.
■ Schließen Sie das Diagnosesystem an und löschen Sie den Fehlerspeicher, soweit weitere Fehler durch die Montage erfasst wurden.

Aufladesysteme am Vito/Viano

Alle Modelle der Mercedes Vito/Viano sind mit Aufladesystemen wie dem Turbolader ausgerüstet. Die sich ergebende Mehrleistung und das steigende Drehmoment erlauben den Einsatz von Motoren mit kleinerem Hubraum bei erstaunlichen Fahrleistungswerten. Im Laufe der Betriebszeit kann ein Schaden oder einfach normaler Verschleiß am Turbolader den Ausbau und/oder Ersatz erforderlich machen. Auch wenn extrem günstige Preise mancher Händler im

Netz locken, sollten Sie immer genau nachsehen und sich informieren, wie die Qualität der oftmals aufbereiteten Lader ist. Schließlich kann ein Schaden am Lader auch einen kapitalen Motorschaden zur Folge haben. Wenn es in einem solchen Fall um die Beweislasten geht, werden Sie als privater Schrauber kaum die Möglichkeit haben, nachzuweisen, dass die Reparatur sachgemäß war und die Schadensursache im Bauteil zu finden ist. Fragen Sie deshalb auch in einer Fachwerkstatt nach, was eine Reparatur mit Garantie kosten würde. Das kann durchaus auch eine freie Werkstatt oder oft auch der Lieferant des Turboladers sein.

Sämtliche Schlauchverbindungen sind durch Schellen gesichert. Sichern Sie alle Schlauchverbindungen mit Schlauchschellen, die dem Serienstand entsprechen. Das Ladeluftsystem muss dicht sein. Selbstsichernde Muttern sind zu ersetzen. Motor nach dem Einbau des Turboladers ca. 1 Minute im Leerlauf laufen lassen und nicht gleich hochdrehen, damit die Ölversorgung des Abgasturboladers sichergestellt ist.

Arbeiten am Ladeluftsystem

Wird am Abgasturbolader ein mechanischer Schaden festgestellt, z. B. ein zerstörtes Verdichterrad, genügt es nicht, nur den Turbolader zu ersetzen. Um Folgeschäden zu vermeiden müssen:

a) Luftfiltergehäuse, Luftfiltereinsatz und die Ansaugschläuche auf Verunreinigungen geprüft werden.

b) Die gesamte Ladeluftstrecke und der Ladeluftkühler auf Fremdkörper überprüft werden.

Werden Fremdkörper im Ladeluftsystem festgestellt, muss die Ladeluftstrecke gereinigt und der Ladeluftkühler gegebenenfalls ersetzt werden.

Verschließen Sie die Zugänge zum Ladeluftsystem sowohl beim verbleibenden Restsystem am Fahrzeug als auch bei den ausgebauten Teilen, um versehentliches Hereinfallen von Kleinteilen und Verschmutzungen zu verhindern.

Turbolader aus- und einbauen

Ausbau des Turbolader am OM646

Die Ansteuerung des Ventils am Abgasturbolader erfolgt über ein elektropneumatisches Steuerventil.

- Das Fahrzeug zwischen den Hebebühnensäulen ausrichten und die vier Aufnahmeteller an den vom Fahrzeughersteller vorgeschriebenen Hebebühnenaufnahmepunkten platzieren.
- Bauen Sie den Luftfilterkasten aus.
- Demontieren Sie wie beschrieben die Motorabdeckungen oben und unten.
- Demontieren Sie den Halter der Steckverbindung für die Lambdasonde am Zylinderkopf.
- Bauen Sie die Öldruckleitung zum Turbolader am Turbolader ab.

Fangen Sie austretendes Restöl mit einem geeigneten Lappen auf.

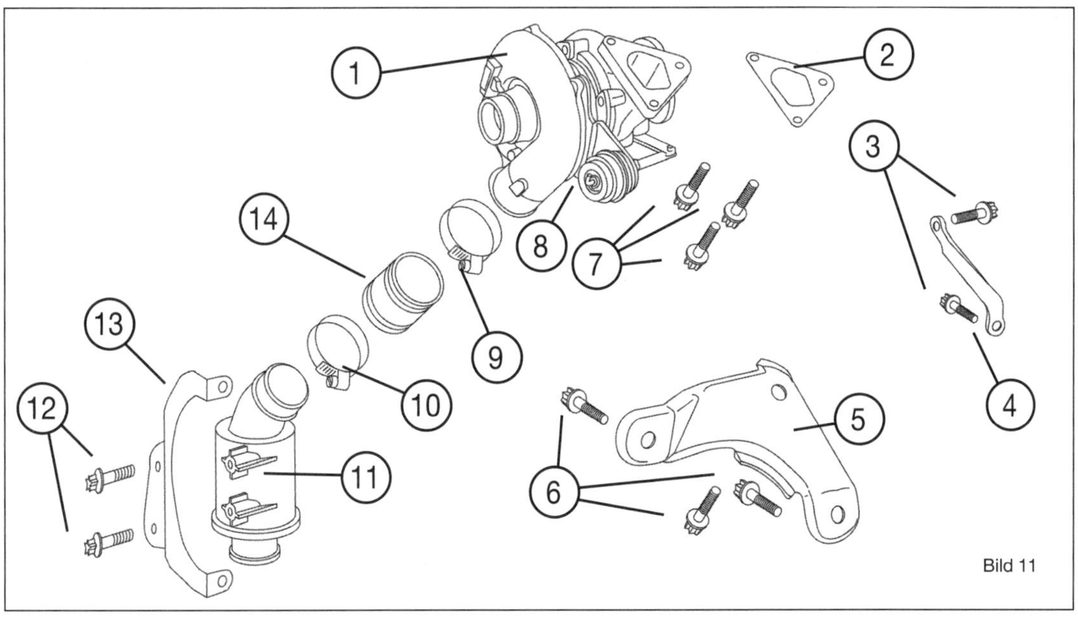

Bild 11
Turbolader (OM646).
1 Turbolader
2 Dichtung
3 Schrauben
4 Halter
5 Halter
6 Schrauben
7 Schrauben
8 Ladedrucksteller
9 Schelle
10 Schelle
11 Resonanzrohr
12 Schrauben
13 Halter
14 Verbindungsschlauch

Bild 12
Turbolader (OM651).
1 Ladedrucksteller
2 Schrauben
3 Dichtung
4 Turbolader
5 Halter
6 Schrauben
7 Schraube
8 Elektrischer Anschluss

■ Lösen Sie die Schellen (9 und 10 im Bild 11) und ziehen Sie den Schlauch (14) ab.
■ Bauen Sie die Ölrücklaufleitung am Turbolader ab.
■ Demontieren Sie den Vorkatalysator am Turbolader
■ Ziehen Sie den Unterdruckschlauch am Ladedrucksteller (8) beziehungsweise den elektrischen Anschlussstecker am elektrischen Ladedrucksteller ab.
■ Drehen Sie die Schrauben (7) heraus und nehmen Sie den Turbolader nach oben heraus.

Die Montage erfolgt sinngemäß in umgekehrter Reihenfolge.
■ Prüfen Sie den Motorölstand mittels Ölmessstab und füllen Sie ihn falls erforderlich auf.
■ Füllen Sie etwas Öl in die Bohrung für die Hohlschraube für die Ölversorgung mit einem Ölkännchen ein.
■ Die Dichtfläche am Abgasturbolader und am Abgaskrümmer reinigen.
■ Alle selbstsichernden Muttern, die gelöst wurden, erneuern.
■ Lassen Sie den Motor zuerst einige Minuten im Leerlauf laufen, um sicherzustellen, dass die Ölversorgung zum Turbolader wieder gewährleistet ist.
■ Den Fehlerspeicher auslesen und soweit erforderlich abarbeiten und löschen.

Ausbau des Turbolader am OM651

Die Ansteuerung des VTG-Turboladers erfolgt über einen Servomotor, der die Anstellung der Leitschaufeln umsetzt und die Position an das Steuergerät rückmeldet. Bei einigen Motoren wurde der Ladedruck über ein elektropneumatisches Steuerventil und eine Unterdruckdose geregelt.
■ Bauen Sie den Luftfilterkasten wie beschrieben aus.
■ Bauen Sie die Motorabdeckung oben und unten wie im Kapitel 4 beschrieben ab.
■ Klemmen Sie den Masseanschluss an der Batterie ab.
■ Demontieren Sie den Hitzeschutz über dem Turbolader
■ Demontieren Sie den Vorkatalysator vom Halter unten.
■ Bauen Sie den Vorkatalysator am Turbolader ab und legen Sie ihn zur Seite.
■ Bauen Sie das Wärmeschutzblech am

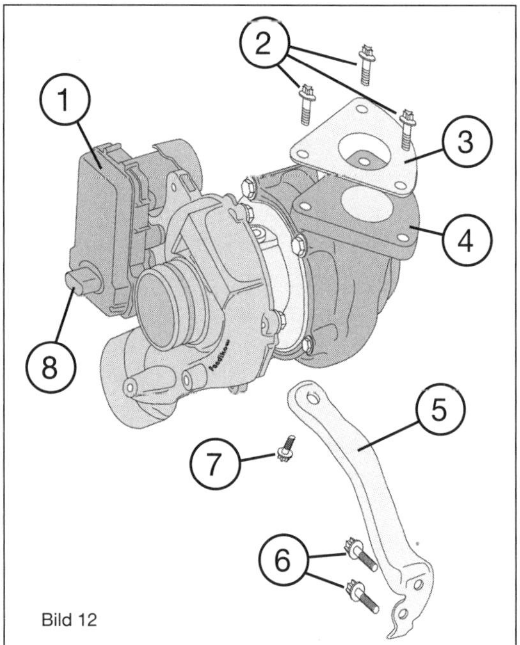

Bild 12

Zylinderkopf ab.
■ Bauen Sie die Hohlschraube der Öldruckleitung am Turbolader oben ab.
■ Drehen Sie die beiden Schrauben der Rücklaufleitung am Motorblock heraus.
■ Entsichern Sie den Steckkontakt und ziehen Sie den elektrischen Anschluss (8) am Turbolader beziehungsweise ziehen Sie den Unterdruckschlauch ab.
■ Soweit verbaut demontieren Sie die Schraube (7) zur Stütze.
■ Drehen Sie die Schrauben (2) heraus und nehmen Sie den Turbolader ab.

Die Montage erfolgt sinngemäß in umgekehrter Reihenfolge.
■ Erneuern Sie die Dichtung (3).
■ Prüfen Sie den Motorölstand mittels Ölmessstab und füllen Sie ihn falls erforderlich auf.
■ Füllen Sie etwas Öl in die Bohrung für die Hohlschraube für die Ölversorgung mit einem Ölkännchen ein.
■ Die Dichtfläche am Abgasturbolader und am Abgaskrümmer reinigen.
■ Alle selbstsichernden Muttern, die gelöst wurden, erneuern.
■ Lassen Sie den Motor zuerst einige Minuten im Leerlauf laufen, um sicherzustellen, dass die Ölversorgung zum Turbolader wieder gewährleistet ist.
■ Den Fehlerspeicher auslesen und soweit erforderlich abarbeiten und löschen.

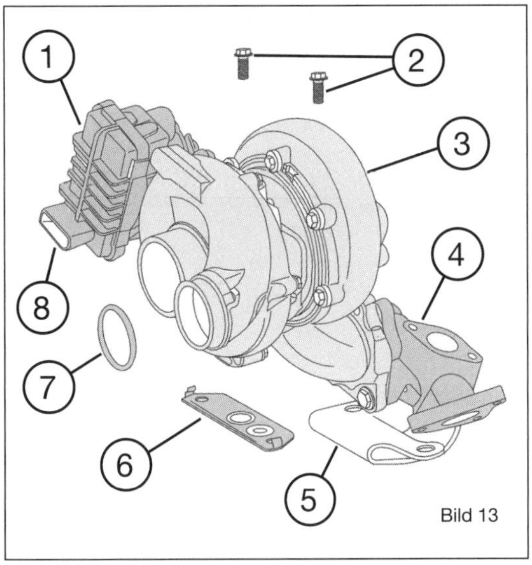

Bild 13
Turbolader (OM642).
1 Ladedrucksteller
2 Schrauben
3 Turbolader
4 Verteilerrohr
5 Halter
6 Dichtung
7 O-Ring
8 Elektrischer Anschluss

Ausbau des Turbolader am OM642

Die Ansteuerung des VTG-Turboladers erfolgt über einen Servomotor, der die Anstellung der Leitschaufeln umsetzt und die Position an das Steuergerät rückmeldet.

- Das Fahrzeug zwischen den Hebebühnensäulen wie beschrieben ausrichten.
- Den Luftfilterkasten wie bereits beschrieben ausbauen.
- Den rechten Halter für Luftfiltergehäuse an der Stirnwand abbauen.
- Den Gebläse-Lüftungskasten ausbauen.
- Den Partikelfilter nach dem Abgasturbolader wie bereits in diesem Kapitel beschrieben ausbauen.
- Die Abgasrückführleitung hinten zwischen Abgasverteiler (4 im Bild 13) und AGR-Ventil zusammen mit den Haltern abbauen.
- Die Geräuschdämpfung am Abgasturbolader (3) ausbauen.
- Den Kabelhalter am rechten Railrohr abziehen und die Steckverbindung zum Temperatursensor abziehen.
- Ziehen Sie die elektrische Steckverbindung (8) des Ladedruckstellers (1) ab.
- Den Halter am Turbolader ausbauen.
- Die Schrauben am Abgasverteilerrohr (4) zum AGR und zum Abgasrohr herausdrehen.
- Die Schrauben am Halter unter dem Abgasverteilerrohr herausdrehen.
- Die beiden Schrauben (2) herausdrehen.
- Den Abgasturbolader (3) nach oben herausnehmen.

Die Montage erfolgt sinngemäß in umgekehrter Reihenfolge.

- Prüfen Sie den Motorölstand mittels Ölmessstab und füllen Sie ihn falls erforderlich auf.
- Die Dichtfläche am Abgasturbolader, am Abgaskrümmer und dem Ölversorgungsstutzen reinigen.
- Dichtflächen an Abgassammelrohr und am Abgaskrümmer reinigen.

Keine scharfkantigen Werkzeuge oder Schleifpapier zur Reinigung verwenden. Die Dichtflächen werden durch die Schleifriefen beschädigt.

- Lassen Sie den Motor zuerst einige Minuten im Leerlauf laufen, um sicherzustellen, dass die Ölversorgung zum Turbolader wieder gewährleistet ist.
- Den Fehlerspeicher auslesen und soweit erforderlich abarbeiten und löschen.

Schäden am Turbolader

Moderne Turbolader wie die in Ihrem Vito/Viano können Drehzahlen von 300.000 1/min erreichen. Die Lagerung erfolgt auf sogenannten hydrodynamischen Lagern. Die Laderwelle schwimmt praktisch auf dem Ölfilm, der sich durch das unter Öldruck stehende Motoröl aufbaut. Schlechte Ölqualität, unzureichende Ölversorgung oder auch unzureichender Ölablauf führen zu frühzeitigen Laderschäden. Da auch schon ein erhöhter Gegendruck durch einen zugesetzten Partikelfilter und viele andere Möglichkeiten in Betracht kommen, muss ein Schaden am Turbolader grundsätzlich immer auf seine Ursache hin untersucht werden.

Prüfen der Ansteuerung des Ladedruckstellers (VTG-Verstellung)

Die Verstellung kann nur vom Motorsteuergerät angesteuert werden. Das kann über einen »Stellgliedtest« mit einem geeigneten Diagnosetester durchgeführt werden.

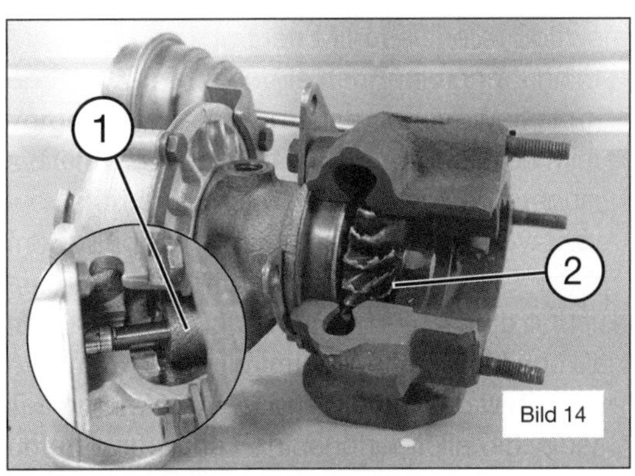

Bild 14
Klassischer Laderschaden.
1 Lagerschaden
2 Beschädigtes Turbinenrad

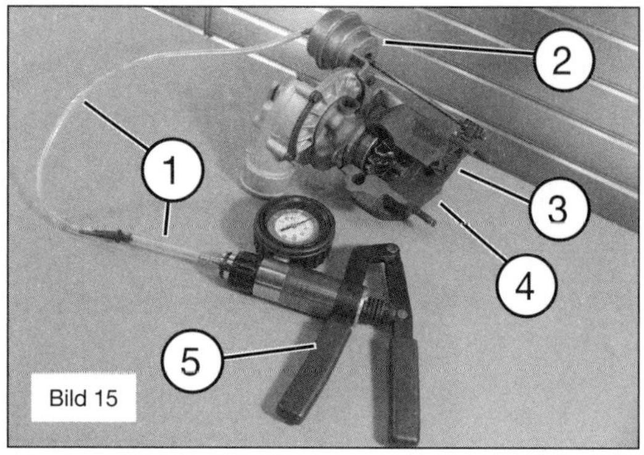

Bild 15
Prüfung der Unterdruckdose.
1 Anschlussschläuche
2 Druckdose
3 Bypassklappe
4 Turbolader
5 Handunterdruckpumpe

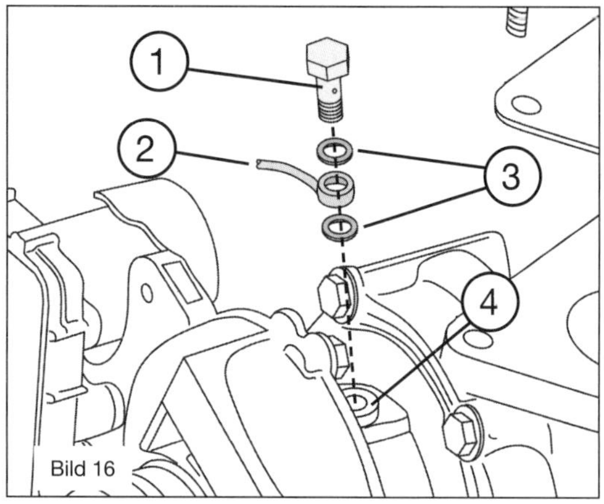

Bild 16
Prüfung des Ölvolumens.
1 Hohlschraube
2 Druckleitung (gekürzt dargestellt)
3 Dichtringe
4 Anschluss am Turboladergehäuse

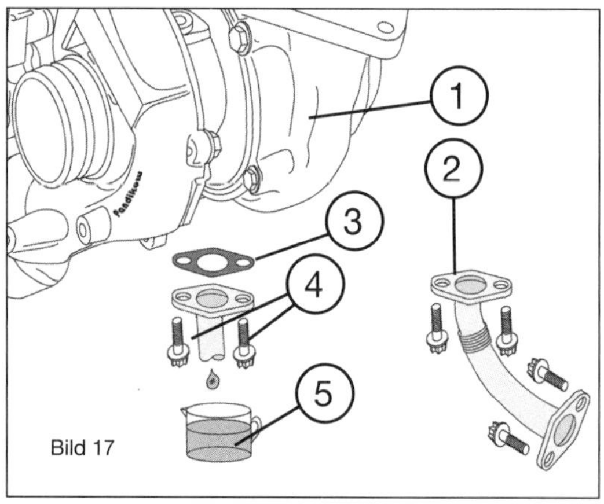

Bild 17
Prüfung des Ölvolumens.
1 Turbolader
2 Ölablaufleitung
3 Dichtung
4 Schrauben
5 Auffangbehälter mit Messskala

Die Verstellung selber wird über das Motorsteuergerät überwacht. Fehler in der Ansteuerung können direkt im Fehlerspeicher abgelegt werden.

Prüfen der Ansteuerung an der Unterdruckdose (Klappenverstellung)

Die Verstellung wird nicht direkt überwacht. Die Auswirkung der Ansteuerung wird über Sensoren erfasst und auf Plausibilität vom Steuergerät geprüft.

■ Ziehen Sie den Unterdruckanschluss am Turbolader ab und stecken Sie einen Schlauch mit einer Handunterdruckpumpe (Minivac-Pumpe) an.

■ Beaufschlagen Sie die Unterdruckdose mit Unterdruck und beobachten Sie die Bewegung des Betätigungsgestänges.

Es sollte sich ruckfrei und in Abhängigkeit vom Unterdruck von Anschlag zu Anschlag bewegen lassen.

Die Unterdruckdose muss dicht sein. Abfallender Druck bedeutet meist eine defekte Membran in der Unterdruckdose.

Vorbereitungen für die Druck- und Volumenmessungen am Turbolader

Mit dieser Prüfung wird das Fördervolumen der Schmierung des Turboladers geprüft. Die Prüfung ist beim Vito/ Viano aufgrund der kompakten Bauweise nur schwierig möglich, beim V6 (OM642) aufgrund des Einbaus des Laders zudem sehr aufwendig.

■ Prüfen Sie den Motorölstand wie bereits im Kapitel 4 beschrieben.

■ Demontieren Sie die Hohlschraube (z. B. 1 im Bild 16) prüfen Sie auf Durchlässigkeit und kontrollieren Sie, ob ein Sieb verbaut wurde, das sich eventuell zugesetzt hat.

■ Prüfen Sie die Öldruckleitung (2) des Turboladers auf Durchgängigkeit und eventuelle Verschmutzungen.

Öldruck am Turbolader (Bild 16)

■ Führen Sie die Vorbereitungsarbeiten wie beschrieben durch.

■ Bauen Sie an den Versorgungsanschluss um die Druckleitung einen Adapter für den Anschluss einer Druckmessuhr bis 10 bar an.

■ Lassen Sie den Motor bei etwa 2.000 1/ min laufen. Der Öldruck sollte mindesten 2,0 bar erreichen.

Führen Sie die Prüfung über einen Zeitraum von etwa 10 Minuten durch. Kontrollieren Sie den Öldruck in diesem Zeitraum ununterbrochen.

Ölvolumen am Turbolader (Bild 17)

■ Prüfen Sie den Öldruck am Turbolader wie bereits beschrieben.

■ Bauen Sie an den Ölrücklauf des Turboladers einen Schlauch an, den Sie in einen Messbecher mit mindestens 1 Liter Fassungsvermögen leiten.

■ Verschließen Sie die Bohrung für den Rücklauf im Zylinderblock mit einem geeigneten Stopfen.

■ Lassen Sie den Motor eine Minute im Leerlauf laufen.

Der Ölfluss sollte ohne Unterbrechung erfolgen.

Nach Ablauf der Prüfzeit von einer Minute sollten mindestens 0,3 l Öl durch die (den) Turbolader in den Messbecher geflossen sein. Die Messungen sollte mehrfach durchgeführt werden, um ein gesichertes Ergebnis auswerten zu können.

Arbeiten am Ladeluftsystem

Auch die Arbeiten am Ladeluftsystem müssen mit großer Sorgfalt erfolgen. Ein Eindringen von Fremdpartikeln oder Verschmutzungen kann erhebliche Schäden zur Folge haben.

Kontrollen am Aufladungssystem

Für die Sicherung der Schlauchverbindungen mit Schlauchschellen nur solche verwenden, die dem Serienstand entsprechen.

Schlauchstutzen und Schläuche für Ladeluftsystem müssen unbeschädigt und dicht sein.

■ Geringe Ölspuren können im Laufe der Betriebszeit schon auftreten. Erheblichem Ölverlust muss aber nachgegangen werden.

■ Achten Sie auf die korrekte Lage der Anschlusskabel und Schläuche.

■ Die Ölversorgung und der Ablauf müssen dicht sein.

■ Kühlmittelpumpe und die Anschlüsse am Turbolader müssen dicht sein.

■ Achten Sie auf die korrekte Befestigung der Abschirmbleche und der Geräuschdämmmatten.

Kontrolle des Ladedrucks mit der Druckmessuhr

Gerade dann, wenn der Saugrohrdrucksensor im Verdacht steht den Fehler zu verursachen, ist es erforderlich den Ladedruck über eine Druckmessuhr zu erfassen.

■ Demontieren Sie das Luftführungsrohr am Ansaugkrümmer.

■ Montieren Sie einen passenden Messadapter in die Ladeluftleitung und montieren Sie die Ladeluftleitung mit dem verbauten Messadapter.

■ Schließen Sie eine Druckmessuhr mit einem Messbereich von 5 bar über eine Schlauchverlängerung an.

■ Legen Sie die Messuhr in den Sichtbereich und führen Sie eine Probefahrt durch.

■ Der Ladedruck sollte bei 1,5-1,7 bar liegen.

Kontrolle des Ladedrucks mit dem Diagnosetester

Die Kontrolle des Ladedrucks kann am einfachsten über den Diagnosetester erfolgen.

Das Ladedrucksystem Ihres Vito/Viano ist mit zwei Sensoren ausgerüstet. Abweichungen vom Sollwert werden in der Regel vom Motorsteuergerät erkannt und im Fehlerspeicher abgelegt.

Die Arbeitsschritte unterscheiden sich für die einzelnen Tester kaum.

■ Stecken Sie den OBD-Tester in die OBD-Anschlussdose ein.

■ Wählen Sie das Fahrzeug wie bereits im Kapitel 4 beschrieben an.

■ Wählen Sie das Motorsteuergerät »Motorsteuerung (EMS)« an. Der Tester baut nun die Verbindung zu dem Steuergerät auf.

■ Wählen Sie die »Sensordaten« an.

■ Wählen Sie aus der Liste links den »Saugrohrdrucksensor« an.

■ Fahren Sie das Fahrzeug zusammen mit einem zweiten Mechaniker Probe.

Beobachten Sie den Ladedruck und werten Sie ihn aus. Er sollte etwa 0,5-0,7 bar über dem Atmosphärendruck erreichen. Das entspricht einem Absolutdruck von 1,5-1,7 bar. Im Zweifel beide Sensoren mit dem Oszilloskop prüfen.

Dichtigkeitsprüfung Bauteile und Leitungen im Ladedrucksystem

Ist der Ladedruck zu niedrig, muss nicht zwingend der Turbolader defekt sein.

Undichte oder gerissene Ladeluftleitung oder Schläuche, ein gerissener Ladeluftkühler oder ein undichtes Druckumluftventil kommen hier auch infrage. Auch die Dichtungen rund um den Ansaugkrümmer müssen in Augenschein genommen werden.

Undichtigkeiten im Ladedrucksystem können leicht auch zu hohen Turboladerdrehzahlen mit Folgeschäden an Turbolader oder sogar am Motor führen.

Akustische Kontrolle:

■ Lassen Sie den Motor einige Minuten im

Leerlauf laufen und beschleunigen Sie ihn mehrfach aus dem Stand heraus auf etwa 4000 1/min.

■ Hören Sie die Ladeluftleitungen zwischen Turbolader und Ladeluftkühler sowie zum Ansaugkrümmer ab.

Achten Sie auf Zischgeräusche und/ oder auf einen Luftstrom.

Dichtigkeitsprüfung über Luftdruck:

■ Demontieren Sie den Luftfilterkasten komplett.

■ Demontieren Sie das Luftführungsrohr am Ansaugkrümmer.

■ Verschließen Sie das Luftführungsrohr zum Ansaugkrümmer mit einem passenden Verschlussstopfen.

■ Schließen Sie einen passenden Verschlussstopfen mit Luftanschluss am Luftfilteranschluss zum Turbolader an.

■ Beaufschlagen Sie das Ladeluftsystem mit etwa 2,0 bar Druckluft über einen Druckminderer.

■ Hören Sie die Ladeluftleitungen zwischen Turbolader und Ladeluftkühler sowie zum Ansaugkrümmer ab.

Achten Sie auf Zischgeräusche und/ oder auf einen Luftstrom.

Dichtigkeitsprüfung über Rauchgas:
Die Prüfgeräte über Rauchgas sind über die üblichen Versteigerungsplattformen für unter 100 Euro zu erwerben.

Wichtig bei der Anschaffung ist, dass die Flüssigkeit zur Raucherzeugung nicht verbrannt werden darf.

Am besten erkennbar sind nach Mercedes-Benz dunkle Rauchtöne.

■ Klemmen Sie die Anschlüsse für den Bereich den Sie prüfen möchten ab.

■ Schließen Sie das Prüfgerät am Anfang der Prüfstrecke an und montieren Sie einen Stopfen am Ende der Prüfstrecke.

■ Nehmen Sie das Gerät nach der Geräteanweisung in Betrieb.

Die Anforderungen Rauch-Prüfgeräte:

■ Der Rauch wird durch Verdampfen der Prüfflüssigkeit erzeugt.

■ Das Gerät ist mit einem Durchflussmesser (Flow-Meter) mit Millimeterskala zur Anzeige der Leckgröße ausgestattet.

■ Es ist eine Anzeige für den Systemdruck (zwischen +70 mbar bis -70 mbar) vorhanden.

■ Die Rauchmenge ist stufenlos einstellbar.

Arbeiten an Temperaturfühlern, Lambda- und Druckmesssonden

In Ihrem Vito/Viano sind in der Abgasanlage unterschiedliche Sensoren für Druck, Temperatur und die Abgaszusammensetzung verbaut. Die Diagnose sollte ausschließlich über einen geeigneten Motortester erfolgen. Leider sind keine Messwerte für die einzelnen Sensoren seitens des Herstellers bekannt. Oft ist ein Vergleich über Sollwerte auch nicht möglich.

Optische Kontrolle
In vielen Fällen ist Korrosion oder ein Bissschaden durch Nagetiere ein Grund für einen Fehler, der einem Sensor zugeschrieben wird.

■ Kontrollieren Sie grundsätzlich vor dem Ausbau den Sitz des Steckkontaktes.

■ Prüfen Sie den Zustand der Steckverbindung.

■ Prüfen Sie den Zustand der Anschlussleitungen.

Demontagearbeiten
Alle Verschraubungen im Abgassystem unterliegen verstärkt der Korrosion und können oft nur schwer gelöst werden.

■ Lassen Sie den Motor und die Abgasanlage für die Montagearbeiten abkühlen.

■ Lesen Sie den Fehlerspeicher aus.

■ Entsichern Sie die Steckkontakte und ziehen Sie sie ab.

■ Drehen Sie die Messsonde mit einem genau passenden Schlüssel (am besten ein Sechskant-Rohrschlüssel) los.

■ Nehmen Sie die Messsonde heraus.

Die Montage erfolgt sinngemäß in umgekehrter Reihenfolge.

■ Die Gewinde der Messsonde vor der Montage mit Paste bestreichen.

Achten Sie darauf, lediglich das Gewinde und nicht die Messöffnungen zu bestreichen.

■ Verlegen Sie die Anschlusskabel in der Position, wie sie im Originalzustand gelegen haben.

10 Kraftübertragung

Getriebetypen beim Vito/Viano (W936)

Zum System der Kraftübertragung bei Fahrzeugen mit Schaltgetriebe gehören Getriebe, Kupplung und Achsantrieb. Damit alle Akteure perfekt zusammenarbeiten und die vom Motor produzierte Leistung an die Antriebsräder übertragen, sind sie durch Gelenke, Wellen und Zahnräder miteinander verbunden. Welche Kraft tatsächlich an den Rädern benötigt wird, hängt davon ab, was dem Fahrzeug während der Fahrt abverlangt wird. Der Motor bietet jedoch nur in einem begrenzten Drehzahlbereich eine verwertbare Leistung an. Damit der Wagen beim Beschleunigen und bei Bergfahrten trotzdem genügend Zugkraft entwickelt, ist das Getriebe nötig. Mit seinen verschiedenen Gängen gewährleistet es eine jeweils passende Übersetzung. Je nach Motor werden verschiedene Getriebe verbaut. Gerade beim Ersetzen des Getriebes aus dem Gebrauchtmarkt ist es wichtig, die Getriebe unterscheiden zu können.

Position der Getriebekennung
Auf einer Fräsfläche (2 im Bild 1) ist die Kennnummer eingeschlagen (eingefräst). Diese Kennnummer finden Sie auch auf dem Datenträger (1), der auf dem Getriebe aufgeklebt ist. Soweit es sich noch um das original verbaute Getriebe handelt, lässt es sich auch über die Fahrgestellnummer entschlüsseln. Ähnlich sind auch die Kennnummern für Zwischengetriebe beim Allrad und die Hinterachse. Für die Hinterachse sollten Sie zusätzlich auch das Übersetzungsverhältnis (1 im Bild 2) notieren.
Die Aufschlüsselung des Getriebes bei Bezug von Ersatzteilen oder einem Austauschgetriebe sollten Sie aufgrund der Aktualität über einen Mercedes Benz-Händler oder Ihren Getriebelieferanten aufschlüsseln.
Da auch für die Ölbefüllung der Getriebetyp wichtig ist, sollten Sie sich die Getriebenummer und den Bautyp ins Serviceheft übertragen.

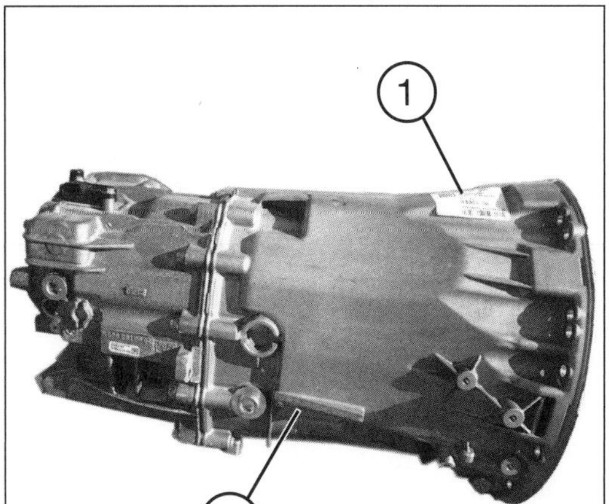

Bild 1

Bild 1
6-Gang-Getriebe im Vito/Viano mit Handschaltung.
1 Datenträger als Aufkleber auf dem Getriebegehäuse
2 Kennnummer und Fertigungsnummer auf der Fräsfläche am Getriebe

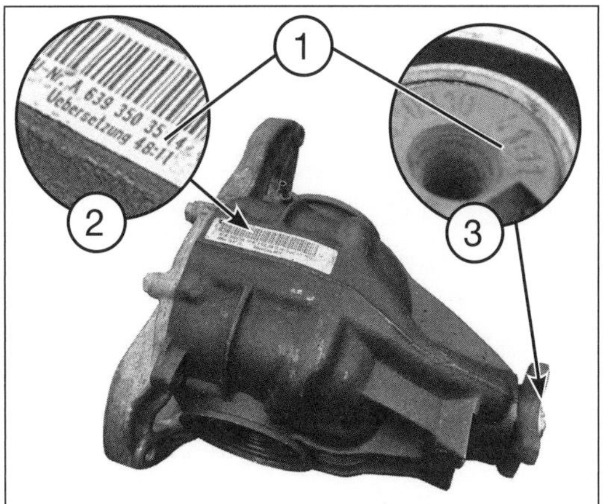

Bild 2

Bild 2
Kennzeichnung an dem Hinterachsgetriebe.
1 Übersetzung
2 Datenträger
3 Eingangswelle des Achsgetriebes

Besonderheiten beim Vito/Viano
Fünf Automatikgetriebe mit 5 Gängen sowie vier Bautypen für das 6-Gang-Schaltgetriebe machen die Unterscheidung schwer. Gerade dann, wenn Sie Ihren Vito oder Viano als Camper oder als Transporter durchaus auch im Ausland einsetzen, sollten Sie die Kennzeichnungen für Motor, Getriebe eventuelle Nebenabtriebe oder das Zwischengetriebe beim Allrad sicher notieren.
Vermerken Sie sich auch die erforderliche Ölnorm und die Füllmenge. Letztere besser beim Mercedes-Händler erfragen. So haben Sie zumindest zum Zeitpunkt der Abfrage tagesaktuelle Information.

Ölwechsel am Getriebe

⚠ Das Getriebeöl grundsätzlich nur bei betriebswarmem Getriebe ablassen. Austretendes Getriebeöl in einem geeigneten Behälter auffangen. Das Getriebeöl immer vollständig ablaufen lassen.

■ Das Fahrzeug mit der Hebebühne anheben.

Das Fahrzeug zwischen den Hebebühnensäulen ausrichten und die vier Aufnahmeteller an den vom Fahrzeughersteller vorgeschriebenen Hebebühnenaufnahmepunkten platzieren.

■ Die Umgebung der Öleinfüllschraube (2 im Bild 3) am Getriebe reinigen und die Öleinfüllschraube herausschrauben.

Öle am Schaltgetriebe

6-Gang-Getriebe: 711.6xx, 716.637, 716.652

Informationen	75W80 synthetisch
Mercedes-Freigabe	MB 235.10
ohne Nebenabtrieb	2,1 l
mit Nebenabtrieb	2,45 l

Öle am Automatikgetriebe

5-Gang-Getriebe 722.6xx (ohne »Reibungsreduzierung« Code A89)

Informationen	ATF 134 (rot)
Mercedes-Freigabe	236.14
Neubefüllung	7,6 l
ohne Wandler	5,0 l
mit Wandler	7,0 l

Öl am Verteilergetriebe

Bei Allradfahrzeugen

Informationen	ATF 134 (rot)
Mercedes-Freigabe	236.12 236.14
Neubefüllung	0,8 l
Ölwechsel	0,8 l

Bild 3
6-Gang-Schaltgetriebe.
1 Ablassschraube
2 Einfüllschraube

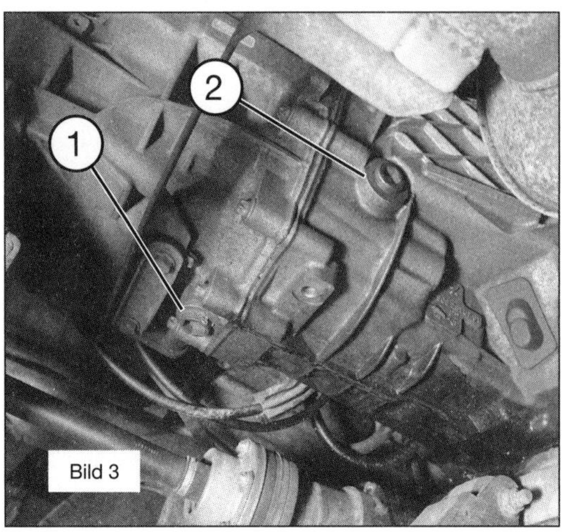

Öl am Achsgetriebe hinten

Heck- und Allradangetriebe-Fahrzeuge

Informationen	75W-90 Hypoid GL4/5
Mercedes-Freigabe	235.8
Ölwechsel (741.423)	1,5 l

Öl am Achsgetriebe vorne

Bei Allradfahrzeugen

Informationen	75W-90 Hypoid GL4/5
Mercedes-Freigabe	235.8
Ölwechsel	0,65 l

Ölwechsel am Schaltgetriebe

■ Ölablassschraube (1 im Bild 3) herausschrauben und Getriebeöl ablassen.

■ Den Magnet an der Ölablassschraube reinigen.

■ Die Ölablassschraube (1) im Getriebe einschrauben und anziehen. Verwenden Sie sehr wenig Dichtmasse.

■ Beachten Sie die richtige Füllmenge für das jeweilige Getriebe.

■ Überschüssiges Getriebeöl (4 im Bild 10) abtropfen lassen.

■ Das Gewinde der Öleinfüllschraube leicht einölen und die Schraube in das Gewinde von Hand eindrehen.

■ Die Öleinfüllschraube (2 im Bild 3) am Getriebe festschrauben.

■ Fahrzeug mit der Hebebühne absenken.

Ölwechsel am Automatikgetriebe 722.6 (5-Gang-Getriebe)

Der Ölstand wird bei diesem Getriebe über einen gesonderten Ölpeilstab links neben dem Luftfiltergehäuse gemessen. Der Ölpeilstab ist nicht im Fahrzeug vorhanden und muss gesondert beschafft werden.

Der Verschlussstopfen ist mit einem Sicherungsclip (rot) versehen. Zur Demontage muss der Clip abgebrochen werden. Der Clip sollte im Ölwechselkit enthalten sein.

Einige Fahrzeuge sind mit einer Ablassschraube im Wandlergehäuse versehen. Ist das der Fall, muss das Getriebeöl aus dem Wandler zusätzlich abgelassen werden. Dazu muss der Gummistopfen unten aus der Getriebeglocke herausgezogen werden und die Kurbelwelle langsam um eine Umdrehung verdreht werden. Hierbei wird dann, soweit vorhanden, die Ablassschraube (1 im Bild 4) in der Aussparung (2) in der Getriebeglocke (3) sichtbar werden. Die Befüllung des Wandlers erfolgt selbsttätig beim Entlüftungsvorgang durch die Pumpen im Getriebe.

⚠ Die Anschlussstecker zur Getriebeelektronik sind im Laufe der Zeit undicht geworden. Durch die Kapillarwirkung wurde das Getriebeöl bis zum Getriebesteuergerät transportiert. Hier sorgt es dann leicht für Fehlfunktionen und Ausfälle. Es macht Sinn den Steckkontakt zu öffnen und auf Ölrückstände zu prüfen. Im Zweifel den Stecker ersetzen. Den Wechsel stellen wir Ihnen im Anschluss vor.

■ Bauen Sie die Motorabdeckung unten wie im Kapitel 4 beschrieben ab.
■ Demontieren Sie den Ansaugschlauch zum Luftfilter.

Fahrzeuge mit Ablassschraube am Wandler:
■ Ziehen Sie den Gummistopfen aus der Getriebeglocke heraus.
■ Verdrehen Sie die Kurbelwelle an der Riemenscheibe, bis die Ablassschraube des Wandlers in der Aussparung sichtbar ist.
■ Reinigen Sie die Ölwanne und das Umfeld der Ablassschraube gründlich.
■ Stellen Sie eine Auffangwanne unter und drehen Sie die Schraube (1 im Bild 4) heraus.
■ Lassen Sie das Getriebeöl aus dem Wandler ablaufen.
■ Setzen Sie eine neue Dichtung auf die Ablassschraube auf und ziehen Sie sie wieder an.

Weiter für alle Fahrzeuge:
■ Reinigen Sie die Ölwanne (3 im Bild 5) und das Umfeld der Ablassschraube (8) gründlich.
■ Stellen Sie eine Auffangwanne unter und drehen Sie die Schraube (8) heraus.
■ Lassen Sie das Getriebeöl ablaufen.
■ Drehen Sie die Ablassschraube (8) mit neuem Dichtring (7) wieder ein und ziehen Sie sie fest (14 Nm).
■ Lösen Sie die Schrauben (6) über Kreuz und drehen Sie sie heraus.
■ Nehmen Sie die Ölwanne (3) und die Klemmkörper (5) (soweit verbaut) vorsichtig ab.

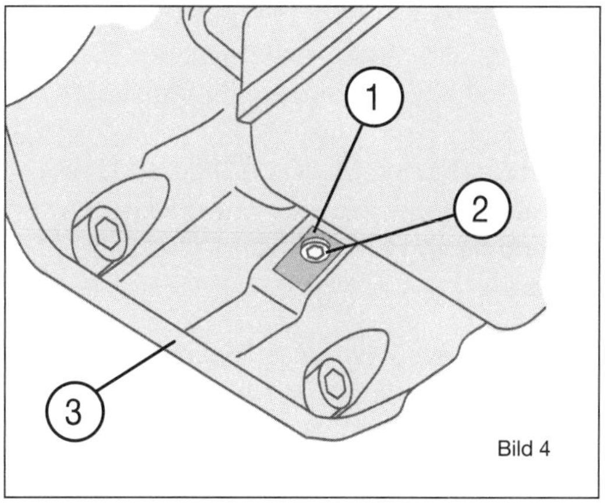

Bild 4
Ablassschraube am Wandler Automatikgetriebe.
1 Ablassschraube mit Dichtung
2 Aussparung
3 Getriebeglocke

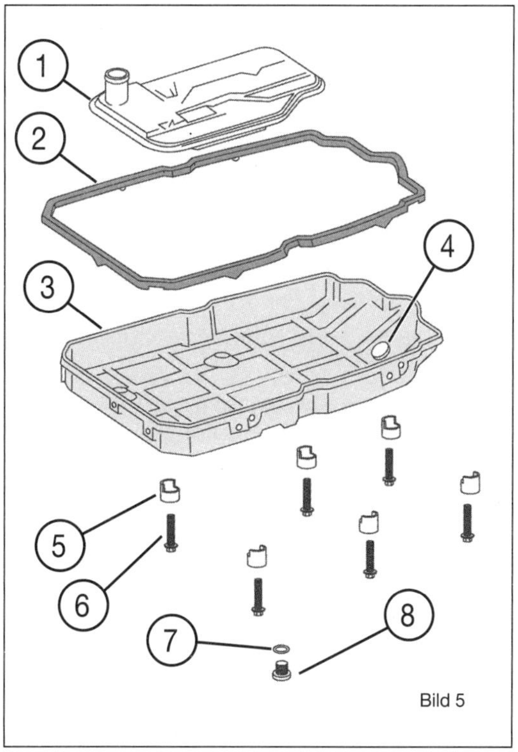

Bild 5
Ölfilter im Automatikgetriebe 722.9
1 Ölfilter
2 Dichtung
3 Ölwanne
4 Magnet Ölwanne
5 Klemmkörper
6 Schrauben
7 Dichtring
8 Ablassschraube

■ Nehmen Sie die Dichtung (2) von der Ölwanne ab.
■ Ziehen Sie den Ölfilter (1) von der Steuerelektronik ab.
■ Drücken Sie den neuen Ölfilter (1) in die Steuerelektronik ein.
■ Ersetzen Sie den Magneten (4) oder reinigen Sie ihn gründlich.
■ Ersetzen Sie die Dichtung (2) und setzen Sie die Ölwanne (3), die Klemmkörper (5) (soweit verbaut) und die Schrauben (6) wieder an (8 Nm).
■ Ziehen Sie die Schrauben (6) über Kreuz von der Mitte beginnend fest.
■ Hebeln Sie den Sicherungsclip (1 im Bild 6) aus dem Stopfen (2) mit einem Schraubendreher heraus.

Bild 6
Verschluss des Peilstabführungsrohrs für das Automatikgetriebeöl.
1 Sicherungsclip
2 Stopfen
3 Schraubendreher
4 O-Ring
5 Führungsrohr
A Bewegungsrichtung zum Herausziehen
A Bewegungsrichtung zum Hineindrücken

Bild 7
Messbereiche am Peilstab für das Automatikgetriebe.
1 Minimummarkierung
2 Maximummarkierung
A Messbereich für 25 °C
B Messbereich für 80 °C

Bild 8
Ölfüllgerät für Automatikgetriebe.
1 Handpumpe
2 Einfüllöffnung
3 Behälter
4 Adapter
5 Adapterliste
6 Anschlussadapter

Hierbei zerbricht die Sicherung und der Clip muss ersetzt werden. Ein Neuer sollte im Ölwechselkit mitgeliefert werden.

- Ziehen Sie den Stopfen (2) gerade nach oben ab.
- Kontrollieren Sie den Verbleib des O-Rings (4).

Getriebeöl einfüllen ohne Füllgerät:

- Stecken Sie einen Trichter auf das Führungsrohr auf.
- Füllen Sie langsam 5 l Getriebeöl in das Getriebe ein.

Getriebeöl einfüllen mit Füllgerät:

- Stecken Sie einen passenden Anschlussadapter in das Führungsrohr ein.
- Pumpen Sie langsam 5 l Getriebeöl in das Getriebe ein.

Weiter für alle Fahrzeuge:

- Lassen Sie den Motor laufen.

Schalten Sie alle Fahrstufen mit dem Gangwahlhebel für etwa 3 Sekunden mehrfach durch.

- Kontrollieren Sie den Getriebeölstand mit dem Peilstab (DB 140 589 15 21 00). Der Ölstand sollte bei Raumtemperatur im Messbereich (B im Bild 7) liegen.

Der Messstab ist etwa 80 mm länger als das Führungsrohr und lässt sich nicht ganz einschieben. Schieben Sie ihn bis zum fühlbaren Anschlag ein.

- Füllen Sie, soweit erforderlich, den Fehlbestand des Getriebeöls auf.

Bei Fahrzeugen, bei denen auch das Getriebeöl aus dem Wandler abgelassen worden ist, müssen etwa 7 l Getriebeöl eingefüllt werden.

- Verschließen Sie das Führungsrohr vorläufig mit dem Stopfen (2 im Bild 6).
- Führen Sie eine Probefahrt durch. Die Getriebeöltemperatur sollte etwa 80 °C betragen.

Die Getriebeöltemperatur kann über einen geeigneten Diagnosetester abgefragt werden.

- Kontrollieren Sie den Getriebeölstand mit dem Peilstab (DB 140 589 15 21 00). Der Ölstand sollte bei Raumtemperatur im Messbereich (A) liegen.

Der Messstab ist etwa 80 mm länger als das Führungsrohr und lässt sich nicht ganz einschieben. Schieben Sie ihn bis zum fühlbaren Anschlag ein.

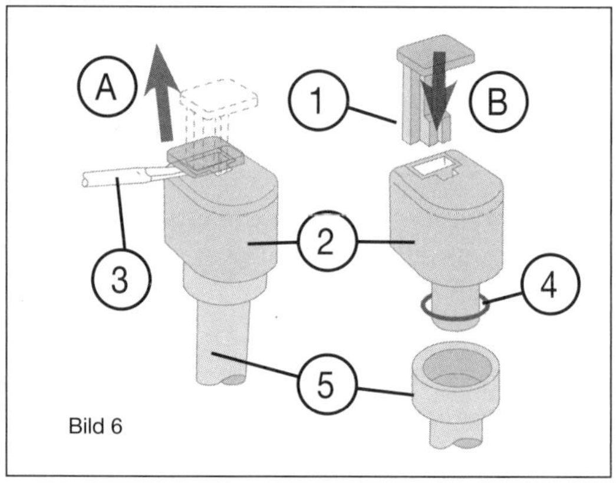

Bild 6

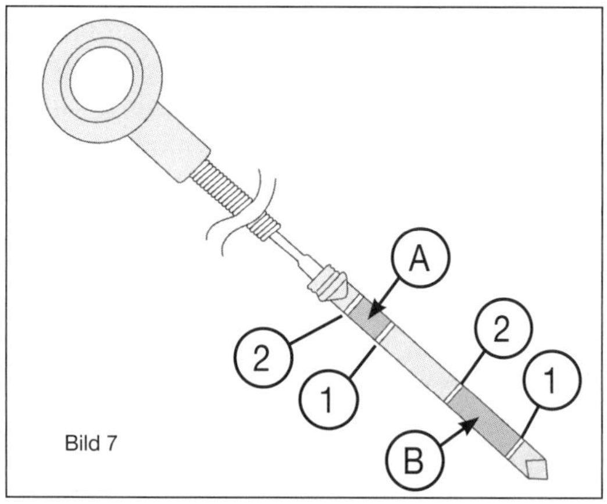

Bild 7

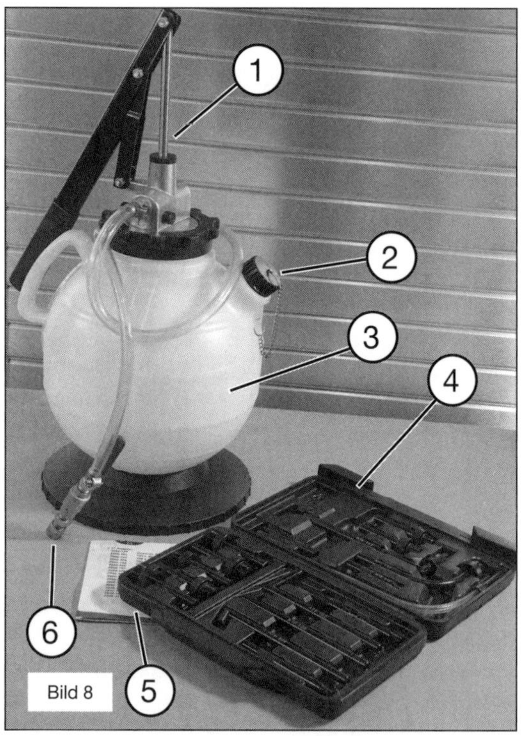

Bild 8

- Ist der Ölstand erreicht, stecken Sie den Stopfen (2 im Bild 6) bis Anschlag in das Führungsrohr ein.

■ Schieben sie den Sicherungsclip (1) bis Anschlag ein.
■ Lesen Sie den Fehlerspeicher aus und löschen Sie soweit erforderlich verbliebene Einträge.

Ölwechsel am Verteilergetriebe (Allrad)
■ Die Umgebung der Öleinfüllschraube (1 im Bild 11) zum Beispiel mit einem handelsüblichen Handfeger oder einem fusselfreien Tuch von Verschmutzungen befreien.
■ Falls vorhanden, Geräuschdämpfung oder Unterfahrschutz ausbauen.
■ Die Öleinfüllschraube (1) herausdrehen.
■ Ablassschraube (2) herausdrehen und Öl mit einer Auffangwanne auffangen.
■ Die Ölablassschraube handfest einschrauben und anschließend mit dem vorgeschriebenen Anzugsdrehmoment festziehen (40 Nm).
■ Getriebeöl bis zur Unterkante der Einfüllöffnung einfüllen.
■ Verschlussschraube (1) handfest einschrauben und anschließend mit vorgeschriebenem Anzugsdrehmoment von (40 Nm) festziehen.
■ Soweit vorhanden, Geräuschdämpfung wieder einbauen.

Ölwechsel am Achsgetriebe hinten
■ Umgebung der Öleinfüllschraube (1 im Bild 11) zum Beispiel mit einem handelsüblichen Handfeger oder einem fusselfreien Tuch von Verschmutzungen befreien.
■ Öleinfüllschraube (1) mit einem passenden Innensechskantschlüssel herausdrehen.
■ Ablassschraube (2) herausdrehen.
■ Öl mit einer Auffangwanne auffangen.
■ Ölablassschraube (2) handfest einschrauben und anschließend mit dem vorgeschriebenen Anzugsdrehmoment vom 90 Nm festziehen.
■ Getriebeöl bis zur Unterkante der Einfüllöffnung (2 im Bild 10) füllen.
■ Öleinfüllschraube (2) handfest einschrauben und anschließend mit dem vorgeschriebenen Anzugsdrehmoment vom 90 Nm festziehen.

Ölwechsel am Achsgetriebe vorne (Allrad)
■ Umgebung der Öleinfüllschraube (1 im Bild 10) zum Beispiel mit einem handelsüblichen Handfeger oder einem fusselfreien Tuch von Verschmutzungen befreien.

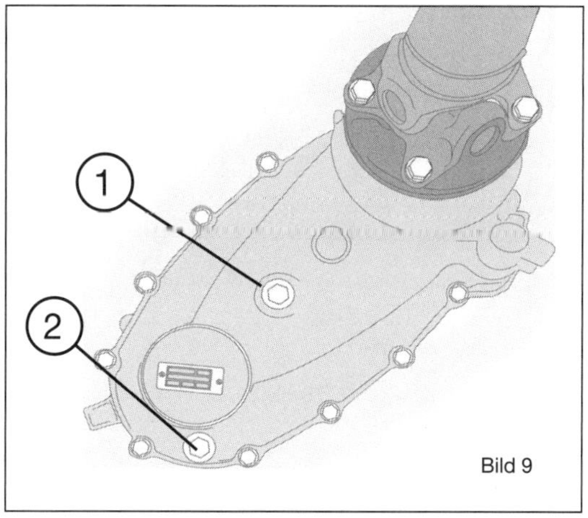

Bild 9
Verteilergetriebe beim Allrad.
1 Öleinfüllschraube
2 Ölablassschraube

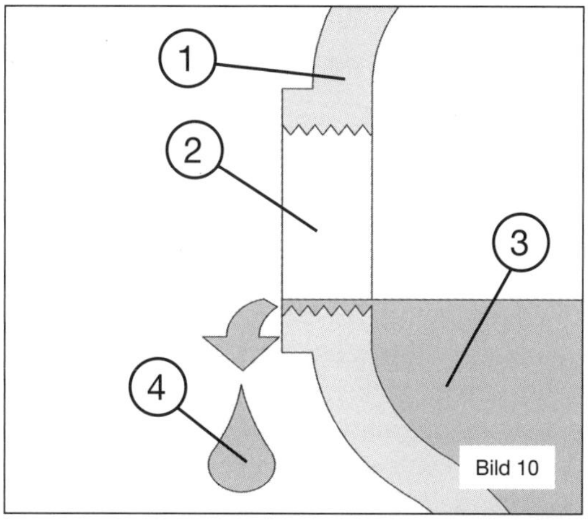

Bild 10
Ölfüllmenge ist beim Überlauf aus der Einfüllschraube erreicht.
1 Getriebegehäuse
2 Einfüllöffnung
3 Getriebeölfüllung
4 Abtropfendes Getriebeöl bei erreichtem Füllstand

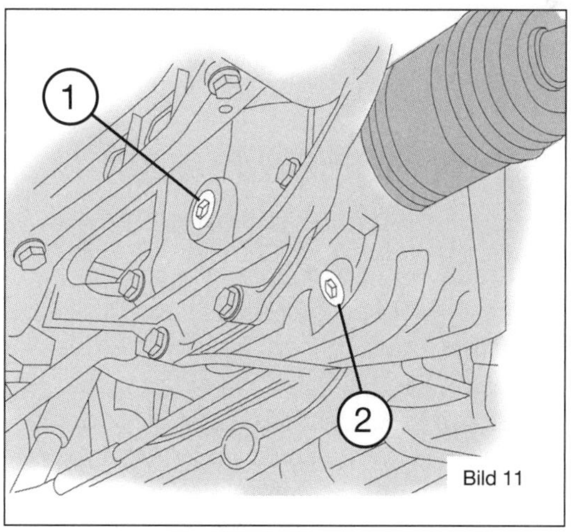

Bild 11
Achsgetriebe hinten.
1 Öleinfüllschraube
2 Ölablassschraube

■ Falls vorhanden, Geräuschdämpfung oder Unterfahrschutz ausbauen.
■ Öleinfüllschraube (1) herausdrehen.
■ Ablassschraube (2) herausdrehen und Öl mit einer Auffangwanne auffangen.
■ Ölablassschraube handfest einschrauben und anschließend mit vorgeschriebenem Anzugsdrehmoment festziehen (50 Nm).
■ Getriebeöl bis zur Unterkante der Einfüllöffnung einfüllen.

Bild 12
Achsgetriebe vorne.
1 Öleinfüllschraube
2 Ölablassschraube

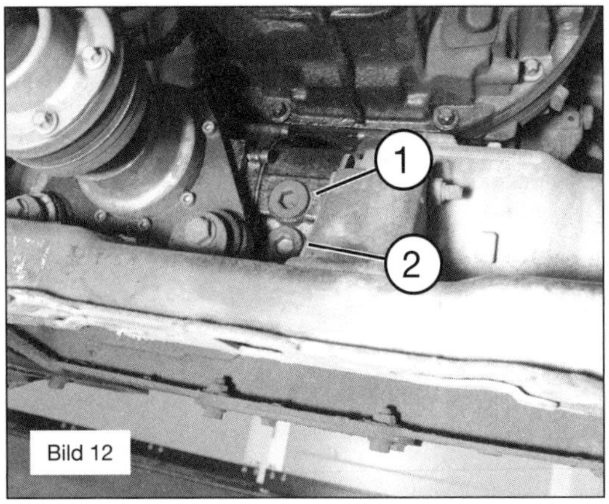

Bild 12

■ Verschlussschraube (1) handfest einschrauben und anschließend mit vorgeschriebenem Anzugsdrehmoment von 50 Nm festziehen.

■ Soweit vorhanden, Geräuschdämpfung oder Unterfahrschutz wieder einbauen.

Montagearbeiten am Getriebe

Die Demontage des Getriebes erfordert einige spezielle Werkzeuge und auch Erfahrung in der Montage. Im Rahmen dieses Buches gehen wir nur auf Arbeiten ein, die üblicherweise in privater Hand von Schraubern angegangen werden. Hinzu kommt, dass der Umfang der Arbeitsbeschreibungen für die Demontage den Rahmen dieses Buches sprengen würde.

Die Kupplung (manuelles Schaltgetriebe 6-Gang)

Der Kraftfluss vom Motor zum Achsantrieb muss nach Wunsch hergestellt und unterbrochen werden können. Das ist erforderlich, wenn Sie das Fahrzeug starten, mit laufendem Motor fahrbereit stehen oder die Gänge wechseln wollen. Dieses Ankoppeln und Trennen übernimmt bei Fahrzeugen mit Schaltgetriebe die Kupplung. Sie ermöglicht auch ruckfreies Anfahren, indem sie die unterschiedlichen Drehzahlen von Kurbelwelle und Antriebswelle des Getriebes ausgleicht. Kernstück des Systems Kupplung ist die Mitnehmerscheibe. Der Vito/Viano mit manuellem Schaltgetriebe hat eine hydraulisch betätigte Einscheiben-Trockenkupplung mit asbestfreien Belägen und Einmaßen-Schwungrad. Kupplungen sind komplizierte Konstruktionen. Ihr Verschleißteil Mitnehmerscheibe ist nicht ohne Weiteres zugänglich. Dazu muss das Getriebe vom Motor getrennt und nach unten ausgebaut werden. Diese Arbeit erfordert Know-how und Spezialwerkzeuge. Nun ist aber auch jede Kupplung so gut wie wartungsfrei, weil das System den Verschleiß selbsttätig ausgleicht.
Die Mitnehmerscheibe ist gewöhnlich erst nach mehr als 200 - 300.000 Kilometern zu erneuern. Allerdings hängt ihr Verschleiß von Belastung (zum Beispiel Anhängerbetrieb) und sehr wesentlich von der Fahrweise ab.

Die wichtigsten Teile der Kupplung

Je nach Getriebebauweise und Motorisierung weichen die Kupplungen in konstruktiven Details voneinander ab. Im Wesentlichen aber arbeitet jede Kupplung mit den gleichen Komponenten:

■ Das Schwungrad (Motorschwungscheibe) (1 im Bild 13) ist fest mit der Kurbelwelle verbunden. Es hilft, eine gleichmäßige Drehschwingung an das Getriebe weiterzugeben.

■ Die Kupplungsscheibe (Mitnehmerscheibe) (2) sitzt axial beweglich auf der Getriebe-Eingangswelle. Auf beiden Seiten sind Beläge aufgenietet.

■ Die Druckplatte (3) ist mit dem Schwungrad fest verschraubt. Beim Tritt aufs Kupplungspedal löst sich über Kupplungshydraulik (oder Mechanik) und Ausrückplatte die Kupplungsscheibe gegen die Kraft der Tellerfeder (Membranfeder) von der Schwungscheibe.

⚠ Druckplatten sind korrosionsgeschützt und gefettet. Sie dürfen nur an der Anlauffläche gereinigt werden, sonst wird die Lebensdauer der Kupplung verringert.

Das hydraulische System

Geberzylinder am Kupplungspedal und Nehmerzylinder am Getriebe sind über

Bild 13
Kupplungsset.
1 Schwungscheibe
2 Mitnehmerscheibe
3 Druckplatte

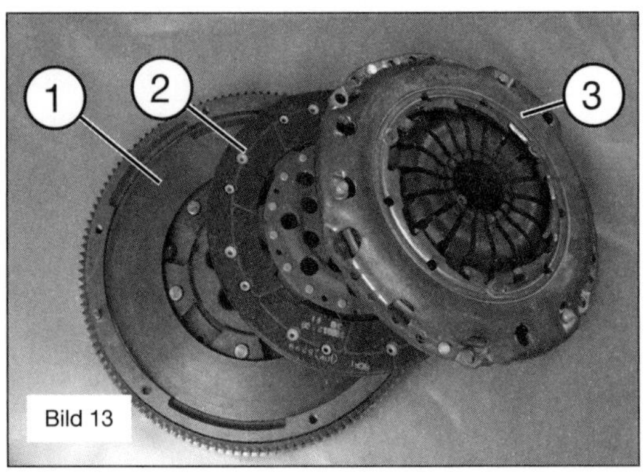

Bild 13

eine hydraulische Leitung verbunden. In ihr befindet sich Bremsflüssigkeit, die bei Betätigung der Kupplung die Kraft zwischen Geberzylinder und Nehmerzylinder überträgt. Ein Defekt in der Kupplungsbetätigung kann daher einen sinkenden Pegel im Bremsflüssigkeitsbehälter verursachen. Ein ausreichender Flüssigkeitsrest für die Bremse ist allerdings immer garantiert. Auch hier drückt beim Einkuppeln die Tellerfeder der Druckplatte die Mitnehmerscheibe langsam gegen das Motorschwungrad, bis sie sich mit der gleichen Drehzahl dreht. So werden die Kräfte sanft übertragen. Dabei schleifen die Anlageflächen kurze Zeit aufeinander, ehe die Reibung wieder so groß ist, dass die Motorleistung vollständig auf das Getriebe übertragen wird. Wenn Sie das Kupplungspedal treten, überwindet das Ausrücklager die Kraft der Tellerfeder. Die Druckplatte wird entlastet und bei völlig durchgetretenem Pedal zurückgezogen. Die Mitnehmerscheibe kann nun im Raum dazwischen frei umlaufen. Das Kupplungsspiel sorgt dafür, dass das Ausrücklager auf dem Zentralausrücker nicht ständig unter Druck steht. Es verringert sich mit der Abnutzung der Beläge. Die Druckplatte nähert sich dem Ausrücklager. Liegt das Lager dann ohne Spiel an der Tellerfeder (Membranfeder) der Kupplung an, wird die Tellerfeder entlastet und die Kupplung rutscht durch.

Kupplung prüfen

Schleift nach Ihrem Eindruck die Kupplung, wenn Sie Ihr Fahrzeug im höchsten Gang beschleunigen, dreht der Motor also hoch, ohne dass die Fahrgeschwindigkeit zunimmt, sollten Sie einmal kurz die Funktion der Kupplung prüfen.

⚠ Unternehmen Sie diese Probe allerdings wirklich nur gelegentlich!

■ Ziehen Sie die Handbremse an, die natürlich in Ordnung sein muss.
■ Starten Sie den Motor.
■ Legen Sie den 3. Gang ein; dann langsam einkuppeln und Gas geben.
■ Bei einwandfreier Kupplung wird der Motor dadurch abgewürgt.

Trennen der Kupplung prüfen

Treten kratzende oder krachende Geräusche beim Schalten auf, trennt meistens die Kupplung nicht mehr richtig. Machen Sie deshalb eine Probe, und zwar mit dem nicht synchronisierten Rückwärtsgang, damit Sie die mögliche Ursache der Geräusche durch ein defektes Getriebe ausschließen.

■ Lassen Sie den Motor im Leerlauf drehen.
■ Kupplungspedal voll durchtreten, etwa drei Sekunden warten, dann Rückwärtsgang einlegen. Wenn Sie jetzt das kratzende Geräusch hören, läuft die Mitnehmerscheibe nicht ganz frei. Dann trennt die Kupplung nicht sauber.
■ Kontrollieren Sie die Funktion der hydraulischen Übertragungselemente. Eventuell muss die Kupplungsbetätigung entlüftet werden. Zu viel Spiel verursacht schnell ein zu hohes Arbeitsspiel und damit reicht der Betätigungsweg der Kupplungsmechanik nicht mehr aus.
■ Teile der Kupplungsbetätigung auf Undichtigkeiten untersuchen.

Montage Kupplungspedal

⚠ Hebeln Sie das Kupplungspedal nur am gelösten Kupplungsgeberzylinder ab. Wird die Druckstange des Geberzylinders verkeilt, kann der Zylinder undicht werden.

■ Verstellen Sie den Fahrersitz in die hinterste Stellung.
■ Bauen Sie die Abdeckung unter dem Armaturenbrett aus.

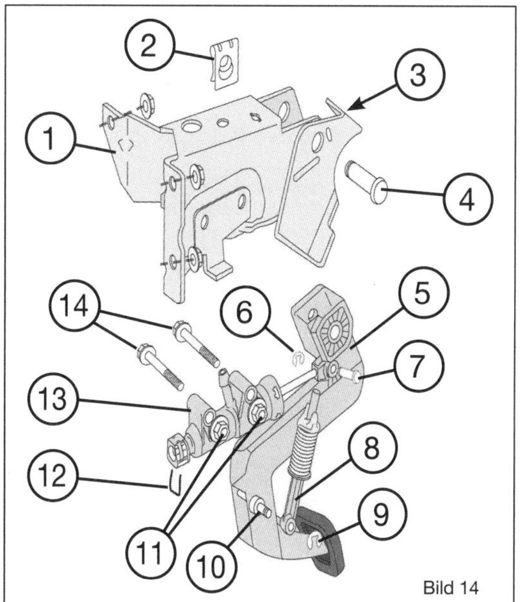

Bild 14

Bild 14
Kupplungspedal.
1 Pedalbock
2 Sicherungsclip
3 Einbauposition Kupplungsschalter
4 Lagerbolzen
5 Kupplungspedal
6 Sicherungsclip
7 Lagerbolzen
8 Übertotpunktfeder
9 Sicherungsclip
10 Lagerbolzen
11 Muttern
12 Sicherungsclip
13 Kupplungsgeberzylinder
14 Schrauben

■ Verdrehen Sie den Schalter des Kupplungspedals um 90° und ziehen Sie ihn nach oben ab.
■ Entsichern Sie den Steckkontakt und ziehen Sie ihn vom Schalter ab.
■ Drehen Sie die Muttern (11) los und ziehen Sie die Schrauben (12) heraus.
■ Demontieren Sie den Sicherungsclip (9).
■ Nehmen Sie die Übertotpunktfeder (8) vom Lagerbolzen (10) am Kupplungspedal ab.
■ Nehmen Sie die Übertotpunktfeder heraus.
■ Demontieren Sie die Sicherungsclip (2).
■ Ziehen Sie den Bolzen (4) heraus. Nehmen Sie das Kupplungspedal aus dem Pedalbock heraus.
■ Demontieren Sie den Sicherungsclip (6).
■ Ziehen Sie den Bolzen (7) heraus.
■ Nehmen Sie die Druckstange des Geberzylinders aus dem Kupplungspedal heraus.

Die Montage erfolgt sinngemäß in umgekehrter Reihenfolge.
■ Tragen Sie etwas Silikonfett auf die Anlage am Kupplungspedal auf.
■ Lesen Sie den Fehlerspeicher aus und löschen Sie ihn gegebenenfalls.

De- und Montage des Kupplungspedalgummis
■ Feuchten Sie das Pedalgummi mit etwas Wasser an.
■ Ziehen Sie die Gummibeläge von der Pedaltrittplatte ab.
■ Schieben Sie das neue Pedalgummi über die Ecken auf die Pedaltrittplatte auf.

De- und Montage der Kupplungspedalschalter

Der Kupplungsschalter ist im Pedalträgermodul befestigt. Der Zugang erfolgt über den Fahrer-Fußraum.
■ Lesen Sie den Fehlerspeicher aus, arbeiten Sie ihn soweit erforderlich ab und löschen Sie ihn gegebenenfalls.
■ Die Zündung ausschalten und den Schlüssel abziehen.
■ Verdrehen Sie den Schalter des Kupplungspedals um 90° und ziehen Sie ihn nach oben ab.
■ Entsichern Sie den Steckkontakt und ziehen Sie ihn vom Schalter ab.

Die Montage erfolgt sinngemäß in umgekehrter Reihenfolge.
■ Tragen Sie etwas Silikonfett auf die Anlage am Kupplungspedal auf.
■ Lesen Sie den Fehlerspeicher aus und löschen Sie ihn gegebenenfalls.

Hydraulische Kupplungsbetätigung (6-Gang-Getriebe)

Die Kupplungsbetätigung erfolgt hydraulisch über Geber- und Nehmerzylinder. Als Überträger wird Bremsflüssigkeit verwendet.

⚠ Vermeiden Sie Augen- und Hautkontakt. Tragen Sie Schutzhandschuhe und geeigneten Augenschutz.

Demontage des Geberzylinders
■ Demontieren Sie die Abdeckung über der Pedalanlage am Armaturenbrett im Fußraum.

Ausgetretene Bremsflüssigkeit sofort aufnehmen und mit Bremsenreiniger abspülen. Bremsflüssigkeit kann lackierte und beschichtete Flächen schädigen.
■ Markieren Sie den Stand der Bremsflüssigkeit mit einem wasserfesten Stift an der Außenseite des Vorratsbehälters, um später eine Überfüllung zu vermeiden.
■ Saugen Sie so viel Bremsflüssigkeit aus dem Vorratsbehälter ab, dass der Nachlauf zum Kupplungsgeberzylinder nicht mehr erfolgen kann.
■ Bauen Sie das Kupplungspedal wie bereits beschrieben aus.
■ Demontieren Sie die Sicherungsclip (2 im Bild 15).
■ Ziehen Sie den Bolzen (9) heraus.
■ Nehmen Sie die Druckstange (3) des Geberzylinders aus dem Kupplungspedal (8) heraus.

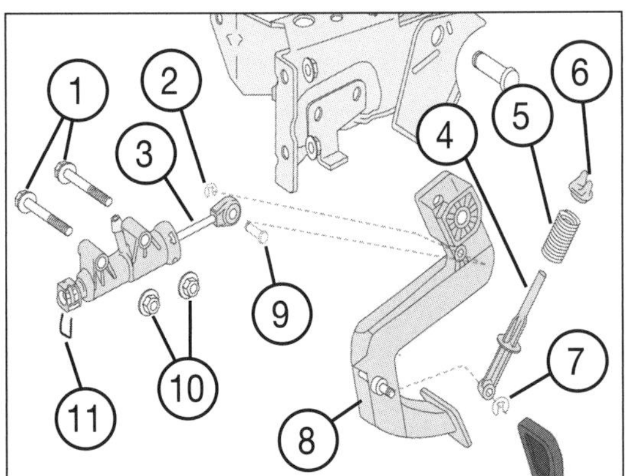

Bild 15

Bild 15
Kupplungspedal.
1 Schrauben
2 Sicherungsclip
3 Druckstange Geberzylinder
4 Führung Übertotpunktfeder
5 Übertotpunktfeder
6 Endstück
7 Sicherungsclip
8 Kupplungspedal
9 Lagerbolzen
10 Muttern
11 Sicherungsclip

Legen Sie einen saugfähigen Lappen unter den Geberzylinder.

- Ziehen Sie den Sicherungsclip heraus und nehmen Sie die Druckleitung heraus.
- Je nach Ausführung des Zulaufanschlusses die Schlauchschelle oder den Sicherungsclip öffnen und den Zulaufschlauch abziehen.
- Verschließen Sie die Anschlüsse mit passenden Stopfen.
- Nehmen Sie den Geberzylinder nach unten heraus.

Die Montage erfolgt sinngemäß in umgekehrter Reihenfolge.

- Tragen Sie etwas Silikonfett auf die Anlage am Kupplungspedal auf.
- Entlüften Sie das Kupplungssystem.
- Prüfen Sie die Funktion der Kupplung.
- Lesen Sie den Fehlerspeicher aus und löschen Sie ihn gegebenenfalls.

Demontage des Nehmerzylinders

Die Vorgehensweise unterscheidet sich bei den Schaltgetriebetypen hinsichtlich des Arbeitsablaufes nicht.

- Einen nicht fasernden Lappen unter den Nehmerzylinder legen, um damit die abtropfende Bremsflüssigkeit aufzufangen.
- Den Sicherungsclip mit einem Schraubendreher aus der Hydraulikleitung für den Kupplungsnehmerzylinder clipsen.
- Die Hydraulikleitung am Anschluss (3) des Kupplungsnehmerzylinders abziehen.
- Das Getriebe ausbauen.
- Die Abdeckung (5 im Bild 16) des Entlüftungsnippels entfernen.
- Schrauben (4) herausdrehen.

Um das Auslaufen von Bremsflüssigkeit zu verhindern, verschließen Sie die abgezogene Hydraulikleitung mit der Verschlusskappe des Entlüftungsventils.

- Den Kupplungsnehmerzylinder (Zentralausrücker) abnehmen.

Der Einbau erfolgt sinngemäß in umgekehrter Reihenfolge.

- Die Führungshülse wird im Bereich des Ausrücklagers, der Ausrückhebel im Bereich der Anlagestelle am Kugelzapfen und das Lager im Bereich der Anlagestellen an den Ausrückhebel mit Molybdänsulfid-Schmierfett gefettet.

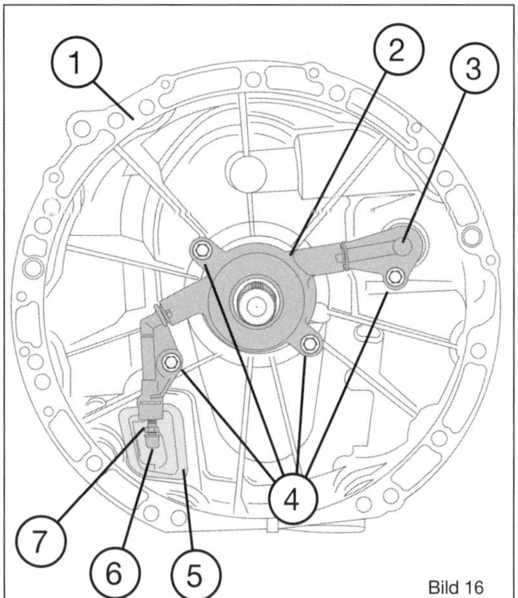

Bild 16

Bild 16 Kupplungsnehmerzylinder.
1 Getriebegehäuse (Kupplungsglocke)
2 Kupplungsnehmerzylinder (Zentralausrücker)
3 Anschluss (von außen) Hydraulikleitung
4 Schrauben
5 Abdeckung
6 Staubschutzkappe
7 Entlüftungsnippel

- Bauen Sie das Getriebe ein.
- Entlüften Sie die Kupplungsbetätigung.

Entlüften der Kupplungshydraulik

Das Entlüften der Anlage ohne ein Entlüftungsgerät ist nicht zu empfehlen. Die Leitungsführung und das geringe Fördervolumen der Zylinder machen eine Druckentlüftung oder ein Absaugen über den Entlüftungsnippel erforderlich. Beim Absaugen muss dringend darauf geachtet werden, dass der Vorratsbehälter nicht leergesaugt wird und der Geberzylinder keine Luft zieht.

- Die Abdeckung (5 im Bild 16) in der Kupplungsglocke (1) herausziehen.
- Geeignetes Bremsenfüll- und Entlüftungsgerät anschließen.
- Zum Entlüften muss ein Entlüfterschlauch auf den Entlüftungsnippel (7) aufgesteckt werden.
- Die Staubkappe des Entlüftungsnippels (6) entfernen.
- Den Entlüfterschlauch mit Auffangbehälter auf den Entlüftungsnippel stecken.
- Das System mit dem Entlüftungsgerät am Vorratsbehälter mit einem Druck von etwa 1 bar beaufschlagen.
- Die Entlüftungsschraube etwa eine halbe Umdrehung lösen.
- Ca. 100 cm³ Bremsflüssigkeit in den Auffangbehälter ausströmen lassen und den Entlüftungsnippel wieder schließen.
- Das Kupplungspedal 15- bis 20-mal sehr

schnell von Anschlag zu Anschlag bewegen.

■ Die Entlüftungsschraube wieder etwa eine halbe Umdrehung lösen.

■ Etwa 50 cm³ Bremsflüssigkeit ausströmen lassen.

■ Die Entlüftungsschraube wieder anziehen.

☞ Nach Beendigung des Entlüftungsvorgangs, wenn der Druck des Entlüftungsgerätes wieder abgebaut ist, das Kupplungspedal bitte noch 10-mal mit dem Fuß treten.

■ Prüfen Sie die Funktion der Kupplung.

■ Machen Sie eine Probefahrt.

☞ Ausgetretene Bremsflüssigkeit sofort aufnehmen und mit Bremsenreiniger abspülen. Bremsflüssigkeit kann lackierte und beschichtete Flächen schädigen.

Kupplung beim manuellen 6-Gang-Getriebe

Demontage der Kupplung

■ Den Unterfahrschutz (soweit verbaut) ausbauen.

■ Getriebe ausbauen.

■ Haltesperre zum Blockieren des Motors anbauen.

■ Stecken Sie ein geeignetes Zentrierwerkzeug (3 im Bild 17) in Schwungscheibe und Kupplungsmitnehmerscheibe ein.

■ Schrauben (1) der Druckplatte (2) herausschrauben. Die Schrauben (1) jeweils in Schritten von 1,5 Umdrehungen diagonal lösen.

■ Die Druckplatte (2) und die Kupplungsscheibe (1) abnehmen.

■ Die Reibfläche der Druckplatte (2) entfetten und mit grober Schmirgelleinwand anrauen.

■ Die Druckplatte (2) und die Kupplungsscheibe (Mitnehmerscheibe) prüfen.

■ Das Schwungrad (5) auf Verschleiß und Beschädigung prüfen.

■ Den Zentralausrücker auf Geräusche, rauen Lauf, Undichtigkeit, Verschleiß und Beschädigung prüfen.

Die Montage erfolgt sinngemäß in umgekehrter Reihenfolge.

■ Setzen Sie zur Montage das Zentrierwerkzeug (3) ein.

■ Ziehen Sie die Schrauben gleichmäßig und über Kreuz an.

■ Entlüften Sie das Kupplungssystem, wie bereits beschrieben.

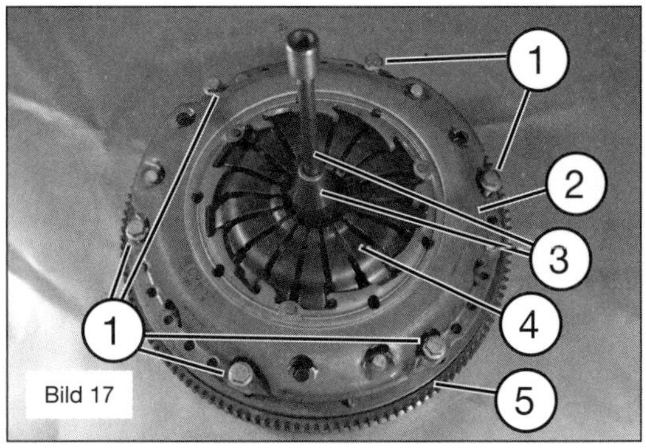

Bild 17

Bild 17
Kupplung und Schwungscheibe.
1 Schrauben
2 Druckplatte
3 Zentrierwerkzeug
4 Membranfeder
5 Schwungrad

Wo liegt der Schaden – Kupplung, Betätigung oder Zweimassenrad?

Krachende Geräusche beim Gangeinlegen oder beim Gangwechsel, schwergängige Schaltvorgänge bei laufendem Motor?

■ Eine schlecht trennende Kupplung muss nicht zwangsläufig durch einen Schaden an der Kupplung oder der Druckplatte verursacht werden. Die Kupplungsbetätigung erfolgt bei modernen Systemen über ein hydraulisches System, das sich selbsttätig nachstellt. Die Rückstellung der Kupplung kann durch ein ausgeschlagenes Zweimassenrad größer ausfallen. Das wiederum kann den Hubweg verkürzen und die Kupplung wird nicht vollständig getrennt.

■ Auch dann, wenn die Verzahnung der Mitnehmerscheibe nicht leichtgängig auf der Getriebewelle verschoben werden kann, wird die Kupplung nicht ganz von der Druckplatte getrennt und schleift weiter an.

Kupplung Kraftschluss prüfen

☞ Schleift nach Ihrem Eindruck die Kupplung, wenn Sie Ihr Fahrzeug im höchsten Gang beschleunigen, dreht der Motor also hoch, ohne dass die Fahrgeschwindigkeit zunimmt, sollten Sie einmal kurz die Funktion der Kupplung prüfen. Unternehmen Sie diese Probe allerdings wirklich nur gelegentlich!

■ Ziehen Sie die Handbremse an, die natürlich in Ordnung sein muss.

■ Starten Sie den Motor.

■ Legen Sie den 3. Gang ein, dann langsam einkuppeln und Gas geben.

■ Bei einwandfreier Kupplung wird der Motor dadurch abgewürgt.

Druckplatte prüfen

Die Druckplatte ist auf die Schwungscheibe aufgeschraubt. Eine Wärmeabgabe ist nur

sehr schlecht möglich.
■ Die Druckplatte beziehungsweise die Reibfläche (2 im Bild 17) auf Risse und Riefen sowie die Membranfedern (4) auf Brüche prüfen.
■ Die Zungen der Membranfeder (4) auf Verschleiß und gleichmäßige Höhe prüfen.

Kupplungsscheibe prüfen
■ Reibbeläge (1 im Bild 18) der Kupplungsscheibe auf Verölung, Risse, Ausbrüche und Verschleiß prüfen.
■ Die Dämpferfedern (4) auf Brüche und festen Sitz prüfen.
■ Das Keilwellenprofil in der Mitte (3) auf Verschleiß und Ausbrüche prüfen. Die Kupplungsscheibe muss sich mit geringem Kraftaufwand auf der Antriebswelle des Getriebes verschieben lassen.
■ Prüfen Sie den Zustand der Vernietungen (2) und den festen Sitz der Beläge auf dem Belagträger.
■ Prüfen Sie die Belagstärke (Bild 19).
■ Prüfen Sie den Seitenschlag.

Verschleißmaße für die Kupplung
Beachten Sie die Angaben für die einzelnen Kupplungshersteller (soweit vorhanden).

Belagstärke	3,10 mm
Max. Gesamtverschleiß	2,00 mm
Max. Seitenschlag	0,75 mm

Schwungrad demontieren

Die Arbeiten unterscheiden sich für die beiden Getriebebautypen nicht wesentlich. Wir stellen Ihnen an dieser Stelle eine allgemeingültige Beschreibung zur Verfügung.
■ Den Unterfahrschutz (soweit verbaut) und das Getriebe ausbauen.
■ Die Kupplung wie bereits beschrieben demontieren.
■ Die Schrauben (2 im Bild 20) am Schwungrad (1) herausdrehen.
■ Eine Haltesperre in der Verzahnung des Schwungrades zum Blockieren des Motors anbauen.
■ Das Schwungrad (1) von der Kurbelwelle abnehmen. Dabei auf die Einbaulage des Schwungrades (1) achten.

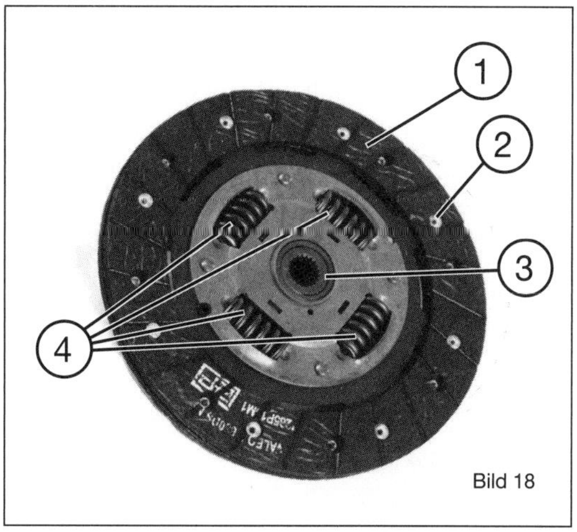

Bild 18

Bild 18
Mitnehmerscheibe.
1 Reibbelag
2 Belagnieten
3 Mittenverzahnung
4 Torsionsfedern

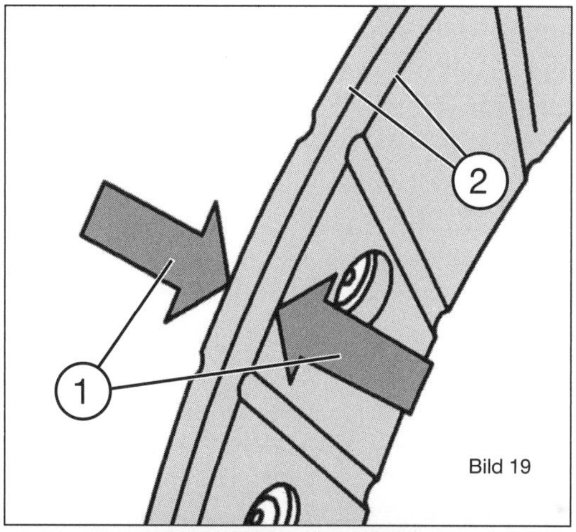

Bild 19

Bild 19
Kupplung und Schwungscheibe.
1 Messpunkt Belagstärke
2 Reibbeläge

Bild 20

Bild 20
Schwungscheibe auf der Kurbelwelle.
1 Schwungrad (Scheibe)
2 Schrauben

Die Montage erfolgt sinngemäß in umgekehrter Reihenfolge.
Achten Sie auf die Einbauposition.
■ Ziehen Sie die Schrauben über Kreuz mit dem vorgegebenen Anzugsdrehmoment an.

Schaltzüge und Betätigung

Die Arbeitsschritte unterscheiden sich für die einzelnen Modelle nur unwesentlich. Wir stellen Ihnen an dieser Stelle eine allgemeingültige Beschreibung zur Verfügung.

Sichtprüfung Messen

Bild 21
Schaltknauf alter Bauweise.
1 Bewegungsrichtung zum Lösen
2 Schraubzwinge
3 Bewegungsrichtung zum Abziehen
4 Schaltknauf
5 Hülse
6 Reißverschluss
7 Schaltsack
8 Schalthebel

Bild 22
Schaltknauf neuer Bauweise.
1 Plakette (Schaltschema)
2 Schraube
3 Schaltknauf
4 Feder
5 Hülse
6 Reißverschluss
7 Manschette (Schaltsack)
8 Schalthebel

Schaltknauf und Manschette (Schaltsack) aus- und einbauen

Es gibt zwei unterschiedliche Bauweisen des Schalthebels. Die ältere Variante besteht aus einem Vollkunststoffknauf, der auf den Schalthebel aufgegossen ist. Eine Demontage ist hier zwar nicht vorgesehen, aber möglich. Die neuere Variante ist mit einer Torxschraube im Schalthebel verschraubt.

Demontage des Schaltknaufs der alten Bauweise (Vollkunststoffknauf):

- Setzen Sie eine Schraubzwinge (2 im Bild 21) im Bereich der Gummierung an.
- Verdrehen Sie den Knauf mehrfach nach links und rechts (1) um ihn vom Schalthebel (8) zu lösen und ziehen Sie ihn dabei nach oben (3).
- Nehmen Sie den Schalthebel (4) ab.
- Für die Montage tragen Sie einen Montagekleber in der Bohrung des Schalthebels auf und drücken Sie ihn von oben fest auf.
- Lassen Sie den Klebstoff je nach Angabe trocknen.

Demontage des Schaltknaufs der neueren Bauweise (Knauf geschraubt):

- Hebeln Sie die Plakette (1 im Bild 22) im Schaltknauf (1) heraus.
- Drehen Sie die Schraube (2) heraus.
- Ziehen Sie den Schaltknauf (3) nach oben ab.

Die Montage erfolgt sinngemäß in umgekehrter Reihenfolge.

Demontage der Schaltmanschette:

Die originale Schaltmanschette (Schaltsack) hat keine Öffnung und kann kaum über die Hülse (5) rübergezogen werden. In der Regel muss sie aufgeschnitten werden. Der Ersatzschaltsack ist mit einem Reißverschluss ausgerüstet.

- Clipsen Sie den Schaltsack aus der Verkleidung der Mittelkonsole aus.
- Stülpen Sie den Schaltsack nach oben über den Schaltknauf.
- Ziehen Sie das Haltegummi über dem Schaltsack nach unten.
- Bei der Version ohne Reißverschluss schneiden Sie den Schaltsack so weit auf, dass Sie ihn von der Hülse (5) beziehungsweise über den Schaltknauf (3) ziehen können.

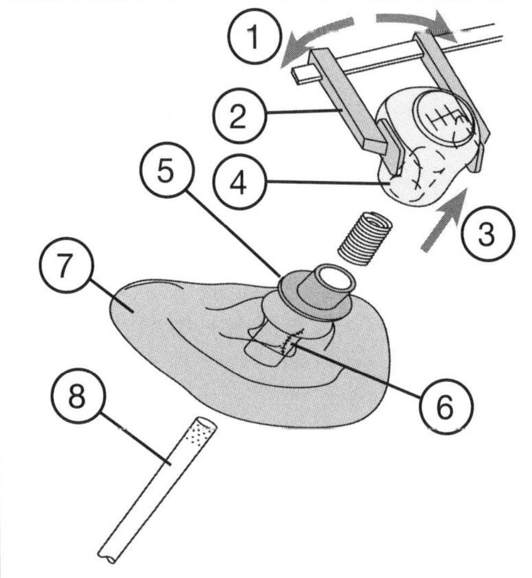

Bild 21

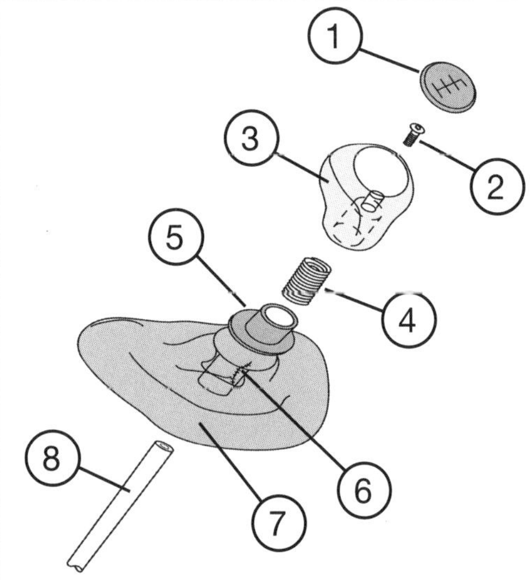

Bild 22

- Bei der Version mit Reißverschluss öffnen Sie den Reißverschluss und ziehen Sie die Manschette (den Schaltsack) über die Hülse und den Schaltknauf nach oben ab.

Die Montage erfolgt sinngemäß in umgekehrter Reihenfolge.

Schaltzüge beim 6-Gang-Getriebe aus- und einbauen

- Das Getriebe in Neutralstellung schalten.
- Das Fahrzeug anheben.
- Die Unterbodenverkleidung auf der linken Seite ausbauen.
- Die Schaltzüge (7 im Bild 24) unten vom Getriebe abbauen.

■ Das Fahrzeug wieder absenken.
■ Drehen Sie die Schrauben (1 im Bild 23) heraus.
■ Ziehen Sie die untere Mittelkonsole (2) nach hinten (3) ab und nehmen Sie sie heraus.
■ Schalten Sie die Zündung aus und ziehen Sie den Zündschlüssel ab.
■ Ziehen Sie das Aschenbechergehäuse bis zum Anschlag heraus.
■ Drücken Sie das Aschenbechergehäuse leicht nach unten.
■ Drücken Sie den Klemmbügel des Becherhalters in der Mittelkonsole nach außen, bis die Arretierung durch die Lücke in der Verkleidung passt.
■ Ziehen Sie das Aschenbechergehäuse ganz heraus.
■ Entsichern Sie den Steckkontakt und ziehen Sie ihn von der Aschenbecherbeleuchtung ab.

Fahrzeuge mit Automatikgetriebe:
■ Demontieren Sie den Schalthebelknauf wie bereits für die neuere Bauweise beschrieben.

Fahrzeuge mit Schaltgetriebe:
■ Clipsen Sie die Verkleidung an der Mittelkonsole aus.

Weiter für alle Fahrzeuge:
■ Drehen Sie die drei Schrauben oben und die drei Schrauben unten der oberen Mittelkonsole heraus.
■ Nehmen Sie die obere Mittelkonsole ab.
■ Entsichern Sie den Steckkontakt (1 im Bild 24) und ziehen Sie ihn vom Rückwärtsgangschalter (2) ab.
■ Hebeln Sie die Kugelpfanne vom Schaltzug außen am Schalthebelmoduls ab.
■ Bauen Sie den Schalthebelzug außen am Schalthebelmodul vom Schalthebelmodul ab.
■ Bauen Sie das Schalthebelmodul (4 in den Bildern 24 und 25) vom Querträger unter der Armaturentafel ab.
■ Hebeln Sie die Kugelpfanne vom Schaltzug in der Mitte des Schalthebelmoduls ab.
■ Bauen Sie den Schalthebelzug in der Mitte des Schalthebelmoduls vom Schalthebelmodul ab.
■ Nehmen Sie das Schalthebelmodul ab.
■ Ziehen Sie die Gummitüllen der Schaltzüge (7 im Bild 24) oder (6 im Bild 25) aus der Karosserie heraus.
■ Legen Sie die beiden Schaltzüge frei.

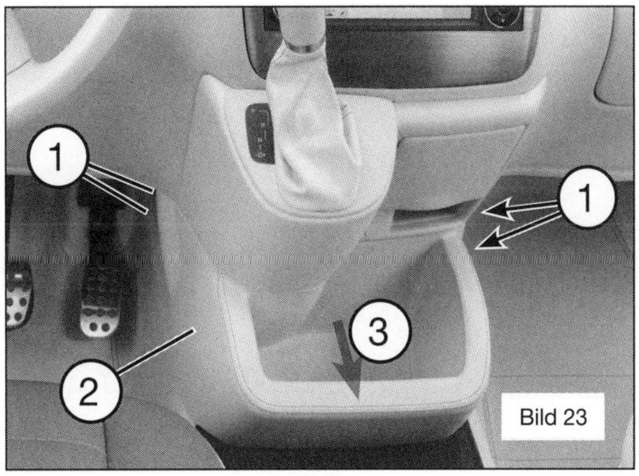

Bild 23
Ausbau der unteren Mittelkonsole
1 Schrauben
2 untere Mittelkonsole
3 Bewegungsrichtung zum Ausbau

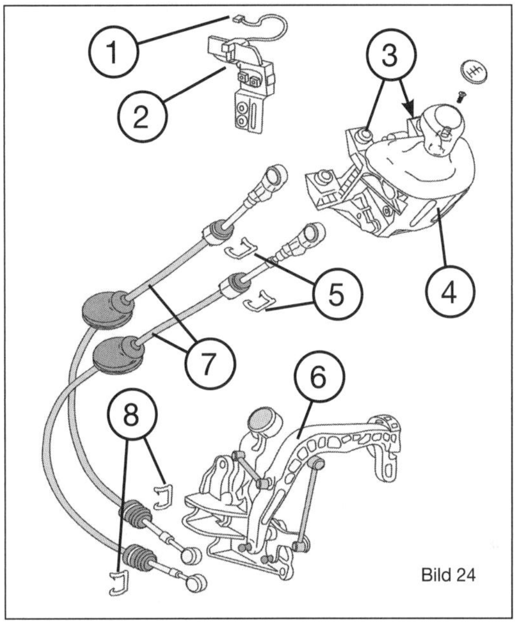

Bild 24
Schaltzüge am Schaltgetriebe.
1 Steckkontakt
2 Rückwärtsgangschalter
3 Verschraubung
4 Schalthebelmodul
5 Sicherungsklammern
6 Hebelwerk am Getriebe
7 Schaltzüge
8 Sicherungsklammern

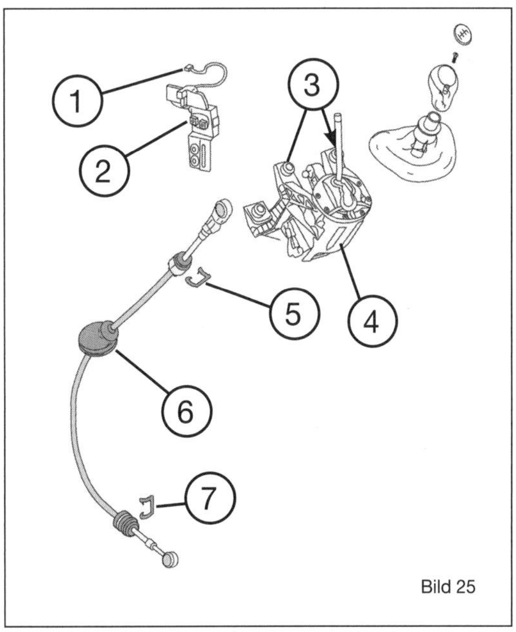

Bild 25
Schaltzug am Automatikgetriebe.
1 Steckkontakt
2 Rückwärtsgangschalter
3 Verschraubung
4 Schalthebelmodul
5 Sicherungsklammern
6 Schaltzüge
7 Sicherungsklammern

Bild 26
Ausbau der unteren Mittelkonsole.
1 Kunststofffaden 3 mm oder Spezialwerkzeug WF58.50-S-2660-04S
2 Kugelpfanne oben
3 Schaltzug
A Gelenkkopf zusammendrücken (zur Montage des Kunststofffadens (1)

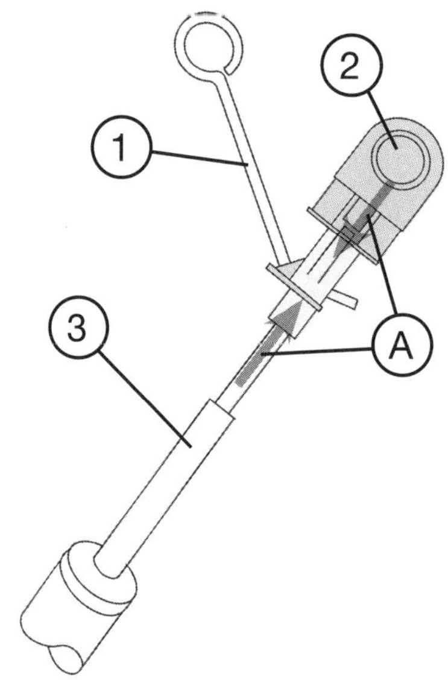

Bild 26

■ Nehmen Sie die beiden Schaltzüge nach oben aus der Karosserie heraus.

Die Montage erfolgt sinngemäß in umgekehrter Reihenfolge.

Schaltzüge, Schaltzugmanschette und Kugelpfannen auf Verschleiß und Beschädigungen prüfen.

■ Erneuern Sie die Kabelbinder an den Stellen, an denen die Schaltzüge befestigt worden sind.

■ Stellen Sie die Schaltzüge vor der Montage der Verkleidungsteile wie im Anschluss beschrieben ein.

Schaltzüge einstellen

Die Voraussetzung für die korrekte Einstellung sind unbeschädigte Schaltzüge und Lagerungen sowie eine spielfreie Mechanik der Schalthebelkonsole. Die Aufnahmen der Schaltzüge müssen schadfrei sein.

Die Arbeitsweise für die Schaltzüge an Automatikgetriebe und Schaltgetriebe unterscheiden sich nur geringfügig.
Wir heben die Besonderheiten im Ablauf der Beschreibungen hervor.

Ausbau der unteren Mittelkonsole:

■ Drehen Sie die Schrauben (1 im Bild 23) heraus.

■ Ziehen Sie die untere Mittelkonsole (2) nach hinten (3) ab und nehmen Sie sie heraus.

■ Schalten Sie die Zündung aus und ziehen Sie den Zündschlüssel ab.

Ausbau des Aschenbechergehäuses:

■ Ziehen Sie das Aschenbechergehäuse bis zum Anschlag heraus.

■ Drücken Sie das Aschenbechergehäuse leicht nach unten.

■ Drücken Sie den Klemmbügel des Becherhalters in der Mittelkonsole nach außen, bis die Arretierung durch die Lücke in der Verkleidung passt.

■ Ziehen Sie das Aschenbechergehäuse ganz heraus.

■ Entsichern Sie den Steckkontakt und ziehen Sie ihn von der Aschenbecherbeleuchtung ab.

■ Cipsen Sie die Verkleidung an der Mittelkonsole aus.

Ausbau der oberen Mittelkonsole:

■ Drehen Sie die drei Schrauben oben und die drei Schrauben unten der oberen Mittelkonsole heraus.

■ Nehmen Sie die obere Mittelkonsole ab.

■ Entsichern Sie den Steckkontakt (1 im Bild 24) und ziehen Sie ihn vom Rückwärtsgangschalter (2) ab.

Kugelköpfe ausrasten:

■ Hebeln Sie die Kugelpfanne vom Schaltzug (3) außen am Schalthebelmoduls ab.

■ Tragen Sie etwas Fett in das Gelenk der Kugelpfanne auf.

■ Drücken Sie das Schaltzuggelenk zusammen (A im Bild 26) und stecken Sie einen Plastikfaden (3 mm) oder das Arretierwerkzeug (WF58.50-S-2660-04S) in die Bohrung im Gelenk ein, um die Verrastung offen zu halten.

■ Drücken Sie das Kugelgelenk wieder auf den Kugelkopf im Schalthebelmodul auf.

■ Bauen Sie das Schalthebelmodul (4 in den Bilder 24 und 25) vom Querträger unter der Armaturentafel ab.

Bei Schaltgetrieben:

■ Bei Fahrzeugen mit Schaltgetriebe das Getriebe in Neutralstellung schalten.

■ Setzen Sie die Schalthebelarretierung (DB 639 589 036 300) links hinten in das Schalthebelmodul ein.

Bei Fahrzeugen mit Automatikgetriebe:

■ Stellen Sie den Schalthebel auf die Stellung »D«.

Weiter für alle Fahrzeuge:

■ Ziehen Sie die Plastikfäden (3 mm) oder die Arretierwerkzeuge (WF58.50-S-2660-04S) in der Bohrung im jeweiligen Gelenk heraus.

Die Schaltzüge rasten nun in der richtigen Position für die jeweilige Schaltzuglänge ein. Die Einstellung ist erfolgt.

■ Prüfen Sie die Einstellung der Schaltung.

Achswellen (Hinterachse)

Achs- oder Antriebswellen finden sich beim Vito/Viano in unterschiedlichsten Bauweisen. Schon der heckgetriebene Bus ist mit der Kardanwelle unter dem Fahrzeug und zwei Antriebswellen im hinteren Achskörper ausgerüstet. Die Allradvarianten sind zusätzlich noch mit einer Zwischenwelle und zwei Antriebswellen für die Vorderräder ausgerüstet. Wir werden im Folgenden die einzelnen Wellen demontieren und für die Achsgelenkwellen auch die Instandsetzung genauer betrachten.

De- und Montage der Achswelle der Hinterachse (Normalausführung)

Die Montagearbeiten für die heckangetriebenen Varianten und die Allrad-Fahrzeuge unterscheidet sich nur unwesentlich.

■ Das Fahrzeug anheben und verzurren.

Wenn das Fahrzeug nicht verzurrt wird, besteht die Gefahr, dass es von der Hebebühne abrutscht.

■ Stellen Sie das Fahrzeug auf den Rädern ab, ziehen Sie die Handbremse an und lösen Sie die Zentralmutter (7 im Bild 27).

Bei loser radseitiger Gelenkwellenverschraubung dürfen die Radlager nicht belastet werden. Werden die Radlager durch das Eigengewicht des Fahrzeugs belastet, wird das Radlager vorgeschädigt. Die Radlagerlebensdauer ist dadurch geringer.

■ Bauen Sie das Rad an der entsprechenden Seite ab.

■ Heben Sie das Fahrzeug an.

■ Unterbauen Sie das Achsgetriebe (3) hinten mit einem Getriebeheber.

■ Drehen Sie die Schrauben (6) und (16)

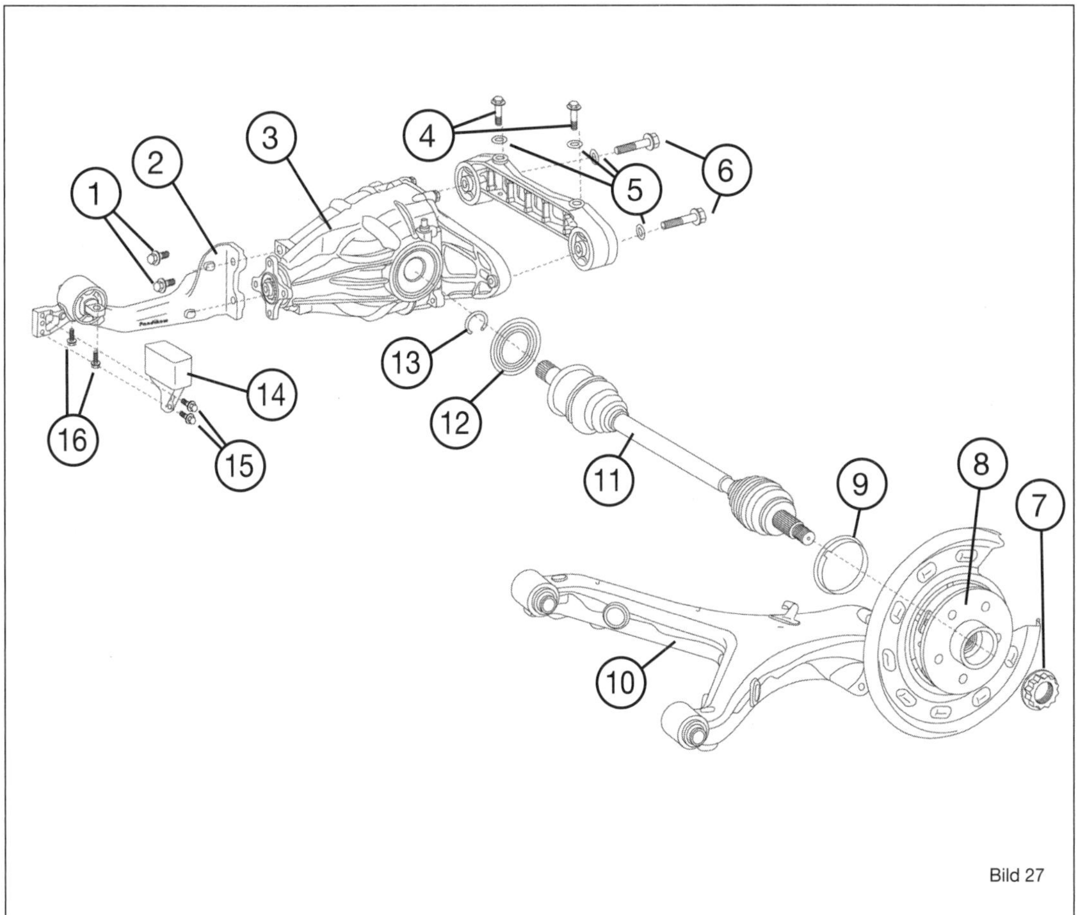

Bild 27
Hinterachse in Teilen.
1 Schrauben
2 Halter
3 Hinterachsgetriebe
4 Schraube
5 Scheiben
6 Schrauben
7 Mutter
8 Radnabe
9 Abdeckring
10 Längslenker
11 Antriebswelle
12 Schutzscheibe
13 Sicherungsring Antriebswelle
14 Tilgergewicht
15 Schrauben
16 Schrauben

Sichtprüfung Messen

heraus.

■ Senken Sie das Hinterachsgetriebe (3) vorsichtig so weit ab, dass Sie ausreichend Platz gewinnen, um die Antriebswelle (11) aus dem Achsgetriebe (3) herausziehen zu können.

■ Reinigen Sie den Montagebereich der Antriebswelle im Achsgetriebe gründlich.

■ Hebeln Sie die Antriebswelle (11) aus dem Achsgetriebe heraus.

■ Nehmen Sie die Antriebswelle (11) aus dem Achsgetriebe heraus.

Drücken Sie dabei das Achsgetriebe (3) etwas aus dem Montagebereich heraus, um Platz zu gewinnen.

■ Drücken Sie die Antriebswelle (11) aus der Radnabe (8) heraus.

Die Radnabe kann durch Korrosion sehr fest sitzen. Ist das der Fall, bauen Sie einen Ausdrücker an der Radnabe an und drücken Sie sie heraus.

⚠ Schläge auf das Gewindestück können die Verschraubung schädigen.

Der Einbau erfolgt sinngemäß in umgekehrter Reihenfolge.

■ Prüfen Sie den Zustand und Sitz des Sicherungsrings (13).

■ Prüfen Sie den Dichtring im Achsgetriebe auf Schäden.

■ Achten Sie darauf, dass die Antriebswelle im Getriebe merklich einrastet.

■ Fetten Sie die Sitzfläche der Antriebswelle in der Radnabe leicht ein.

■ Prüfen bzw. ergänzen Sie nach dem Einbau der Hinterachswelle den Getriebeölstand im Achsantrieb.

Achsgelenkwellen (vorne)

De- und Montage der Achsgelenkwellen der Vorderachse (Allrad-Fahrzeuge)

Die Montagearbeiten unterscheiden sich nur unwesentlich. Die beschriebenen Montagearbeiten sind sowohl für die rechte als auch für die linke Seite anwendbar.

■ Fahrzeug anheben und verzurren.

⚠ Wenn das Fahrzeug nicht verzurrt wird, besteht die Gefahr, dass es von der Hebebühne abrutscht.

■ Das entsprechende Vorderrad abbauen.

■ Den Drehzahlfühler ABS vorn ausbauen.

■ Den Bremssattel mit Bremsträger abbauen und so mit Draht befestigen, dass das Gewicht des Bremssattels den Bremsschlauch nicht belastet bzw. beschädigt.

■ Spurstangenkopf lösen.

■ Eventuelle Verschmutzung am Nabendeckel (soweit verbaut) entfernen.

■ Den Nabendeckel mit einem handelsüblichen Meißel von der Radnabe hebeln.

Der Nabendeckel wird beim Ausbau zerstört und muss ersetzt werden. Der Nabendeckel ist eingeklebt, was eine etwas erschwerte Demontage zur Folge hat.

■ Die Achswellenzentralmutter (5 im Bild 28) durch Zurückbiegen der Sicherung auf der Achswelle entsichern.

■ Die Achswellenzentralmutter (5) abschrauben.

■ Innenvielzahnschrauben (2) am Achsantrieb (1) für die Seite lösen.

■ Stabilisatorgestänge auf der entsprechenden Seite abbauen.

■ Den Querlenker am Achsschenkel abbauen.

■ Die Lenkung nach rechts beziehungsweise nach links drehen, um mehr Bewegungsfreiheit zu erlangen.

■ Die Gelenkwelle aus dem Radlagergehäuse drücken und die Gelenkwelle entnehmen.

Die Radnabe kann durch Korrosion sehr fest sitzen. Ist das der Fall, bauen Sie einen Ausdrücker an der Radnabe an und drücken Sie sie heraus.

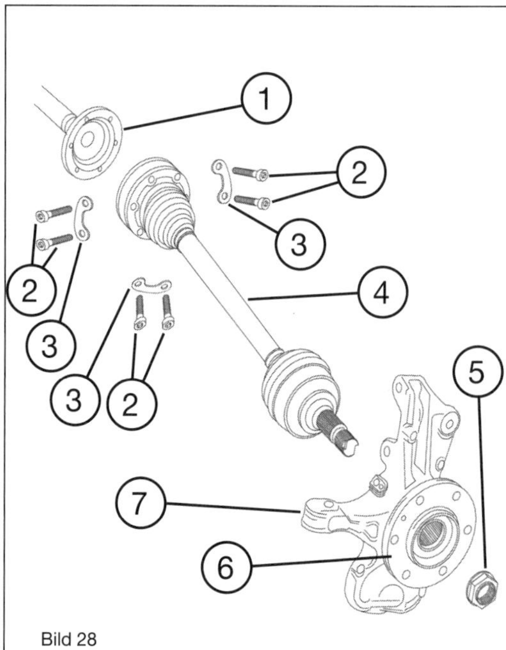

Bild 28

Bild 28
Antriebswelle an der Vorderachse.
1 Achsstummel am Achsgetriebe vorne
2 Schrauben
3 Beilagplatte
4 Achsgelenkwelle
5 Achswellenzentralmutter
6 Radnabe vorne
7 Achsschenkel

Schläge auf das Gewindestück können die Verschraubung schädigen.

Bei loser radseitiger Gelenkwellenverschraubung dürfen die Radlager nicht belastet werden. Werden die Radlager durch das Eigengewicht des Fahrzeugs belastet, wird das Radlager vorgeschädigt. Die Radlagerlebensdauer ist dadurch geringer.

Fahrzeuge ohne Gelenkwelle dürfen nicht bewegt werden, da sonst das Radlager beschädigt wird. Soll ein Fahrzeug trotzdem bewegt werden, Folgendes beachten:

- Anstatt der Gelenkwelle ein Außengelenk einbauen.

Die Montage erfolgt sinngemäß in umgekehrter Reihenfolge.

Beim Ablegen oder beim Einsetzen darauf achten, dass sich kein Schmutz an den Teilen befindet. Bei eventuellen Verschmutzungen oder Beschädigungen am Radlagergehäuse/Achsschenkel (7 im Bild 28) oder an der Radnabe (8), die Teile reinigen bzw. erneuern.

- Gelenkwelle einfügen und Gleichlaufgelenk außen in das Radlagergehäuse einführen.
- Schrauben des Querlenkers handfest anziehen und im eingefederten Zustand mit Drehmoment festziehen.
- Staubkappen auf Beschädigung und richtigen Sitz prüfen.
- Innenvielzahnschrauben (2) handfest anschrauben, anschließend mit vorgeschriebenem Anzugsdrehmoment festziehen.
- Spurstangenkopf befestigen.
- Drehzahlfühler vorn einbauen.
- Neuen Nabendeckel (soweit verbaut) einbauen.
- Bremssattel mit Bremsträger anbauen.
- Das entsprechende Vorderrad anbauen.

Zwischenwelle (zum Verteilergetriebe)

Die Zwischenwelle zwischen Verteilergetriebe und Vorderachse läuft auch dann mit, wenn die Vorderachse nicht angetrieben wird. Entsprechend muss sie auch leichtgängig und schadfrei sein.

- Fahrzeug anheben und verzurren.

Wenn das Fahrzeug nicht verzurrt wird, besteht die Gefahr, dass es von der Hebebühne abrutscht.

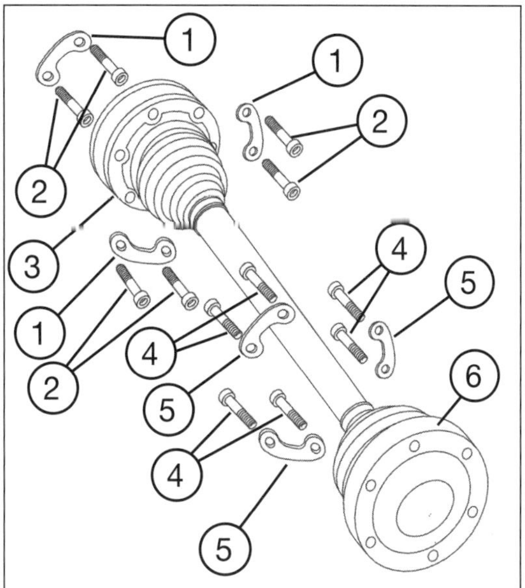

Bild 29

Bild 29
Antriebswelle zwischen Verteilergetriebe und Vorderachse beim Allrad.
1 Beilagplatte
2 Schraube
3 Gelenk am Verteilergetriebe
4 Schraube
5 Beilagplatte
6 Gelenk am Vorderachsgetriebe

- Demontieren Sie die Motorabdeckung und/oder Getriebeabdeckung unten (soweit verbaut).
- Reinigen Sie den Bereich um die Achswelle an den Getrieben gründlich.
- Drehen Sie die Schrauben (2 und 4 im Bild 29) heraus.
- Nehmen Sie die Schrauben und die Beilagplatten (1 und 5) ab.
- Schieben Sie die Achswelle vorsichtig etwas zusammen und nehmen Sie sie heraus.

Die Montage erfolgt sinngemäß in umgekehrter Reihenfolge.

Beim Ablegen oder beim Einsetzen darauf achten, dass sich kein Schmutz an den Teilen befindet.

- Innenvielzahnschrauben (2 und 4) zuerst handfest anschrauben, dann mit vorgeschriebenem Anzugsdrehmoment festziehen.

Gelenkwellen prüfen

Gelenkwellen unterliegen zwar Verschleiß, aber es gibt eigentlich nur drei Gründe, eine Achsgelenkwelle zu zerlegen. Zuerst einmal möchten wir den Hintergrund für diese Arbeiten genauer beleuchten.

- *Spiel an den Gelenken:*

Spiel an den Achswellen prüfen (Bild 30).

Halten Sie den Lageraußenring mit der Hand fest und verdrehen Sie die

Sichtprüfung Messen

Bild 30
Spiel an den Gelenken der Achswellen prüfen.
1 Gelenkwelle
2 Gelenkwellentopf (Lageraußenring)

Bild 31
Beschädigte Achswellenmanschette.
1 Gelenkwelle
2 Gelenkwellentopf
3 Achswellenmanschette

Achswelle. Sie sollte möglichst kurze schnelle Bewegungen machen (einfach schnell hin- und herdrehen). So bemerken Sie ein mögliches Lagerspiel in den Achswellen sehr schnell. Spiel an den Gelenken sollte immer nachgegangen werden.

Denken Sie daran, dass Ihr Fahrzeug beim Anheben einen anderen Winkel der Achswelle bewirkt. Die Prüfungen sollten immer am Boden stattfinden. Eine Grube in der Garage oder eine Mutterbühne ist hier sehr hilfreich. Stellen Sie übermäßiges Spiel fest, sollte die Gelenkwelle erneuert oder zerlegt und repariert werden. Zumeist zeigen sich bei der Demontage erhebliche Schäden an Lagerflächen oder Kugeln. Wird das Spiel zu groß (mehr als 2 mm Spiel in der Verdrehung), kann die Antriebswelle »auseinanderfliegen« und sorgt dann im günstigsten Fall für eine Panne. Im schlimmsten Fall kann die Achswelle weitere Schäden verursachen, wenn sie aus den Führungen herausrutscht.

■ *Geräusche:*
Die Prüfung der Achsgelenkwellen auf diese Schäden erfolgt in der Regel bei einer Probefahrt. Es sollten hier enge Radien gefahren werden können (Supermarktparkplatz) und auch der Lastwechsel vom Beschleunigen zum Schiebebetrieb simuliert werden.

Gefahren vermeiden! Auf den Verkehr achten! Geräusche an den Achswellen lassen sich leider nur für das radseitige Gelenk sicher orten.

Die Getriebeseite wird oftmals als »Getriebeschaden« wahrgenommen. Sollten also Geräusche beim Lastwechsel entstehen, nehmen Sie auch die Antriebswellen einmal genauer unter die Lupe. Ein deutliches »Klackern« oder durchaus schon »Schläge« gerade beim Kurvenfahren in engen Radien weisen auf einen Achswellenschaden hin.

Je lauter diese Geräusche werden, umso dringender besteht Handlungsbedarf. Auch hier sind oft an den zerlegten Wellen sehr gut sichtbare Schäden vorhanden.

■ *Manschette beschädigt (Bild 31):*
Das Ende der Lagerungen einer Achswelle wird natürlich schneller erreicht, wenn Schmutz, Wasser und Straßendreck durch

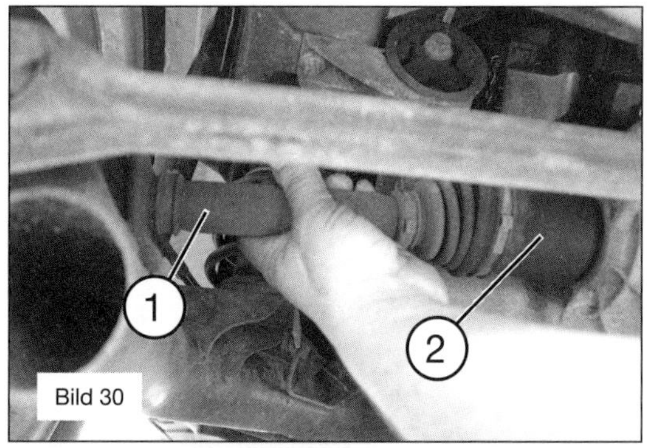

Bild 30

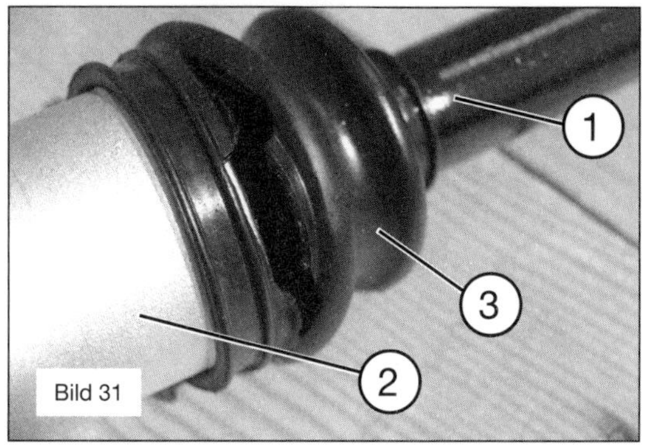

Bild 31

eine defekte Manschette eindringen können.

Kontrollieren Sie die Lenkmanschetten und die Gelenkmanschette regelmäßig. Bei Schäden führt an einer Reinigung des Gelenkes und dem Ersatz der Manschette kein Weg vorbei.
Achten Sie auch auf kleine Fettspritzer im Radlaufbereich oder an den Bremsteilen. Oftmals zeichnen schon kleinste Schäden an der Manschette deutliche Spuren. Durch die hohe Drehzahl wird das Fett im Gelenk sehr schnell in der Landschaft verteilt. Daraufhin läuft das Gelenk trocken und wird mit der Unterstützung des eindringenden Schmutzes ein erhebliches Verschleißverhalten entwickeln.

Gelenkwellen zerlegen

Achsmanschette außen (radseitig) wechseln:
- Die entsprechende Antriebswelle ausbauen.
- Die Gelenkwelle mit Schutzbacken in Schraubstock einspannen.
- Die Antriebswellenmanschette (1 im Bild 32) aufschneiden und abziehen.
- Fett über dem Gelenktopf abwischen.

Es gibt zwei unterschiedliche Bauweisen für die Sicherung des Gelenktopfes auf der Welle. Unterscheiden kann man die Bauweisen über dem Topfgelenk. Die

Öffnungen des Sicherungsrings (6 im Bild 34) sind nach dem Entfernen des Gelenkwellenfetts erkennbar.

Bauweise mit Sicherungsring (Bild 34):
■ Den Sicherungsring (6) mit einer Seegerringzange öffnen und das Gleichlaufgelenk von der Antriebswelle ziehen.

Bauweise mit Sprengring (Bild 35):
■ Das Gleichlaufgelenk (1) mit einem Kunststoffhammer (3) von der Antriebswelle (2) treiben.
■ Den Sicherungsring ausbauen.

Weiter für beide Bauweisen:
■ Das Gleichlaufgelenk reinigen.
■ Die kleine Klemmschelle auf die Antriebswelle aufschieben.
■ Die neue Antriebswellenmanschette auf die Antriebswelle aufschieben.
■ Den neuen Sicherungsring (beider Bauweisen) einbauen.
■ Das Gleichlaufgelenk bis zur Oberkante des Innensterns mit im Lieferumfang enthaltenem Fett befüllen.
■ Das Gleichlaufgelenk mit einem Plastikhammer auf die Antriebswelle auftreiben, bis der Sicherungsring einrastet.
■ Die Manschette und Gleichlaufgelenk mit der Restmenge Fett befüllen.
■ Die Antriebswellenmanschette auf das Gleichlaufgelenk aufschieben.

Der Wulst der Manschette muss in der Nut am Gleichlaufgelenk liegen.

■ Die Klemmschellen (2 im Bild 37) auf der Antriebswellenmanschette (3) positionieren und befestigen.
■ Antriebswelle aus dem Schraubstock lösen und abnehmen.
■ Antriebswelle wieder einbauen.

Topfgelenk (radseitig) zerlegen

Die Antriebswellen beim Vito/Viano für den Radantrieb oder zum vorderen Achsgetriebe unterliegen dem Verschleiß und die Manschetten können beschädigt werden.

Grundsätzlich sollten Sie beim Zerlegen von Achsgelenken die Übertragungsteile wie die Kugeln oder Lager wieder in die gleiche Position einbauen, in der sie vor der Demontage gewesen sind. Sie können die Bauteile mit einem Lackstift oder wasserfesten Filzstift markieren.

Bild 32

Bild 32
Gelenkmanschette anheben.
1 Manschette
2 Innenring des Gelenks
3 Gelenktopf

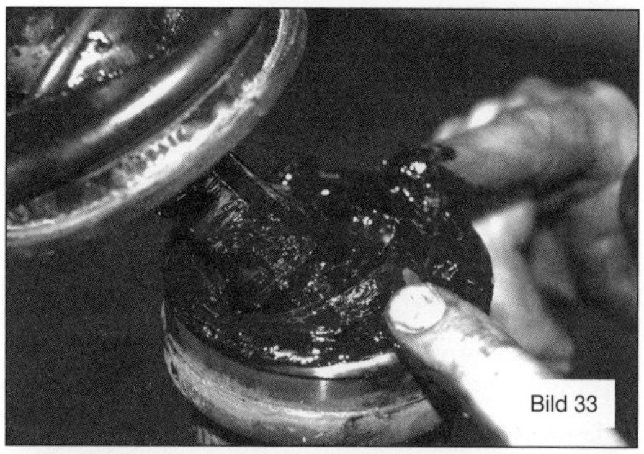
Bild 33

Bild 33
Gelenk abwischen, um es besser erkennen zu können.

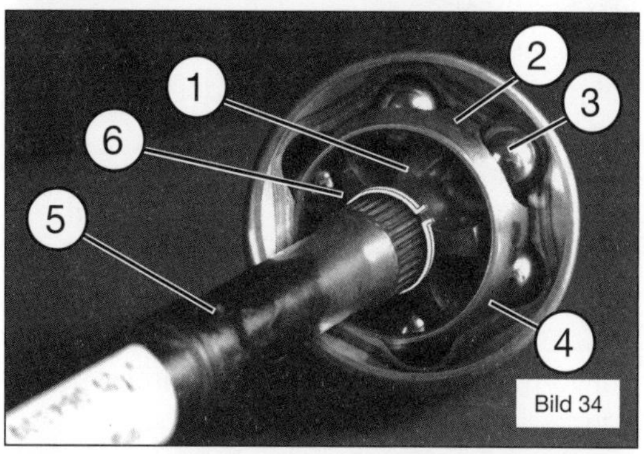

Bild 34

Bild 34
Bauweise mit Sicherungsring.
1 Innenring
2 Kugelkäfig
3 Kugeln
4 Gelenktopf
5 Welle
6 Sicherungsring

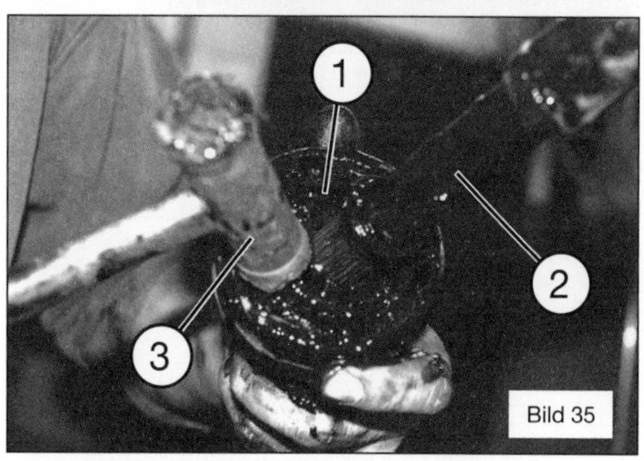

Bild 35

Bild 35
Bauweise mit Rastring auf der vorderen Wellenspitze.
1 Gleichlaufgelenk
2 Welle
3 Kunststoffhammer

Hilfreich ist es aber auch eine Ablage aus Pappe zur Ablage der Einzelteile vorzubereiten.

Wechsel der radseitigen Manschette:
Die beiden radseitigen Gelenke sind Kugelgelenkwellen. Die Montagearbeit für beide Seiten ist vom Arbeitsablauf fast identisch.

Sichtprüfung Messen

Bild 36
Radseitiges Gelenk der Achswelle.
1 Gelenktopf
2 Kugelkäfig
3 Kugeln
4 Innenring

Bild 37
1 Zange
2 Federbandschelle
3 Achswellenmanschette

Bild 38
Kugelkäfig hochkant in den Gelenktopf einsetzen.

Bild 39
Im Detail.
Gelenkinnenring in den Kugelkäfig einfädeln.

Bild 36

- Bauen Sie die entsprechende Antriebswelle wie bereits beschrieben aus.
- Entfernen Sie die beiden Klemmbänder auf der entsprechenden Manschette.
- Schneiden Sie die Achsmanschette mit einem Cuttermesser auf und nehmen Sie sie ab.
- Wischen Sie das Fett am Rand des Gelenktopfes (1 im Bild 36) ab, damit Sie den Innenring (2) des Gelenks erkennen können.
- Bauen Sie das Gelenk von der Achswelle wie beschrieben ab.
- Kippen Sie den Innenring zur Seite und nehmen Sie eine Kugel nach der anderen wie im Bild 41 gezeigt heraus.
- Verdrehen Sie den Gelenkinnenring so weit, dass Sie ihn wie im Bild 38 gezeigt herausnehmen können.
- Verdrehen Sie den Kugelkäfig so weit, dass Sie ihn über die Aussparungen (Bild 38) vom Gelenkwellenkopf abnehmen können.
- Achten Sie darauf, dass die Kugeln nicht auf den Boden fallen.
- Reinigen Sie alle Bauteile gründlich und untersuchen Sie sie nach Schäden oder Verschleißspuren.
- Sind Schäden oder Verschleiß erkennbar, muss das Gelenk erneuert werden. Es sind beide Gelenke als Ersatzteil lieferbar.

Die Montage erfolgt sinngemäß in umgekehrter Reihenfolge.

- Stecken Sie die kleine Schelle auf die Manschette auf.
- Stecken Sie die neue Manschette auf die Achswelle auf.
- Tragen Sie etwas Fett auf die Laufbahnen der Kugeln und auf die Kugeln auf.
- Montieren Sie das Kugelgelenk.
- Geben Sie den Rest des Fettes in das Kugelgelenk hinein.

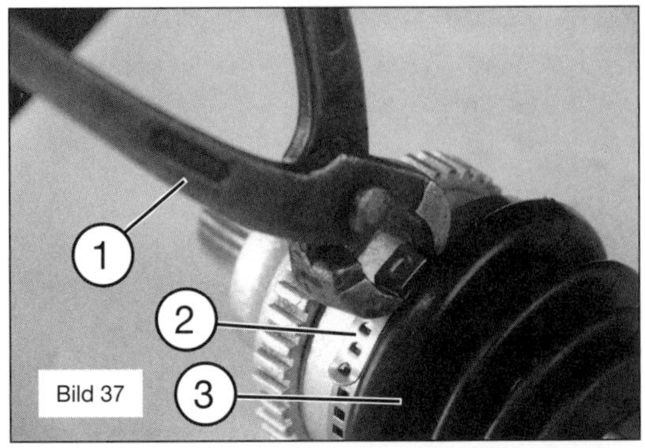

Bild 37

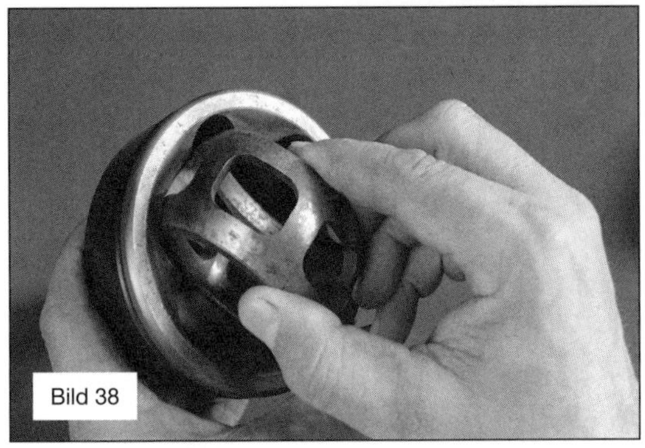
Bild 38

Bild 39

- Stecken Sie die Achswelle in das Innengelenk ein.
- Schlagen Sie das Gelenk mit einem Kunststoffhammer auf die Welle auf.

☞ Positionieren Sie die Achswellenmanschette so, dass sie beim Bewegen des Gelenkes nicht zu straff gespannt wird. Sie könnte sonst vom Gelenktopf rutschen.

- Montieren Sie die beiden neuen Klemmbänder (Schellen) auf der entsprechenden Manschette.
- Die Klemmbänder werden mit einer speziellen Zange zugebogen. Mit etwas Geschick gelingt das auch mit einer Beißzange (1 im Bild 37).
- Biegen Sie die Klemmbänder (2 im Bild 43) über einer Spraydose (1) vor. So lassen sie sich leichter montieren.

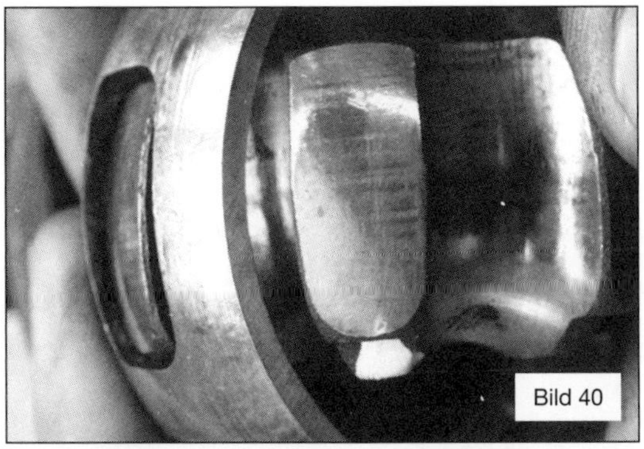
Bild 40

Bild 40
Oftmals gibt es für das Einsetzen in den Kugelkäfig eine Position mit Flachstellen seitlich.

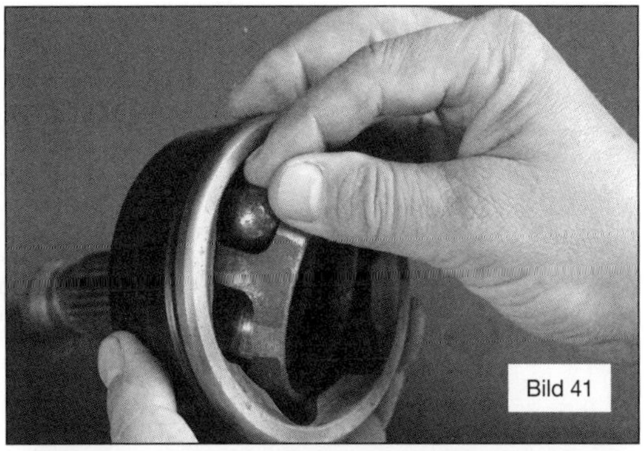
Bild 41

Bild 41
Einsetzen der Kugeln in den Kugelkäfig.

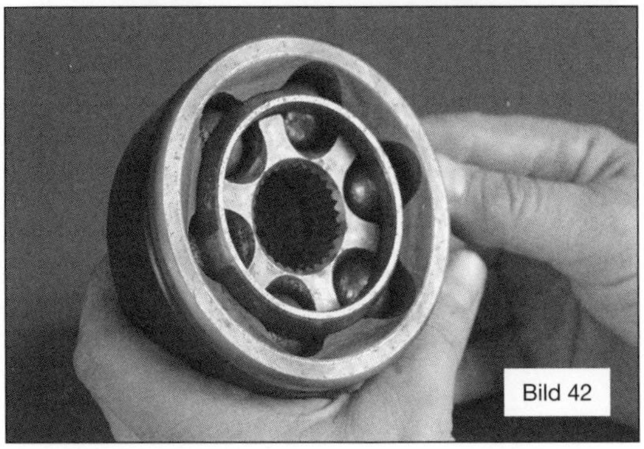
Bild 42

Bild 42
Einbaulage der Achswellenbauteile im Gelenktopf.

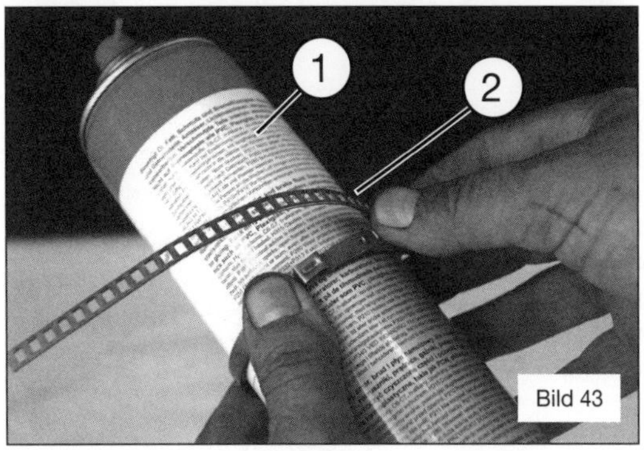

Bild 43

Bild 43
Klemmband vorbiegen.
1 Spraydose
2 Klemmband

■ Reinigen Sie die Achsgelenkwelle und bauen Sie sie wieder ein.

Achsmanschette innen (getriebeseitig) wechseln:

■ Die entsprechende Antriebswelle ausbauen.
■ Die beiden Federbandschellen der Manschette öffnen.
■ Die Antriebswellenmanschette getriebeseitig aufschneiden und abnehmen.
■ Den Sicherungsring öffnen und den Tripoidlagerträger abnehmen.
■ Lagertopf und den Tripoidlagerträger reinigen.
■ Die Antriebswelle aus dem Schraubstock lösen und abnehmen.
■ Die neue Antriebswellenmanschette auf die Antriebswelle aufschieben.
■ Die Klemmschelle auf die Antriebswelle aufschieben.
■ Die Antriebswelle mit Schutzbacken in den Schraubstock einspannen.
■ Die Gelenknabe mit dem im Lieferumfang enthaltenen Fett befüllen.
■ Den Tripoidlagerträger auf die Antriebswelle aufschieben.
■ Antriebswellenmanschette und die Gelenknabe mit der Restmenge Fett befüllen.
■ Die Antriebswellenmanschette auf die Gelenknabe aufschieben. Der Wulst der Antriebswellenmanschette muss in der Nut am Gleichlaufgelenk liegen.
■ Die Klemmschellen auf der Antriebswellenmanschette positionieren, verschließen und befestigen.
■ Antriebswelle aus dem Schraubstock lösen und abnehmen.
■ Antriebswellenmanschette radseitig wieder einbauen.
■ Die Antriebswelle wieder einbauen.

Kardanwellen De- und Montage

De- und Montage der Kardanwelle

Die Kardanwelle grundsätzlich mit einem zweiten Monteur aus- und einbauen. Vor dem Ausbauen die Position aller Teile zueinander kennzeichnen. Alle Teile in gleicher Stellung zusammenbauen, andernfalls können Unwuchten entstehen, die Schäden an der Lagerung und Brummgeräusche verursachen.

Die Kardanwelle nicht knicken, sondern grundsätzlich nur gestreckt lagern und transportieren.

Je nach Ausstattung ist eine Gelenkscheibe an der Kardanwelle verbaut, die beim Ausbau an der Kardanwelle verbleibt.

■ Schrauben (16 im Bild 43) für den Sicherheitsbügel/Fangsicherung (15) herausdrehen.

Bild 44

Dreiteilige Kardanwelle.

1 Schrauben
2 Hardyscheibe
3 Schrauben
4 Kardanwelle vorne
5 Zwischenlager vorne
6 Distanzscheiben
7 Kardanwelle Mitte
8 Distanzscheiben
9 Schrauben
10 Kreuzgelenk hinten
11 Kardanwelle hinten
12 Kreuzgelenk »3«
13 Zwischenlager hinten
14 Schrauben
15 Fangsicherung
16 Schraube
17 Kreuzgelenk »2«
18 Schrauben
19 Kreuzgelenk »3«
20 Flansch am Getriebe

Bild 45

Gelenkwelle 3-teilig. Ansicht von oben auf das Zwischenlager.

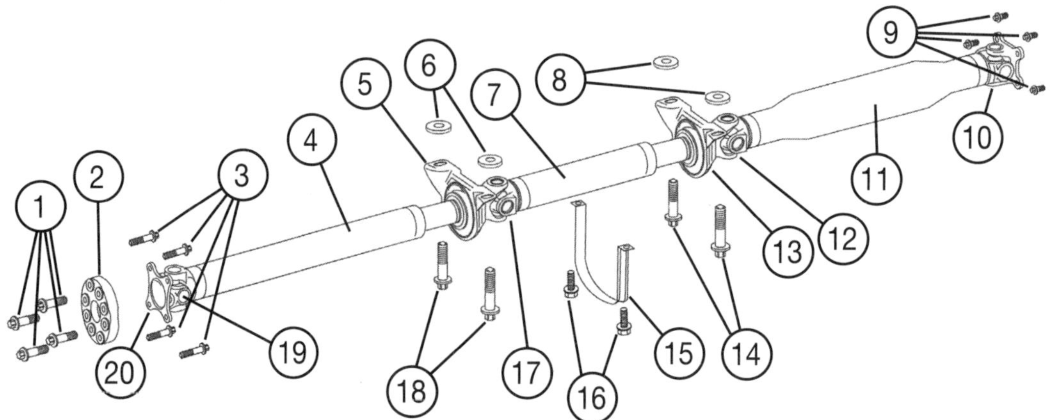

Bild 44

■ Die Stellung der Kardanwelle zum Kardanwellenflansch (Getriebe) kennzeichnen.
■ Die Kardanwelle bzw. die Gelenkscheibe am Kardanwellenflansch des Getriebes bzw. der Kardanwelle vorn abschrauben.

Fahrzeuge mit Tilgergewicht und Gelenkscheibe:
■ Die Schrauben des Tilgergewichtes am Getriebeflansch lösen.

Fortsetzung alle Fahrzeuge:
■ Stellung der Kardanwelle zum Kardanwellenflansch (Bild 45) kennzeichnen.
■ Die Kardanwelle an der Hinterachse abschrauben.
■ Die Schrauben der Zwischenlager herausdrehen (14 und 18 im Bild 44).
■ Die Kardanwelle mit einem zweiten Mechaniker ab- und herausnehmen.

Der Einbau erfolgt sinngemäß in umgekehrter Reihenfolge.
■ Das, beziehungsweise die Zwischenlager spannungsfrei ausrichten.
■ Achten Sie darauf, die Distanzscheiben (6) und (8) nicht zu vertauschen.

Getriebe aus- und einbauen

Die Getriebe werden ausschließlich nach unten ausgebaut. Benötigt werden Abfangvorrichtung, Motor- und Getriebeheber, Getriebeaufnahme und diverse Adapter und Zusatzhaken für die Anhängevorrichtung. Reparaturen an ausgebauten Getrieben gehören allerdings in die darauf spezialisierte Fachwerkstatt.

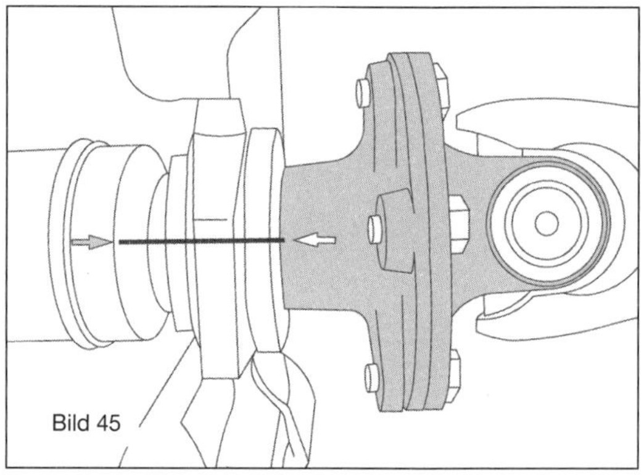

Bild 45

Getriebeausbau beim heck- und allradgetrieben Vito/Viano

Die Montagearbeiten zwischen den manuell geschalteten Getrieben und den automatisch geschalteten Getrieben unterscheiden sich nur geringfügig. Wir werden die Besonderheiten gesondert in dieser Beschreibung hervorheben.

Falls im Fahrzeug ein Radio mit Codierung eingebaut ist, muss diese abgefragt und notiert werden.

Fragen Sie den Fehlerspeicher ab und sichern Sie die Einträge.

Automatikfahrzeuge:
■ Den Wählhebel in Stellung »N« schalten.

Weiter für alle Fahrzeuge:
■ Die Zündung ausschalten.
■ Das Masseband der Batterie abklemmen.
■ Das Fahrzeug anheben und das Fahrzeug auf der Hebebühne sichern.
■ Demontieren Sie, wie bereits beschrieben, die Kardanwelle zur Hinterachse.
■ Den Geschwindigkeitssensor abbauen

und seitlich am Unterbau mit Kabelbindern befestigen.
■ Die elektrische Steckverbindung am Getriebe trennen.
■ Demontieren Sie die Betätigungszüge und befestigen Sie sie außerhalb des Arbeitsbereiches am Aufbau.

Getriebeausbau bei Schaltfahrzeugen
■ Bauen Sie den Halter für den Differenzdrucksensor am Zylinderkopf ab.
■ Die Bremsflüssigkeit aus dem Vorratsbehälter absaugen.

Wenn das Getriebe getauscht wird oder am Getriebe Reparaturarbeiten durchgeführt werden, dann bitte jetzt das Getriebeöl ablassen.
■ Demontieren Sie den Halter der Druckleitung zum Zentralausrücker am Getriebe.
■ Bauen Sie die Druckleitung zum Zentralausrücker am Getriebe ab.

Fangen Sie austretende Restbremsflüssigkeit mit einem saugfähigen Lappen auf.

Allradfahrzeuge:
■ Die Gelenkwelle zur Vorderachse vom Verteilergetriebe abbauen und seitlich am Unterbau anbinden.

Weiter für alle Fahrzeuge:
■ Drehen Sie die Schrauben (3 im Bild 44) heraus.
■ Drehen Sie die Schrauben (16) heraus und nehmen Sie die Fangeinrichtung (15) ab.
■ Drehen Sie die Schrauben (18) heraus.
■ Das vordere Zwischenlager (5) und, soweit verbaut, die Distanzscheiben (6) abbauen.
■ Den Getriebeheber mit der Getriebeplatte am Getriebe ansetzen.
■ Das Getriebe zur Entlastung des Motorlagers leicht anheben.
■ Drehen Sie die Schrauben (7 und 8 im Bild 46) heraus.
■ Nehmen Sie den Querträger (6) heraus.
■ Demontieren Sie den Masseanschluss am Motor.
■ Bauen Sie den Starter aus. Die Arbeiten hierzu stellen wir Ihnen im Kapitel 14 vor.
■ Drehen Sie die verbliebenen Schrauben zum Motor heraus.
■ Ziehen Sie das Getriebe nach hinten ab.
■ Senken Sie das Getriebe ab.

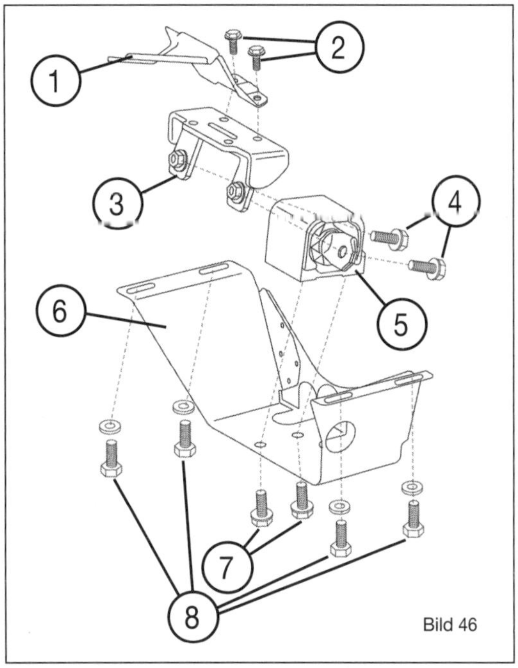

Bild 46
Getriebelager und Querträger.
1 Halter
2 Schrauben
3 Halter
4 Schrauben
5 Lagerbock
6 Querträger
7 Schrauben
8 Schrauben mit Scheiben

■ Nehmen Sie das Getriebe heraus.

Soweit das Getriebe ersetzt werden soll, muss bei Allradfahrzeugen das Verteilergetriebe demontiert werden.

Der Einbau erfolgt sinngemäß in umgekehrter Reihenfolge.
■ Prüfen Sie vor der Montage den Zustand des Zentralausrückers.
■ Entlüften Sie das Kupplungssystem wie bereits unter der Überschrift »Hydraulische Kupplungsbetätigung« beschrieben.
■ Prüfen Sie den Ölstand des Schaltgetriebes.
■ Bei Allradfahrzeugen kontrollieren Sie den Ölstand des Verteilergetriebes.

Befestigen Sie die Schaltzüge, Anschlusskabel und Ölleitungen mit Befestigungsmitteln, die dem Serienstand entsprechen und an den Stellen, an denen sie serienmäßig befestigt waren.

Getriebeausbau bei Automatikfahrzeugen
■ Bauen Sie das Einfüllrohr des Automatikgetriebes aus.
■ Das Getriebeöl aus dem Drehmomentwandler und Getriebe wie bereits zur Ölwannendemontage beschrieben ablassen.
■ Drehmomentwandler von Mitnehmerscheibe abschrauben. Dazu den Motor an der Kurbelwelle drehen, bis die Schrauben durch die Bohrung im Querträger zugänglich sind.

Sichtprüfung Messen

■ Drehen Sie die Schrauben (16 im Bild 44) heraus und nehmen Sie die Fangeinrichtung (15) ab.
■ Drehen Sie die Schrauben (3) heraus.
■ Den Getriebeheber mit der Getriebeplatte am Getriebe ansetzen.
■ Das Getriebe zur Entlastung des Motorlagers leicht anheben.
■ Drehen Sie die Schrauben (7 und 8 im Bild 46) heraus.
■ Nehmen Sie den Querträger (6) heraus.
■ Die Ölleitungen am Getriebe zum Ölkühler abbauen.

Fangen Sie austretendes Restöl mit einem saugfähigen Lappen auf.

■ Halter des Partikelfilters am Getriebe abschrauben.
■ Demontieren Sie den Masseanschluss am Motor.
■ Drehen Sie die verbliebenen Schrauben zum Motor heraus.
■ Ziehen Sie das Getriebe nach hinten ab.
■ Senken Sie das Getriebe ab.
■ Nehmen Sie das Getriebe heraus.

Soweit das Getriebe ersetzt werden soll, muss bei Allradfahrzeugen das Verteilergetriebe demontiert werden.

Sichern Sie den Wandler gegen Herausfallen.

Der Einbau erfolgt sinngemäß in umgekehrter Reihenfolge zur Montage.
■ Getriebeöl wie beschrieben auffüllen und Öleinfüllschrauben festschrauben.
■ Probefahrt durchführen und den Fehlerspeicher mit dem Diagnosegerät auslesen.
■ Bei Allradfahrzeugen kontrollieren Sie den Ölstand des Verteilergetriebes.

Befestigen Sie die Schaltzüge, Anschlusskabel und Ölleitungen mit Befestigungsmitteln, die dem Serienstand entsprechen und an den Stellen, an denen sie serienmäßig befestigt waren.

Verteilergetriebe aus- und einbauen
Das Verteilergetriebe ist nur bei den serienmäßigen Allradvarianten (Vito/Viano 4x4) verbaut. Der Unterschied zwischen Automatik und Schaltvarianten ist unwesentlich. Wir stellen Ihnen eine allgemeingültige Anweisung zur Verfügung. Das Verteilergetriebe ist am Getriebe angeflanscht.
■ Das Fahrzeug anheben.
■ Das Fahrzeug auf Hebebühne sichern.
■ Die Gelenkwelle zur Vorderachse vom Verteilergetriebe abbauen.
■ Die Gelenkwelle zur Hinterachse vom Verteilergetriebe abbauen und am Unterbau anbinden.
■ Die elektrischen Steckverbindungen zum Verteilergetriebe trennen.

Bei Schaltfahrzeugen:
■ Die Schaltumlenkung vom Getriebe rechts abschrauben und oben aus dem Kugelkopf herausdrücken.

Weiter für alle Fahrzeuge:
■ Die Entlüftungsleitung (2 im Bild 47) aus Rahmenquerträger herausziehen.
■ Das Verteilergetriebe (7) mit Getriebeheber und Getriebeplatte abstützen und mit einem Spanngurt am Getriebeheber oder an der Getriebeplatte sichern.
■ Das Verteilergetriebe (7) ausbauen.

Der Einbau erfolgt sinngemäß in umgekehrter Reihenfolge.
■ Ölstand im Verteilergetriebe wie beschrieben prüfen und wenn erforderlich korrigieren.
■ Probefahrt durchführen und den Fehlerspeicher mit dem Diagnosegerät auslesen.
■ Die Kardanwelle, wie beschrieben spannungsfrei ausrichten.

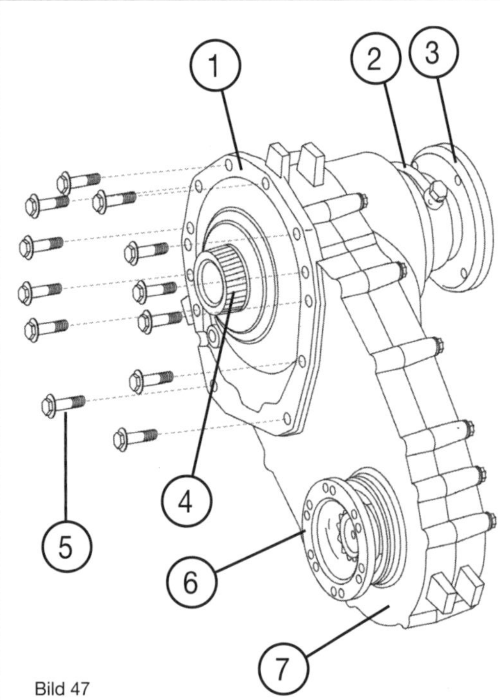

Bild 47

Bild 47
Verteilergetriebe bei den Allradvarianten.
1 Flanschfläche zum Getriebe
2 Entlüftungsleitung
3 Anschlussflansch Kardanwelle
4 Verzahnung zum Getriebe
5 Schrauben
6 Anschlussflansch zum Achsgetriebe vorne
7 Verteilergetriebe

Achsgetriebe vorne aus- und einbauen

Das Achsgetriebe ist nur bei den Allradvarianten (Vito/Viano 4x4) verbaut.

■ Bringen Sie das Lenkgetriebe in Mittelstellung.

■ Bauen Sie das Luftfiltergehäuse aus.

■ Demontieren Sie so weit vorhanden die Motorabdeckung oben.

■ Montieren Sie eine Abfangvorrichtung für den Motor, der sich auf den Rahmenträgern abstützt.

■ Demontieren Sie die Muttern der Motorlager.

■ Das Fahrzeug anheben und das Fahrzeug auf der Hebebühne sichern.

■ Bauen Sie das Kreuzgelenk der Lenkung vom Lenkgetriebe ab.

■ Markieren Sie die Einbauposition der Kardanwelle zum Flansch am Achsgetriebe hinten.

■ Lösen Sie die Verschraubungen der Antriebswelle zum Vorderachsgetriebe.

Beim OM651-Motor kann die Antriebswelle erst vom Flansch abgenommen werden, wenn das Vorderachsgetriebe gelöst worden ist.

■ Fixieren Sie die Antriebswelle am Unterboden.

■ Demontieren Sie die Antriebswellen rechts und links am Flansch des Achsgetriebes vorne.

■ Demontieren Sie die Verschraubungen des Achsgetriebes am Achsträger vorne.

■ Ziehen Sie die Entlüftungsleitung (2 im Bild 47) aus dem Längsträger heraus und legen Sie sie frei.

■ Stellen Sie einen Getriebeheber unter den Achsträger vorne.

■ Demontieren Sie die Koppelstangen am Stabilisator.

■ Drehen Sie die Befestigungsschrauben des Achsträgers am Rahmen heraus.

■ Drehen Sie die beiden vorderen Verschraubungen etwa acht Umdrehungen wieder hinein.

■ Senken Sie den Achsträger hinten mit Hilfe des Getriebehebers etwas ab.

Achten Sie hierbei darauf, dass die Manschetten der Antriebswellen, die Manschetten des Lenkgetriebes, die hydraulischen Leitungen und der Entlüftungsschlauch nicht beschädigt werden.

Bei Fahrzeugen mit dem Motor OM651:

■ Heben Sie das Achsgetriebe vorne etwas an und bauen Sie die Stütze hinten ab.

Weiter für alle Fahrzeuge:

■ Bauen Sie das Achsgetriebe vorne nach hinten aus.

Der Einbau erfolgt sinngemäß in umgekehrter Reihenfolge.

■ Ölstand im Achsgetriebe wie beschrieben prüfen und wenn erforderlich korrigieren.

Achsgetriebe hinten aus- und einbauen

■ Bauen Sie die Hinterachsfedern, beziehungsweise die Luftfederbälge hinten aus.

■ Markieren Sie die Einbauposition der Kardanwelle zum Flansch am Achsgetriebe hinten.

■ Drehen Sie die Schrauben (9 im Bild 44) heraus und nehmen Sie die Kardanwelle vom Flansch des Achsgetriebes ab.

■ Fixieren Sie die Kardanwelle am Fahrzeugaufbau.

■ Stellen Sie einen Getriebeheber unter das Achsgetriebe hinten.

■ Ziehen Sie die Entlüftungsleitung aus dem Unterboden heraus und legen Sie sie frei.

■ Markieren Sie die Einbauposition des Achsgetriebes hinten am Fahrgestell.

■ Lösen Sie die Schrauben (6 im Bild 27).

■ Drehen Sie die Schrauben (16) heraus.

■ Lassen Sie das Achsgetriebe hinten etwas ab und hebeln Sie die Antriebswellen aus dem Achsgetriebe heraus.

Achten Sie darauf, die Lagerungen der Wellen und die Dichtringe im Achsgetriebe nicht zu beschädigen.

Es kann hilfreich sein, das Achsgetriebe etwas seitlich zur Demontage der Achswellen wegzudrücken.

Setzen Sie passende Stopfen in das Achsgetriebe hinten ein, um das Herauslaufen des Getriebeöls zu verhindern.

■ Drehen Sie die Schrauben (6) heraus.

■ Senken Sie den Getriebeheber weiter ab und nehmen Sie das Achsgetriebe heraus.

Der Einbau erfolgt sinngemäß in umgekehrter Reihenfolge.

Achten Sie darauf, dass die Antriebswellen wahrnehmbar im Achsgetriebe hinten einrasten.

■ Ölstand im Achsgetriebe wie beschrieben prüfen und wenn erforderlich korrigieren.

11 Fahrwerk

Arbeiten am Fahrwerk

Bei der Instandsetzung von tragenden und radführenden Bauteilen zum Beispiel an Unfall-Fahrzeugen können Schäden am Fahrwerk unentdeckt bleiben. Diese unentdeckten Schäden führen unter Umständen im späteren Fahrbetrieb zu schweren Folgeschäden. Bei Unfall-Fahrzeugen müssen deshalb die im Folgenden aufgeführten Bauteile auf jeden Fall in der beschriebenen Weise und Reihenfolge kontrolliert werden. Wichtig ist immer auch eine Vermessung des Fahrwerks. Werden dabei keine Abweichungen von den Sollwerten festgestellt, liegen auch keine Verformungen am Fahrwerk vor.

Sicht- und Funktionsprüfung für das Lenksystem

- Sichtprüfung auf Verformung und Risse.
- Spielprüfung der Spurstangengelenke und des Lenkgetriebes.
- Sichtprüfung auf defekte Falten- und Fettbälge.
- Elektrische Leitungen auf Scheuer-, Schnitt- und Knickstellen untersuchen.
- Verschraubungen und Lenkgetriebe auf Dichtheit kontrollieren.
- Lenkgetriebe und Leitungen auf festen Sitz überprüfen.
- Einwandfreie Funktion über den gesamten Lenkeinschlag prüfen, indem die Lenkung von Anschlag zu Anschlag betätigt wird. Dabei muss das Lenkrad mit gleichbleibender Betätigungskraft, ohne zu haken, drehbar sein.

Sicht- und Funktionsprüfung für das Fahrwerk

- Alle in den Montageübersichten dargestellten Bauteile auf Verformung, Risse und sonstige Beschädigungen überprüfen.
- Beschädigte Teile ersetzen.
- Fahrzeug auf einem Computer-Achsmessstand vermessen (lassen).
- Räder und Reifen auf Rundlauf und Unwucht untersuchen.
- Reifen auf Einschnitte und Stoßverletzungen im Profil und an den Flanken überprüfen.
- Bereifung auf Fülldruck (Angaben in der Tankklappe), Zustand, Reifenlaufbild und Profiltiefe prüfen.
- Bei Beschädigungen am Scheibenrad und/oder am Reifen ist der Reifen oder auch das ganze Rad zu ersetzen. Dies gilt auch, wenn ein Unfallhergang und Schäden am Fahrzeug auf eine mögliche, wenngleich nicht sichtbare Beschädigung schließen lassen.
- Reifen sollten nicht älter als 6 Jahre sein.

Elektronische Fahrzeugsysteme

Sicherheitsrelevante Systeme wie zum Beispiel: ABS/EDS, Airbag, elektronisch geregelte Fahrwerksysteme, elektromechanische Lenk- und sonstige Fahrerassistenzsysteme müssen mit einem Fahrzeugdiagnose-, Mess- und Informationssystem auf eventuell gespeicherte Fehlermeldungen abgefragt werden. Wurden in den Fehlerspeichern der genannten Systeme Fehler gespeichert, sind diese entsprechend den Vorgaben von Mercedes zu beseitigen. Nach erfolgter Reparatur sind die jeweils betroffenen Systeme nochmals auf Fehlerspeichereinträge zu prüfen, um sicher zu sein, dass die Funktion wieder gewährleistet ist.

Hinweise und Vorschriften

- Schweiß- und Richtarbeiten an tragenden und radführenden Bauteilen der Radaufhängung sind nicht zulässig.
- Selbstsichernde Muttern sowie korrodierte Schrauben und Muttern müssen immer ersetzt werden.
- Gummimetalllager haben einen begrenzten Verdrehbereich. Ziehen Sie deshalb die Schraubverbindungen an den Bauteilen mit Gummimetalllagern erst dann fest, wenn das Radlagergehäuse angehoben ist (siehe »Radlagerung in Leergewichtslage heben«).

Prüfungen an der Achslagerung

Achsgelenke und Achslager: Sichtprüfung

- Bitte prüfen Sie die Dichtungsbälge der Achsgelenke auf Undichtigkeiten und Beschädigungen.
- Weiterhin prüfen Sie die Achslager: Es

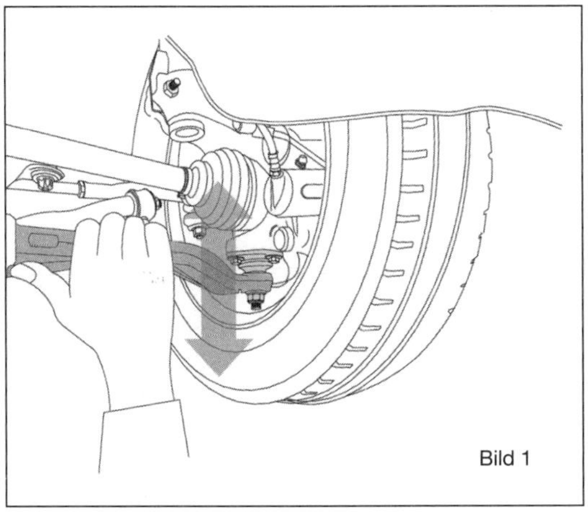
Bild 1

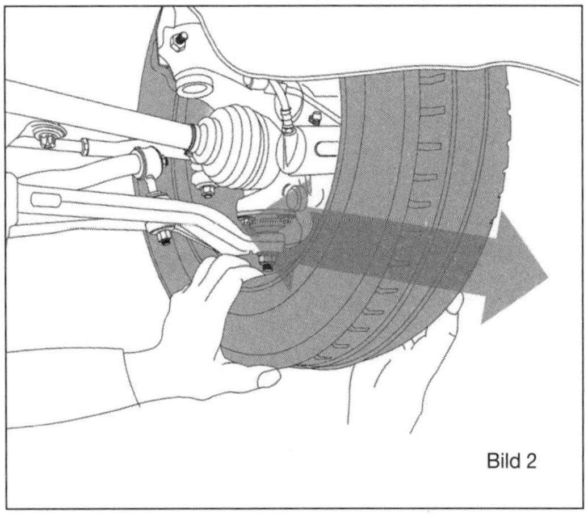
Bild 2

Bild 1
Axialspiel prüfen.

Bild 2
Radialspiel prüfen.

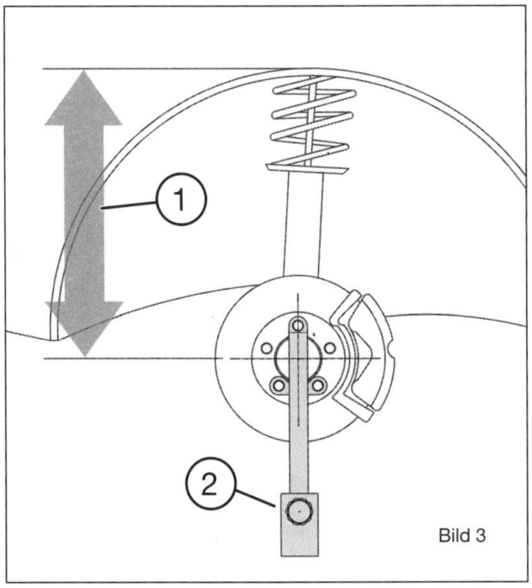

Bild 3

Bild 3
Leergewichtslage herstellen.
1 Abstand von Radmitte zum Radlauf als Ruhemaß
2 Adapter auf einem Getriebeheber

darf kein Spiel vorhanden sein, das vulkanisierte Gummilager darf keine Risse und poröse Stellen aufweisen.

Achsgelenk prüfen (Bilder 1 und 2)

Es darf bei beiden Prüfungen kein fühl- oder sichtbares »Spiel« vorhanden sein. Während der Prüfungen das Achsgelenk beobachten. Eventuell vorhandenes Radlagerspiel oder »Spiel« im Federbeinlager oben berücksichtigen. Gummibalg auf Beschädigungen prüfen ggf. Achsgelenk ersetzen.

Axialspiel prüfen:

■ Achslenker kräftig in Pfeilrichtung (Bild 1) nach unten ziehen und wieder hochdrücken.

Radialspiel prüfen:

■ Rad unten kräftig in Pfeilrichtung nach innen und außen drücken (Bild 2).

■ Auf beschädigungsfreien und nicht verdrillten Dichtbalg achten.

Radlagerung in Leergewichtslage (Bild 3)

Alle Schrauben an Fahrwerksteilen mit Gummimetalllagern müssen grundsätzlich in Leergewichtslage (unbeladenem Zustand) festgezogen werden. Gummimetalllager haben einen begrenzten Verdrehbereich. Achsbauteile mit Gummimetalllagern müssen deshalb vor dem Festziehen in eine Position gebracht werden, die der Position im Fahrbetrieb entspricht (Leergewichtslage). Anderenfalls wird das Gummimetalllager verspannt, eine geringere Lebensdauer wäre dann die Folge. Durch Anheben der entsprechenden Radaufhängung mit dem Motor- und Getriebeheber und der Aufnahme kann diese Position auf der Hebebühne simuliert werden. Bevor die entsprechende Radaufhängung angehoben wird, muss das Fahrzeug auf beiden Fahrzeugseiten an den Tragarmen der Hebebühne mit den Spanngurten verzurrt werden.

Wird das Fahrzeug nicht verzurrt, besteht die Gefahr, dass das Fahrzeug von der Hebebühne abrutschen kann!

■ Radnabe so weit drehen, bis eine der Bohrungen für Radschrauben oben steht.
■ Aufnahme mit einer Radschraube an die Radnabe anbauen.
■ Das Festziehen der betroffenen Schrauben/Muttern darf nur dann erfolgen, wenn das Maß (1) zwischen der Radnabenmitte und der Unterkante Radhaus erreicht ist.
■ Das Maß (1) ist abhängig von der Standhöhe des eingebauten Fahrwerks und wird im Stand bei unbeladenem Zustand in neutraler Federlage ermittelt.

Sichtprüfung

Messen

Bild 4
Querlenker vorne.
1 Schrauben
2 Achsschenkel
3 Mutter
4 Schutzblech
5 Schraube
6 Muttern
7 Gummilager
8 Schrauben
9 Schrauben
10 Traggelenkbolzen
11 Traggelenkbolzen
12 Mutter
13 Gummilager
14 Schrauben
15 Sicherung
16 Muttern
17 Schraube
18 Gummilager
19 Schrauben
A Querlenker ab 2010
B Querlenker bis 2010

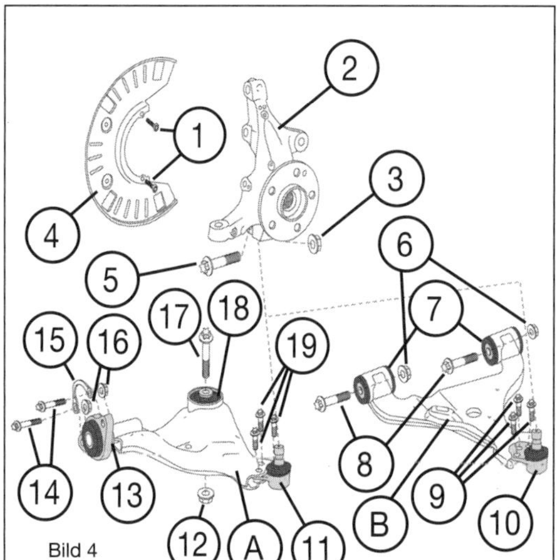

Bild 4

Achsgelenk aus- und einbauen

Traggelenkbolzen (Achsgelenkbolzen) wechseln

Das Achsgelenk kann einzeln ersetzt werden (soweit nicht vernietet). Der Preis im Zubehörhandel liegt bei unter 50 Euro. Es sollte der komplette Achslenker ersetzt werden. Aufgrund der unterschiedlichen Gummihärten zwischen altem und neuem Achslenker besser sogar auf beiden Seiten. Wir beschreiben Ihnen im Folgenden den Austausch der Achslenker.

Gummimetalllager (7 im Bild 4) haben einen begrenzten Verdrehbereich. Deshalb die Schraubverbindungen an den Bauteilen mit Gummimetalllagern erst dann festziehen, wenn das Radlagergehäuse in Leergewichtslage (Bild 3) angehoben ist.

Querlenker wechseln

Die Montagearbeiten unterscheiden sich für die allradgetriebenen Modelle nur unwesentlich. Wir stellen Ihnen eine allgemeingültige Beschreibung zur Verfügung.

- Das Fahrzeug anheben und verzurren.

⚠ Wird das Fahrzeug nicht verzurrt, besteht die Gefahr, dass das Fahrzeug von der Hebebühne abrutschen kann!

- Das entsprechende Rad abbauen.
- Die Geräuschdämpfung oder Unterfahrschutz (soweit verbaut) ausbauen.
- Die Schraubverbindungen an Aggregateträger nur lösen, um die Vorspannung aus den Gummilagern des Achslenkers zu nehmen.
- Das Radlagergehäuse ausbauen.
- Die Mutter für Koppelstange/Stabilisator vom Federbein auf der entsprechenden Seite abschrauben.
- Die Schrauben (14) des Gummilagers (13) vom Achslenker abschrauben.
- Die Mutter (12) beziehungsweise (6) abdrehen.
- Die Schrauben (17 beziehungsweise 7) herausziehen und den Achslenker (A oder B) vom Aggregateträger abnehmen.

Die Federspannplatte bleibt für den Aus- und Einbau des Achslenkers eingebaut.

Der Einbau erfolgt sinngemäß in umgekehrter Reihenfolge.

- Radlagergehäuse einbauen.
- Geräuschdämpfung einbauen.

⚠ Auf beschädigungsfreien und nicht verdrillten Dichtbalg des Achsgelenkbolzens achten.

- Das Rad wieder anbauen und festziehen.

Querlenkerlager (Gummimetalllager) im Querlenker wechseln

Auch hier sollten Sie überlegen, ob der Neuteilersatz des Querlenkers nicht die bessere Wahl ist. Die Gummilager müssen aus dem Querlenker ausgepresst werden.

⚠ Ersetzen Sie grundsätzlich alle Gummilager in den Querlenkern gleichzeitig. Unterschiedliche Härtegrade können merklichen Einfluss auf die Radführung haben.

- Bauen Sie den Querlenker wie schon beschrieben aus.
- Markieren Sie die Einbaurichtung der Lager.
- Drücken Sie die Querlenkerlager mit einem Presswerkzeug für Gummimetalllager (Silentlager) oder einer Gewindestange und passenden Hülsen heraus.

⚠ Achten Sie darauf, dass sich das Lager nicht verkantet und gerade hineinrutscht.

- Reinigen Sie die Sitzfläche gründlich.
- Fetten Sie die Sitzfläche leicht ein.
- Drücken Sie die Querlenkerlager mit einem Presswerkzeug für Gummimetalllager (Silentlager) oder einer Gewindestange und passenden Hülsen hinein.

Radlagereinheit vorne aus- und einbauen

Radlager (2 im Bild 6) und Radnabe (4) können nicht sinnvoll voneinander getrennt werden. Sie bilden eine Montageeinheit und werden zusammen verpresst. Seitens Mercedes ist der Ersatz des Radlagers nicht freigegeben. Bei Schäden werden das Radlager, die Radnabe und der Achsschenkel zusammen ersetzt.
Im Zubehör sind aber durchaus auch Radlagersätze lieferbar. Zum Teil werden Reparaturkits, die aus Demontagewerkzeug und Radlager bestehen, um etwa 150 Euro angeboten. Für die Demontage kommen das Lösen der Zentralschraube und der Ausbau der Achsgelenkwelle vorne wie bereits beschrieben hinzu.

Die Radlagereinheiten können mit Spezialwerkzeug aus dem Radlagergehäuse herausgepresst werden. Der Achsschenkel verbleibt im Fahrzeug. Eine Fahrwerksvermessung ist so nicht zwingend erforderlich. Hierzu ist es zwingend erforderlich, den Sicherungsring genau zu positionieren. Es gibt für den Schrauber zwei sinnvolle Vorgehensweisen. Zum einen kann das komplette Radlagergehäuse ausgebaut und zum Einbau der Lager in eine Werkstatt verbracht werden. Eine weitere Möglichkeit ist es, das gesamte Radlagergehäuse zu ersetzen. Das ist im Zubehör für etwa 150 Euro erhältlich. Wir beschreiben im Folgenden den Aus- und Einbau des Radlagergehäuses.

Radlagereinheit Vorderachse

Das Radlager ist zur Innenseite mit einem Magnetspurring ausgestattet. Das Radlager darf keinen Kontakt zu magnetischen Materialien bekommen. Der Magnetspurring kann unbrauchbar werden und das Radlager muss erneut ersetzt werden. Prüfen Sie die Magnetspur des Radlagers unbedingt vor der endgültigen Montage der Achsbauteile.

- Das Fahrzeug anheben und verzurren.
- Lösen Sie die Zentralmutter der Antriebswelle oder des Radlagerbolzens.
- Bauen Sie das entsprechende Rad ab.
- Die Geräuschdämpfung oder den Unterfahrschutz ausbauen (soweit verbaut).
- Die Mutter (7 im Bild 5) vom Spurstangenkopf (8) lösen, aber noch nicht abschrauben. Die Mutter zum Schutz des Gewindes einige Umdrehungen auf dem Zapfen lassen.
- Den Spurstangenkopf (8) vom Radlagergehäuse mit einem Kugelgelenkabzieher abdrücken, und die Mutter jetzt abschrauben.

Beim Abdrücken die Gummitülle und das Wärmeschutzblech (4 im Bild 4) nicht beschädigen.

- Demontieren Sie den Bremssattel und be-

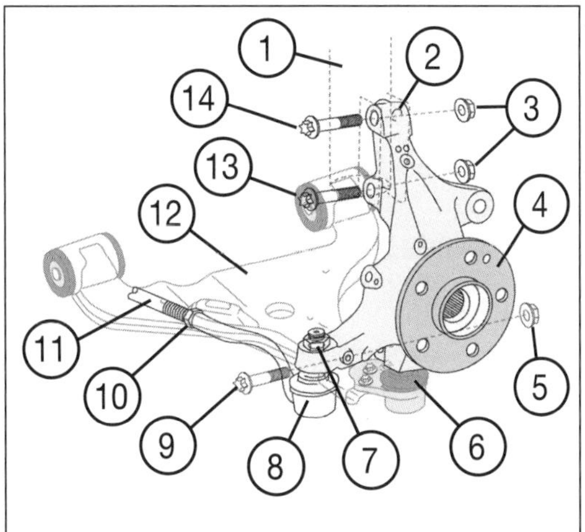

Bild 5

Bild 5
Radlager/Achsschenkel an der Vorderachse.
1 Stoßdämpfer vorne
2 Achsschenkel mit Radlager
3 Muttern
4 Radnabe
5 Mutter
6 Traggelenkbolzen
7 Mutter
8 Spurstangenkopf
9 Schraube
10 Kontermutter
11 Spurstange
12 Querlenker
13 Schraube
14 Exzenterschraube

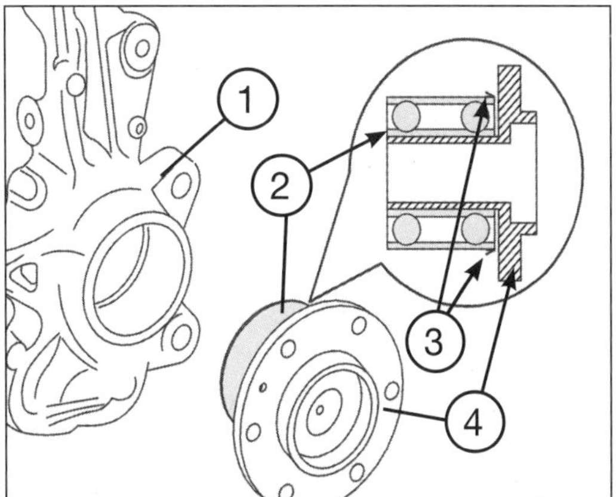

Bild 6

Bild 6
Radlager im Achsschenkel vorne.
1 Radlagergehäuse (Achsschenkel)
2 Radlager
3 Rastring
4 Radnabe

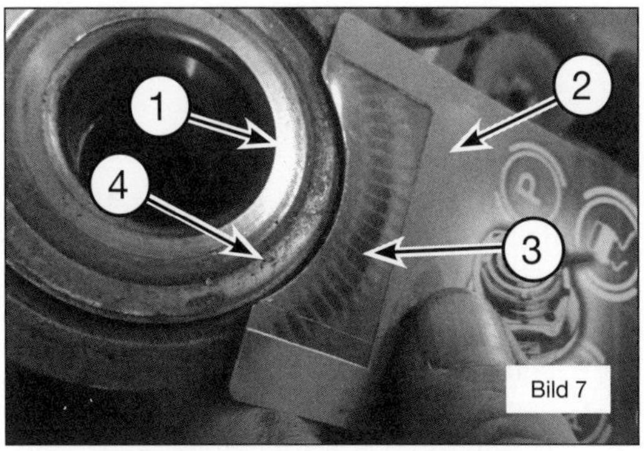

Bild 7

Bild 7
Vor dem Einbau. Kontrolle der Magnetspur des Radlagers mit einer Prüfkarte.
1 Radlager
2 Kontrollkarte
3 Kontrollfeld für Magnetfelder am Sensorring
4 Sensorring

Bild 8
Radlager im Radlagergehäuse hinten.
1 Achswelle hinten
2 Schutzring
3 Radnabe
4 Zentralmutter
5 Längslenker mit Radlagergehäuse

Bild 9
Zughammer zur Demontage der Radnabe.
1 Radschrauben
2 Radnabe
3 Zughammerflansch
4 Schlaggewicht
5 Anschlag
A Bewegungsrichtung zum Ausziehen
B Bewegungsrichtung zum Rückführen

festigen Sie ihn am Aufbau, um den Bremsschlauch nicht zu belasten.

- Die Bremsscheibe vom Radlagergehäuse abbauen.

Wird das Radlagergehäuse ersetzt, muss das Wärmeschutzblech an das neue Radlagergehäuse angebaut werden.

- Drehen Sie die Befestigungsschraube heraus und demontieren Sie den entsprechenden Raddrehzahlsensor.
- Drehen Sie die Schraube (9 im Bild 5) los.
- Schlagen Sie die Schraube heraus und nehmen Sie den Achsschenkel vom Traggelenkbolzen (6) ab.

Markieren Sie die Einbauposition des Achsschenkels zum Federbein, um die spätere Montage zu erleichtern.

- Die Leitung für Bremsbelagverschleißanzeige und Drehzahlfühlerleitung vom Radlagergehäuse und Stoßdämpfer abbauen.
- Drehen Sie die untere Schraube (13) heraus.
- Lösen Sie die Exzenterschraube (14) und nehmen Sie sie heraus.
- Nehmen Sie den Achsschenkel ab.

Die Montage erfolgt sinngemäß in umgekehrter Reihenfolge.

Führen Sie eine Fahrwerksvermessung durch. Durch die Demontagearbeiten sind Sturz und Spur verstellt.

Radlagereinheit hinten aus- und einbauen

Der Aufbau unterscheidet sich für die allradangetriebenen und die heckangetriebenen Fahrzeuge nicht.

- Fahrzeug anheben und verzurren.

Wird das Fahrzeug nicht verzurrt, besteht die Gefahr, dass das Fahrzeug von der Hebebühne abrutschen kann!

- Das entsprechende Rad abbauen.
- Bauen Sie den Bremssattel ab.
- Demontieren Sie die Bremsscheibe.
- Drehzahlfühler vorn rechts beziehungsweise vorn links ausbauen.

Ausbau mit einem Radlagerauszieher:

Eine Demontage ohne dieses Spezialwerkzeug ist besonders schwierig, da das Radlagergehäuse hinten Bestandteil des Längslenkers ist.

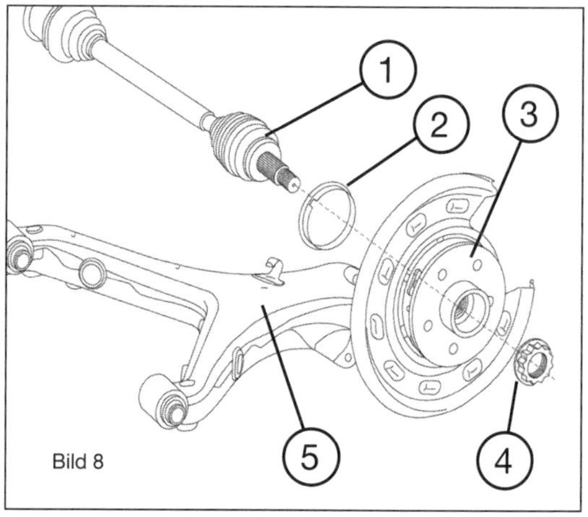

Bild 8

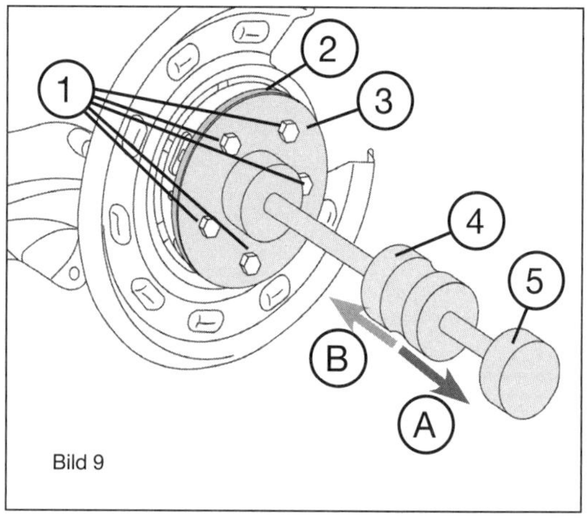

Bild 9

- Bauen Sie die Hinterachsantriebswelle wie im Kapitel 10 beschrieben aus.
- Ziehen Sie die Radnabe (3 im Bild 8) mit einem Zughammer aus dem Radlager heraus.
- Verschrauben Sie dazu den Zughammer mit den Radschrauben (1 im Bild 9) fest an die Radnabe (2).
- Bewegen (A) Sie das Schlaggewicht (4) mehrfach so kräftig wie möglich zum Anschlag (5). Die Radnabe (2) wird hierbei aus dem Radlager gezogen (geschlagen).

In der Regel verbleibt die äußere Lagerschale auf dem Lagersitz der Radnabe. Das Radlager ist damit zerstört.

- Ziehen Sie mit einem Abzieher die auf der Radnabe verbliebene Lagerschale ab.
- Zerstören Sie den Rastring (3 im Bild 6) und nehmen Sie ihn aus der Nut im Radlagergehäuse heraus.
- Entfernen Sie den Schutzring (2 im Bild 8) von der Rückseite aus.
- Setzen Sie eine passende Zugscheibe (1 im Bild 11) auf den Innenteil des Radlagers (3) von der Rückseite auf.

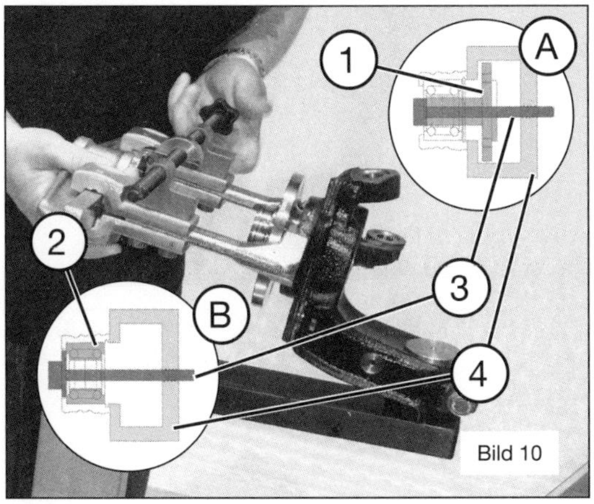

Bild 10

Bild 10
Radnabe und -lagerwechsel mit Spezialwerkzeug zum Ausziehen.
1 Radnabe
2 Radlager
3 Spindel
4 Abziehergehäuse
A Radnabe abziehen
B Radlager ausdrücken

■ Setzen Sie eine passende Zughülse (4) auf den Rand (2) des Radlagergehäuses auf. Das Radlager (3) muss in die Zughülse (4) hineinpassen.
■ Setzen Sie eine Spindel (6) ein und ziehen (A) Sie das Radlager (3) aus dem Radlagergehäuse in die Zughülse (4).
■ Nehmen Sie das Demontagewerkzeug zusammen mit dem Radlager ab.

Die Montage erfolgt sinngemäß in umgekehrter Reihenfolge.
■ Reinigen Sie die Sitzfläche und die Nut für den Rastring gründlich mit Schleifpapier.
■ Fetten Sie die Anlageflächen leicht an.
■ Setzen Sie das Radlager gerade in der Bohrung im Radlagergehäuse an.
■ Setzen Sie eine passende Zugscheibe (4 im Bild 12) auf den äußeren Rand des Radlagers (5) von der Vorderseite auf.

Die Zugscheibe muss in die Radlagerbohrung passen, da der Rastring des Radlagers in der Nut einrasten muss.

■ Setzen Sie eine passende Zugscheibe (1) auf den Rand des Radlagergehäuses von der Rückseite auf.
■ Ziehen (A) Sie das Radlager (5) über die Spindel (3) in das Radlagergehäuse (1) so weit ein, bis der Rastring in der Nut eingerastet ist.
■ Setzen Sie eine passende Zugscheibe (6 im Bild 13) auf den Innenteil des Radlagers von der Rückseite auf.
■ Setzen Sie die Radnabe (4) gerade in der Bohrung im Radlager an.
■ Setzen Sie eine passende Zugscheibe (1) auf der Radnabe (4) auf.
■ Ziehen (A) Sie die Radnabe (4) über die Spindel (3) ins Radlager (1) bis Anschlag ein.

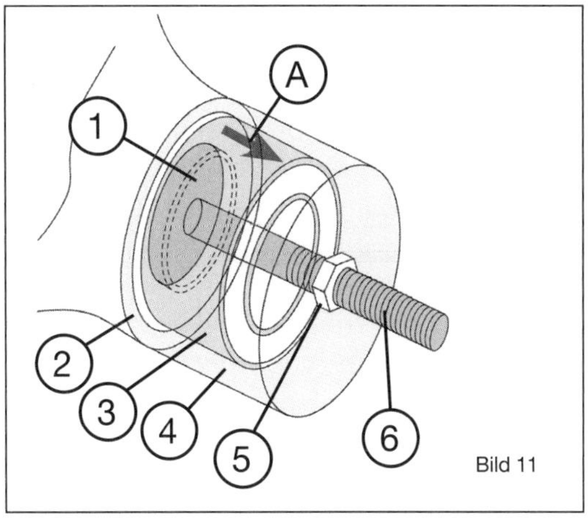

Bild 11

Bild 11
Radnabe und -lagerwechsel mit Spezialwerkzeug zum Ausziehen.
1 Zugscheibe
2 Rand am Radlagergehäuse
3 Radlager
4 Zughülse
5 Mutter
6 Spindel
A Radlager ausziehen

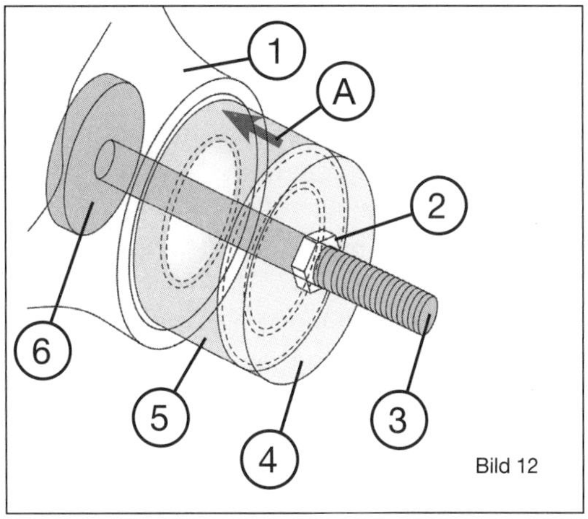

Bild 12

Bild 12
Radlagerwechsel mit Spezialwerkzeug zum Einziehen.
1 Radlagergehäuse
2 Mutter
3 Spindel
4 Zugscheibe
5 Radlager
6 Zugscheibe
A Radlager einziehen

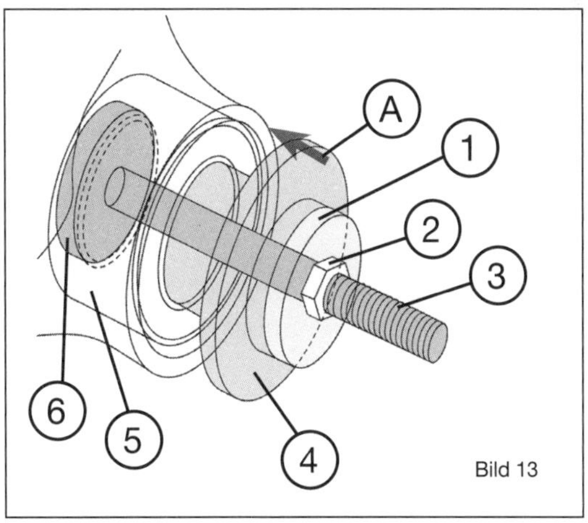

Bild 13

Bild 13
Radnabe mit Spezialwerkzeug zum Einziehen.
1 Zugscheibe
2 Mutter
3 Spindel
4 Radnabe
5 Radlager
6 Zugscheibe
A Radnabe einziehen

■ Ersetzen Sie den Schutzring (2 im Bild 8).
■ Die Bremsscheibe wieder einbauen.
■ Den Bremsträger und den Bremssattel einbauen.
■ Das Rad wieder anbauen.

Federbein der Vorderachse aus- und einbauen

Stoßdämpfereinheiten sollten grundsätzlich nur achsweise ersetzt werden!

Bild 14
Federbein vorne.
1 Mutter
2 Anschlagscheibe
3 Federbein
4 Exzenterschraube
5 Bundschraube
6 Muttern
7 Achsschenkel/Radlagergehäuse

Bild 15
Federbein vorne in Teilen.
1 Federteller
2 Stoßdämpfer
3 Feder
4 Beilage
5 Staubmanschette
6 Anschlagpuffer
7 Domlager
8 Scheibe
9 Stützlager
10 Scheibe
11 Mutter
12 Staubschutzkappe
13 Anschlagscheibe
14 Mutter

Für den allradangetriebenen Vito/ Viano unterscheiden sich die Arbeiten rund um das Dämpferbein vorne nicht nennenswert. Wir werden Ihnen eine allgemeingültige Arbeitsbeschreibung vorstellen.

Der Stoßdämpfer hat auch Radführungsaufgaben. Es ist sehr wichtig, auf seinen Zustand zu achten.

- Das Fahrzeug anheben und verzurren.

Wird das Fahrzeug nicht verzurrt, besteht die Gefahr, dass das Fahrzeug von der Hebebühne abrutschen kann!

- Das entsprechende Rad vorne abbauen.
- Öffnen Sie die Motorhaube und sichern Sie sie gegen ungewolltes Zuklappen.
- Demontieren Sie den Wasserkasten vor der Windschutzscheibe.
- Demontieren Sie die Bremsleitung und die elektrische Leitung am Federbein (3 im Bild 14) und legen Sie sie frei.
- Bauen Sie die Koppelstange zum Stabilisator am Federbein ab.
- Fangen Sie den Querlenker mit einem Getriebeheber oder einem anderen geeigneten Werkzeug ab.

Wenn der Dämpfer (3) wieder eingebaut werden soll, kennzeichnen Sie die Einbaulage des Radlagergehäuses/ Achsschenkels (7) am Dämpfer (z. B. mit einem Filzstift).

- Lösen Sie die obere Mutter (6) an der Exzenterschraube (4).
- Lösen Sie die untere Mutter (6) an der Bundschraube (5).

Modellgeneration 1 (Code XZ1):

- Drehen Sie die drei Schrauben am Dämpferdom heraus.

Alle anderen Varianten:

- Demontieren Sie die Schalldämmung am Mittelstück vor der Windschutzscheibe.
- Ziehen Sie den Gummistopfen aus dem Wasserkasten über dem Federbein heraus.
- Drehen Sie die Mutter (1 im Bild 14) ab.

Ausbau des rechten Federbeins:

- Schlagen Sie die Lenkung für den Ausbau des rechten Federbeins ganz nach links ein.
- Demontieren Sie die Klammern an der Schalldämmung an der Stirnwand.
- Drehen Sie die Kunststoffmuttern der Schalldämmung an der Stirnwand auf der rechten Seite heraus.

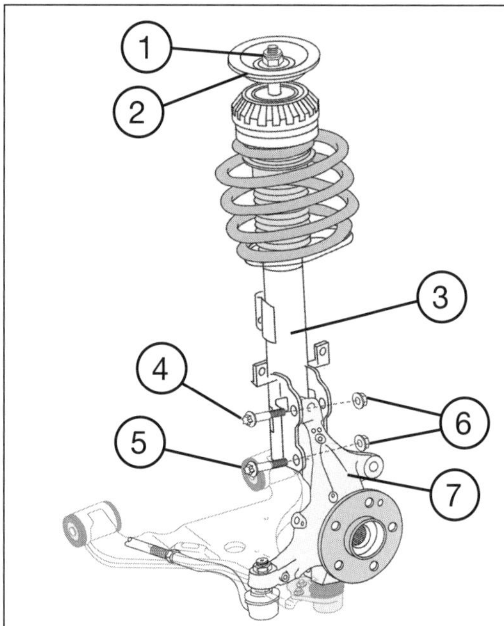

Bild 14

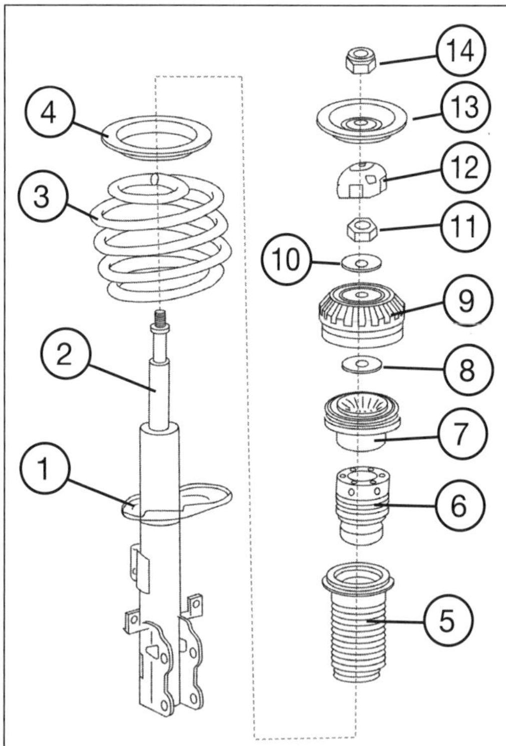

Bild 15

- Bauen Sie den Deckel des Sicherungskastens ab.
- Nehmen Sie die Schalldämmung an der Stirnwand so weit ab, dass Sie die Anschlagscheibe unter der Mutter (1) erreichen können.

Ausbau des linken Federbeins:

■ Schlagen Sie die Lenkung für den Ausbau des linken Federbeins ganz nach rechts ein.

Weiter für alle Fahrzeuge:

■ Den Motor- und Getriebeheber etwas absenken und das Federbein aus dem Radhaus vorn herausnehmen.

Federbein zerlegen

■ Drehen Sie die Mutter (11 im Bild 15) mit der im Bild 16 gezeigten Werkzeugkombination los.

■ Nehmen Sie die Scheibe (10) oben, das Stützlager (9) und die Scheibe darunter (8) ab.

■ Nehmen Sie das Domlager (7) und den Anschlagpuffer (6) vom Stoßdämpfer (2) ab.

■ So weit noch nicht erfolgt, nehmen Sie die Staubmanschette (5) ab.

■ Nehmen Sie den Beilagering (4) heraus und die Feder (3) vom Stoßdämpfer (2) ab.

■ Ersetzen Sie den Stoßdämpfer (2).

Der Einbau erfolgt in umgekehrter Reihenfolge.

■ Lassen Sie eine Fahrwerksvermessung durchführen.

■ Achten Sie darauf, dass die Feder (3) richtig im Federteller (1) einliegt.

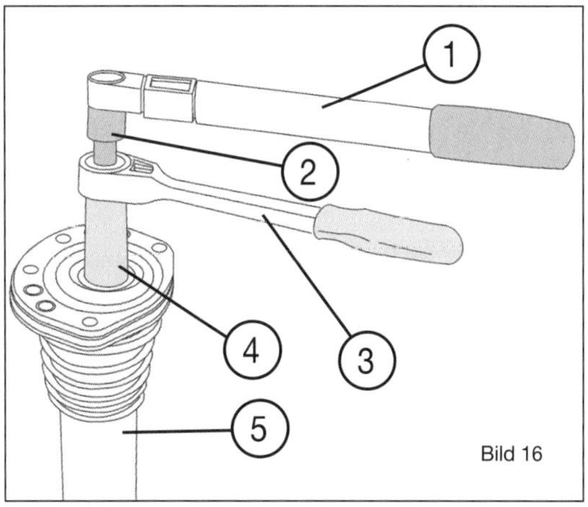

Bild 16

Bild 16
Demontage Stoßdämpfer vorne.
1 Drehmomentschlüssel
2 Stecknusseinsatz
3 Ratsche mit Zentralbohrung
4 Stecknuss
5 Stoßdämpfer

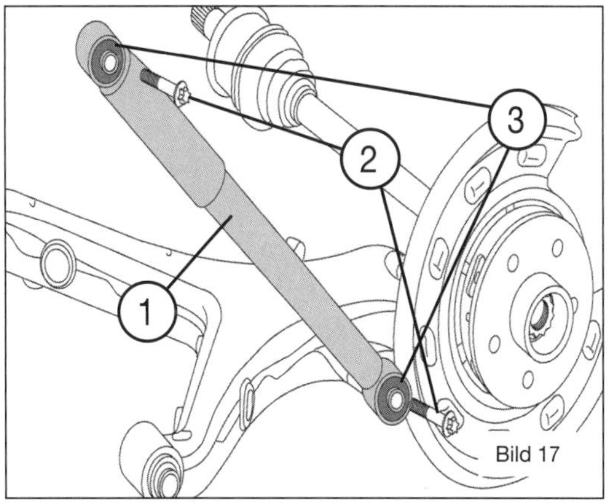

Bild 17

Bild 17
Demontage Stoßdämpfer hinten.
1 Stoßdämpfer
2 Schrauben
3 Gummimetalllager

Feder und Stoßdämpfer der Hinterachse

⚠ Stoßdämpfereinheiten sollten grundsätzlich nur achsweise ersetzt werden!

☞ Für den allradangetriebenen Vito/Viano unterscheiden sich die Arbeiten rund um den Stoßdämpfer nicht nennenswert. Wir werden Ihnen eine allgemeingültige Arbeitsbeschreibung vorstellen.

Ausbau des Stoßdämpfers hinten

☞ Gummimetalllager haben einen begrenzten Verdrehbereich. Deshalb die Schraubverbindungen an den Bauteilen mit Gummimetalllagern erst dann festziehen, wenn das Radlagergehäuse in Leergewichtslage (Bild 3) angehoben ist.

■ Das Fahrzeug anheben und verzurren.

⚠ Wird das Fahrzeug nicht verzurrt, besteht die Gefahr, dass das Fahrzeug von der Hebebühne abrutschen kann!

■ Unterbauen Sie das Fahrzeug mit einem Getriebeheber unter dem entsprechenden Längslenker.

Bei Fahrzeugen mit Luftfederung:

■ Senken Sie die Hinterachse ab.

■ Stellen Sie die Luftfederung in den Passivmodus.

Weiter für alle Fahrzeuge:

■ Heben Sie den entsprechenden Längslenker an, um die Verschraubung des Stoßdämpfers zu entlasten.

■ Drehen Sie die Schrauben (2 im Bild 17) heraus.

■ Nehmen Sie den Stoßdämpfer (1) heraus.

Der Einbau erfolgt in umgekehrter Reihenfolge.

Ausbau der Stahlfeder hinten

■ Das Fahrzeug anheben und verzurren.

⚠ Wird das Fahrzeug nicht verzurrt, besteht die Gefahr, dass das Fahrzeug von der Hebebühne abrutschen kann!

Spannen Sie die Feder mit einem geeigneten Federspanner so weit, dass Sie sie herausnehmen können.

■ Nehmen Sie die Anschlag- und Auflagegummis von der Stahlfeder ab.

Der Einbau erfolgt in umgekehrter Reihenfolge.
■ Prüfen Sie den Zustand der Anschlag- und Auflagegummis.

Luftfedersystem

Das hintere Federsystem ist für den Vito/ Viano auch als Luftfedersystem verbaut worden. Es handelt sich nicht um eine Luftunterstützung, sondern um ein Federsystem mit Luftbälgen.

⚠ Bei Leckagen im Luftsystem oder bei einem Defekt in der Lufterzeugung oder dem Kompressor ist das Fahrzeugheck stark abgesenkt. Eine Weiterfahrt ist möglich aber nicht zu empfehlen.

☞ Eine Besonderheit ist der sogenannte »Spielschutz«. Er schaltet das System ab, wenn schnell hintereinander unterschiedliche Niveau angewählt werden, um den Kompressor vor Überhitzung zu schützen.

Aufbau und Luftweg
Über einen kleinen Kompressor wird Luft angesaugt und getrocknet. Die Pressluft wird über die beiden Ventile in der Ventileinheit weitergeleitet. Die beiden Ventile leiten die Pressluft über Kunststoffleitungen an die Luftbälge des Federsystems weiter. Die lösbaren Verbindungen sind als Klemmstücke oder Schneidringe ausgeführt.

Prüfung auf Dichtigkeit
Läuft der Kompressor ungewöhnlich lange oder sehr häufig neu an, muss die Dichtigkeit des Luftsystems geprüft werden.
■ Stellen Sie das Fahrzeug auf einer 4-Säulenbühne oder einer Grube ab.
■ Schalten Sie die Zündung ein.
■ Steuern Sie über die ENR-Taste in der D-Säule den höchstmöglichen Federweg an.
■ Sprühen Sie die Leitungen und Anschlüsse mit einem schaumbildenden Lecksuchspray ab.
■ Sprühen Sie die Luftbälge mit einem schaumbildenden Lecksuchspray ab.
■ Sprühen Sie die Ventileinheit mit einem schaumbildenden Lecksuchspray ab.
■ Sprühen Sie den Kompressor mit einem schaumbildenden Lecksuchspray ab.

👁 Undichtigkeiten fallen durch Blasenbildung auf.
■ Bei undichten Verschraubungen prüfen Sie den Sitz der Verschlauchung, den Zustand der Verschraubung und ziehen Sie sie nach.
■ Ersetzen Sie die undichten Bauteile.

Prüfung des Kompressordrucks
Läuft der Kompressormotor aber, liefert keinen Druck, muss er wahrscheinlich erneuert werden. Hinter der Kompressorpumpe ist ein Ventil verbaut. Das Ventil wird zum Ablassen des Luftdrucks benötigt, unbestromt muss es dicht sein.

Prüfung des Ablassventils:
■ Schalten Sie die Zündung ein.
■ Steuern Sie über die »ENR-Taste« in der D-Säule den normalen Federweg an. Der Kompressor sollte nun anlaufen.
■ Wählen Sie den Passivmodus an und schalten Sie die Zündung aus.
■ Heben Sie das Fahrzeug auf einer Hebebühne an.
■ Sprühen Sie den Kompressor und das angebaute Ablassventil mit einem schaumbildenden Lecksuchspray ab.

Prüfung des Kompressordrucks:
■ Um die Funktion zu prüfen, bauen Sie die Versorgungsleitung zu den Steuerventilen ab.
■ Schließen Sie an den Kompressor eine Messuhr an.
■ Schalten Sie die Zündung ein.
■ Steuern Sie über die »ENR-Taste« in der D-Säule den normalen Federweg an. Der Kompressor sollte nun anlaufen.

Sie sollten über die Druckmessuhr einen Druck von etwa 14 - 17 bar ablesen können.

Stabilisatoren und Koppelstangen vorne und hinten

Vorbereitung für die Montagearbeiten
■ Das Fahrzeug anheben und verzurren.

⚠ Wird das Fahrzeug nicht verzurrt, besteht die Gefahr, dass das Fahrzeug von der Hebebühne abrutschen kann!

Stabilisator an der Vorderachse (Bild 18)
■ Die Unterbodenverkleidung oder den Unterfahrschutz (soweit verbaut) ausbauen.

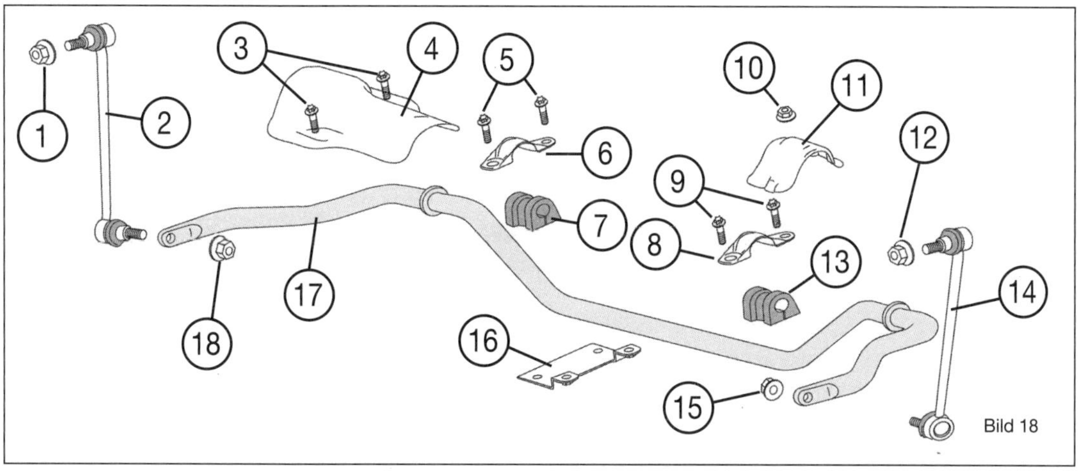

Bild 18
Querstabilisator vorne.
1 Mutter
2 Koppelstange rechts
3 Schrauben
4 Hitzeschutzblech
5 Schrauben
6 Schelle
7 Lagergummi
8 Schelle
9 Schrauben
10 Mutter
11 Hitzeschutz
12 Mutter
13 Lagergummi
14 Koppelstange
15 Mutter
16 Halter
17 Stabilisator
18 Mutter

- Bauen Sie den Luftfilterkasten aus.
- Soweit verbaut demontieren Sie die Motorabdeckungen oben und unten.
- Fangen Sie den Motor mit einer Motortraverse oder einem Hebewerkzeug von oben ab.
- Demontieren Sie die Muttern (1 und 12 im Bild 18).
- Halten Sie den Kugelkopf der Koppelstange am Sechskant vor dem Gewinde gegen.
- Demontieren Sie die Muttern der Motorlager rechts und links.
- Lösen Sie die Schrauben des Motorträgers und lassen Sie ihn so weit ab, dass Sie an den Stabilisator herankommen.
- Demontieren Sie soweit verbaut die Wärmeschutzbleche (4 und 11).
- Demontieren Sie den (die) Halter (16) der Wärmeschutzblech(e).
- Drehen Sie die Schrauben (5 und 9) heraus.
- Nehmen Sie die Schellen (6 und 8) ab.
- Nehmen Sie die Lagergummis (7 und 13) ab.
- Nehmen Sie den Stabilisator (17) heraus.

Der Einbau erfolgt sinngemäß in umgekehrter Reihenfolge.

- Prüfen Sie den Zustand der Gelenke der Koppelstangen.

Stabilisator an der Hinterachse (Bild 19)

- Lösen Sie die Verschraubung am Stabilisator (7 und 10 im Bild 19) und nehmen Sie die Schrauben heraus.
- Drehen Sie die Schrauben (5 und 8) heraus.
- Nehmen Sie die Schellen (4 und 9) ab.
- Nehmen Sie den Stabilisator (2) heraus.

Der Einbau erfolgt sinngemäß in umgekehrter Reihenfolge.

- Ziehen Sie die Schrauben (7 und 10) erst dann fest an, wenn das Fahrzeug unbelastet auf dem Boden steht.
- Bei Fahrzeugen mit Luftfederung steuern Sie über die »ENR-Taste« in der D-Säule den normalen Federweg an.

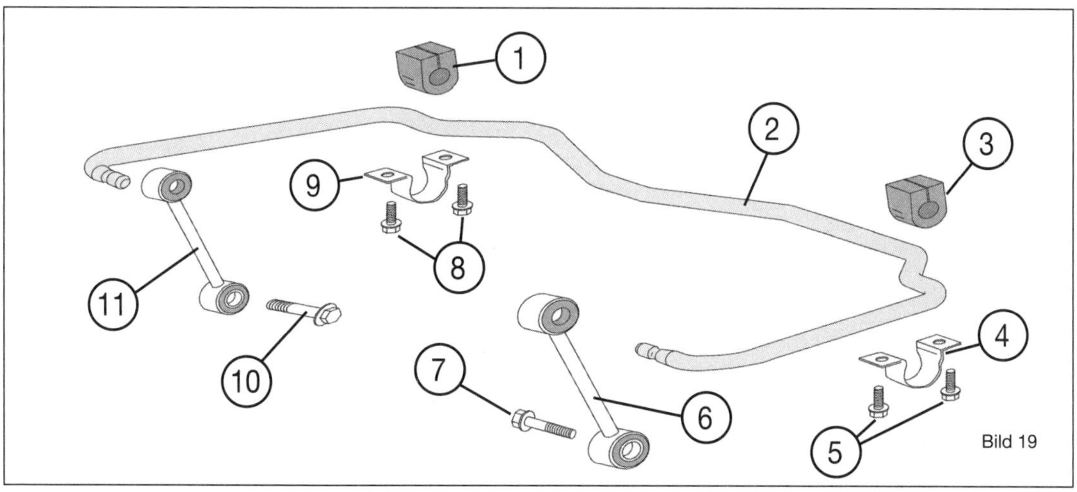

Bild 19
Querstabilisator hinten.
1 Lagergummi
2 Stabilisator
3 Lagergummi
4 Schelle
5 Schrauben
6 Koppelstange rechts
7 Schraube
8 Schrauben
9 Schelle
10 Schraube
11 Koppelstange links

12 Servolenkung

Die servounterstützte Zahnstangenlenkung Ihres Vito/Viano zeichnet sich durch besonders geringe Bedienungskräfte bei hoher Lenkpräzision aus. Servolenkungen erleichtern durch Hilfskraft die Lenkarbeit erheblich. Sie sorgen für größtmöglichen Komfort beim Rangieren und für präzises Lenkgefühl bei schnellen Autobahnfahrten.
Die Möglichkeit, mit geringem Kraftaufwand am Lenkrad eine relativ direkte Lenkung zu erreichen, dennoch den Fahrer relativ unbehelligt von den Fahrbahnstößen zu lassen, wird mit Hilfe eines hydraulischen Systems aus Pumpe, Ölvorratsbehälter und Hydraulikleitungen realisiert. Der Öldruck wirkt auf beiden Seiten der Zahnstange. Diese unterstützen mit ihrem Druck über ein Steuerteil die Lenkbewegungen. Je nach Drehrichtung des Lenkrades wird jeweils der Arbeitszylinder angesteuert, der die Lenkung in Richtung der Lenkbewegung unterstützt.

Prüfungen an der Lenkung

Die Lenkung ist eine Baugruppe, von der die Fahrsicherheit besonders stark abhängt. Defekte, falsche Einstellungen und fehlerhafte Reparaturarbeiten können fatale Auswirkungen haben. Nach einem Unfall und bei Beschädigung der Vorderachse können verschiedene Lenkungsteile ersetzt werden. Als Instandsetzung an der Servolenkung ist aber nur das Ersetzen der Faltenbälge sowie der Spurstangen und Spurstangenköpfe üblich. Für bestimmte Arbeiten kann es nötig sein, die Lenkzwischenwelle aus- und einzubauen, die das Kreuzgelenk unten an der Lenksäule mit dem Kreuzgelenk des Lenkritzels am Lenkgetriebe verbindet. Beim Vito/Viano ist eine hydraulisch unterstützte Zahnstangenlenkung verbaut.

Lenkungsspiel prüfen

■ Die Räder geradeaus stellen. Von außen durchs geöffnete Fenster greifen und das Lenkrad kurz hin- und herdrehen.

Auf die Felge achten: Bewegt sich das Vorderrad wie erforderlich sofort mit? Eine Hilfsperson kann die Spurstangenköpfe umfassen und das Lagerspiel bei Lenkbewegung fühlen oder in Extremfällen sogar beobachten.

■ Falls Spiel bemerkt wird, muss das Nachstellen in der Werkstatt erfolgen oder das Lenkgetriebe ersetzt werden.

Wenn die Lenkung um die Geradeausstellung kein Spiel hat, aber bei stärkerem Einschlag spürbar klemmt, ist die Zahnstange verschlissen. Das dürfte zwar erst nach einer gehörigen Fahrstrecke der Fall sein, aber dann muss das Lenkgetriebe ausgetauscht werden!

Manschetten der Lenkzahnstange prüfen

Mit einer Taschenlampe die Gummimanschetten ableuchten, mit denen die aus ihrem Gehäuse austretende Zahnstange links und rechts geschützt wird. Gründlich auch auf kleinste Verschleißspuren prüfen.

Dringen durch einen rissigen oder beschädigten Faltenbalg Schmutz und Feuchtigkeit ein, verbinden sie sich mit dem Fett des Lenkgetriebes zu einer zerstörerischen Schleifpaste.

■ Das Fahrzeug mit der Hebebühne anheben und gegen Abrutschen oder Kippen sichern.

■ Die Lenkung voll nach rechts oder links einschlagen. Um Risse in den Falten zu erkennen, muss der Faltenbalg Stück um Stück auseinandergezogen werden. Eine verschlissene Manschette sollte man sofort austauschen. Sie kann bei eingebautem Lenkgetriebe ersetzt werden.

■ Klemmschellen müssen fest auf der Manschette sitzen. Zum Wechseln des Faltenbalgs wird daher eine spezielle Schlauchbinderzange empfohlen.

Lenksäule überprüfen

⚠ Wenn an der Lenksäule gearbeitet wurde, muss danach auf sichtbare Schäden und Funktion geprüft werden.
Lässt sich die Säule ohne zu haken und ohne Schwergängigkeit drehen?

■ Lässt sie sich (soweit in der Ausstattung vorgesehen) in Längsrichtung und in der Höhe leicht verstellen?

■ Lässt sich das Rohr der Säule deutlich nach vorn und hinten oder seitlich bewegen? Dann ist etwas faul, die Lenksäule muss ausgetauscht werden.

Arbeiten an der Lenkung

Spurstangenkopf aus- und einbauen

- Fahrzeug mit der Hebebühne anheben und gegen Abrutschen oder Kippen sichern.
- Das entsprechende Rad abbauen.
- Mutter von Spurstangenkopf lösen, aber noch nicht abschrauben. Die Mutter zum Schutz des Gewindes einige Umdrehungen auf dem Zapfen lassen.
- Den Spurstangenkopf vom Radlagergehäuse mit einem Kugelgelenkabzieher abdrücken.
- Die Mutter nach dem Abdrücken des Spurstangenkopfes abschrauben.

Beim Abdrücken die Gummitülle und das Gewinde nicht beschädigen.

- Die Kontermutter (4 im Bild 1) lösen.
- Die Position vom Spurstangenkopf (3) auf der Spurstange (2) kennzeichnen.
- Den Spurstangenkopf von der Spurstange abdrehen. Hierzu die Schlüsselflächen am Spurstangenkopf (3) und an der Spurstange (2) nutzen.

Der Einbau erfolgt sinngemäß in umgekehrter Reihenfolge.

- Den Spurstangenkopf bis zur angebrachten Markierung auf die Spurstange drehen.
- Den Spurstangenkopf mit der Kontermutter sichern.
- Den Spurstangenkopf mit neuer Mutter verschrauben.
- Das Rad anbauen und mit Anzugsdrehmoment festziehen.
- Die Fahrzeugvermessung durchführen (lassen).

Lenkmanschette wechseln

- Fahrzeug mit der Hebebühne anheben und gegen Abrutschen oder Kippen sichern.
- Rad an der betreffenden Seite abbauen.
- Bauen Sie an der betroffenen Seite den Spurstangenkopf wie beschrieben ab.
- Drehen Sie die Kontermutter (4 im Bild 1) ab.
- Die Schellen am Faltenbalg (Lenkmanschette) lösen und abnehmen.
- Ziehen Sie die Lenkmanschette (1) über die Spurstange ab.

Reinigen Sie die Lenkstange im Lenkgetriebe, die Spurstange und die Auflageflächen der Manschetten gründlich und fetten (1 im Bild 3) sie leicht ein. Verschmutzungen können das Lenkgetriebe schädigen.

- Schieben Sie die Schellen auf die neue Manschette und diese dann auf die Zahnstange und die Lenkung auf.

Die weitere Montage erfolgt sinngemäß in umgekehrter Reihenfolge.

Die Laschen und Klemmstellen an den Schellen müssen so ausgerichtet werden, dass sie nirgendwo anliegen oder schleifen können. Sie können beim Hängenbleiben leicht die Manschette herunterschieben oder beschädigen.

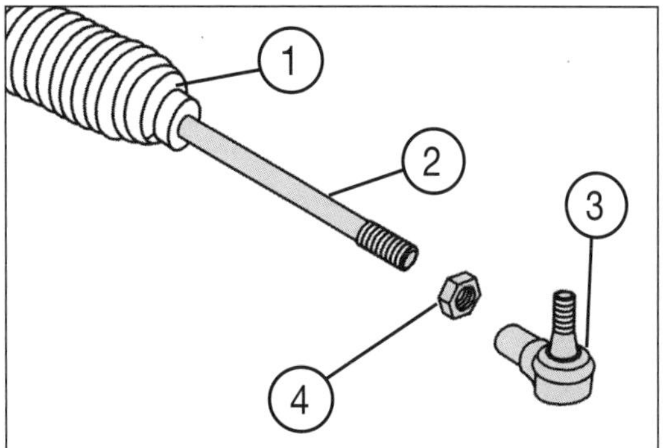

Bild 1

Bild 1
Spurstange in Teilen.
1 Faltenbalg
2 Spurstange
3 Kugelgelenkkopf (Spurstangenkopf)
4 Kontermutter

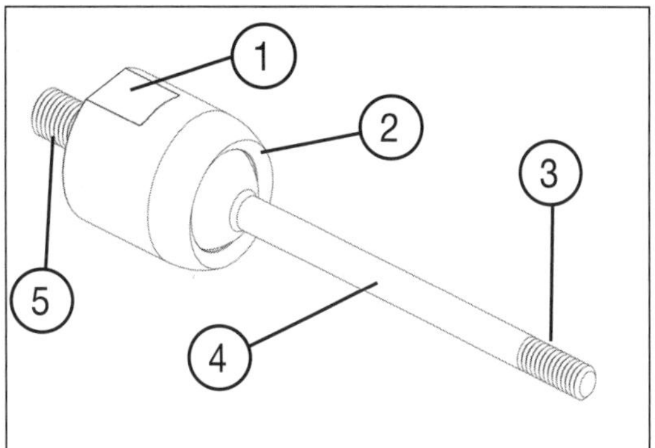

Bild 2

Bild 2
Spurstange ausgebaut.
1 Abflachung oder Sechskant für einen Schraubenschlüssel
2 Gelenkpfanne
3 Spurstangengewinde
4 Spurstange
5 Gewinde zur Befestigung in der Zahnstange der Lenkung

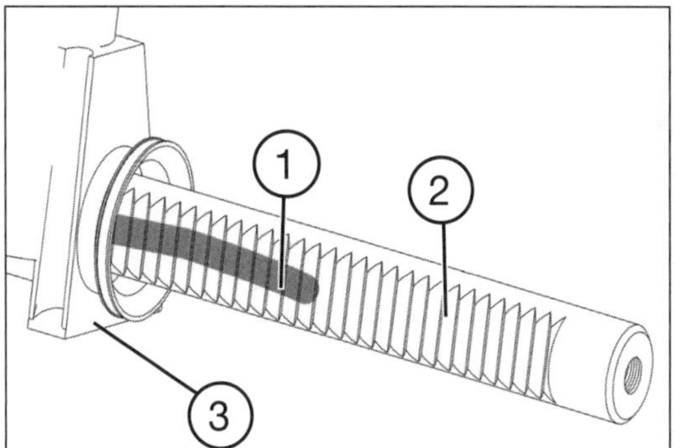

Bild 3

Bild 3
Nachfetten der Zahnstange der Lenkung.
1 Spur Lagerfett
2 Zahnstange der Lenkung unter der Manschette
3 Lenkgetriebe

Sichtprüfung Messen

Bild 4
Lenkgetriebe hydraulisch.
1 Mutter
2 Spurstangenkopf rechts
3 Muttern
4 Anschluss Kreuzgelenk
5 Spurstangenkopf links
6 Mutter
7 Kontermutter
8 Schrauben
9 Lenkgetriebe
10 Kontermutter
A Druckleitung von der Servopumpe
B Rücklaufleitung zum Servoölkühler

Hydraulisch unterstützte Lenkung aus- und einbauen

Eine Instandsetzung des Lenkgetriebes ist nicht vorgesehen. Es muss bei Beanstandungen komplett ausgetauscht werden.

Folgende Hinweise sind bei Arbeiten am Lenkgetriebe zu beachten

- Bei Arbeiten an der Servolenkung ist größte Sauberkeit erforderlich. Die Verbindungsstellen und deren Umgebung sind vor dem Lösen gründlich zu reinigen.
- Ausgebaute Teile auf einer sauberen Unterlage ablegen und abdecken, wenn die Reparatur nicht umgehend weiter ausgeführt wird.
- Keine fasernden Lappen verwenden.
- Geöffnete Bauteile sorgfältig abdecken bzw. verschließen, wenn die Reparatur nicht umgehend weiter ausgeführt wird.
- Ersatzteile erst unmittelbar vor dem Einbau aus der Verpackung entnehmen.
- Nur originalverpackte Teile verwenden.
- Bei geöffneter Anlage nicht mit Druckluft arbeiten.
- Das Fahrzeug nicht bewegen.

De- und Montage

- Bauen Sie den Luftfilterkasten aus.

Für den OM642-Motor:

- Bauen Sie den Ansaugkanal nach dem Luftfilter aus.

Weiter für alle Fahrzeuge:

- Soweit verbaut, demontieren Sie die Motorabdeckungen oben und unten.
- Fangen Sie den Motor mit einer Motortraverse oder einem Hebewerkzeug von oben ab.
- Das Fahrzeug anheben und verzurren.

Wird das Fahrzeug nicht verzurrt, besteht die Gefahr, dass das Fahrzeug von der Hebebühne abrutschen kann!

- Beide Räder vorn abbauen.
- Die Geräuschdämpfung oder den Unterfahrschutz (soweit verbaut) ausbauen.
- Saugen Sie das Servoöl aus dem Vorratsbehälter ab.
- Drehen Sie die beiden Schrauben am Motorlager heraus.
- Drehen Sie die Muttern (1 und 6 im Bild 4) ab.

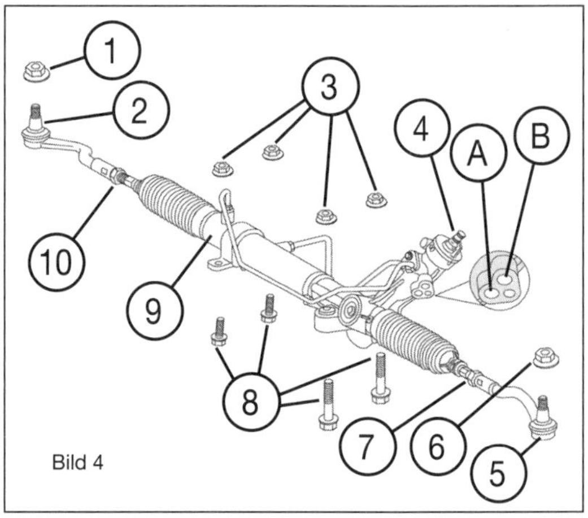

Bild 4

- Den linken Spurstangenkopf wie bereits beschrieben ausbauen.
- Den rechten Spurstangenkopf vom Radlagergehäuse abdrücken.
- Bauen Sie die Halteschellen für die Anschlussleitungen an der Servopumpe am Motorträger ab.
- Die Rücklaufleitung (B im Bild 4) im Bereich des Gummischlauchs mit einer geeigneten Schlauchklemme bis 25 mm abklemmen.
- Die Druckleitung (A) im Bereich des Gummischlauchs mit der Schlauchklemme bis 25 mm abklemmen.
- Bringen Sie die Lenkung in Mittelstellung und fixieren Sie die Lenkradposition mit einer Lenkradsperre und durch Verkleben mit Gewebeband auf der Lenksäulenverkleidung.

Achten Sie darauf, dass das Lenkrad in dieser Stellung bleibt. Dadurch wird gewährleistet, dass sich die Wickelfeder für Airbag und Rückstellring mit Schleifring nicht verdrehen.

- Demontieren Sie die beiden Leitungen (A und B) am Lenkgetriebe.

Auslaufendes Hydrauliköl auffangen und fachgerecht entsorgen.

- Offene Leitungen/Anschlüsse verschließen oder abdecken.
- Bauen Sie das Kreuzgelenk vom Lenkgetriebe (4) ab.
- Drehen Sie die Schrauben (8) heraus.

Achten Sie auf die unterschiedlichen Schraubenlängen.

- Bauen Sie die Koppelstangen wie im Kapitel 11 beschrieben am Stabilisator ab.
- Demontieren Sie den Bügel am Lenkgetriebe.
- Nehmen Sie das Lenkgetriebe nach links heraus.

Der Einbau erfolgt sinngemäß in umgekehrter Reihenfolge.

- Lenkgetriebe in den Aggregateträger einsetzen.
- Das Kreuzgelenk auf das Lenkritzel stecken.
- Das Lenkgetriebe am Aggregateträger festschrauben, dabei die Muttern (3 im Bild 4) gegenhalten.
- Die Schraube für das Kreuzgelenk montieren und festziehen.
- Die Dichtringe an der Druckleitung und der Rücklaufleitung ersetzen und diese vorsichtig in das Lenkgetriebe drücken, das Blech ansetzen. Die Schraube der Leitungen im Sicherungsblech festschrauben.
- Die Rücklaufleitung am Aggregateträger befestigen.
- Spurstangenköpfe einbauen.
- Die Schlauchklemmen entfernen.
- Die Geräuschdämmung oder den Unterfahrschutz (soweit verbaut) einbauen.
- Ölstand der Servolenkung prüfen.
- Räder vorn anbauen.
- Das Fahrzeug vermessen (lassen).

Servopumpe aus- und einbauen

Eine Instandsetzung der Servopumpe ist nicht vorgesehen. Die Einbaulage haben wir im Kapitel 4 in den Bildern 17 bis 19 beschrieben.

Servopumpe aus- und einbauen

Wir stellen Ihnen eine allgemeingültige Beschreibung zur Verfügung.

- Demontieren Sie den Keilrippenriemen wie bereits im Kapitel 4 beschrieben.
- Saugen Sie das Servoöl aus dem Vorratsbehälter ab.
- Die Rücklaufleitung im Bereich des Gummischlauchs mit einer geeigneten Schlauchklemme bis 25 mm abklemmen.
- Bauen Sie die Rücklaufleitung vom Vorratsbehälter ab.
- Bauen Sie die Druckleitung von der Servopumpe ab.
- Verschließen Sie alle Öffnungen mit passenden Stopfen.

Tipp: Auslaufendes Hydrauliköl auffangen und fachgerecht entsorgen.

- Drehen Sie die Befestigungsschrauben heraus und nehmen Sie die Servopumpe ab.

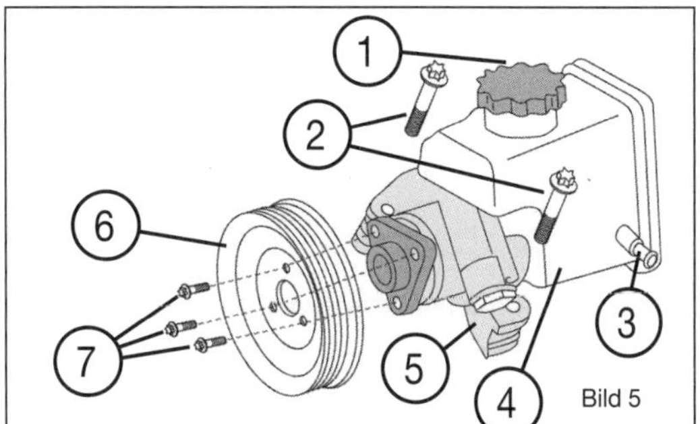

Bild 5

Servopumpe am OM646.
1 Einfülldeckel mit Peilstab
2 Schrauben
3 Rücklaufanschluss
4 Vorratsbehälter
5 Servopumpe
6 Riemenscheibe
7 Schrauben

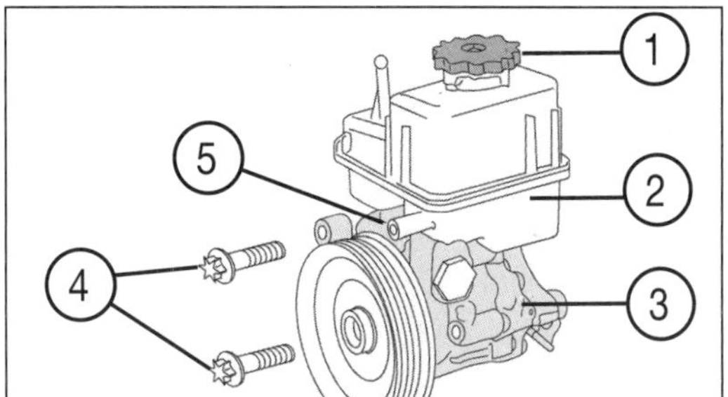

Bild 6

Servopumpe am OM651.
1 Einfülldeckel mit Peilstab
2 Vorratsbehälter
3 Servopumpe
4 Schrauben
5 Rücklaufanschluss

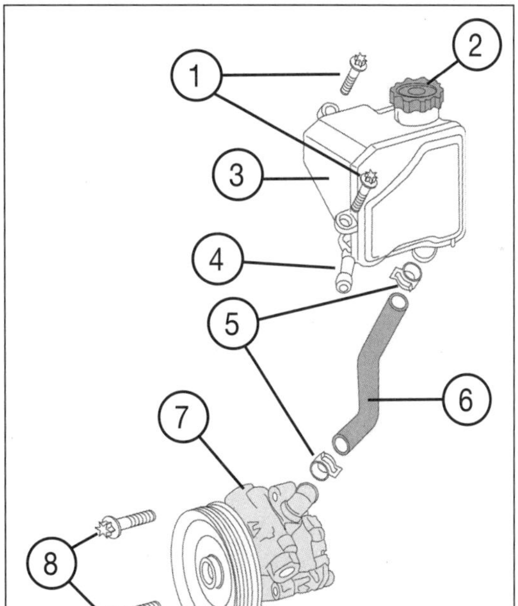

Bild 7

Servopumpe am OM642.
1 Schrauben
2 Einfülldeckel mit Peilstab
3 Vorratsbehälter
4 Rücklaufanschluss
5 Schellen
6 Füllschlauch
7 Servopumpe
8 Schrauben

Der Einbau erfolgt sinngemäß in umgekehrter Reihenfolge.

Servopumpe entlüften

- Befüllen Sie die Vorratsbehälter bis zur »Maximum« Markierung.
- Starten Sie den Motor zwei bis drei Mal, aber lassen Sie ihn nur kurz laufen.
- Drehen Sie das Lenkrad bei laufendem Motor mehrfach von Lenkanschlag links zum Lenkanschlag rechts.
- Prüfen Sie den Ölstand mit dem Peilstab.

13 Bremsanlage

Die Bremsen des Vito/Viano

Der Vito/Viano wird kraftvoll und sicher über ein Hydraulik-Zweikreis-Bremssystem mit rundum Scheibenbremsen verzögert. Die vorderen Scheibenbremsen sind innenbelüftet, die Bremsscheiben hinten sind derzeit durchweg für alle Motorisierungen massiv. Die elektromechanische Feststellbremse wirkt auf die Hinterräder. Die Bremsunterstützung erfolgt pneumatisch durch Vakuumbremskraftverstärker. In ihnen wird der hydraulische Druck, der dann an den Bremsen wirkt, mehr als verdoppelt. Auf diese Weise werden etwa 60 % der wirkenden Bremskraft aufgebracht. Das Vakuum für den Unterdruck im Bremskraftverstärker wird dem Saugrohr entnommen oder mit einer Vakuumpumpe erzeugt. Je nach Motorisierung werden unterschiedliche Bremsenmodelle eingesetzt. Welche Bremsen in einem bestimmten Fahrzeug verbaut sind, wird unter anderem in der Ausstattungsliste durch Codenummern dokumentiert. Die Ausstattungscodierung können Sie sich bei Ihrem Mercedes-Händler ausdrucken lassen. Die Codierungen sind für die Kombinationen Bremssattel/Bremsscheibe/Bremstrommel und Bremsbelag wichtig.

Antiblockiersystem (ABS)

Der Vito/Viano verfügt serienmäßig über ein Antiblockiersystem. Die Bremsanlage des ABS ist diagonal aufgeteilt. Die Bremskraftverstärkung erfolgt pneumatisch durch den Vakuumbremskraftverstärker. Fahrzeuge mit ABS haben keinen mechanischen Bremskraftregler. Eine speziell abgestimmte Software im Steuergerät übernimmt die Bremskraftverteilung für die Hinterachse.

⚠ Störungen am ABS haben Einfluss auf die Bremsanlage und die Verstärkung. Es muss mit einem veränderten Bremsverhalten gerechnet werden. Nach Aufleuchten der Kontrollleuchte für ABS und Kontrollleuchte für Bremsanlage können die Hinterräder beim Bremsen frühzeitig blockieren! Die recht unauffälligen, aber sehr wichtigen Funktionen für beispielsweise die Gespannstabilisierung fallen aus. Grundsätzlich ist es möglich, ein ABS-Steuergerät zu reparieren. Einige Firmen haben sich auf die Instandsetzung spezialisiert und liefern eine kostengünstige Alternative zum Neuteilersatz. Hydraulikeinheit und Steuergerät bilden eine Einheit. Eine Trennung ist nur im ausgebauten Zustand möglich.

- Neue Steuergeräte aus dem Ersatzteilbereich sind nicht codiert. Sie sind nach dem Einbau mit einem geeigneten Diagnosetester zu codieren. In der Regel muss das beim Mercedes-Benz-Vertraghändler erfolgen. Die Kontrollleuchte für ABS und die Kontrollleuchte für ESP und ASR blinken, solange das Steuergerät für ABS nicht codiert ist.
- Wenn ein Steuergerät instandgesetzt worden ist, wird die Reparaturfirma die vorhandene Codierung sichern und das instandgesetzte Steuergerät betriebsbereit ausliefern.

ABS und ESP

Im Vito/Viano kommt ein ABS/ESP-System zum Einsatz. Es besteht neben dem Eingriff auf die Bremsanlage die Möglichkeit, mit dem Bordnetzsystem und der Motorsteuerung einige Neuerungen umzusetzen. Es sind nun folgende Funktionen realisiert worden: ABS (Blocklerverhinderer beim Bremsen), ASR (verhindert durchdrehende Räder), EBV (regelt den Bremsdruck an der Hinterachse), ESP (Stabilitätsprogramm, um Schleudern einzudämmen) und das MSR (reduziert das Motormoment zum Anfahren auf glatter Straße über den Eingriff in das System E-Gas).

Eigenschaft der Bremsflüssigkeit

☞ Die im Hydrauliksystem zirkulierende Flüssigkeit ist Bremsflüssigkeit nach dem Standard »FMVSS 116 DOT 4«, wovon auch die Weiterentwicklung »DOT 4 plus« erhältlich ist.

⚠ Bremsflüssigkeit auf keinen Fall mit mineralölhaltigen Flüssigkeiten (Öl, Benzin, Reinigungsmittel) in Verbindung bringen. Mineralöle beschädigen die Dichtungen und Gummitüllen der Bremsanlage!

⚠ Bremsflüssigkeit ist giftig, sie darf wegen ihrer ätzenden Wirkung auch nicht mit Lack in Berührung kommen. Eventuell ausgetretene Bremsflüssigkeit mit viel Wasser abspülen!

Bremsflüssigkeit ist hygroskopisch, das heißt, sie nimmt aus der umgebenden Luft Feuchtigkeit auf und ist darum stets in luftdicht verschlossenen Behältern aufzubewahren.

Bremsflüssigkeitsstand (abhängig vom Belagverschleiß) prüfen

Der Stand der Bremsflüssigkeit ist an den Markierungen des Bremsflüssigkeitsbehälters abzulesen.

- Der Bremsflüssigkeitsstand (Menge) ist stets in Abhängigkeit vom Bremsbelagverschleiß zu beurteilen. Im Fahrbetrieb sinkt durch Abnutzung und automatische Nachstellung der Bremsbeläge der Flüssigkeitsstand geringfügig ab.
- Bei einem Flüssigkeitsstand an der »MIN«-Markierung und etwas darüber ist kein Nachfüllen erforderlich, wenn die Bremsbelagverschleißgrenze nahezu erreicht ist.
- Sind die Bremsbeläge neu bzw. weit von der Belagverschleißgrenze entfernt, muss der Flüssigkeitsstand zwischen der »MIN«- und der »MAX«-Markierung liegen.
- Die »MAX«-Markierung darf jedoch nicht überschritten werden, damit die Flüssigkeit nicht aus dem Bremsflüssigkeitsbehälter austritt.
- Ist der Flüssigkeitsstand unter die »MIN«-Markierung abgesunken, muss, bevor Bremsflüssigkeit ergänzt wird, das ganze Bremssystem überprüft werden ggf. sind Reparaturen einzuleiten.

Bremsanlage auf Undichtigkeiten und Beschädigung prüfen

Sichtprüfung

Folgende Bauteile müssen auf Undichtigkeiten und Beschädigungen überprüft werden:

- Hauptbremszylinder
- Bremskraftverstärker
- Hydraulikeinheit
- Bremssättel

Weiterhin sind zu prüfen:

- Vorhandensein der Staubkappen an den Entlüftungsventilen für Bremsflüssigkeit.
- Dass die Bremsschläuche nicht verdreht sind und dass sie beim maximalen Lenkeinschlag keine Fahrzeugbauteile berühren.
- Dass Bremsschläuche nicht porös und brüchig sind.
- Dass Bremsschläuche und Bremsleitungen keine Scheuerstellen aufweisen.
- Dass Bremsanschlüsse und Befestigungen richtig sitzen, nicht undicht und frei von Korrosion sind.

Festgestellte Mängel sind durch entsprechende Reparaturmaßnahmen zu beseitigen.

Dichtigkeitsprüfung unter Druck

Diese Prüfung erfordert ein Prüfgerät für Bremssysteme mit Adapter. Prüfvoraussetzung ist, dass Funktion und Dichtheit der Bremsanlage gegeben sind.

- Entlüftungsventil an einem der vorderen Bremssättel herausschrauben. Das Prüfgerät für Bremssysteme anschließen und entlüften.
- Bremspedal mit einem Feststeller belasten, bis das Druckmanometer 50 bar Überdruck anzeigt.

Während der Prüfdauer von 45 Sekunden darf der Druckabfall nicht mehr als 4 bar betragen. Bei größerem Druckabfall Bremssystem prüfen, wenn erforderlich Hauptbremszylinder ersetzen.

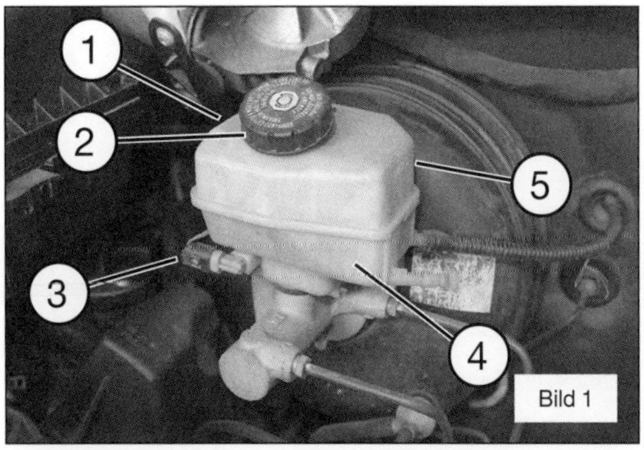

Bild 1

Bild 1
Ausgleichsbehälter im Motorraum.
1 Ausgleichsbehälter
2 Deckel
3 Stecker Warnkontakt
4 Minimal-Markierung
5 Maximal-Markierung

Bild 2

Bild 2
Durchgerostete Bremsleitungen sind durchaus auch bei modernen Fahrzeugen noch zu finden.

Sichtprüfung Messen

Technische Daten Bremsanlage

Zur Übersicht die wichtigsten technischen Daten der Bremsanlage:

Handbremse

Einstellung/Anforderung	Abmessung
Belagstärke Handbremse	Min. 3,5 mm
Rasten Handbremshebel bis zum Blockieren der Radbremse	4

Scheibenbremse vorne

Einstellung/Anforderung	Abmessung
Stärke Bremsscheibe	28,0 mm
Durchmesser Bremsscheibe	300,0 mm
Verschleißmaß Bremsscheibe	25,0 mm
Verschleißmaß Bremsbelag	3,5 mm
Seitenschlag Bremsscheibe	0,01 mm

Scheibenbremse hinten

Einstellung/Anforderung	Abmessung
Stärke Bremsscheibe	10,0 mm
Durchmesser Bremsscheibe	296,0 mm
Verschleißmaß Bremsscheibe	8,0 mm
Verschleißmaß Bremsbelag	3,5 mm
Seitenschlag Bremsscheibe	0,03 mm

Bremsanlage mit Gerät entlüften

Normale Entlüftung

Den Arbeitsablauf zum Entlüften der Bremsanlage sollten Sie grundsätzlich genau einhalten.

■ Bremsenfüll- und Entlüftungsgerät anschließen, das bedeutet den Adapter statt Verschlussdeckel auf Bremsflüssigkeitsbehälter aufschrauben, den Druck am Entlüftungsgerät einstellen und Befüllschlauch des Gerätes an den Adapter anschließen.

■ Abdeckkappen von den Entlüftungsventilen abziehen, Schlauch der Entlüfterflasche aufstecken und dann Entlüftungsventile mit einem passenden Schlüssel in folgender Reihenfolge öffnen und jeweiligen Radbremszylinder/Bremssättel entlüften:

1. Bremssattel hinten links
2. Bremssattel vorn links
3. Bremssattel vorn rechts
4. Bremssattel hinten rechts

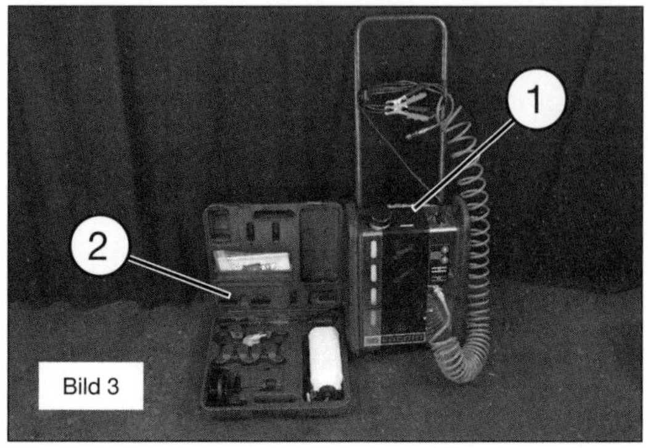

Bild 3
Automatisches Entlüftungsgerät.
1 Entlüftungsgerät mit Batterieanschlüssen und Vorratstank
2 Adapterset für unterschiedliche Vorratsbehälter am Fahrzeug

■ Entlüftungsventil bei aufgestecktem Schlauch der Entlüfterflasche so lange geöffnet lassen, bis blasenfreie Bremsflüssigkeit ausströmt.

☞ Geeigneten Entlüfterschlauch verwenden. Er muss straff auf dem Entlüftungsventil sitzen, damit keine Luft in die Bremsanlage gelangen kann!

Vorentlüftung

Wenn bei Fahrzeugen mit EDS, EDS/ASR oder EDS/ASR/ESP eine Kammer des Bremsflüssigkeitsbehälters komplett leergelaufen ist (z. B. bei Undichtigkeiten der Bremsanlage), muss zuerst eine Vorentlüftung erfolgen.

■ Bremssattel vorn links und vorn rechts gleichzeitig zusammen entlüften.

■ Bremssattel hinten links und hinten rechts gleichzeitig zusammen entlüften.

■ Entlüftungsventile bei aufgesteckten Schläuchen der Entlüfterflasche so lange geöffnet lassen, bis blasenfreie Bremsflüssigkeit ausströmt.

■ Anschließend kann über eine Funktion mit dem Diagnosetester die Hydraulikeinheit nochmals entlüftet werden. Hierbei werden die einzelnen Steuerventile angesteuert und auch die geringe Restmenge im Hydraulikaggregat in die Entlüftung mit einbezogen. Zum Entlüften der Hydraulikeinheit ist ein Vordruck von 2 bar nötig.

■ Danach die Bremsanlage normal entlüften.

Bremsanlage ohne Gerät entlüften

Steht kein Bremsenfüll- und Entlüftungsgerät zur Verfügung, muss die Bremsanlage mit einfachen Mitteln entlüftet werden. Nötig dafür sind neue Bremsflüssigkeit und ein geeigneter, möglichst durchsichtiger Kunststoffschlauch, wie ihn Baumärkte im Sortiment haben. Er muss straff auf der Entlüfterschraube Radbremszylinder/Bremssattel sitzen, damit keine Luft in die Bremsanlage gelangen kann.

■ Wenn erforderlich, die Entlüftungsventile einige Stunden vor der Arbeit mit Rostlöser einsprühen. Das mindert das Risiko, dass die Ventile beim Lösen abgerissen werden.

■ Entlüftungsreihenfolge wie bei »Entlüftung normal«.

■ Staubkappe vom Entlüftungsventil abziehen, Ventilnippel säubern, den Kunststoffschlauch auf den Nippel schieben und das freie Schlauchende in einen teilweise mit Bremsflüssigkeit gefüllten Auffangbehälter stecken.

■ Entlüftungsschraube mit einem Ringschlüssel maximal eine Umdrehung lösen.

■ Ein Helfer tritt das Bremspedal langsam bis zum Boden, damit die Bremsflüssigkeit und die darin eingeschlossene Luft herausgepumpt werden.

Auf Schlauch und Auffangbehälter achten: die Luftbläschen müssen zu sehen sein.

■ Das Bremspedal am Boden halten.

■ Nun die Entlüftungsschraube schließen, erst dann das Bremspedal zurücknehmen.

■ Diesen Vorgang so lange wiederholen, bis keine Luftbläschen mehr aufsteigen, es ist dann keine Luft mehr im System. Dabei aber ständig den Stand der Bremsflüssigkeit im Ausgleichsbehälter beobachten. Bei Bedarf nachfüllen, aber nur so viel, dass der vorherige Stand im Bremsflüssigkeitsbehälter nicht überschritten wird. Dadurch wird verhindert, dass bei einem späteren Wechsel der Bremsbeläge zu viel Bremsflüssigkeit im System ist und der Behälter beim Zurückdrücken der Bremskolben überläuft.

■ Nach dem letzten Durchgang muss der Helfer das Bremspedal wieder am Boden halten, bis das Entlüftungsventil endgültig geschlossen ist (Schraube nicht anknallen).

■ Die Arbeit an den anderen Entlüftungsventilen wiederholen.

■ Lässt sich die Bremse nach vorgenannter Methode nicht vollständig entlüften, alle Entlüftungsventile schließen, den Motor starten und mehrfach die Bremse betätigen. Dann nochmals einen Entlüftungsdurchgang vornehmen.

■ Zum Schluss noch einmal alle Bremsleitungen, Entlüftungsventile (angezogen?), den Stand im Bremsflüssigkeitsbehälter und die Funktion der Bremsen bei einer (vorsichtigen) Probefahrt prüfen. Dabei einmal so stark bremsen, dass die ABS-Regelung greift.

Bremsflüssigkeit wechseln

Bremsflüssigkeit ist giftig! Sie darf wegen ihrer ätzenden Wirkung auch nicht mit Lack in Berührung kommen. Eventuell ausgetretene Bremsflüssigkeit mit viel Wasser abspülen!

■ Verschlussdeckel vom Bremsflüssigkeits-Vorratsbehälter abschrauben. Das Sieb darf nicht aus dem Behälter entfernt werden!

■ Mit dem Saugschlauch vom Bremsenfüll- und Entlüftungsgerät so viel Bremsflüssigkeit wie möglich absaugen. Abgesaugte Bremsflüssigkeit darf nicht wieder verwendet werden.

■ Adapter (aus dem Bremsenentlüftungswerkzeug) auf den Bremsflüssigkeits-Vorratsbehälter schrauben, den richtigen Druck am Bremsenfüll- und Entlüftungsgerät einstellen (Bedienungsanleitung des Gerätes beachten) und den Befüllschlauch des Geräts an den Adapter anschließen.

■ Abdeckkappe des Entlüftungsventils am Bremssattel vorn links abziehen und Entlüfterschlauch der Auffangflasche auf das Ventil stecken, Entlüftungsventil öffnen und die entsprechende Bremsflüssigkeitsmenge (siehe folgende Tabelle) ausfließen lassen. Entlüftungsventil mit 10 Nm schließen. Abdeckkappe am Entlüftungsventil des Bremssattels vorn links wieder aufstecken.

■ Diesen Arbeitsablauf an der rechten Fahrzeugseite vorn wiederholen.

■ Schrauben Sie ggf. beide Räder an der Hinterachse ab, um nun dort an die Entlüftungsventile zu gelangen. Abdeckkappe am Entlüftungsventil des Bremssattels hinten links abziehen und Entlüfterschlauch der Auffangflasche auf das Entlüftungsventil hinten links stecken, Entlüftungsventil öffnen und die entsprechende Bremsflüssigkeitsmenge (siehe folgende Tabelle) ausfließen lassen. Entlüftungsventil mit 10 Nm schließen. Abdeckkappe am Entlüftungsventil des Bremssattels hinten links wieder aufstecken.

Sichtprüfung Messen

Bild 4
Entlüftungsventil am Bremssattel vorne.
1 Entlüftungsventil
2 Bremssattel

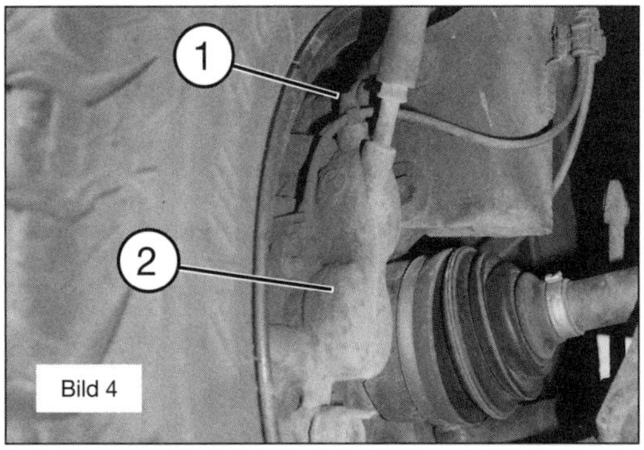

Bild 4

Bild 5
Entlüftungsventil am Bremssattel hinten.
1 Entlüftungsventil
2 Bremssattel

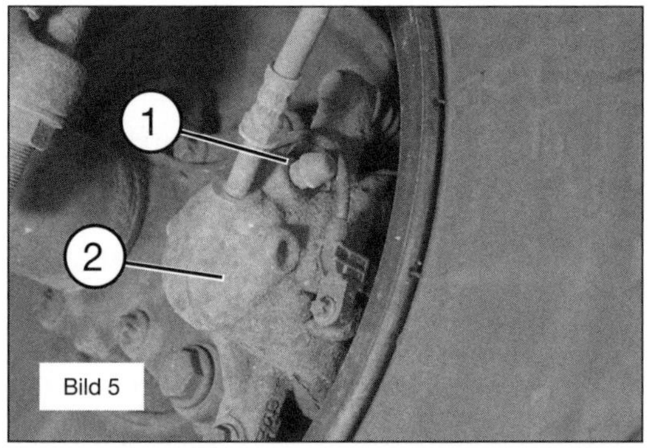

Bild 5

Bild 6
Entlüftungsventil am Kupplungszylinder.
1 Entlüftungsventil
2 Kupplungsnehmerzylinder
3 Abdeckung in der Kupplungsglocke

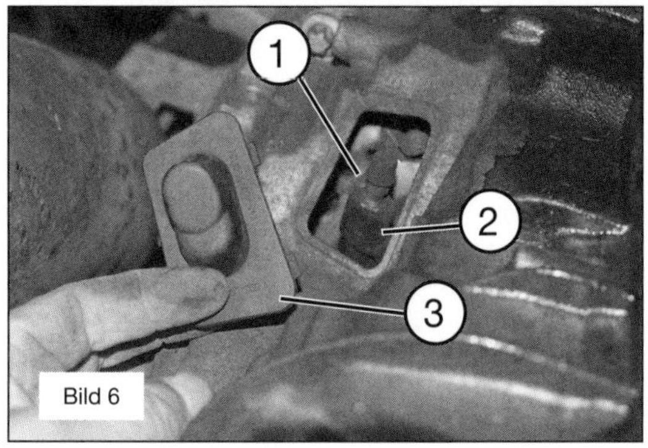

Bild 6

Bild 7
Bremslichtschalter am Pedalmodul.
1 Halterung am Pedalmodul
2 Bremslichtschalter
3 Elektrischer Anschluss
4 Pedalmodul
A Drehrichtung zum Lösen

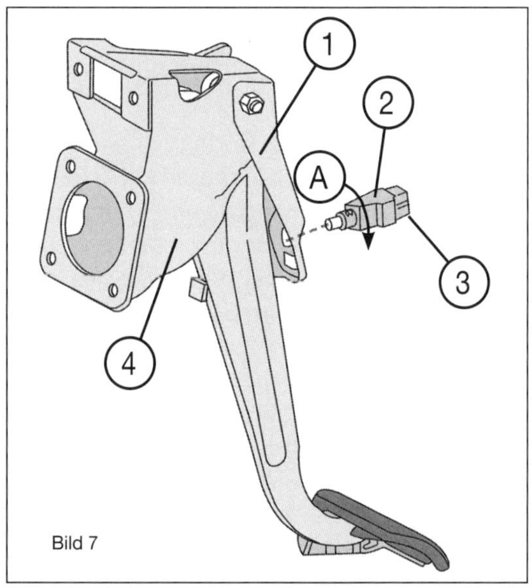

Bild 7

■ Diesen Arbeitsablauf an der rechten Fahrzeugseite hinten wiederholen.

Ausfließende Bremsflüssigkeitsmengen

Reihenfolge Entlüftungsventile	Bremsflüssigkeit
Bremssattel vorn links	0,20 Liter
Bremssattel vorn rechts	0,20 Liter
Bremssattel hinten links	0,30 Liter
Bremssattel hinten rechts	0,30 Liter
Kupplungsnehmerzylinder	0,15 Liter

Bremslichtschalter aus- und einbauen

Der Bremslichtschalter ist von vorne im Pedalmodul befestigt. Ist die Lenkradhöhenverstellung ganz nach oben gestellt, kann der Bremslichtschalter durch den Spalt zwischen Lenkradverkleidung und Armaturenbrett gut eingesehen werden. Der Zugang erfolgt über den Fahrer-Fußraum.

■ Entsichern Sie den Steckkontakt (3 im Bild 7) und ziehen Sie ihn ab.
■ Drehen Sie den Bremslichtschalter (2) etwa eine Viertel-Umdrehung gegen den Uhrzeigersinn und nehmen Sie ihn heraus.

Die Montage erfolgt sinngemäß in umgekehrter Reihenfolge.
■ Lesen Sie den Fehlerspeicher aus und löschen Sie ihn gegebenenfalls.

Hauptbremszylinder aus- und einbauen

■ Radio-Codierung beachten, Batterie abklemmen, Batterieverkleidung ausbauen.

■ Ausreichend nicht fasernde Lappen im Bereich des Motors und des Getriebes auslegen und so viel Bremsflüssigkeit wie möglich mit dem Bremsenfüll- und Entlüftungsgerät oder mit einer Absaugvorrichtung aus dem Bremsflüssigkeitsbehälter absaugen.
■ Bei Fahrzeugen mit Schaltgetriebe den Nachlaufschlauch für den Kupplungsgeberzylinder abziehen und hochbinden oder mit einem handelsüblichen Werkzeug (Hazet 4590) abklemmen und dann abziehen.
■ Den Stecker vom Warnkontakt für Bremsflüssigkeitsstand abziehen.

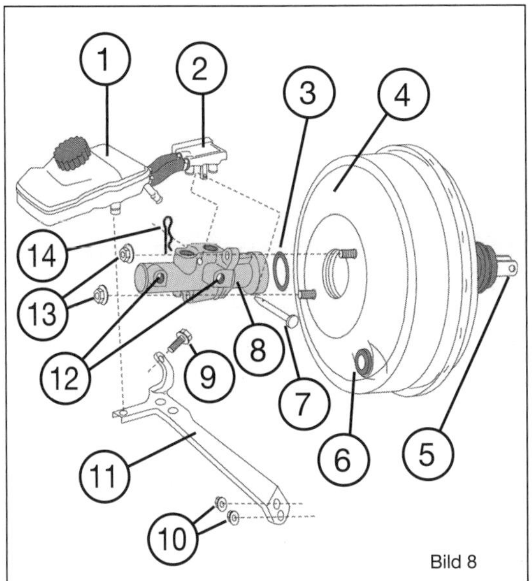

Bild 8

Bild 8
Hauptbremszylinder.
1 Vorratsbehälter
2 Füllanschluss
3 O-Ring
4 Bremskraftverstärker
5 Anschluss
6 Unterdruckanschluss
7 Sicherungsstift
8 Hauptbremszylinder
9 Schraube
10 Muttern
11 Halter
12 Anschlüsse Bremsleitungen
13 Muttern
14 Splint

- Die Bremsleitungen (12) am Hauptbremszylinder (8) abschrauben.
- Die Bremsleitungen mit geeigneten Verschlussstopfen verschließen.
- Die Muttern (13) vom Hauptbremszylinder (8) abschrauben.
- Demontieren Sie den Halter (11).
- Den Hauptbremszylinder (8) vorsichtig aus dem Bremskraftverstärker (4) herausnehmen.

Der Einbau erfolgt sinngemäß in umgekehrter Reihenfolge.

Beim Zusammensetzen des Hauptbremszylinders mit dem Bremskraftverstärker auf richtigen Sitz der Druckstange im Hauptbremszylinder achten.

Darauf achten, dass der Dichtring (3) zwischen Hauptbremszylinder (8) und Bremskraftverstärker (4) ordnungsgemäß eingebaut ist.

- Füllen Sie die Bremsflüssigkeit wieder auf den alten Stand.
- Bremsanlage entlüften. Eventuell auch den Kupplungsgeberzylinder entlüften.
- Betätigen Sie Bremse und Kupplung mehrfach und kontrollieren Sie den Flüssigkeitsstand erneut.

Funktion des Bremskraftverstärkers prüfen

- Bremspedal bei stehendem Motor mehrere Male kräftig durchtreten (dadurch wird der im Gerät vorhandene Unterdruck abgebaut).
- Bremspedal jetzt mit mittlerer Fußkraft in Bremsstellung halten und Motor starten.

Bei einem einwandfrei funktionierenden Bremskraftverstärker gibt das Bremspedal dabei unter dem Fuß spürbar nach (Verstärkung wird wirksam).
Senkt sich das Pedal nicht, liegt eine Störung vor.

Diese kann in der Unterdruckversorgung (Leitung, Pumpe, Anschluss) oder am Bremskraftverstärker selbst zu finden sein. In diesem Fall muss er ersetzt werden. Reparaturen an diesem Bauteil sind nicht vorgesehen.

Bremsscheiben und Beläge prüfen

Bremsbeläge prüfen

Mit einer Taschenlampe durch einen Durchbruch in der Felge leuchten. Die Dicke des äußeren Belages durch Sichtprüfung ermitteln. Den inneren Belag anleuchten und einen Spiegel anhalten. Dann die Dicke des inneren Belages durch Sichtprüfung ermitteln.

- Zur besseren Beurteilung der Restbelagdicke einen Prüfspiegel benutzen oder das Rad abnehmen.
- Die Anbauposition des Rades kennzeichnen (RV = rechts vorne, LV = links vorne, RH = rechts hinten, LH = Links hinten).
- Die Dicke des äußeren und inneren Belages messen oder abschätzen. Bei der Belagdicke (3,0 mm ohne Rückenplatte) haben die Bremsbeläge ihre Verschleißgrenze erreicht und sind zu ersetzen.
- Das entsprechende Rad in der gekennzeichneten Position wieder anschrauben. Radbefestigungsschrauben über Kreuz mit dem entsprechenden Drehmoment anziehen ggf. Radschraubenkappen aufstecken.

Bremsscheiben prüfen

Wenn die Scheibenbremsbeläge ersetzt werden müssen, sind unbedingt auch die Bremsscheiben auf Verschleiß zu prüfen. Typische Fehlerbilder, die für eine Erneuerung sprechen sind:

- Risse,
- Riefen,
- Rost und
- Grat am Bremsscheibenrand.

Ggf. Bremsscheiben ersetzen (grundsätzlich achsweise).

Bremsscheiben und Beläge vorne

Bremsbeläge wechseln

Weiter zu verwendende Bremsbeläge beim Ausbau kennzeichnen. Die Beläge an gleicher Stelle wieder einbauen, sonst kann eine ungleichmäßige Bremswirkung entstehen!

- Radschrauben lösen, aber noch nicht herausdrehen.
- Das Fahrzeug mit der Hebebühne anheben und Unterbodenverkleidungen ausbauen.

Sichern Sie das Fahrzeug unbedingt auf der Hebebühne mit Spanngurten, um ein Herunterfallen oder Abrutschen zu verhindern.

- Bauen Sie die vorderen Räder ab.
- Steckverbindung (3 im Bild 10) für Bremsbelagverschleißanzeige am Bremssattel trennen.
- Bremsbeläge (2) mit geeignetem Werkzeug etwas zurückdrücken.
- Drehen Sie die beiden Schrauben (6) heraus und nehmen Sie den Bremssattel ab.
- Den Bremssattel mit Draht am Aufbau befestigen.
- Die Bremsbeläge, die Leitung für Bremsbelagverschleißanzeige und die Spreizfedern herausnehmen.
- Prüfen Sie, ob sich die Bremssattellagerung leicht bewegen lässt.

Ist das nicht der Fall, die Lagerung zerlegen, gründlich reinigen und mit neuem Fett versehen wieder zusammenbauen.

- Bremssattelgehäuse reinigen.

Für das Reinigen des Bremssattelgehäuses ist ausschließlich Spiritus zu verwenden.

Der Einbau erfolgt sinngemäß in umgekehrter Reihenfolge.

Vor dem Zurückdrücken mit einer Entlüfterflasche Bremsflüssigkeit aus dem Bremsflüssigkeitsbehälter absaugen, sonst kann, wenn zwischenzeitlich Bremsflüssigkeit nachgefüllt wurde, Bremsflüssigkeit auslaufen und zu Schäden führen.

- Vor Einsetzen neuer Bremsbeläge müssen die Kolben mit der Kolbenrücksetzvorrichtung (3 im Bild 11) in den Zylinder gedrückt werden.
- Die Bremsbeläge (2 im Bild 10) in den Satteltäger (1) einsetzen.

Darauf achten, dass die Bremsbeläge (2) in den Belaghalteblechen oder Spreizfedern (8) sitzen.

- Den Bremssattel auf Lagerungen im Sat-

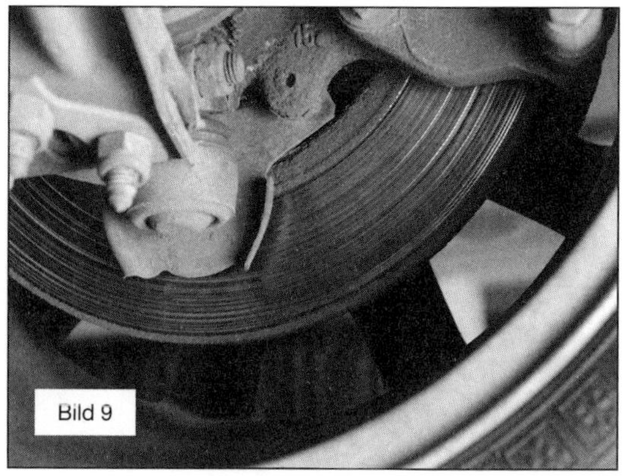

Bild 9

Bild 9
Eine Bremsscheibe mit tiefen Riefen muss ersetzt werden.

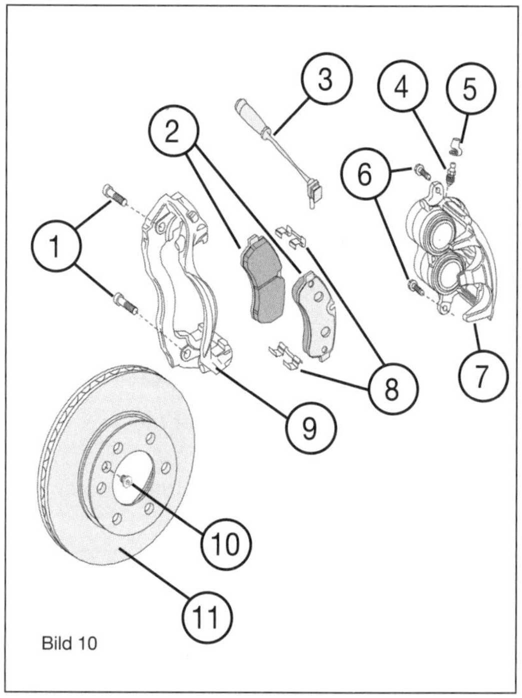

Bild 10

Bild 10
Bremsanlage an der Vorderachse.
1 Schrauben
2 Bremsbeläge vorne
3 Warnkontakt Belagverschleiß
4 Entlüftungsnippel
5 Staubkappe
6 Schrauben
7 Bremssattel
8 Spreizfedern
9 Sattelträger
10 Schraube
11 Bremsscheibe

Bild 11

Bild 11
Bremskolben im Bremssattel zurückstellen.
1 Bremssattel
2 Adapter auf dem Bremskolben
3 Bremskolbenrücksteller

telträger aufsetzen und mit neuen Schrauben verschrauben.

Darauf achten, dass Führungsbolzen oder Schraube im Bremsträger sitzen.

■ Neue Befestigungsschrauben mit vorgeschriebenem Anzugsdrehmoment festziehen.

■ Die Steckverbindung (3) für die Bremsbelagverschleißanzeige verbinden.

■ Räder wieder anbauen.

Nach dem Ersetzen von Bremsbelägen Bremspedal im Stand mehrmals kräftig durchtreten, damit die Bremsbeläge ihren dem Betriebszustand entsprechenden Sitz einnehmen.

Nach dem Bremsbelagwechsel den Bremsflüssigkeitsstand prüfen.

Bremsscheiben vorne wechseln

Wenn Sie die Bremsscheiben erneuern, müssen Sie auch neue Bremsbeläge verwenden. Sollen Beläge und Scheiben wiederverwendet werden, markieren Sie die Einbauposition von Bremsscheiben und Belägen.

■ Radschrauben lösen, aber noch nicht herausdrehen.

■ Das Fahrzeug mit der Hebebühne anheben und Unterbodenverkleidungen ausbauen.

Sichern Sie das Fahrzeug auf der Hebebühne mit Spanngurten, um ein Herunterfallen oder Abrutschen zu verhindern.

■ Die elektrische Steckverbindung für Belagverschleißanzeige trennen und eventuell den Bremsschlauch aus dem Halter nehmen. Bremsbeläge herausnehmen.

■ Drehen Sie die Schrauben (10 im Bild 10) in der Bremsscheibe heraus. Verwenden Sie unbedingt einen passenden Schlüssel.

Lösen Sie die Schrauben durch einige Hammerschläge. Sie sind recht oft festgerostet.

■ Demontieren Sie den vorderen Bremssattel (7) wie bereits beim Belagwechsel beschrieben.

■ Drehen Sie die beiden Schrauben (1) heraus und nehmen Sie den Bremssattelträger (9) ab.

■ Nehmen Sie die Bremsscheibe (11) von der Radnabe ab.

Auch hier kann Rostbildung dafür sorgen, dass die Bremsscheibe sehr fest sitzt. Im Extremfall helfen nur gezielte Hammerschläge von hinten auf die Bremsscheibe, um sie zu lösen. Der Ersatz ist dann nicht mehr abzuwenden.

■ Reinigen Sie die Auflagefläche der Bremsscheibe auf der Radnabe sehr gründlich.

Sehr gut und einfach gelingt das mit einer Topfbürste auf dem Winkelschleifer oder der Bohrmaschine.

Geringe Korrosionsreste können das saubere Aufliegen der Bremsscheibe verhindern. Daraus resultiert eine ungleichmäßige Wärmeableitung, die schnell einen Verzug der Scheibe nach sich ziehen kann.

■ Tragen Sie im Bereich der Auflage der Bremsscheibe auf der Radnabe etwas (sehr wenig!) Montagepaste oder Kupferpaste auf, so wird das Festkorrodieren etwas hinausgezögert.

■ Ersetzen Sie die Befestigungsschraube (10) in der Bremsscheibe (11) in jedem Fall.

Die weitere Montage erfolgt sinngemäß in umgekehrter Reihenfolge.

Die Scheibenbremse hinten

Bremsbeläge wechseln

Weiter zu verwendende Bremsbeläge beim Ausbau kennzeichnen. Die Beläge an gleicher Stelle wieder einbauen, sonst kann eine ungleichmäßige Bremswirkung entstehen!

■ Die Radschrauben lösen, aber noch nicht herausdrehen.

■ Das Fahrzeug mit der Hebebühne anheben und Unterbodenverkleidungen ausbauen.

Sichern Sie das Fahrzeug unbedingt auf der Hebebühne mit Spanngurten, um ein Herunterfallen oder Abrutschen zu verhindern.

■ Bauen Sie die hinteren Räder ab.

■ Die Steckverbindung (10 im Bild 12) für Bremsbelagverschleißanzeige trennen.

Vor dem Zurückstellen mit einer Entlüfterflasche Bremsflüssigkeit aus dem Bremsflüssigkeitsbehälter absaugen. Es kann sonst, wenn zwischenzeitlich Bremsflüssigkeit nachgefüllt wurde, Bremsflüssigkeit auslaufen und zu Schäden führen.

■ Die Staubschutzkappe (3 im Bild 12) ausbauen.

Sichtprüfung Messen

Bild 12
Bremssattel hinten (mit elektrischer Handbremse).
1 Schrauben
2 Entlüftungsnippel
3 Staubschutzkappe
4 Bremssattelträger
5 Spreizfedern
6 Bremsankerplatte
7 Schraube
8 Bremsscheibe
9 Bremsbeläge
10 Verscheißanzeige
11 Bremssattel

■ Die beiden Schrauben (1) herausdrehen.
■ Den Bremssattel mit einem Schraubedreher vorsichtig seitlich verschieben, um den Kolben des Bremssattels etwas zurückzustellen.
■ Den Bremssattel (11) vom Sattelträger und den Bremsbelägen darin abnehmen.
■ Den Bremssattel (11) mit Draht am Aufbau befestigen.
■ Die Bremsbeläge (9) und die Spreizfedern (5) herausnehmen. Dabei die Leitung für Bremsbelagverschleißanzeige (10) durch die Öffnung im Bremssattel (11) führen.
■ Bremssattelgehäuse reinigen.

Für das Reinigen des Bremssattels ausschließlich Spiritus verwenden.

Der Einbau erfolgt sinngemäß in umgekehrter Reihenfolge.
■ Vor Einsetzen neuer Bremsbeläge müssen die Kolben mit der Kolbenrücksetzvorrichtung (3 im Bild 11) in den Zylinder gedrückt werden.
■ Die Bremsbeläge (9 im Bild 12) in den Sattelträger (4) einsetzen.

Darauf achten, dass die Bremsbeläge (9) in den Belaghalteblechen oder Spreizfedern (5) sitzen.

■ Den Bremssattel wieder auf den Sattelträger aufsetzen.

Darauf achten, dass die Schraube in den Lagerungen im Sattelträger gerade sitzen.

■ Neue Befestigungsschrauben mit vorgeschriebenem Anzugsdrehmoment festziehen.
■ Die Staubschutzkappe (3) aufsetzen.
■ Die Steckverbindung (10) für die Bremsbelagverschleißanzeige verbinden.
■ Räder wieder anbauen.

Nach dem Ersetzen von Bremsbelägen Bremspedal im Stand mehrmals kräftig durchtreten, damit die Bremsbeläge ihren dem Betriebszustand entsprechenden Sitz einnehmen.

Nach dem Bremsbelagwechsel den Bremsflüssigkeitsstand prüfen und gegebenenfalls auffüllen.

Bremsscheiben hinten wechseln

Wenn Sie die Bremsscheiben erneuern, müssen Sie auch neue Bremsbeläge verwenden. Sollen Beläge und Schei-

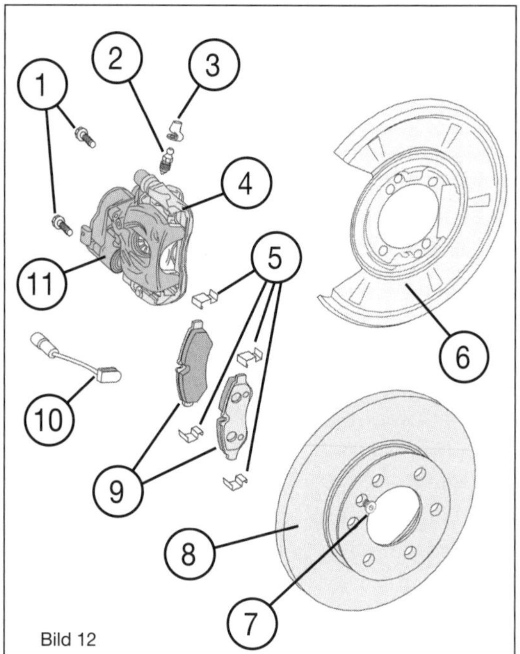

Bild 12

ben wiederverwendet werden, markieren Sie die Einbauposition von Bremsscheiben und Belägen.
■ Radschrauben lösen, aber noch nicht herausdrehen.
■ Das Fahrzeug mit der Hebebühne anheben.

Sichern Sie das Fahrzeug auf der Hebebühne mit Spanngurten, um ein Herunterfallen oder Abrutschen zu verhindern.

■ Die elektrische Steckverbindung für Belagverschleißanzeige (10 im Bild 12) trennen und eventuell den Bremsschlauch aus dem Halter nehmen.
■ Die beiden Schrauben (1) herausdrehen.
■ Den Bremssattel mit einem Schraubendreher vorsichtig seitlich verschieben, um den Kolben des Bremssattels etwas zurückzustellen.
■ Den Bremssattel (11) vom Sattelträger und den Bremsbelägen darin abnehmen.
■ Den Bremssattel (11) mit Draht am Aufbau befestigen.
■ Drehen Sie die Schraube (7) in der Bremsscheibe (11) heraus. Verwenden Sie unbedingt einen passenden Schlüssel.

Lösen Sie die Schraube durch einige Hammerschläge. Sie sind recht oft festgerostet.

■ Nehmen Sie die Bremsscheibe (8) von der Radnabe ab.

Auch hier kann Rostbildung dafür sorgen, dass die Bremsscheibe sehr fest sitzt. Im Extremfall helfen nur gezielte Hammerschläge von hinten auf die Bremsscheibe, um sie zu lösen. Der Ersatz ist dann nicht mehr abzuwenden.

■ Reinigen Sie die Auflagefläche der Bremsscheibe auf der Radnabe sehr gründlich.

Sehr gut und einfach gelingt das mit einer Topfbürste auf dem Winkelschleifer oder der Bohrmaschine.

Geringe Korrosionsreste können das saubere Aufliegen der Bremsscheibe verhindern. Daraus resultiert eine ungleichmäßige Wärmeableitung, die schnell einen Verzug der Scheibe nach sich ziehen kann.

■ Tragen Sie im Bereich der Auflage der Bremsscheibe auf der Radnabe etwas (sehr wenig!) Montagepaste oder Kupferpaste auf. So wird das Festkorrodieren etwas hinausgezögert.

■ Ersetzen Sie die Befestigungsschraube (10) in der Bremsscheibe (7) in jedem Fall.

Die weitere Montage erfolgt sinngemäß in umgekehrter Reihenfolge.

Die Handbremse hinten

Bremsbelagwechsel Trommelbremse

Weiter zu verwendende Bremsbeläge müssen beim Ausbau gekennzeichnet werden. Sie müssen an gleicher Stelle wieder eingebaut werden, da sonst ungleichmäßige Bremswirkung entsteht.

Die Bremsen sind achssymmetrisch aufgebaut. Entsprechend setzen Sie zuerst eine Seite instand und belassen die andere Seite im zusammengebauten Zustand.

So haben Sie ein Muster zum Gucken, wenn doch mal vergessen gehen sollte, was wie zusammengebaut war.

■ Die Radschrauben lösen, aber noch nicht herausdrehen.

■ Das Fahrzeug mit der Hebebühne anheben.

Sichern Sie das Fahrzeug auf der Hebebühne mit Spanngurten, um ein Herunterfallen oder Abrutschen zu verhindern.

■ Die Hinterräder demontieren.

■ Über eine Radschraubenbohrung (4 im Bild 14) den Einsteller (5) zusammendrehen.

■ Die Bremsscheibe wie bereits beschrieben abbauen.

■ Die Federn (2 und 4 im Bild 13) aushängen.

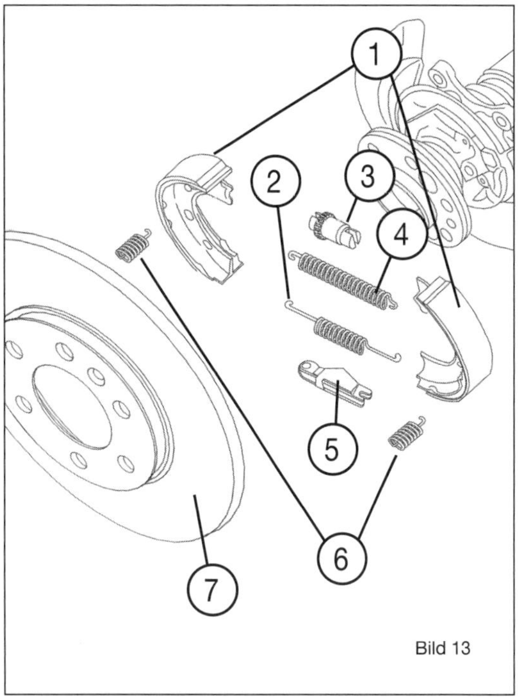

Bild 13
Mechanische Handbremse in der Bremsscheibe.
1 Bremsbacken
2 Feder unten
3 Einsteller
4 Feder oben
5 Spreizer
6 Haltefeder
7 Bremsscheibe

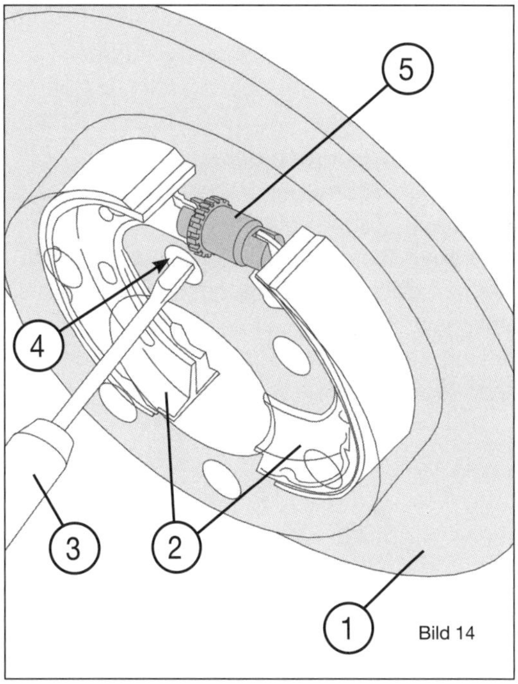

Bild 14
Einstellen der mechanischen Handbremse »Normalausführung«.
1 Bremsscheibe
2 Bremsbacken
3 Schraubendreher
4 Gewinde/Bohrung Radschraube
5 Einsteller

■ Die beiden Haltefedern (6) andrücken und um 90° verdrehen. Sie rasten so aus dem Ankerblech aus.

■ Die Haltefedern (6) aus den Bremsbelägen (1) herausnehmen.

■ Die Bremsbeläge (1) abnehmen.

Die Montage erfolgt sinngemäß in umgekehrter Reihenfolge.

■ Kontrollieren Sie den Zustand der Bauteile vor der Montage.

Sichtprüfung Messen

■ Reinigen Sie Bremsbeläge und Bremstrommel/Scheibe mit Schleifpapier und Bremsenreiniger.
■ Kontrollieren Sie, dass der Einsteller (5) sich leichtgängig verdrehen lässt.
■ Achten Sie darauf, dass der Spreizer (5 im Bild 13) nicht schwergängig ist.

Er ist oft der Grund für eine schlechte Bremsleistung der Handbremse.

■ Reinigen Sie die Bremsträgerplatte (Ankerplatte) gründlich und tragen Sie etwas Kupferpaste auf die Anlagepunkte der Bremsbeläge auf der Ankerplatte auf.

Grundeinstellung Parkbremsbeläge

Die Grundeinstellung der Bremsbeläge sollte immer dann erfolgen, wenn die Beläge de- oder montiert beziehungsweise die Bremsscheibe erneuert wurde. Die Einsteller funktionieren NICHT automatisch.

■ Eine Radschraube herausdrehen.
■ Das Fahrzeug mit der Hebebühne anheben.

Sichern Sie das Fahrzeug auf der Hebebühne mit Spanngurten, um ein Herunterfallen oder Abrutschen zu verhindern.

■ Durch die Bohrung der Radschraube mit Hilfe eines Schraubendrehers den Einsteller an seinem Zahnrad verdrehen.
■ Drehen Sie den Einsteller zuerst so weit heraus, dass die Bremsbacken merklich anliegen.
■ Betätigen Sie den Parkbremshebel mehrfach fest und lösen Sie sie wieder.
■ Lösen Sie den Einsteller (5 im Bild 14) wieder so weit, dass die Beläge gerade so in der Trommel anliegen.

Zur Kontrolle den Schraubendreher herausziehen und das Rad von Hand verdrehen. Die Bremsbeläge dürfen nur leicht anschleifen.

Bremsseil vorn aus- und einbauen

De- und Montage der Handbremsseile

Prüfen Sie die Handbremsseile auf Leichtgängigkeit und auch auf Schäden an der Außenhülle. Korrosionsschäden und daraus folgend schwergängige Seile sind leicht vorauszusehen.

■ Demontieren Sie die Einstiegsleiste auf der Fahrerseite.
■ Bauen Sie die vordere und die rechte Verkleidung an der Sitzkonsole des Fahrersitzes ab. Clipsen Sie die Verkleidungen dazu oben aus und nehmen Sie sie nach oben ab.

Der Parkbremshebel muss sich in der obersten (nicht betätigter Stellung) befinden.

■ Lösen Sie die Einstellmutter (4 im Bild 15) und die Kontermutter (5) an der Seilwaage (8) am Unterboden.
■ Hängen Sie den Bremszug Mitte am Längenausgleich (9) aus.
■ Demontieren Sie die Verkleidung im Fußraum links.

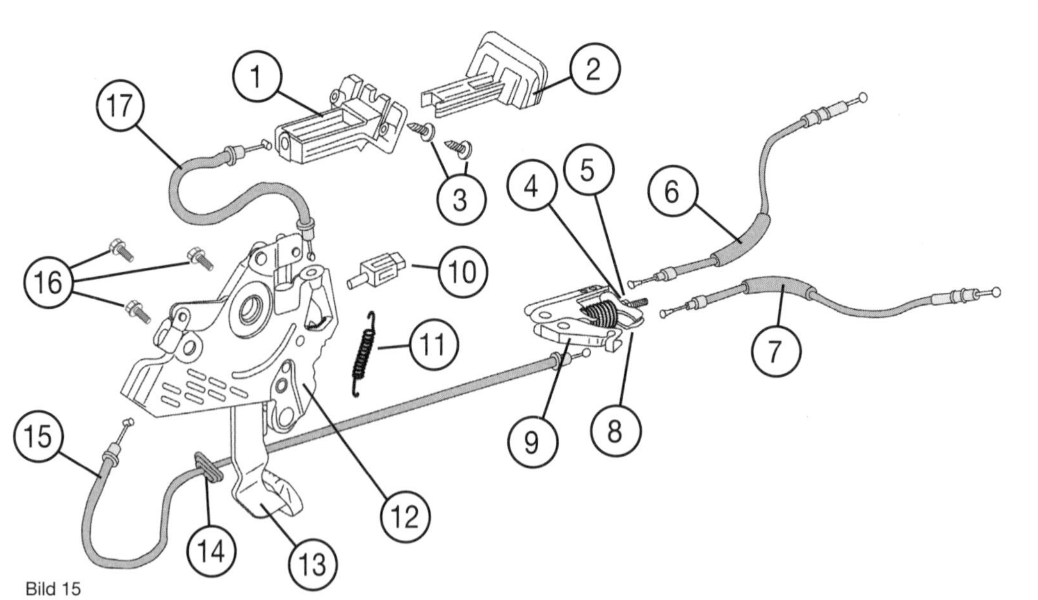

Bild 15

Bild 15
Parkbremshebel im Fußraum.
1 Gehäuse Rücksteller
2 Rücksteller
3 Schrauben
4 Einstellmutter
5 Kontermutter
6 Handbremsseil hinten rechts
7 Handbremsseil hinten links
8 Seilwaage
9 Längenausgleich
10 Parkbremsschalter
11 Feder
12 Parkbremselement
13 Parkbremshebel
14 Gummimuffe
15 Bremszug vorne
16 Schrauben
17 Seilzug zum Lösen

■ Bauen Sie den Lichtdrehschalter aus.
■ Hängen Sie am Rücksteller (2) den Seilzug zum Lösen (17) aus.
■ Betätigen Sie das Pedal für die Parkbremse und entriegeln Sie das Pedal wieder.

Auf diese Weise wird der Bremszug vorne vorgezogen.

■ Entriegeln Sie den Steckkontakt am Parkbremsschalter (10) und ziehen Sie ihn ab.
■ Drehen Sie die Schrauben (16) heraus.
■ Betätigen Sie das Pedal für die Parkbremse und hängen Sie den Seilzug am Parkbremselement (12) aus.
■ Heben Sie den Bodenbelag auf der linken Fahrzeugseite an.
■ Lösen Sie die Befestigungen am Bremsseil am Fahrzeugboden innen.
■ Lösen Sie die Gummimuffe aus dem Bodenblech heraus.
■ Lösen Sie das Parkbremsseil aus dem Halter im Bereich der Kardanwelle.
■ Ziehen Sie das Bremsseil aus den Bohrungen im Unterboden heraus.

Der Einbau erfolgt sinngemäß in umgekehrter Reihenfolge.

■ Stellen Sie das Handbremsseil ein.

Vorderes Parkbremsseil einstellen

Die Einstellung der Bremse wird nicht über die Handbremsseile erreicht. Die Parkbremsseile müssen bei gelöster Parkbremse spannungsfrei verbaut sein.

■ Parkbremshebel lösen.
■ Fahrzeug anheben und verzurren.

Wird das Fahrzeug nicht verzurrt, besteht die Gefahr, dass das Fahrzeug von der Hebebühne abrutschen kann!

Einstellen der Bremszüge:

■ Führen Sie die Grundeinstellung des Längenausgleichs durch.
■ Lösen Sie die Kontermutter (5 im Bild 15) an der Seilwaage (8) am Unterboden.
■ Stellen Sie die Einstellmutter (4) so ein, dass die Bremszüge nach hinten bei gelöstem Fußpedal etwas Spiel aufweisen.

Grundeinstellung des Längenausgleichs:

■ Die Muttern der Konsole (1 im Bild 16) lösen und Konsole in Fahrtrichtung schieben.
■ Die Konsole so weit nach hinten schieben, bis der Hebel einen Abstand von 6 mm zur Konsole hat (3).

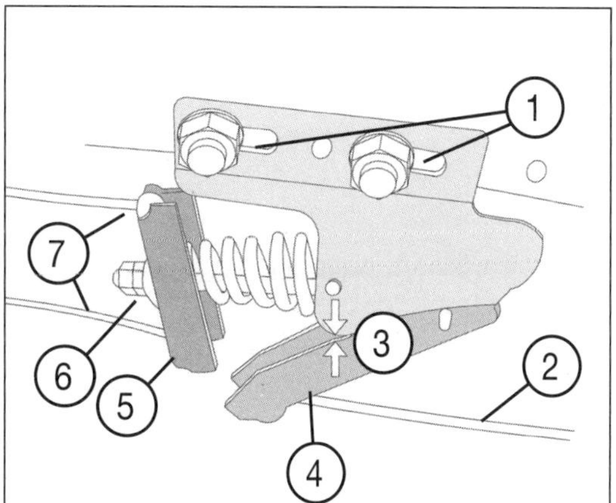

Bild 16

Bild 16
Seilnachsteller im Unterboden.
1 Muttern
2 Handbremsseil vorne
3 Abstand (Hebel zum Seilnachsteller)
4 Hebel Seilnachsteller
5 Seilwaage Bremsseile hinten
6 Mutter und Kontermutter
7 Bremsseile hinten

Als Einstelllehre kann ein 6-mm-Bohrer verwendet werden.

■ Muttern (1) der Konsole festziehen.
■ Handbremshebel 4 Zähne anziehen.
■ Handbremshebel lösen.
■ Prüfen, ob beide Räder frei drehen.

Bremsseil hinten aus- und einbauen

De- und Montage der Parkbremsseile

■ Demontieren Sie die Bremsscheibe hinten auf der entsprechenden Seite wie bereits beschrieben.
■ Lösen Sie die Mutter und die Kontermutter (6 im Bild 16).

Die Muttern müssen nicht abgedreht werden.

■ Hängen Sie das Bremsseil (7) aus der Seilwaage (5) aus.
■ Hängen Sie das Bremsseil aus dem Spreizer (5 im Bild 13) aus.
■ Ziehen Sie das Bremsseil aus der Ankerplatte heraus.
■ Ziehen Sie das Bremsseil aus der Rahmenführung heraus.
■ Lösen Sie die Kabelbinder an der Hinterachse (Sensoren) und führen Sie den Bremszug durch die Durchführungen hindurch heraus.

Der Einbau erfolgt sinngemäß in umgekehrter Reihenfolge.

Prüfen Sie die Handbremsseile vor der Montage auf Leichtgängigkeit.

■ Führen Sie eine Grundeinstellung der Bremsbeläge durch.
■ Stellen Sie die Handbremsseile wie beschrieben ein.

14 Elektrische Anlage

Schon im Stand, aber erst recht während der Fahrt benötigt der Vito/Viano elektrischen Strom. Motorsteuerung, Lenkung und Kraftstoffeinspritzung müssen mit Elektroenergie versorgt werden. Alle weiteren unbedingt erforderlichen oder für die Sicherheit und Bequemlichkeit eingebauten automatischen Systeme sowie natürlich die gesamte Lichtanlage sind ohne elektrische Energie arbeitsunfähig.
Viele Störungen und Funktionsprüfungen gerade in diesem Bereich gehören, ähnlich wie bei anderen Baugruppen, in die Fachwerkstatt. Denn zum genauen Erkennen und Beseitigen der Mängel muss häufig das auch in anderen Kapiteln schon mehrfach erwähnte Fahrzeugdiagnosegerät angeschlossen und der Fehlerspeicher abgefragt werden.
Der Diagnoseanschluss im Fahrzeug (Steckkontakt für das Werkstattsystem) befindet sich, wie inzwischen international festgelegt, im Fußraum Fahrerseite an der A-Säule. Nun sind die meisten Innovationen im Kraftfahrzeug heute zwar von immer komplizierterer Elektronik geprägt, Reparaturen an der elektrischen Anlage sind aber durchaus nicht in jedem Fall von ihr verursacht. Oft sitzt nur ein Kabel lose, sind Sicherungen durchgebrannt oder Kontakte korrodiert oder messtechnisch zu ermittelnde Bauteile sind defekt. Nicht wenige Störungen an der Elektrik lassen sich mit einfachen Mitteln beheben. Natürlich muss man sich etwas auskennen und die Grundbegriffe verstehen.

Arbeiten an der Spannungsversorgung

Zu allererst haben wir es im Mercedes Vito/Viano noch immer mit elektrischen Bauteilen zu tun, die schon die gesamte Entwicklungsgeschichte des Automobils begleiten: Batterie, Anlasser (Starter) und Lichtmaschine (Drehstromgenerator). Sie sind zusammen für die Arbeitsaufnahme des Motors verantwortlich. Um seine Aufgabe zu erfüllen, ist jedes dieser drei Bauteile auf das andere angewiesen. Wir wenden uns hauptsächlich ihnen zu.

Einbaulage der Relais und Sicherungen

Die Sicherungen für das Bordnetz finden Sie im Motorraum rechts, an der Batterie unter dem Fahrersitz sowie unter dem Beifahrersitz. Die Belegung des Sicherungsträgers ist in Ihrem Bordbuch unter dem Begriff »Sicherung« für Ihren Modelltyp genau beschrieben. Ersetzen Sie niemals eine Sicherung gegen eine stärkere. Das kann erhebliche Schäden auch im Bordnetzsteuergerät verursachen.

Batterie

Batterie an- und abklemmen

☞ Auf das Prüfen (Sichtprüfung, Batterietester) und Laden sowie auf Warnhinweise und allgemeine Sicherheitsregeln bei Arbeiten an der Batterie (Kennzeichnungen auf der Batterie selbst) gehen wir in diesem Ratgeber nur begrenzt ein. Sie sind ausführlich in der Bedienungsanleitung des Fahrzeugs behandelt.

⚠ Um Beschädigungen der Batteriepolklemmen und der Batteriepole zu vermeiden, schreibt der Hersteller vor:

- Die Batteriepolklemmen dürfen nur gewaltfrei von Hand aufgesteckt werden.
- Die Batteriepole dürfen nicht gefettet werden.
- Die Batteriepolklemmen sind so zu montieren, dass der Batteriepol bündig mit der Klemme abschließt oder aus ihr herausragt.
- Nach dem Anziehen der Batteriepolklemmen mit dem vorgeschriebenen Anzugsdrehmoment von 6 Nm dürfen die Verschraubungen nicht nochmals nachgezogen werden.
- Durch das Abschrauben der Batterie-Minuspolklemme (Stromunterbrechung) wird das sichere Arbeiten an der elektrischen Anlage gewährleistet. Das Abschrauben der Batterie-Pluspolklemme ist nur für den Ausbau der Batterie erforderlich. In jedem Fall müssen die Hinweise zum Anklemmen der Batterie beachtet werden.

Abklemmen:

- Zündung und alle elektrischen Verbraucher ausschalten, Zündschlüssel abziehen.

■ Die Verriegelung an der linken Kastenseite öffnen und den Deckel abnehmen.
■ Bei Fahrzeugen mit Batterieschutzhülle die Abdecklasche der Schutzhülle öffnen.
■ Die Befestigungsmutter Batteriepolklemme Masseleitung lösen und die Minuspolklemme von der Batterie abnehmen.

Tipp: Der Pluspol ist erst nach dem Herausziehen der Batterie aus dem Sitzkasten erreichbar.

Achtung: Die Batterie-Masseleitung sollte an der Karosserie nicht gelöst werden.

Anklemmen:
■ Die Batteriepolklemme Plusleitung in der richtigen Stellung auf den Pluspol der Batterie stecken und die Befestigungsmutter mit 6 Nm anziehen. Dabei auf festen Sitz der Batterieklemme achten.
■ Die Batterie in den Sitzkasten einschieben.

Achtung: Falls wie beim Batterieausbau die Pluspolklemme auch abgenommen wird: Immer zuerst die Pluspolklemme wieder anklemmen! Erst danach die Masseleitung wie beschrieben anklemmen.

Nach Anklemmen der Batterie und Einschalten der Zündung leuchtet die Kontrollleuchte für ESP und ASR dauerhaft. Die Kontrollleuchte erlischt automatisch, wenn mit 15 bis 20 km/h eine Wegstrecke geradeaus gefahren wird. Dadurch wird der Geber für Lenkwinkel wieder aktiviert.

Arbeitsschritte nach Anklemmen der Batterie:
■ Zündung mit dem Zündschlüssel einschalten und wieder ausschalten.
■ Fehlerspeicher auslesen: »Geführte Fehlersuche« mit dem Fahrzeugdiagnosegerät.
■ Uhrzeiteinstellung prüfen ggf. nach Bedienungsanleitung neu einstellen.
■ Zündung einschalten und mit Fensterheberschalter alle Fenster bis Endanschlag öffnen und wieder vollständig schließen.
■ Die Taster für die Fensterheber nach oben ziehen und mindestens eine Sekunde lang in dieser Stellung halten.
■ Anschließend bei geschlossenen Fenstern den Fensterheberschalter ziehen, bis das Relais hörbar schaltet.
■ Die Komfortschaltung der Fensterheber prüfen: Das Fenster muss bei betätigter Komfortschaltung ohne Halten des Schalters schließen.
■ Alle elektrischen Verbraucher auf Funktion prüfen.

Batteriepol mit Sensor ausbauen
■ Schalten Sie die Zündung aus.
■ Öffnen Sie den Deckel im Sitzfach.
■ Lösen Sie die Verschraubungen des Batteriehalters.
■ Ziehen Sie den Entlüftungsschlauch der Batterie ab.
■ Klemmen Sie den Minuspol der Batterie wie bereits beschrieben ab.
■ Ziehen Sie die Batterie so weit aus dem Sitzkasten heraus, dass Sie den Pluspol erreichen können.
■ Nehmen Sie die Abdeckung vom Pluspol der Batterie ab.
■ Lösen Sie die Klemmschraube.
■ Nehmen Sie den Batteriepol ab.

Die Montage erfolgt sinngemäß in umgekehrter Reihenfolge.
■ Befolgen Sie die Anweisungen zum Anklemmen der Batterie.

Batterie aus- und einbauen
Im Vito/Viano sind zwei Batterien verbaut. Die eigentliche Hauptbatterie/Starterbatterie befindet sich unter dem Fahrersitz im Sitzkasten. Unter dem Beifahrersitz kann sich, soweit verbaut, die Zusatzbatterie befinden.
■ Batterie wie beschrieben abklemmen.
■ Befestigungsschraube vorne abbauen.
■ Die Griffe nach oben klappen und die Batterie herausnehmen.

Die Montage erfolgt sinngemäß in umgekehrter Reihenfolge.

Batterie anklemmen:
■ Die Schraubverbindungen mit den geforderten Anzugsdrehmomenten anziehen: Muttern an den Polklemmen 6 Nm, M8-Schraube am Klemmbügel 35 Nm.
■ Batterie nach dem Einbau auf festen Sitz prüfen.

Achtung: Bei lose montierter Batterie kann die Lebensdauer durch Rüttelschäden verkürzt werden, Schädigung der Gitterplatten, Beschädigung des Batteriegehäuses durch den Befestigungsbügel (möglicher Säureaustritt, hohe Folgekosten) und mangelhafte Crash-Sicherheit.

Sichtprüfung | Messen

Bild 1
Starter (Anlasser) im Vito/Viano.
1 Schutzkappe
2 Mutter
3 Anschluss Klemme 30
4 Schrauben
5 Anschluss Klemme 50
6 Starter

Anlasser (Starter) aus- und einbauen

Die Starterbatterie befindet sich im Innenraum des Fahrzeugs. Zum Aus- und Einbau des Anlassers muss die Starterbatterie abgeklemmt werden. Wird versehentlich die optional vorhandene Zusatzbatterie im Motorraum abgeklemmt, ist am Anlasser immer noch das volle Pluspotenzial der Starterbatterie vorhanden! Aufgrund der höheren Anforderung an den Anlasser bei aktivem Start-Stopp-System, z. B. im Stadtverkehr, wurden die Zyklenfestigkeit erhöht und der Anlasserzahnkranz verstärkt.
Beim Ersatz des Anlassers ist auf die korrekten Ersatzteilbezeichnungen zu achten. Die für das Start-Stopp-System angepassten Bauteile sind nicht extra gekennzeichnet und unterscheiden sich äußerlich nicht oder kaum von herkömmlichen Bauteilen.

Die nachfolgende Arbeitsbeschreibung beschreibt den Aus- und Einbau des Anlassers für Fahrzeuge mit Schaltgetriebe. Der Aufbau bei Fahrzeugen mit dem automatischen Getriebe ist aber technisch gleich.

Nicht alle Fahrzeuge verwenden den gleichen Starter. Für viele Motorentypen werden spezielle Bauweisen verwendet. Wenn Sie sich beim Zubehörhändler einen Anlassermotor besorgen, achten Sie darauf, dass er dem Original entspricht. Weiterhin können Sie Ihren alten Starter in den meisten Fällen als Altteil zurückgeben. Heben Sie sich die Quittung auf, um das Altteilepfand bei der Rückgabe Ihres alten Starters auslösen zu können.

Korrosionskontrolle

Wenn Sie Korrosionsspuren erkennen können, reinigen Sie die Anschlüsse gründlich und wenn erforderlich erneuern Sie die Anschlussklemmen. Ein Übergangswiderstand durch Korrosion bedeutet immer einen Leistungsverlust des Starters und somit auch eine geringere Starterdrehzahl.

De- und Montage des Starters am OM646-Dieselmotor:

- Die Masseleitung der Batterie abklemmen.
- Falls vorhanden, die Geräuschdämpfung oder den Unterfahrschutz ausbauen.

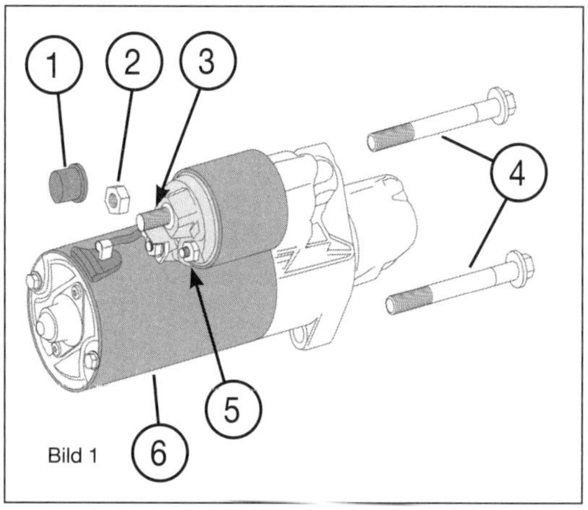

Bild 1

- Fahrzeug anheben und verzurren.

Wird das Fahrzeug nicht verzurrt, besteht die Gefahr, dass das Fahrzeug von der Hebebühne abrutschen kann!

- Die Mutter (2) abschrauben und elektrische Leitung vom Starter (6) abnehmen.
- Den Starter nach unten herausnehmen.

Der Einbau erfolgt sinngemäß in umgekehrter Reihenfolge.

- Den Zahnkranz auf Verschleiß und Beschädigung prüfen.

De- und Montage des Starters am OM651-Dieselmotor:

- Die Masseleitung der Batterie abklemmen.
- Falls vorhanden, die Geräuschdämpfung oder den Unterfahrschutz ausbauen.
- Das Luftansaugrohr zwischen Luftfilter und Fahrzeugfront ausbauen.
- Den Halter der Membrandose zur Ladedruckregelung ausbauen.
- Fahrzeug anheben und verzurren.

Wird das Fahrzeug nicht verzurrt, besteht die Gefahr, dass das Fahrzeug von der Hebebühne abrutschen kann!

- Bauen Sie den Vorkatalysator am Halter ab. Der Vorkatalysator muss nicht vom Partikelfilter getrennt werden.
- Die Schutzkappe (1 im Bild 1) (soweit verbaut) abziehen.
- Die Mutter (2) abschrauben und elektrische Leitung vom Starter (6) abnehmen.
- Das Fahrzeug mit der Hebebühne anheben.
- Die Schrauben (4) herausschrauben.

Bei Automatikgetrieben ist mit der oberen Schraube das Einfüllrohr am Getriebe befestigt.

■ Den Halter am Turbolader ausbauen.
■ Das Fahrzeug absenken.
■ Den Starter nach oben herausnehmen.

Der Einbau erfolgt sinngemäß in umgekehrter Reihenfolge.
■ Den Zahnkranz auf Verschleiß und Beschädigung prüfen.
■ Prüfen Sie die Funktion des Starters.

De- und Montage des Starters am OM642-Dieselmotor
■ Die Masseleitung der Batterie abklemmen.
■ Falls vorhanden, die Geräuschdämpfung ausbauen.
■ Fahrzeug anheben und/oder aufbocken.
■ Die elektrische Steckverbindung der Klemme 50 (5 im Bild 1) am Anlasser entriegeln und abziehen.
■ Die Befestigungsmutter (2) der Klemme 30 am Anlasser abschrauben.
■ Die Befestigungsschrauben (4) am Anlasser herausschrauben.
■ Den Starter nach Bedarf ein Stück verdrehen und nach unten herausnehmen.

Der Einbau erfolgt sinngemäß in umgekehrter Reihenfolge.
■ Befestigungsschrauben Anlasser an Getriebe auf Drehmoment festziehen.
■ Die Befestigungsmutter der Plusleitung (Klemme 30) an Magnetschalter mit 15 Nm festziehen.

Der weitere Einbau erfolgt sinngemäß in umgekehrter Reihenfolge.
■ Zahnkranz auf Verschleiß und Beschädigung prüfen.
■ Prüfen Sie die Funktion des Starters.

Generator (Lichtmaschine) aus- und einbauen

Beim Einbau bereits gelaufener Keilrippenriemen beachten Sie die beim Ausbau gekennzeichnete Laufrichtung!
■ Achten Sie vor dem Einbau des Keilrippenriemens darauf, dass alle Aggregate (Generator, Klimakompressor) fest montiert sind.
■ Beim Auflegen des Riemens auf korrekten Sitz des Keilrippenriemens in den Riemenscheiben achten!

De- und Montage des Generators am OM646-Dieselmotor
■ Zündung und alle elektrischen Verbraucher ausschalten und den Zündschlüssel abziehen.
■ Die Masseanschlussleitung der Batterie abklemmen.
■ Fahrzeug anheben und verzurren.

Wird das Fahrzeug nicht verzurrt, besteht die Gefahr, dass das Fahrzeug von der Hebebühne abrutschen kann!

■ Falls vorhanden, die Geräuschdämpfung oder den Unterfahrschutz ausbauen.
■ Den Ladeluftschlauch am Abgasturbolader abbauen und die Anschlüsse am Ladeluftschlauch und am Abgasturbolader mit Schutzhauben verschließen.
■ Die Steckverbindung (1 im Bild 2) am Generator entsichern und abziehen.
■ Die Schutzkappe (soweit verbaut) abziehen, die Mutter (4) abschrauben und elektrische Leitung (Dauerplus) vom Generator abnehmen.
■ Die Schrauben herausschrauben und den Halter am Generator abnehmen.
■ Die Schrauben (3) herausdrehen und den Generator (2) nach unten herausnehmen.

Der Einbau erfolgt sinngemäß in umgekehrter Reihenfolge.

Die Lauffläche und Freilauf der Riemenscheibe auf Beschädigung prüfen.

■ Schraubverbindungen mit angegebenen Anzugsdrehmomenten anziehen.
■ Die Batterie wieder anklemmen.
■ Den Motor starten und den Riemenlauf kontrollieren.
■ Motor abstellen und den Fehlerspeicher abfragen.

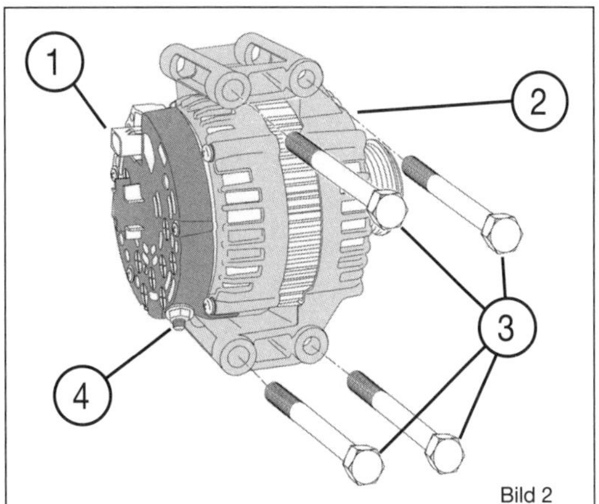

Bild 2

Bild 2
Generator beim OM651 und OM642.
1 Steckverbindung
2 Generator
3 Schrauben
4 KL30 Dauerplusanschluss

Sichtprüfung Messen

De- und Montage des Generators am OM651-Dieselmotor

■ Zündung und alle elektrischen Verbraucher ausschalten und den Zündschlüssel abziehen.
■ Die Masseanschlussleitung der Batterie abklemmen.
■ Den Keilrippenriemen wie im Kapitel 4 beschrieben entspannen und von der Riemenscheibe des Generators abnehmen.
■ Die Schraube oben am Generatorhalter herausschrauben.
■ Fahrzeug anheben und verzurren.

⚠ Wird das Fahrzeug nicht verzurrt, besteht die Gefahr, dass das Fahrzeug von der Hebebühne abrutschen kann!

■ Die Schrauben herausschrauben und den Halter am Generator abnehmen.
■ Den Träger des 2. Kältemittelverdichters (soweit verbaut) abbauen.
■ Den Ladeluftschlauch am Abgasturbolader abbauen und die Anschlüsse am Ladeluftschlauch und am Abgasturbolader mit Schutzhauben verschließen.
■ Die Steckverbindung (1 im Bild 2) am Generator entsichern und abziehen.
■ Die Schutzkappe (soweit verbaut) abziehen, die Mutter (4) abschrauben und elektrische Leitung (Dauerplus) vom Generator abnehmen.
■ Die Schraube am Zylinderkopf des Halters vom Turbolader am Generator herausdrehen.
■ Die obere Schrauben (3 im Bild 2) herausschrauben, den Halter an der Halteklammer des Wärmeschutzbleches ausclipsen und herausnehmen.
■ Die unteren Schrauben (3) herausdrehen und den Generator (2) nach unten herausnehmen.

Der Einbau erfolgt sinngemäß in umgekehrter Reihenfolge.

👁 Die Lauffläche und Freilauf der Riemenscheibe auf Beschädigung prüfen, beschädigte Teile ersetzen.

■ Schraubverbindungen mit angegebenen Anzugsdrehmomenten anziehen.
■ Die Batterie wieder anklemmen.
■ Den Motor starten und den Riemenlauf kontrollieren.
■ Motor abstellen und den Fehlerspeicher abfragen.

De- und Montage des Generators am OM642-Dieselmotor

■ Zündung und alle elektrischen Verbraucher ausschalten und den Zündschlüssel abziehen.
■ Den Masseanschluss der Batterie abklemmen.
■ Bauen Sie den Kühlerlüfter aus.
■ Den Keilrippenriemen wie im Kapitel 4 beschrieben entspannen und von der Riemenscheibe des Generators abnehmen.

👁 Den Keilrippenriemen auf Verschleiß und eventuelle Beschädigung prüfen.

■ Die Schutzkappe (soweit verbaut) abziehen, die Mutter (4) abschrauben und elektrische Leitung (Dauerplus) vom Generator abnehmen.
■ Fangen Sie den Motor mit einem geeigneten Motorträger ab.
■ Fahrzeug anheben und verzurren.

⚠ Wird das Fahrzeug nicht verzurrt, besteht die Gefahr, dass das Fahrzeug von der Hebebühne abrutschen kann!

■ Falls vorhanden, die Geräuschdämpfung unten ausbauen.
■ Fixieren Sie das Lenkrad mit einer Lenkradsperre oder sichern Sie es mit Klebeband an der Lenksäulenverkleidung gegen Verdrehen.
■ Bauen Sie das Kreuzgelenk an der Lenkung ab.
■ Demontieren Sie die beiden Koppelstangen an den Federbeinen.
■ Entsichern Sie den Steckkontakt des Niveau-Sensors an der Vorderachse und ziehen Sie ihn ab.
■ Lösen Sie die elektrischen Leitungen vom Motorträger.
■ Stützen Sie den Motorträger mit einem Getriebeheber ab.
■ Drehen Sie die Schrauben des Motorträgers am Rahmen heraus.
■ Senken Sie den Motorträger vorsichtig ab.
■ Achten Sie dabei auf Schläuche und Leitungen.
■ Lösen Sie die Verschraubung der Kühlmittelleitungen.
■ Senken Sie den Integralträger weiter ab.
■ Die Steckverbindung (1 im Bild 2) am Generator entsichern und abziehen.
■ Die Schutzkappe (soweit verbaut) abziehen, die Mutter (4) abschrauben und elekt-

rische Leitung (Dauerplus) vom Generator abnehmen.
■ Lösen Sie die Verschraubung des Kühlmittelrohres und schwenken Sie es aus dem Arbeitsbereich heraus.
■ Drehen Sie die Schrauben (3 im Bild 2) heraus.
■ Nehmen Sie den Generator (2) nach unten heraus.

Der Einbau erfolgt sinngemäß in umgekehrter Reihenfolge.

Lauffläche und Freilauf der Riemenscheibe auf Beschädigung prüfen.
■ Schraubverbindungen mit den angegebenen Anzugsdrehmomenten anziehen.
■ Die Batterie wieder anklemmen.
■ Den Motor starten und den Riemenlauf kontrollieren.
■ Den Fehlerspeicher abfragen.

Freilaufriemenscheibe für Generator aus- und einbauen (Bild 4)
■ Den Generator wie bereits beschrieben ausbauen.
■ Die Abdeckkappe des Freilaufs abbauen.
■ Riemenscheibe (1) mit einem Gabelschlüssel (2) lösen. Die Generatorwelle mit Ratsche (3) und Vielzahn (4) gegenhalten.

Der Einbau erfolgt sinngemäß in umgekehrter Reihenfolge.
■ Lauffläche und Freilauf der Riemenscheibe auf Beschädigung prüfen.
■ Den Motor starten und den Riemenlauf kontrollieren.
■ Den Fehlerspeicher abfragen.

Scheinwerfer vorne ausbauen

Soweit nur ein Scheinwerfer ausgebaut werden soll, reicht es aus, den Stoßfänger teilweise zu lösen und etwas aus der Führung herauszuziehen, um an die unteren Schrauben heranzukommen.

Die Montagearbeiten für die unterschiedlichen Bautypen auch im Facelift unterscheiden sich nicht wesentlich.
■ Schalten Sie die Zündung und alle elektrischen Verbraucher aus.
■ Ziehen Sie den Zündschlüssel ab und legen Sie ihn außerhalb der Reichweite (über 2 m) entfernt ab.

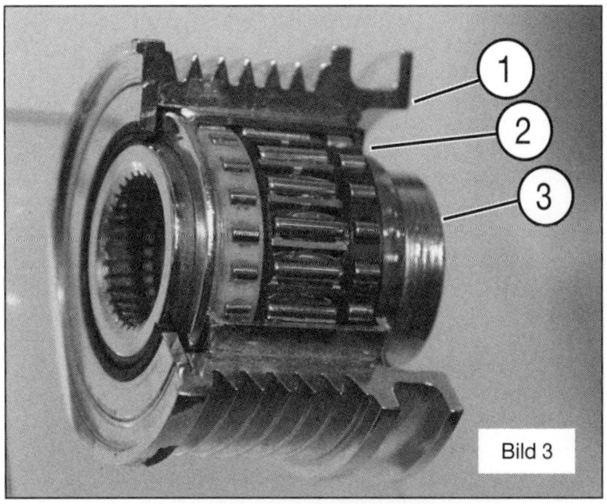

Bild 3

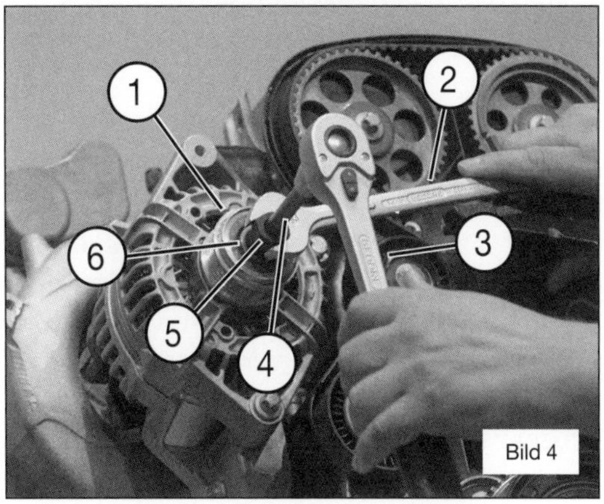

Bild 4

Fahrzeuge der Modellgeneration 1:
■ Drehen Sie die drei Schrauben des Frontgrills heraus und nehmen Sie den Frontgrill heraus.

Fahrzeuge der Modellgeneration 2:
■ Drehen Sie die drei Schrauben am Schlossträger heraus.

Weiter für alle Fahrzeuge:
■ Ziehen Sie die Spreizclips von unten heraus.
■ Drehen Sie die Schrauben im Radkasten heraus. Drücken Sie dazu die Radlaufverkleidung leicht nach hinten.
■ Die elektrische Steckverbindung an den Parksensoren entsichern und abziehen.
■ Entsichern Sie den Schnellverschluss und ziehen Sie den Waschschlauch am Scheibenwaschbehälter ab.
■ Drehen Sie die Schrauben am Stoßfänger unten heraus.
■ Nehmen Sie den Stoßfänger nach vorne ab.

Markieren Sie die Einbauposition des Scheinwerfers mit Farbstrichen am Schlossträger (Quertraverse oben).

Bild 3
Generatorfreilauf als Schnittmodell.
1 Riemenscheibe (Außenrotor)
2 Sperrlager (drehrichtungsgebunden)
3 Freilaufnabe

Bild 4
Ausbau des Generatorfreilaufs.
1 Riemenscheibe
2 Schlüssel
3 Ratsche
4 Passender Vielzahn für die Generatorwelle
5 Einsatz für die Freilaufnabe
6 Freilaufnabe

Bild 5
Scheinwerfer vorne.
1 Scheinwerfer (rechts)
2 Befestigungspunkte oben
3 Befestigungspunkte unten

■ Drehen Sie die Schrauben oben (2 im Bild 5) und unten (3) am Scheinwerfer (1) heraus.
■ Nehmen Sie den Scheinwerfer nach vorne ab.
■ Die elektrische Steckverbindung am Scheinwerfer entsichern und abziehen.

Der Einbau erfolgt sinngemäß in umgekehrter Reihenfolge.
■ Prüfen Sie die Ausrichtung des demontierten Scheinwerfers in der Karosserie.
■ Prüfen Sie die Einstellung und die Funktionen des Scheinwerfers.
■ Fragen Sie den Fehlerspeicher ab und prüfen Sie die Scheinwerfercodierung.

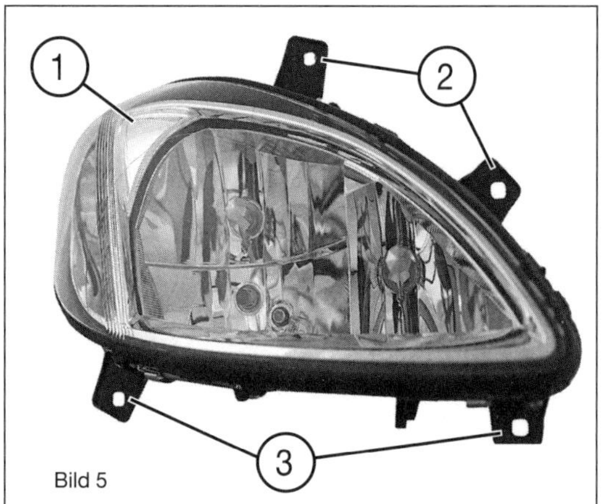

Bild 5

Bild 6
Halogen-Scheinwerfer vorne (Rückansicht).
1 Scheinwerfergehäuse
2 Abdeckung zum Tagfahr- und Positionslicht
3 Elektrischer Anschluss
4 Nebellampe/Abbiegelicht
5 Abblend- und Fernlicht
6 Fassung Blinklicht
A Einstellschraube Leuchthöhe (hoch/runter)
B Einstellschraube Leuchtrichtung (links/rechts)

Leuchtmittel im Halogen-Scheinwerfer wechseln

Leuchtmittel im Halogen-Scheinwerfer

Im Vito/Viano wurden unterschiedliche Scheinwerfersysteme verbaut. In der folgenden Tabelle listen wir Ihnen die verbauten Leuchtmittel für den Halogenscheinwerfer auf.

Funktion	Leuchtmittel
Fernlicht	H7 55W
Abblendlicht	H7 55 W
Tagfahrlicht/Positionslicht	W21/5W
Blinklicht	PY21W
Nebelscheinwerfer	H7 55W

Standlichtlampe (Positionslicht W5W)

■ Die Beleuchtungsanlage ausschalten.
■ Drehen Sie die Abdeckung (2 im Bild 6) gegen den Uhrzeigersinn nach links und nehmen Sie sie ab.
■ Die Fassung der Standlichtlampe nach hinten herausziehen.
■ Das Leuchtmittel gerade aus der Fassung ziehen.
■ Das neue Leuchtmittel in die Fassung einsetzen, sodass der Lampensockel vollständig auf dem Boden der Fassung aufliegt.

⚠ Beim Einbau einer Lampe nicht den Glaskolben berühren. Die Finger hinterlassen Fettspuren auf dem Glaskolben, die beim Einschalten der Lampe verdampfen und den Glaskolben trüben.

■ Die Fassung gerade in den Scheinwerfer einstecken.

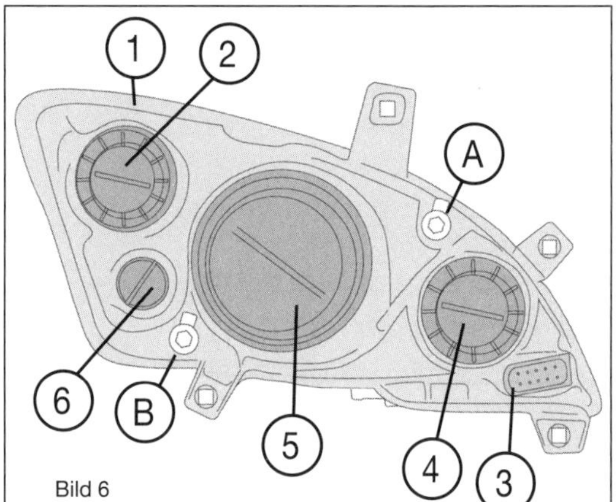

Bild 6

■ Die Abdeckung (2) wieder aufstecken.
■ Prüfen Sie die Funktion der Lampe nach der Montage.
■ Kontrollieren Sie den Sitz des Gummischutzes auf dem Scheinwerfergehäuse.

Lampe für Nebellampe/Abbiegelicht (H7 55W)

■ Die Beleuchtungsanlage ausschalten.
■ Drehen Sie die Abdeckung (4 im Bild 6) gegen den Uhrzeigersinn nach links und nehmen Sie sie ab.
■ Ziehen Sie den Steckkontakt von der Glühlampe gerade ab.
■ Entsichern Sie den (oder die) Drahtbügel und klappen die Drahtbügel zurück.
■ Nehmen Sie das Leuchtmittel gerade aus der Aufnahme im Scheinwerfer.

⚠ Beim Einbau einer Lampe nicht den Glaskolben berühren. Die Finger hinterlassen Fettspuren auf dem Glaskolben, die beim Einschalten der Lampe verdampfen und den Glaskolben trüben.

■ Die Glühlampe (Leuchtmittel) gerade in den Scheinwerfer einstecken.

■ Klappen Sie die Drahtbügel wieder zurück und hängen Sie sie in die Rastnasen ein.
■ Stecken Sie den Steckkontakt wieder auf.
■ Setzen Sie die Abdeckung wieder auf und verdrehen Sie sie im Uhrzeigersinn nach rechts.

Glühlampe für Abblendlicht (H7 55W) und Glühlampe für Fernlicht (H7 55W)

Unter der Abdeckung (5 im Bild 6) befindet sich oben die Lampe für Abblendlicht und unten die Lampe für Fernlicht.
■ Die Beleuchtungsanlage ausschalten.
■ Drehen Sie die Abdeckung (5 im Bild 6) gegen den Uhrzeigersinn nach links und nehmen Sie sie ab.
■ Entsichern Sie den (oder die) Drahtbügel und klappen die Drahtbügel zurück.
■ Nehmen Sie das Leuchtmittel gerade aus der Aufnahme im Scheinwerfer.
■ Das neue Leuchtmittel in die Fassung einsetzen, sodass der Lampensockel vollständig auf dem Boden der Fassung aufliegt.
■ Klappen Sie die Drahtbügel wieder zurück und hängen Sie sie in die Rastnasen ein.
■ Stecken Sie den Steckkontakt wieder auf.
■ Setzen Sie die Abdeckung wieder auf und verdrehen Sie sie im Uhrzeigersinn nach rechts.

Beim Einbau einer Lampe nicht den Glaskolben berühren. Die Finger hinterlassen Fettspuren auf dem Glaskolben, die beim Einschalten der Lampe verdampfen und den Glaskolben trüben.

■ Die Fassung gerade in den Scheinwerfer einstecken.
■ Die Abdeckung (2) wieder aufstecken.
■ Prüfen Sie die Funktion der Lampe nach der Montage.
■ Kontrollieren Sie den Sitz der Abdeckung auf dem Scheinwerfergehäuse.

Glühlampe für Blinklicht im Scheinwerfer (PY21W)

■ Die Beleuchtungsanlage ausschalten.
■ Die Fassung (6 im Bild 6) nach links drehen und abnehmen.
■ Das Leuchtmittel mit leichtem Druck nach links drehen und aus der Fassung ziehen.
■ Das neue Leuchtmittel in die Fassung einsetzen und nach rechts drehen.
■ Die Fassung (6) einsetzen und nach rechts drehen.

Leuchtmittel im Bi-Xenon-Scheinwerfer wechseln

Leuchtmittel im Bi-Xenon-Scheinwerfer

Im Vito/Viano wurden unterschiedliche Scheinwerfersysteme verbaut. In der folgenden Tabelle listen wir Ihnen die verbauten Leuchtmittel für den Bi-Xenonscheinwerfer auf.

Funktion	Leuchtmittel
Fern- und Abblendlicht	D1S-35W
Positionslicht	W5W BlueVision
Tagfahrlicht	LED
Blinklicht	PY21W
Nebelscheinwerfer	H7 55W

Glühlampen beim Xenonscheinwerfer

Die Arbeiten für die Standleuchten (Positionslicht), Blinklicht und Nebelscheinwerfer sind identisch mit den Arbeiten am Halogenscheinwerfer.

Xenonlampe für Abblend- und Fernlicht (DS1-35W)

Unter der Abdeckung (5 im Bild 6) befindet sich die Lampe für Abblend- und für Fernlicht.

Lebensgefahr durch Hochspannung an dem auf der Lampe verbauten Brennern. Personen mit elektronischen Implantaten wie einem Herzschrittmacher dürfen an Xenonlampen nicht arbeiten.

■ Tragen Sie isolierende Handschuhe und eine Schutzbrille.
■ Die Beleuchtungsanlage ausschalten.
■ Zündung und alle elektrischen Verbraucher ausschalten und den Zündschlüssel abziehen.
■ Drehen Sie die Abdeckung (5 im Bild 6) gegen den Uhrzeigersinn nach links und nehmen Sie sie ab.
■ Ziehen Sie die elektrische Steckverbindung an der Xenonlampe ab.
■ Verdrehen die Xenonlampe gegen den Uhrzeigersinn nach links und nehmen Sie die Lampe gerade aus dem Reflektor heraus.

Beim Einbau einer Lampe nicht den Glaskolben berühren. Die Finger hinterlassen Fettspuren auf dem Glaskol-

Sichtprüfung Messen

Bild 7
Einbaurichtung erkennen.
1 Nase zeigt in Fahrtrichtung
2 Kunststoffstreifen zur Demontage
3 Demontagedichtung (leicht nach vorne schieben)

ben, die beim Einschalten der Lampe verdampfen und den Glaskolben trüben.
■ Die Fassung gerade in den Scheinwerfer einstecken.
■ Die Abdeckung (2) wieder aufstecken.
■ Prüfen Sie die Funktion der Lampe nach der Montage.
■ Kontrollieren Sie den Sitz der Abdeckung auf dem Scheinwerfergehäuse.

Zusatzblinkleuchten

Lampe für Zusatzblinkleuchte auf dem Kotflügel (WY5W)
■ Zündung und alle elektrischen Verbraucher ausschalten und den Zündschlüssel abziehen.
■ Drücken Sie den Zusatzblinker in Fahrtrichtung nach vorne. So wird die Rastnase im Kotflügel frei.
■ Kippen Sie die Blinkleuchte aus dem Kotflügel heraus.
■ Drehen Sie die Fassung gegen den Uhrzeigersinn und nehmen Sie sie aus dem Zusatzblinker heraus.
■ Ziehen Sie die Glühlampe aus der Fassung gerade heraus.

⚠ Beim Einbau einer Lampe nicht den Glaskolben berühren. Die Finger hinterlassen Fettspuren auf dem Glaskolben, die beim Einschalten der Lampe verdampfen und den Glaskolben trüben.

Der Einbau erfolgt sinngemäß in umgekehrter Reihenfolge.
■ Auf einen einwandfreien Sitz der Gummidichtung der Seitenblinkleuchte zum Kotflügel achten.
■ Die Funktionen der Seitenblinkleuchte prüfen.

Seitenblinkleuchte im Spiegel ausbauen (bis 08/2009)
■ Zündung und alle elektrischen Verbraucher ausschalten und den Zündschlüssel abziehen.
■ Das Spiegelglas des betroffenen Außenspiegels vorsichtig ausclipsen.
■ Die Steckverbindung für die Spiegelglasheizung abziehen.
■ Drehen Sie von der Rückseite die Schraube der Blinkleuchte im Spiegel heraus.
■ Entriegeln Sie die Blinkleuchte aus dem Rückspiegelgehäuse und ziehen Sie sie

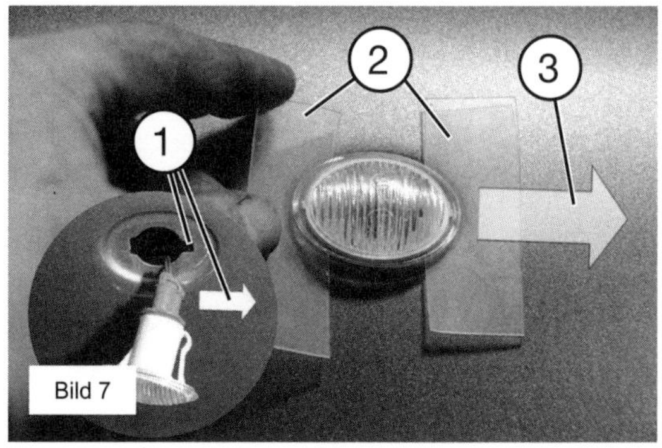

Bild 7

nach außen ab.
■ Entsichern Sie die Steckverbindung und ziehen Sie den elektrischen Anschluss ab.
■ Nehmen Sie die Seitenblinkleuchte ab.

Der Einbau erfolgt sinngemäß in umgekehrter Reihenfolge.
■ Die Funktionen der Blinkleuchte prüfen.
■ Auf eine einwandfreie Verrastung der Spiegelgläser achten.

Seitenblinkleuchte im Spiegel ausbauen (ab 09/2009)
■ Zündung und alle elektrischen Verbraucher ausschalten und den Zündschlüssel abziehen.
■ Das Spiegelglas des betroffenen Außenspiegels vorsichtig zur Seite stellen.
■ Die Arretierungen oben innen und außen zum Fahrzeug hin ausrasten.
■ Klappen Sie den Außenspiegel ein.
■ Rasten Sie die Spiegelabdeckung im Gelenk aus und nehmen Sie die Spiegelabdeckung ab.
■ Entriegeln Sie den Steckkontakt und ziehen Sie den Steckkontakt ab.
■ Drehen Sie die beiden Schrauben von der Rückseite her heraus.
■ Nehmen Sie die Zusatzblinkleuchte ab.

Lampe für hochgesetzte Zusatzblinkleuchte aus- und einbauen (12V, 21W)

☞ Da die hochgesetzten Zusatzblinkleuchten oben auf dem Dach angebaut sind, muss je nach Fahrzeugausführung eine Leiter benutzt werden, um die Leuchten zu erreichen.

■ Zündung und alle elektrischen Verbraucher ausschalten und den Zündschlüssel abziehen.
■ Befestigungsschrauben aus der hochgesetzten Blinkleuchte herausschrauben und

die Abdeckkappe abnehmen.
■ Die Lampe für die hochgesetzte Zusatzblinkleuchte aus der Fassung eine viertel Umdrehung nach links herausdrehen.

Der Einbau erfolgt sinngemäß in umgekehrter Reihenfolge.
■ Auf einen einwandfreien Sitz der Gummidichtung der Zusatzblinkleuchte zum Kotflügel achten.
■ Die Funktionen der Blinkleuchte prüfen.

Scheinwerfer einstellen

Voraussetzungen

■ Der Reifendruck muss in Ordnung sein.

Die Scheinwerferscheiben dürfen weder beschädigt noch verschmutzt sein.

■ Reflektoren und Glühlampen sind intakt.
■ Die Fahrzeugbelastung muss hergestellt sein.

Das Fahrzeug muss einige Meter gerollt bzw. vorn und hinten mehrmals durchgefedert werden, damit sich die Federn setzen.

Das Fahrzeug und Scheinwerfer-Einstellgerät müssen auf einer ebenen Fläche stehen, eingestellt und ausgerichtet sein.

■ Scheinwerferhöhenverstellung prüfen, indem die maximale Stufe eingestellt und dabei das Licht der Scheinwerfer beobachtet wird.
■ Anschließend das Rändelrad für die Leuchtweitenregelung, falls vorhanden, in Position »0« stellen.

Einstellung Scheinwerfer (Abblendlicht)

Das Fahrzeug muss sich im fahrbereiten Zustand befinden (Leermasse, Kraftstoffbehälter voll oder entsprechendes Zusatzgewicht).

■ Die Vorderräder müssen in Geradeausstellung stehen.
■ Reifendruck prüfen und richtigstellen.
■ Fahrersitz mit 75 kg oder einer Person belasten und Leuchtweitenregulierung auf »0« stellen (manuelle Einstellung innen).
■ Motorhaube öffnen.
■ Scheinwerfer-Einstellgerät zum Fahrzeug ausrichten und Höheneinstellung nach Mitte der Scheinwerfer vornehmen.
■ Fernlicht und Abblendlicht einschalten, dann die Lichteinstellung der beiden Leuchten prüfen und soweit erforderlich die Einstellung korrigieren.

Einstellung Nebelscheinwerfer

Die Einstellung erfolgt zusammen mit dem Hauptscheinwerfer. Das Neigungsmaß entspricht dem des Abblendlichtes.

Das Neigungsmaß für Nebelscheinwerfer beträgt 2,0 %.

■ Drehen Sie zum Verstellen der Leuchtweite die Einstellschraube (A im Bild 6).
■ Die Seitenverstellung erfolgt auch gemeinsam mit dem Hauptscheinwerfer.

Heckleuchten

Glühlampen der Heckleuchten (Kombi und Kasten)

Es sind unterschiedliche Rückleuchten lieferbar. Die Leuchtfunktionen werden mit Glühlampen umgesetzt. Die Montagearbeiten unterscheiden sich für die unterschiedlichen Bautypen nicht wesentlich. Bei Bautypen mit größerer Baulänge sind beispielsweise 5 Schrauben verbaut. Wir stellen Ihnen im Folgenden eine allgemeingültige Anleitung zur Verfügung.

Funktion	Leuchtmittel
Bremslicht/Schlusslicht/ Positionslicht	P 21 W
Blinklicht	PY 21 W
Rückfahrlicht	P 21 W
Nebelschlusslicht	P 21 W

Rückleuchte ausbauen (Kombi und Kasten)

■ Zündung und alle elektrischen Verbraucher ausschalten.
■ Den Zündschlüssel abziehen und den Senderschlüssel außerhalb der Senderreichweite (mindestens 2 m) aufbewahren.
■ Die entsprechende Hecktür öffnen.
■ Die Schrauben der Rückleuchte (10 im Bild 8) herausdrehen.
■ Die Leuchteinheit an den Halteclips zur Seite hin nach außen ausclipsen und abnehmen, bis die elektrische Steckverbindung zugängig ist.
■ Die elektrische Steckverbindung entsichern und abziehen.
■ Die Leuchteinheit (3) abnehmen.

Bild 8
Rückleuchte und Blende.
1 Schrauben
2 Abdeckung
3 Rückleuchte
4 Bremslicht/Parklicht
5 Blinker
6 Rückfahrleuchte
7 Nebelschlussleuchte
8 Lampenträger
9 Dichtung Steckkontakt
10 Schrauben
Pfeile Verrastungen des Lampenträgers

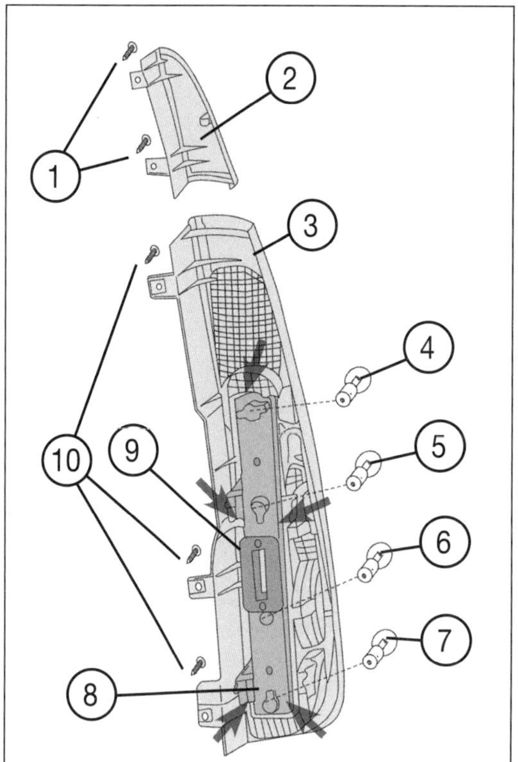

Bild 8

Glühlampen der Heckleuchten ausbauen (Kombi und Kasten)
Es sind unterschiedliche Rückleuchten lieferbar. Die Montagearbeiten unterscheiden sich für die unterschiedlichen Bautypen nicht wesentlich. Wir stellen Ihnen im Folgenden eine allgemeingültige Anleitung zur Verfügung.
- Bauen Sie die entsprechende Rückleuchte aus.
- Entsichern Sie die Verrastungen (Pfeile im Bild 8).
- Nehmen Sie den Lampenträger (8) ab.
- Die entsprechende Glühlampe leicht hineindrücken und etwa 45° nach links drehen.
- Die entsprechende Glühlampe aus der Fassung ziehen.

Bild 9
Kennzeichenleuchte Vito/Viano (geclipste Variante).
1 Befestigungsmuttern
2 Clips
3 Haltenasen (Verrastung)
4 Streuscheibe
5 Kennzeichenleuchte
6 Einstich zum Lösen der Streuscheibe

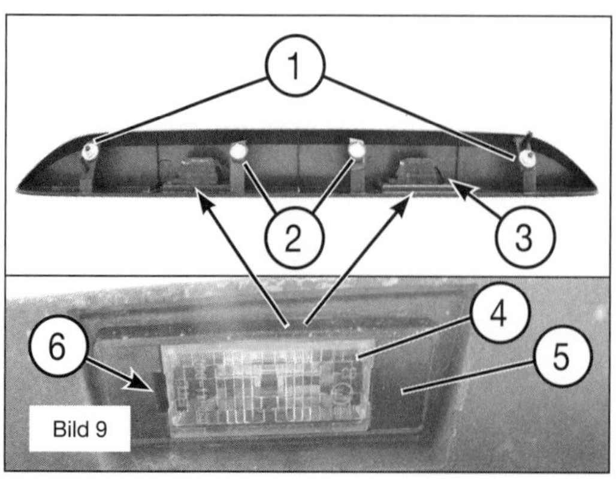

Bild 9

⚠ Beim Einbau einer Lampe nicht den Glaskolben berühren. Die Finger hinterlassen Fettspuren auf dem Glaskolben, die beim Einschalten der Lampe verdampfen und den Glaskolben trüben.

Die Montage erfolgt sinngemäß in umgekehrter Reihenfolge.
- Prüfen Sie die Funktion der Lampe nach der Montage.

Kennzeichenleuchte

Lampe Kennzeichenleuchte

Funktion	Leuchtmittel
Kennzeichenleuchte	W5W C5W (Soffitte)

Lampe Kennzeichenleuchte ausbauen
Es wurden unterschiedliche Kennzeichenleuchten verbaut.
- Zündung und alle elektrischen Verbraucher ausschalten und den Zündschlüssel abziehen.
- Verrastung (3 im Bild 9) mit einem geeigneten Schraubendreher vorsichtig drücken und die Kennzeichenleuchte (5) aus der Griffleiste heraushebeln.
- Die elektrische Steckverbindung entriegeln und abziehen.

Der Einbau erfolgt sinngemäß in umgekehrter Reihenfolge.
- Prüfen Sie die Funktion der Lampe nach der Montage.
- Achten Sie darauf, dass die Leuchte hörbar einrastet.

Lampe für Kennzeichenleuchte aus- und einbauen
- Zündung und alle elektrischen Verbraucher ausschalten und den Zündschlüssel abziehen.
- An der Aussparung der Lichtscheibe (6) mit einem Schraubendreher ansetzen und die Lichtscheibe (4) vorsichtig aufhebeln.
- Das Leuchtmittel aus der Fassung ziehen.
- Das neue Leuchtmittel in die Fassung einsetzen.

Der Einbau erfolgt sinngemäß in umgekehrter Reihenfolge.
- Die Lichtscheibe ansetzen und bis zum Einrasten andrücken.

■ Prüfen Sie die Funktion der Lampe nach der Montage.
■ Achten Sie darauf, dass die Leuchte hörbar einrastet.

LED-Kennzeichenleuchte umbauen

Lampenträger und Heckklappengriff sind aus Kunststoff (ABS) gefertigt. Die thermische Belastung und die Verformung kann die Heckklappe und Kennzeichenleuchte beschädigen. Verwenden Sie niemals leistungsstärkere Leuchtmittel. Achten Sie bei der Verwendung von LED-Leuchten auf die abgegebene Wärme.

Achten Sie darauf, LED-Kennzeichenleuchten mit EG-Prüfzeichen zu verbauen. Es muss ein Messwiderstand verbaut werden. Nur so kann das Bordnetzsteuergerät erkennen, dass eine Lampe verbaut ist, und setzt keine Fehlermeldung ab.

■ Bauen Sie, wie bereits beschrieben, die Lampen der Kennzeichenleuchte aus. Die Lampengläser werden meist zusammen mit den (Glüh-) Lampen ersetzt.
■ Kontrollieren Sie den Zustand der Kontakte für die Lampen.

Die Montage erfolgt sinngemäß in umgekehrter Reihenfolge.
■ Setzen Sie die LED-Lampe mit der Streuscheibe ein.

Bei LED-Lampen mit externem Widerstand muss dieser in der Lampe verstaut werden.

■ Achten Sie darauf, dass die Streuscheibe richtig einrastet.
■ Prüfen Sie die Funktion der Lampe nach der Montage.

3. Bremsleuchte aus- und einbauen

Die hochgesetzte Bremsleuchte ist bei Fahrzeugen mit Flügeltüren in einem Kunststoffgehäuse oberhalb der Heckflügeltüren an der Dachkante beziehungsweise bei Fahrzeugen mit Heckklappe in der Heckklappe eingebaut. Die Beleuchtung der hochgesetzten Bremsleuchte wird von LED´s (Licht emittierende Dioden) erzeugt. Die hochgesetzte Bremsleuchte ist nicht zerlegbar. Im Schadensfall muss die gesamte Bremsleuchte ersetzt werden.

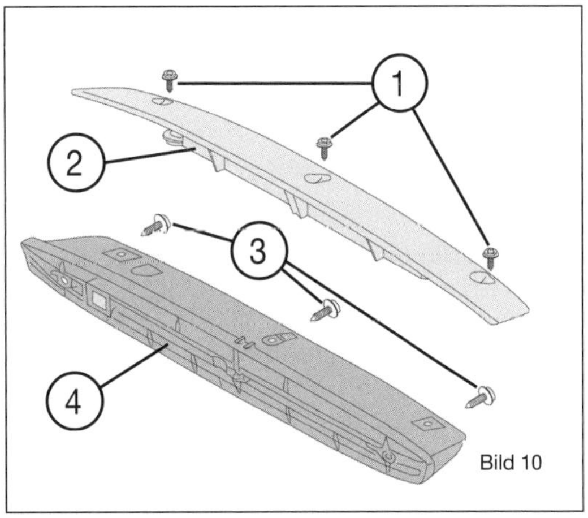

Bild 10
Hochgesetzte Bremsleuchte beim Vito/Viano.
1 Schrauben
2 Hochgesetzte Bremsleuchte
3 Schrauben
4 Leuchtenträger

■ Zündung und alle elektrischen Verbraucher ausschalten, den Zündschlüssel abziehen und aus dem Sendebereich entfernen.
■ Die drei Befestigungsschrauben (1 im Bild 10) herausschrauben.
■ Die hochgesetzte Bremsleuchte herausnehmen.
■ Elektrische Steckverbindung entriegeln und abziehen.

Der Einbau erfolgt sinngemäß in umgekehrter Reihenfolge.
■ Funktionen der hochgesetzten Bremsleuchte prüfen.

Scheibenwischer vorne und hinten

Wischerblattwechsel vorne und hinten

Beachten Sie die unterschiedlichen Längen der beiden Wischerblätter. Auf der Fahrerseite wird das lange Wischerblatt und auf der Beifahrerseite das kurze Wischerblatt verbaut.

Es wurden unterschiedliche Rastsysteme für die Wischerblätter verbaut. Wir stellen Ihnen im Folgenden die drei Systeme vor, die uns im Rahmen der Recherche zu diesem Fahrzeug begegnet sind.

■ Die Wischerarme müssen in der unteren Endstellung liegen.
■ Schalten Sie die Zündung aus und ziehen Sie den Zündschlüssel ab.
■ Bewahren Sie den Senderschlüssel außerhalb der Senderreichweite (mindestens 2 m) auf.
■ Stellen Sie den entsprechenden Wischerarm auf.

Bild 11
Wischerblattwechsel mit seitlichen Rasten zum Abziehen.
1 Scheibenwischer
2 Kupplung Wischer
3 Wischerarm
A Sicherungsclips
B Bewegungsrichtung zum Abziehen

Bild 12
Wischerblattwechsel mit seitlichen Rasten zum Abklappen.
1 Wischerarm
2 Entriegelungshaken
3 Wischerblatt

Bild 13
Wischerblattwechsel mit Raste oben zum Abziehen.
1 Taste
2 Wischerarm
3 Wischerblatt

Bild 14
Wischerarm abziehen.
1 Scheibenwischerarm
2 Abzieherhülse
3 Abzieherspindel
4 Sicherungsmutter

⚠ Den Wischerarm nicht unkontrolliert zurückklappen lassen, ansonsten kann es zu Beschädigungen an der Frontscheibe oder am Wischerblatt kommen. Legen Sie den Wischerarm auf einem Lappen ab.

■ Soweit erforderlich, demontieren Sie den Wasserschlauch der Scheibenreinigung am Scheibenwischer vorne oder hinten.

Bauweise mit seitlichen Rasten (Bild 11):

■ Den Verschluss an den Seiten vorsichtig entriegeln (Pfeile A) und Scheibenwischer (1) vom Wischerarm (3) abziehen (Pfeil B).

■ Wischerblatt (1) vom Wischerarm (3) abnehmen.

■ Klappen Sie den Scheibenwischerarm vorsichtig zurück zur Scheibe und legen ihn auf einem Lappen ab.

Bauweise mit seitlichen Rasten (Bild 12):

■ Die Entriegelungshaken (2) zusammendrücken und das Wischerblatt (3) in Pfeilrichtung vom Wischerarm (1) abklappen.

■ Wischerblatt (1) vom Wischerarm (3) abnehmen.

■ Klappen Sie den Scheibenwischerarm vorsichtig zurück zur Scheibe und legen ihn auf einem Lappen ab.

Bauweise mit Raste oben (Bild 13):

■ Verrastung (1) am Wischerarm (2) ausclipsen.

■ Scheibenwischer (3) aus der Führung herausschieben (Pfeil) und abnehmen.

■ Klappen Sie den Scheibenwischerarm vorsichtig zurück zur Scheibe und legen ihn auf einem Lappen ab.

Der Einbau erfolgt jeweils sinngemäß in umgekehrter Reihenfolge.

☞ Achten Sie darauf, dass das Wischerblatt einrastet und sicher sitzt.

■ Montieren Sie den Waschschlauch wieder soweit er demontiert worden ist.

■ Funktionen der Scheibenwischer vorne und deren Endlage prüfen.

Wischerarme vorne (Bild 15)

☞ Bevor die Scheibenwischerarme ausgebaut werden sicherstellen, dass sich der Scheibenwischermotor in Endstellung befindet. Nur so lässt sich beim Einbau die Endablage der Scheibenwischerarme korrekt einstellen.

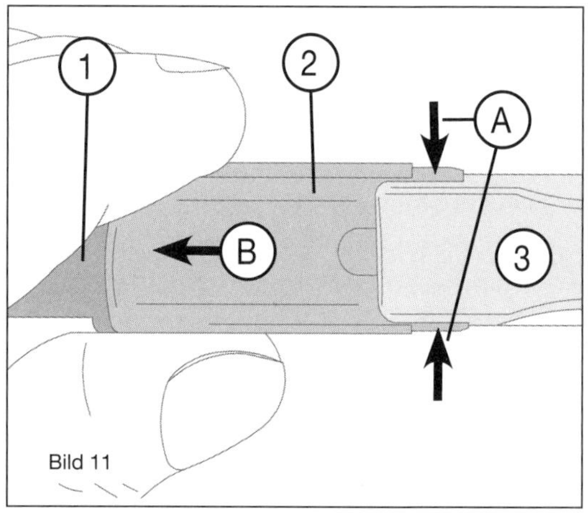

Bild 11

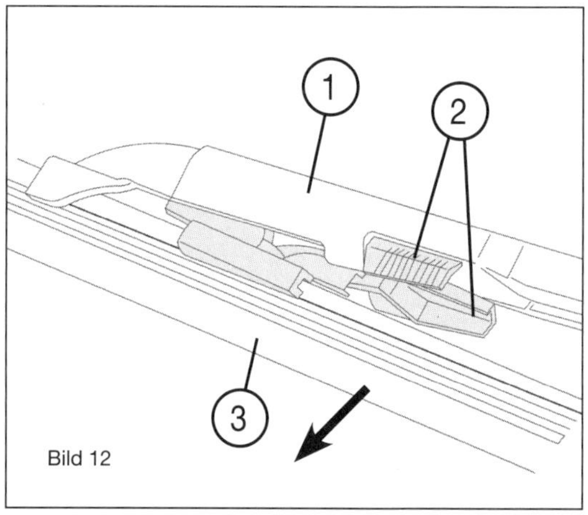

Bild 12

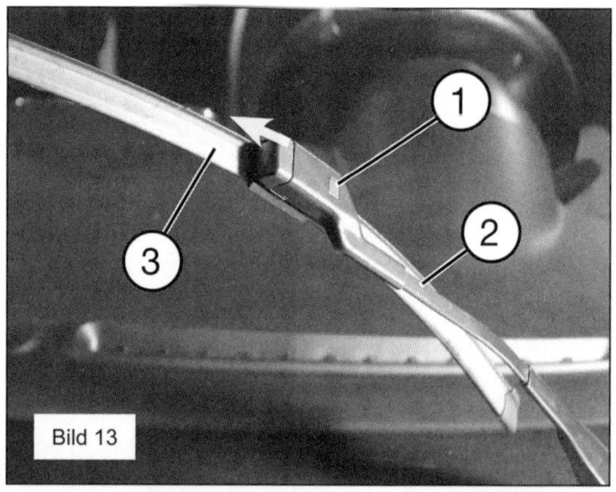

Bild 13

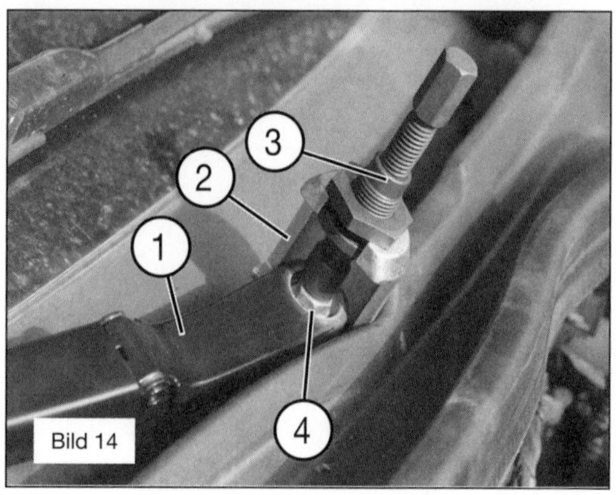

Bild 14

■ Zündung und alle elektrischen Verbraucher ausschalten und den Zündschlüssel abziehen.
■ Falls vorhanden, Abdeckkappe mit einem Schraubendreher abhebeln.
■ Den Schlauch der Scheibenwaschanlage am Anschlussstück neben der Scheibenwischerarmwelle (2 im Bild 15) abziehen.
■ Sechskantmutter (1) lösen ohne sie ganz abzuschrauben.
■ Scheibenwischerarm hochklappen und durch kippelnde seitliche Bewegungen vom Konus lösen.
■ Befestigungsmutter (1) abschrauben und den Scheibenwischerarm herunternehmen.

Der Einbau erfolgt sinngemäß in umgekehrter Reihenfolge.
■ Die Scheibenwischerarme der Fahrer- und Beifahrerseite in der ungefähren Endablage auf ihre Wellen aufstecken.
■ Die Befestigungsmuttern locker auf die Scheibenwischerarmwellen aufschrauben.
■ Die Scheibenwischerblätter-Endablage, wie im Folgenden beschrieben einstellen.
■ Befestigungsmuttern festziehen.
■ Kontrollieren Sie, dass die Wischerblätter nicht über die Frontscheibe hinaus wischen.

Wischerarme hinten (Bild 16)

Bevor die Scheibenwischerarme ausgebaut werden sicherstellen, dass sich der Scheibenwischermotor in Endstellung befindet. Nur so lässt sich beim Einbau die Endablage der Scheibenwischerarme korrekt einstellen.
■ Zündung und alle elektrischen Verbraucher ausschalten und den Zündschlüssel abziehen.
■ Abdeckkappe aufklappen.
■ Den Schlauchanschluss (3 im Bild 16) für die Spritzdüse an der Heckscheibenwischerarmwelle abclipsen.
■ Sechskantmutter (2) lösen, ohne sie ganz abzuschrauben.
■ Scheibenwischerarm (1) hochklappen und durch kippelnde seitliche Bewegungen vom Konus lösen.
■ Befestigungsmutter (2) abschrauben und den Scheibenwischerarm herunternehmen.

Der Einbau erfolgt sinngemäß in umgekehrter Reihenfolge.
■ Den Scheibenwischerarm in der ungefähren Endablage auf ihre Wellen aufstecken.
■ Befestigungsmuttern (2) locker auf die Scheibenwischerarmwelle aufschrauben.
■ Scheibenwischerblätter-Endablage, wie im Folgenden beschrieben einstellen.
■ Befestigungsmuttern festziehen.

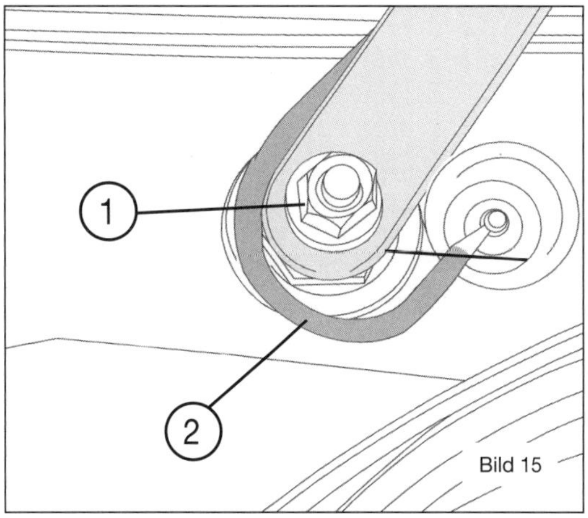

Bild 15

Bild 15
1 Sechskantmutter
2 Anschlussdurchführung Waschschlauch

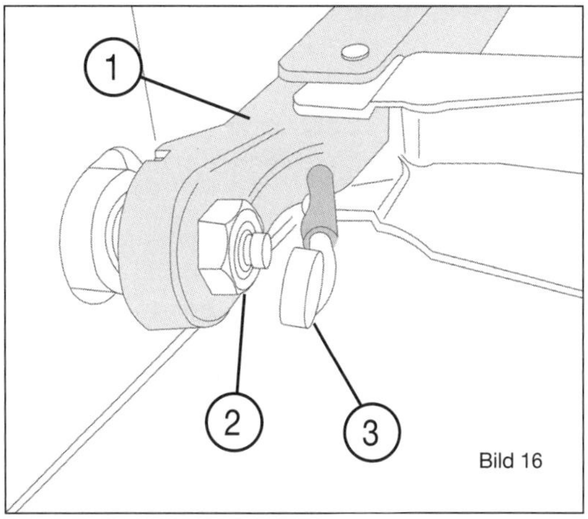

Bild 16

Bild 16
1 Wischerarm
2 Sicherungsmutter
3 Schlauchanschluss

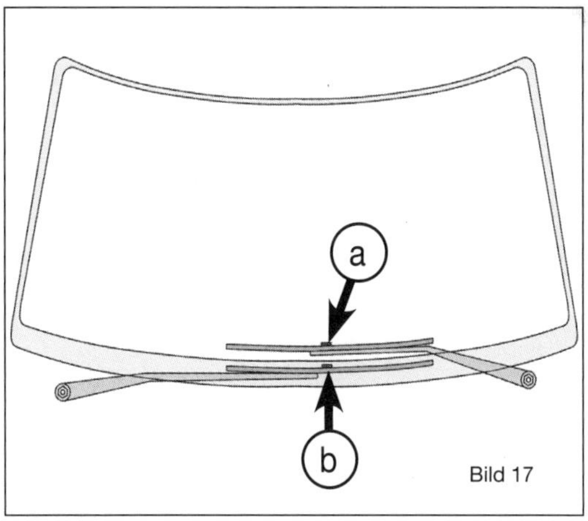

Bild 17

Bild 17
Ruhestellung der Scheibenwischer vorne.
a Markierung auf der Scheibe oben für den Wischer links
b Markierung auf der Scheibe unten für den Wischer rechts

Endlage der Wischerarme vorne
■ Die Wischer müssen im Ruhezustand, wie im Bild 17 dargestellt, auf den Markierungen (a) beziehungsweise (b) stehen.

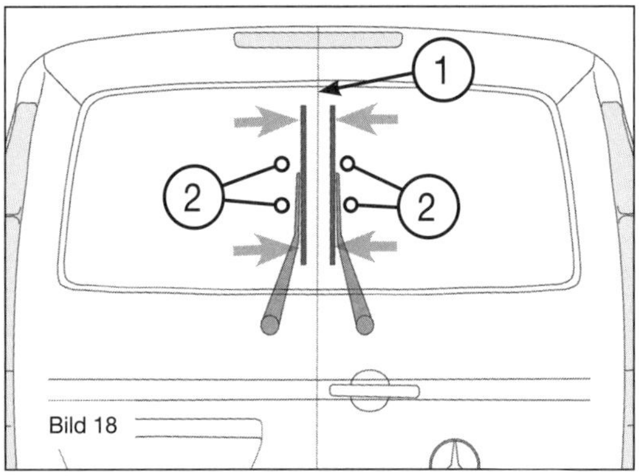

Bild 18
Wischer bei Flügeltüren.
1 Glaskante
2 Auftreffpunkte Waschwasser
Pfeile Parallele Lage der Wischer zur Glaskante

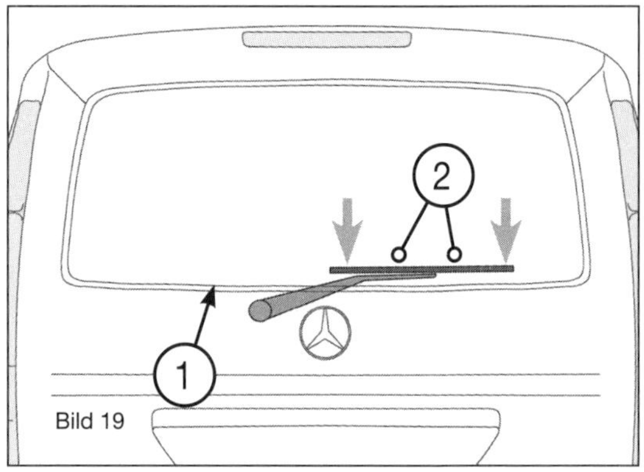

Bild 19
Wischer mit Heckklappe.
1 Glaskante
2 Auftreffpunkte Waschwasser
Pfeile Parallele Lage des Wischers zur Glaskante

■ Gegebenenfalls Endablage durch Versetzen des Scheibenwischerarms einstellen.
■ Die Befestigungsmuttern der Scheibenwischerarme mit 30 Nm festziehen.

Endlage der Wischerarme hinten
■ Den Heckscheibenwischer in seine Endablage laufen lassen.
■ Der Abstand zur Scheibenseitenkante muss parallel verlaufen.
■ Gegebenenfalls Heckscheibenwischer-Endablage durch Versetzen des Scheibenwischerarms einstellen.
■ Befestigungsmutter des Scheibenwischerarms mit 12 Nm festziehen.

Waschdüsen vorne und hinten

Waschdüsen vorne de- und montieren
Die Waschdüse vorne ist voreingestellt. Eine Veränderung der Einstellung ist nicht vorgesehen. Es können aber kleine Höhenunterschiede ausgeglichen werden.
■ Schalten Sie die Zündung aus und ziehen Sie den Zündschlüssel ab.
■ Bewahren Sie den Senderschlüssel außerhalb der Senderreichweite (mindestens 2 m) auf.
■ Die Spritzdüse mit dem Finger umfassen

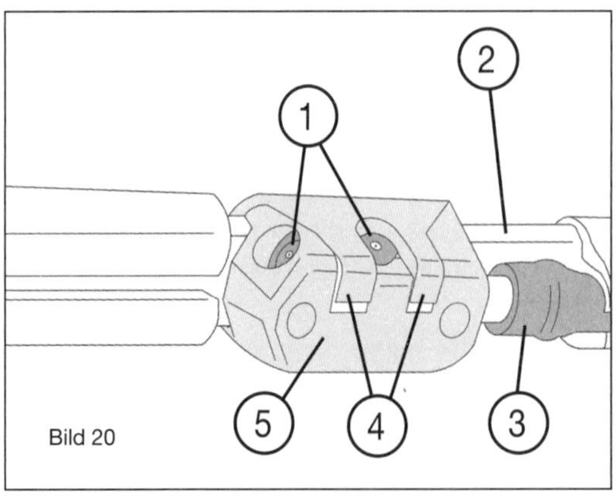

Bild 20
Waschdüse am Wischerarm.
1 Düsen
2 Wischerarm
3 Waschschlauch
4 Halteclip Waschdüse
5 Waschdüse

und die Düse vom Wischerarm abziehen.
■ Den Schlauch von der Spritzdüse abziehen.

Der Einbau erfolgt sinngemäß in umgekehrter Reihenfolge.
■ Schlauchverbindung aufstecken.
■ Spritzdüse auf dem Wischerarm einrasten.
■ Spritzbild und Einstellung der Spritzdüsen prüfen.

Waschdüsen hinten de- und montieren
■ Schalten Sie die Zündung aus und ziehen Sie den Zündschlüssel ab.
Bewahren Sie den Senderschlüssel außerhalb der Senderreichweite (mindestens 2 m) auf.
■ Klappen Sie das Heckscheibenwischerblatt 90° zum Wischeram ab.
■ Clipsen Sie die Spritzdüse vom Wischerarm ab.
■ Die Spritzdüse am Heckscheibenwischerarm aufklappen und vom Heckscheibenwischerarm abnehmen.
■ Die Schlauchverbindung an der Spritzdüse abziehen.

Der Einbau erfolgt sinngemäß in umgekehrter Reihenfolge.
■ Die Spritzdüse für Heckscheibenwaschanlage einstellen.

Waschdüsen einstellen
■ Markieren Sie mit einem wasserlöslichen Stift die in den Bildern 18 und 19 angegebenen Auftreffpunkte auf der Scheibe.
■ Spritzdüse mit Nadel-Einstellwerkzeug oder einem anderen geeigneten Werkzeug so einstellen, dass die Wasserstrahlen an den gezeigten Stellen (2 im Bild 18 und 19) auf die Heckscheibe spritzen.

15 Stromlaufpläne

Sicherungen und Sicherungshalter

Damit Sie die Elektrik Ihres Autos einfach, zuverlässig und sicher nutzen können, gibt es Schaltstellen, Leitungsstränge und Sicherheitsvorkehrungen.

Prüfen Sie vor jeder Fehlersuche immer die verbauten Sicherungen.

Überprüfen Sie auch, ob die Sicherungsbelegung bei Ihrem Fahrzeug identisch ist (siehe Fahrerhandbuch). Herstellerbedingt werden zwar bestimmte Belegungen ausgewählt, diese aber müssen nicht unbedingt Ihrer Variante entsprechen. Schließlich werden oft genug Ausstattungsvarianten ergänzt und erweitert. In den meisten Fällen erkennen Sie schon an der verbauten Sicherungsstärke, um welche Anschlussvariante es sich handelt. Einige wenige Sicherungen sind neben dem Sicherungskasten verbaut. Auch diese werden je nach Belegung in der Fahrzeugbedienungsanleitung beschrieben. Vergessen Sie nicht, dass viele »Kleinsicherungen« durchaus im Sicherungskasten zusätzlich abgesichert sein können! Solche Sicherungen werden auch »Vorsicherung« genannt. Die freien Sicherungsplätze und ihre Schaltfunktionen können sehr hilfreich bei der Erweiterung der Ausrüstung Ihres Vitos/Vianos sein.

Hauptsicherungskasten, Relaisträger und Bordnetzsteuergerät SAM (Bild 1)

Bei rechts gelenkten Fahrzeugen finden Sie den Einbauort der Baueinheit aus Hauptsicherungsträger, Relaisträger und Bordnetzsteuergerät auf der linken Fahrzeugseite im Motorraum, bei links gelenkten Fahrzeugen auf der rechten Fahrzeugseite.
Nach der Demontage des Abdeckdeckels ist der Zugang zu den verbauten Relais und Sicherungen sehr leicht möglich.

Die E-Box in der Sitzbox des Fahrersitzes neben der Batterie

Weitere Sicherungen finden Sie neben der Batterie unter der Abdeckung des Sitzkastens des Fahrersitzes. Zugänglich sind die

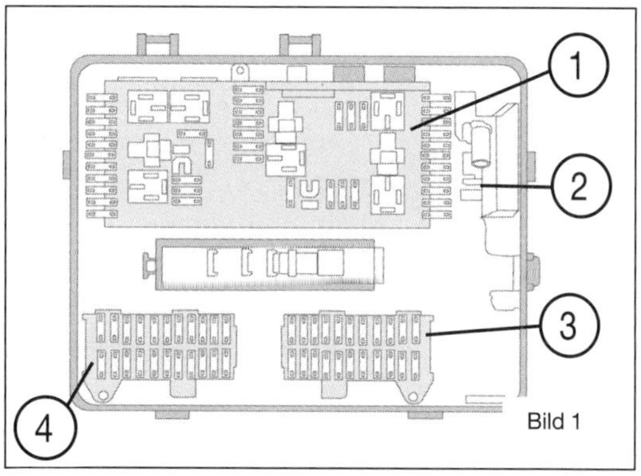

Bild 1

Bild 1
Hauptsicherungskasten, Relaisträger und Bordnetzsteuergerät SAM.
1 Sicherungs und Relaisträger mit Bordnetzsteuergerät
2 Hauptsicherung
3 Sicherungsblock F34
4 Sicherungsblock F35

Sicherungen, wenn Sie die Abdeckung unter dem Sitz im Bereich des Einstiegs demontieren.

Die E-Box in der Sitzbox des Beifahrersitzes

Einige Fahrzeuge sind mit einer weiteren Sicherungsbox im Sitzkasten des Beifahrersitzes ausgestattet. Dieser Sicherungskasten ist oft nur bei der Fahrzeugausstattung mit einer Zweitbatterie zu finden.

Relais und Sicherungsbelegungen

Die genaue Sicherungsbelegung ist von der Fahrzeugausstattung abhängig. Ein Schema ist als Aufkleber lose bei den Sicherungshaltern oder in der Zusatzanleitung »Sicherungsbelegung« in Ihrem Bordbuch zu finden. Wir verweisen auf die aktuelle Belegungslisten in der Fahrzeugbedienungsanleitung. Sicherungen sind nach Steckplätzen nummeriert. Angegeben sind abgesicherter Verbraucher und der Stromstärke-Wert (in A), durch Farbe markiert.

Sicherungen wechseln

Durchgebrannte Sicherungen müssen durch gleichwertige Sicherungen (erkennbar an Farbe und Ampere-Zahl) ersetzt werden, die auch in der Sicherungsbelegung empfohlen werden.

Wechseln Sie Sicherungen nur im geparkten Fahrzeug.

- Schalten Sie alle Stromverbraucher und die Zündung aus.
- Anhand der Sicherungsbelegung feststellen, welche Sicherung zu dem ausgefallenen Verbraucher gehört.
- Die entsprechende Sicherung herausziehen.

■ Die defekte Sicherung durch eine neue mit der gleichen Amperezahl ersetzen.

Kabelfarben und Kabelquerschnitt

Kabelfarbe

Im Schaltplan werden die Informationen über die Kabelfarbe und die Kabelstärke angegeben. Die Farben werden als Kürzel dargestellt. Die Farbangaben, die in Kombination mehrerer Farben bezeichnet werden, stellen Kabelkennzeichnungen mit einer Farblinie dar.

Die Kabelbezeichnung BK/WH ist beispielsweise die Bezeichnung für ein schwarzes Kabel mit einer weißen Linie. Die Grundfarbe des Kabels wird immer zuerst genannt. Wir stellen Ihnen in der nachstehenden Tabelle die gängigsten Farben und Abkürzungen im Schaltplan vor.

Kürzel	Farbe
BK	Schwarz
BN	Braun
BU	Blau
GN	Grün
GY	Grau
OG	Orange
PK	Rosa
RD	Rot
TR	Transparent
VT	Violett
WH	Weiß
YE	Gelb

Kabelquerschnitt

Auch der Kabel- (Leitungs)Querschnitt ist im Schaltplan angegeben. Er wird durch eine Zahl über der Angabe der Kabelfarbe dargestellt. Beim Suchen der entsprechenden Anschlusskabel kann das die Arbeit sehr erleichtern.

Beispiel: 1,5 YE/BK = 1,5 mm², gelbes Kabel, mit schwarzer Kennlinie.

Kabelinstandsetzungsarbeiten

Reparatur von Airbag- und Gurtstrafferleitungen

Das Airbag- und Gurtstraffersystem kann ausfallen. Fehlerhafte Reparaturen am Airbag- und Gurtstrafferleitungsstrang können zur Fehlfunktion des Insassenschutzes führen. Bei Reparaturen am Airbag- und Gurtstrafferleitungsstrang dürfen nur die dafür vorgesehenen Kontakte, Stecker und Leitungen verwendet werden. Leitungen des Airbag- und Gurtstrafferleitungsstrangs dürfen nur mit dem Leitungsstrang-Reparaturset und den Vorgängern repariert werden.

Bei Reparaturen an Leitungen des Airbag- und Gurtstraffersystems dürfen maximal zwei Reparaturstellen ausgeführt werden. Reparaturstellen erhöhen den elektrischen Widerstand in der Leitung und können Fehler in der Eigendiagnose des Systems auslösen. Bei Reparaturen am Airbag- oder Gurtstrafferleitungsstrang müssen die Quetschverbinder grundsätzlich geschrumpft werden, um Korrosion zu verhindern (Bild 2).

Wickeln Sie die Reparaturstelle nicht wieder in den fahrzeugeigenen Leitungsstrang ein und kennzeichnen Sie die Reparaturstelle gut sichtbar mit gelbem Isolierband. Reparaturen im Bereich von Airbag oder Gurtstraffer sollten maximal 30

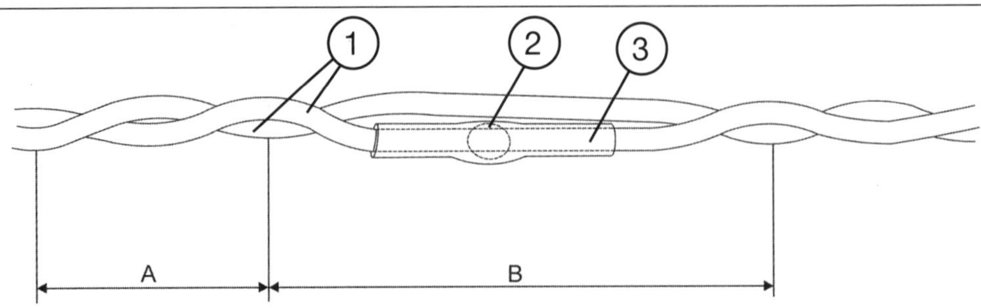

Bild 2

Bild 2
Reparatur CAN-Bus.
1 Leitungen verdrillt
2 Lötstelle (oder Lötverbinder)
3 Isolierung (oder Schrumpfschlauch)
A Verdrillungslänge 20 mm
B Maximale Gerade 50 mm

cm vom nächsten Kontaktgehäuse entfernt ausgeführt werden. Zusammen mit der Kennzeichnung durch das gelbe Isolierband ermöglicht diese Vorgehensweise einen schnellen Überblick über vorangegangene Reparaturen. Die Leitungen zu den Auslöseeinheiten (Airbags) haben in der Serie die Verdrillung mit der Schlaglänge 20 mm ±5. Diese Schlaglänge ist für die Serienfertigung über Normteilnummern für die Leitungspaare sichergestellt und muss bei den Reparaturlängen der verdrillten Leitungen zwingend eingehalten werden. Bei Reparaturarbeiten müssen die Leitungen zu den Auslöseeinheiten (Airbags) die gleiche Länge aufweisen. Beim Verdrillen der Leitungen (1) und (2) muss die Schlaglänge von A = 20 mm ±5 zwingend eingehalten werden. Es darf dabei kein Leitungsstück, zum Beispiel im Bereich von Quetschverbindern, größer als B = 50 mm ohne Verdrillung der Leitungen entstehen (Bild 2).

Reparaturmöglichkeiten CAN-Bus
Als CAN-Busleitung wird eine ungeschirmte Zweidrahtleitung (1) und (2) mit einem Querschnitt von 0,35 mm² oder 0,5 mm² verwendet.
Die Farbcodierungen der CAN-Busleitungen entnehmen Sie der folgenden Tabelle:

CAN Datenbus	Kabelfarbe
Antrieb CAN-High-Leitung	Blau/Weiß
Antrieb CAN-Low-Leitung	Blau
Peripherie CAN-High-Leitung	Grün/Weiß
Peripherie CAN-Low-Leitung	Grün
Innenraum CAN-High-Leitung	Braun/Rot
Innenraum CAN-Low-Leitung	Braun
Antrieb-Sensoren CAN-High-Leitung	Rosa/Weiß
Antrieb-Sensoren CAN-Low-Leitung	Rosa
Benutzer-Schnittst. CAN-High-Leitung	Violett/Weiß
Benutzer-Schnittst. CAN-Low-Leitung	Violett
Telematik CAN-High-Leitung	Schwarz/Weiß
Telematik CAN-Low-Leitung	Schwarz

Die Reparatur von CAN-Busleitungen kann sowohl mit Reparaturleitung in passendem Querschnitt als auch mit den gedrillten Leitungen »grün/braun« bzw. »weiß/blau« aus dem Zubehörhandel ausgeführt werden. Bei Reparaturarbeiten (wie im Bild 2) müssen beide Busleitungen

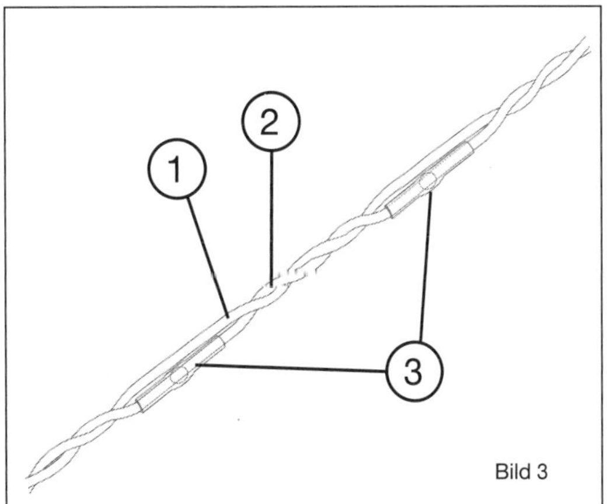

die gleiche Länge aufweisen. Beim Verdrillen der Leitungen (1) und (2) muss die Schlaglänge von A = 20 mm eingehalten werden. Es darf dabei kein Leitungsstück, zum Beispiel im Bereich von Quetschverbindern (Pfeil), größer als B = 50 mm ohne Verdrillung der Leitungen entstehen. Versehen Sie die Reparaturstelle mit gelbem Klebeband, um eine vorangegangene Reparatur zu kennzeichnen.

Massepunkte am Vito/Viano

Die Einbaulage der Massepunkte ist in der Übersicht im Bild 4 recht gut zu erkennen.
■ Prüfen Sie die Anschlüsse auf Korrosion und festen Sitz der Anschlusskabel zur Karosserie. Hier entstehen leicht Fehler, die nicht über das Diagnosesystem direkt erfasst werden können.

Massepunkte im Motorraum
Die genaue Positionierung stellen wir Ihnen in der folgenden Tabelle für den Motorraum im Detail vor. Die »Kürzel Mercedes« Bezeichnung finden Sie in den Schaltplänen wieder.

Massepunkt (Kürzel Mercedes)	Nummer im Bild 4
Masse am Scheinwerfer vorne links (W9)	14
Masse ABS vorne links (W9/3)	13
Masse Scheinwerfer mit Reinigungsanlage vorne links (W9/5)	15
Masse am Motor rechts (W11/2)	17
Masse am Motor links (W11/3)	18
Masse am Scheinwerfer vorne rechts (W2)	19
Masse ABS vorne rechts (W2/1)	18

Bild 3
Es dürfen maximal zwei Reparaturstellen ausgeführt werden.
1 CAN-High
2 CAN-Low
3 Reparaturstelle

Sichtprüfung Messen

Bild 4
Massepunkte am Vito/Viano.

1 Dachleuchte
2 Innenspiegel
3 Dachleuchte, Klimakompressor
4 Cockpit, Mittelkonsole
5 Airbagsystem
6 D-Säule innen links
7 Schlussleuchte
8 Erdung Tankstutzen
9 B-Säule innen
10 Stirnwand innen links
11 Batterie Masse
12 Masseband Motor
13 Masse am Radhaus/Motorraum innen links
14 Scheinwerfer links
15 Scheinwerferreinigung links
16 Masse Motor links
17 Masse Motor rechts
18 Masse ABS rechts
19 Scheinwerfer rechts
20 Scheinwerferreinigung rechts
21 Innenraum rechts
22 Masse Cockpit
23 Masse Batterie II
24 D-Säule innen rechts

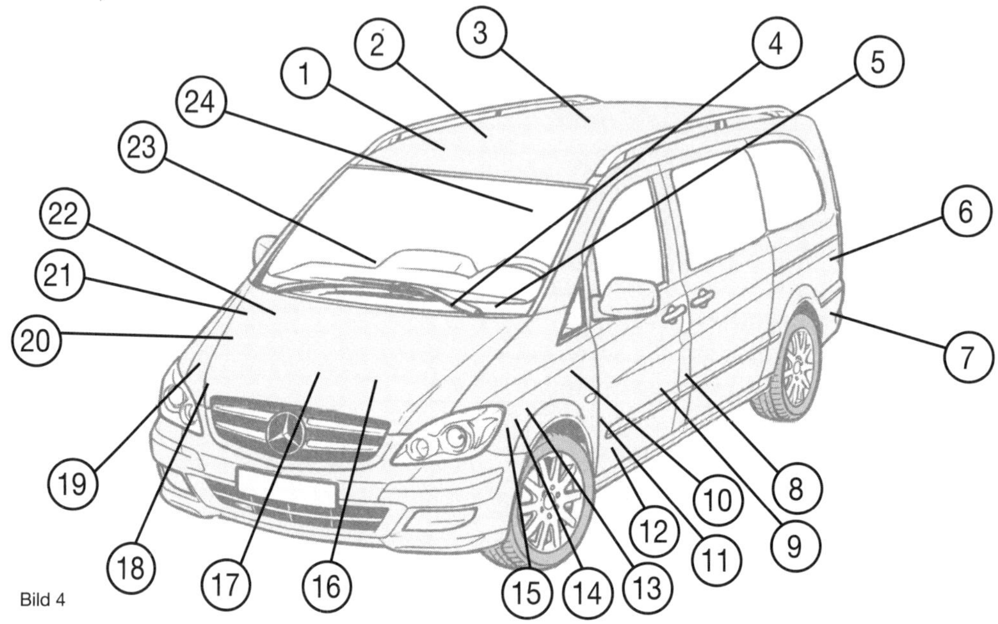

Bild 4

Massepunkte im Innenraum

Die genaue Positionierung stellen wir Ihnen in der folgenden Tabelle für die linke Seite des Innenraums im Detail vor. Die »Kürzel Mercedes« Bezeichnung in der Tabelle finden Sie in den Originalschaltplänen wieder.

Innenraum links:

Massepunkt (Kürzel Mercedes)	Nummer im Bild 4
Masse Batterie (W10)	11
Masse B-Säule links (W29/14)	9

Innenraum rechts:

Massepunkt (Kürzel Mercedes)	Nummer im Bild 4
Masse Zusatzbatterie (W10/4)	23

Massepunkte Seitenwand:

Massepunkt (Kürzel Mercedes)	Nummer im Bild 4
Masse Tankeinfüllstutzen (W33/4)	8

Massepunkte Mittelkonsole:

Massepunkt (Kürzel Mercedes)	Nummer im Bild 4
Masse Cockpit (W1/6)	22
Masse Cockpit und Mittelkonsole (W12)	4
Masse Steuergerät Airbagsystem (W26)	5

Massepunkte Stirnwand links:

Massepunkt (Kürzel Mercedes)	Nummer im Bild 4
Masse Stirnwand links (W43/1)	10

Massepunkte Stirnwand rechts:

Massepunkt (Kürzel Mercedes)	Nummer im Bild 4
Masse Stirnwand /Innenraum rechts (W43/2)	21
Masse Stirnwand rechts (W43/3)	20

Massepunkte Fahrzeugheck:

Massepunkt (Kürzel Mercedes)	Nummer im Bild 4
Masse D-Säule links (W6)	6
Masse D-Säule links (W29/8)	7
Masse D-Säule rechts (W29/9)	24

Massepunkte Fahrzeugdach:

Massepunkt (Kürzel Mercedes)	Nummer im Bild 4
Masse Dachbalken vorne (W38)	1
Masse Dachbalken vorne (W38/1)	2
Masse Dach (W78)	3

Massepunkte am Unterboden

Massepunkt (Kürzel Mercedes)	Nummer im Bild 4
Masse Motor Luftpumpe (W11/1)	12
Masse Motor Glühendstufe (W11/1)	12

Messgeräte und Diagnosetester

Geeignete Messmittel in der Elektrik

Verwenden Sie nur geeignete Messmittel wie Multimeter und Mess- und Prüfsysteme. Prüflampen mit Glühlampe können Schäden in der Elektronik verursachen und geben zudem keine Messwerte aus.

Vorgaben zur Diagnose am Fahrzeug

Vor unseren Hinweisen zum Umgang mit den Stromlauf- oder Schaltplänen möchten wir, weil dazu ein enger Zusammenhang besteht, nochmals kurz auf das Fahrzeugdiagnose-, Mess- und Informationssystem eingehen.

Wird das Diagnose- und Informationssystem während einer Prüf- oder Messfahrt im Aktionsbereich eines Airbags deponiert, besteht im Falle einer Airbag-Auslösung das Risiko von schweren bis tödlichen Verletzungen! Deshalb zu Prüf- oder Messfahrten stets einen Helfer mitnehmen, der auf einem Rücksitz das System bedient.

Zum Anschließen des Diagnose- und Testsystems schreibt Mercedes wie die meisten Hersteller folgendes Vorgehen vor:

- Die Handbremse anziehen.
- Das Fahrzeug mit einem Erhaltungsladegerät versehen (Batterie laden).
- Den Wählhebel bei Automatikfahrzeugen in die Stellung »P« oder »N« bringen.
- Den Fahrzeugdiagnosetester bei ausgeschalteter Zündung mit der Diagnoseleitung am Diagnoseanschluss des Fahrzeugs anschließen.
- Die Zündung einschalten.
- Alle elektrischen Verbraucher ausschalten.

Info zu den Schaltplänen

Zum Gebrauch der Stromlaufpläne

Die Bordelektrik wird in Aufbau und Vernetzung durch Stromlaufpläne (auch Schaltpläne genannt) dargestellt, die für Ihren Vito/Viano in gedruckter Form schon in der Grundausführung mehrere Hundert Seiten umfassen, also einen Ordner von ganz beträchtlichem Umfang füllen. Das Schaltplanangebot enthält neben den einzelnen Stromlaufplänen für die Basisausstattung, die Elektrik für jeden der einzelnen Motoren bis hin zu Sonderausstattungen (z. B. für Klimaanlage, Einparkhilfe, Rückfahrkamera) auch

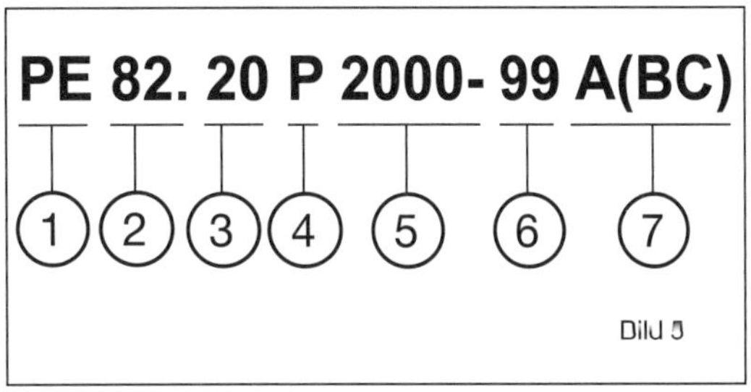

Bild 5
Bezeichnungen der Schaltpläne beim Vito/Viano.
1 Informationsart
2 Funktionsgruppe
3 Funktionsuntergruppe
4 Erstellerkenner
5 Ordnungsnummer
6 Informationseinheit-Nummer
7 Gültigkeitsbuchstabe(n)

zeitliche Überarbeitungen. Es macht sachlich wenig Sinn und der begrenzte Umfang dieses Buches lässt das auch nicht zu, einzelne Stromlaufpläne aus der Fülle herauszugreifen und in diesem Ratgeber darzustellen. Hinzu kommt noch, dass in den wenigsten Fällen tatsächlich der Fehler in der Verkabelung zu finden sein wird. Die Schaltfunktionen erfolgen heute überwiegend lastfrei. Zumindest nicht über die Tasten und Schalter, die der Fahrer bedient. Das Bordnetzsteuergerät übernimmt die Schaltfunktion.

Die Schaltpläne sind den Funktionsgruppen 00 – 91 zugeordnet. Zum leichteren Auffinden von einzelnen Schaltplänen haben wir in der »Suchhilfe der Schaltplangruppen« die Systeme nach Funktionsgruppen aufgelistet. Die Schaltpläne können dann mit der jeweiligen Dokumentennummer beim Mercedes-Benz-Händler ausgedruckt werden.

Die Schaltpläne sind als Funktionsschemas oder Steuergerätepläne erstellt und wie folgt aufgebaut:

Funktionsschemas

- Die zur Funktion gehörenden Steuergeräte und elektrischen Bauteile werden als Symbole dargestellt.
- Die funktionalen Verbindungen sind durch direkte Leitungen bzw. durch den Datenbus realisiert.

Steuergerätepläne:

- Steuergeräte werden komplett mit allen angeschlossenen Bauteilen dargestellt. Vorangestellt ist die Einspeisung (Spannungsversorgung) der jeweiligen Steuergeräte.
- Die Schaltpläne enthalten auch Verknüpfungen von möglichen Varianten und Funktionen.

Verknüpfungen sind, als Varianten erkennbar, eingerahmt und mit einer Kurzbezeichnung »U...«versehen und sind in den Legenden aufgeführt.

Sichtprüfung Messen

Spannungsversorgung

Die wichtigsten Normkurzzeichen für die Funktionen im Bereich der Spannungsversorgung im Bordnetz Ihres Vito/Viano.

DIN-Norm	Beschreibung
15	Geschaltetes Plus hinter Batterie (Ausgangskontakt vom Zündanlassschalter)
15a	Geschaltetes Plus vom Zündanlassschalter (hinter der Sicherung)
30	Ausgang direkt von Batterie-Plus
30a	Ausgang direkt von Batterie-Plus (hinter der Sicherung)
30al	Ausgeschaltetes Plus von Steuergerät für Bordnetz für Innenleuchte
31	Batterie-Minus oder Fahrzeugmasse
50	Ausgangskontakt vom Zündanlassschalter für Anlasser
75	Ausgangskontakt vom Zündanlassschalter für Ausschalten von Verbrauchern zur Entlastung der Batterie beim Anlassen
75a	Ausgeschaltetes Plus hinter dem Relais für die Entlastung der Batterie beim Anlassen (hinter der Sicherung)
86s	Ausgeschaltetes Plus durch Zündanlassschalter beim vollständigen Herausziehen des Schlüssels aus dem Zündanlassschalter
87	Ausgangskontakt vom Kraftstoffpumpenrelais oder vom Relais für Dieseldirekteinspritzanlage
87a	Ausgangskontakt vom Kraftstoffpumpenrelais oder vom Relais für Dieseldirekteinspritzanlage hinter der Sicherung

Signale und Beleuchtung

Die wichtigsten Normkurzzeichen für die Beleuchtung im Bordnetz. Die Klemmenbezeichnung finden Sie auf externen Bauteilen wie beispielsweise der Anhängekupplung.

DIN-Norm	Beschreibung
54	Bremsleuchten
56	Ausgang von Lichtschalter für Abblendlicht und Fernlicht
56a	Fernlicht
56aL	Fernlicht links
56aR	Fernlicht rechts
56b	Abblendlicht
56bL	Abblendlicht links
56bR	Abblendlicht rechts
58	Stand- und Schlusslicht, Kennzeichenleuchte
58d	Beleuchtung von Schaltern und Schalttafeleinsatz
58L	Standlicht, Schlusslicht und Parklicht links
58R	Standlicht, Schlusslicht und Parklicht rechts
49L	Blinker links
48R	Blinker rechts
49a	Blinkrelais Ausgang (nur konventionelle Blinkanlagen)
71	Eingang Signalhorn

Schaltplanzuordnung nach Bausystemen

Anhand dieser Schaltplannummer können Sie die Schaltpläne bei Ihrem Mercedes-Händler ausdrucken lassen oder bestellen.

Motor

Soweit die Schaltplanlegenden nicht in den Schaltplänen selbst abgebildet sind, werden hierfür eigene Dokumente mit einer Schaltplannummer verfasst.

System	Bemerkungen	Schaltplan
Common Rail Direct Injection (CDI)	Blatt 1 **Motor 646**.982, /983 im Typ 639.601, /603, /605, /701, /703, /705, /711, 713, /811, /813, 815	PE07.16-S-2000VA
	Legende zum Schaltplan PE07.16-S-2000VA	PE07.16-S-2000-60VA
	Blatt 2 **Motor 646**.982, /983 im Typ 639.601, /603, /605, /701, /703, /705, /711, 713, /811, /813, 815	PE07.16-S-2000VB
	Legende zum Schaltplan PE07.16-S-2000VB	PE07.16-S-2000-60VB
	Motor 646.980, Motor 646.981, im Typ 639.601, /603, /605, /701, /703, /705, /711, 713, /811, /813, 815 mit Code (XZ1), Modellgeneration 1, Stecker 1	PE07.16-S-2000VAH
	Motor 646.980, Motor 646.981, im Typ 639.601, /603, /605, /701, /703, /705, /711, 713, /811, /813, 815 mit Code (XZ1), Modellgeneration 1, Stecker 2	PE07.16-S-2000VAG
	Motor 646.982, im Typ 639.601, /603, /605, /701, /703, /705, /711, 713, /811, /813, 815 mit Code (XZ1), Modellgeneration 1, Stecker 1	PE07.16-S-2000VAF
	Motor 646.982, im Typ 639.601, /603, /605, /701, /703, /705, /711, 713, /811, /813, 815 mit Code (XZ1), Modellgeneration 1, Stecker 2	PE07.16-S-2000VAE
	Motor 651.940 im Typ 639.601, /603, /605, /701, /703, /705, /711, 713, /811, /813, 815 mit Code (XZ1), Modellgeneration 1, Stecker F	PE07.16-S-2000VAA
	Motor 651.940 im Typ 639.601, /603, /605, /701, /703, /705, /711, 713, /811, /813, 815 mit Code (XZ1), Modellgeneration 1, Stecker M	PE07.16-S-2000VAB
	Blatt 1 **Motor 642**.990 im Typ 639.601, /603, /605, /701, /703, /705, /711, 713, /811, /813, 815	PE07.16-S-2000VC
	Legende zum Schaltplan PE07.16-S-2000VC	PE07.16-S-2000-60VC
	Blatt 2 **Motor 642**.990 im Typ 639.601, /603, /605, /701, /703, /705, /711, 713, /811, /813, 815	PE07.16-S-2000VD
	Legende zum Schaltplan PE07.16-S-2000VD	PE07.16-S-2000-60VD
	Blatt 3 **Motor 642**.990 im Typ 639.601, /603, /605, /701, /703, /705, /711, 713, /811, /813, 815	PE07.16-S-2000VE
	Legende zum Schaltplan PE07.16-S-2000VE	PE07.16-S-2000-60VE
	Blatt 1 **Motor 642**.980, im Typ 639.601, /603, /605, /701, /703, /705, Motor 642.981, im Typ 639. 711, 713, /811, /813, 815	PE07.16-S-2000VF
	Blatt 2 **Motor 642**.980, im Typ 639.601, /603, /605, /701, /703, /705, Motor 642.981, im Typ 639. 711, 713, /811, /813, 815	PE07.16-S-2000VG
	Motor 642.980 im Typ 639.601, /603, /605, /701, /703, /705, /711, 713, /811, /813, 815 mit Code (XZ1), Modellgeneration 1, Stecker M	PE07.16-S-2000VAD
	Motor 642.990 im Typ 639.601, /603, /605, /701, /703, /705, /711, 713, /811, /813, 815, Modellgeneration 1, Stecker F	PE07.16-S-2000VAC
Kraftstoffanlage	**Motor 646**.980, Motor 646.981, Motor 646.982, /983, **Motor 642**.990	PE47.00-S-1100VA
	Motor 646.980, Motor 646.981, Motor 646.982, /983,	PE47.00-S-2000VA
	Motor 646.982 im Typ 639.601, /603, /605, /701, /703, /705, /711, 713, /811, /813, 815, Modellgeneration 1	PE47.00-S-2000VVA

Sichtprüfung Messen

System	Bemerkungen	Schaltplan
Kraftstoffanlage	**Motor 651**.940 im Typ 639.601, /603, /605, /701, /703, /705 mit Code (KP1) elektrisch geregelter Kraftstoffpumpe,. mit Code (XZ1) Modellgeneration 1 **Motor 642**.890 im Typ 639.701, /703, /705/711, 713, /811, /813, 815, mit Code (XZ1) Modellgeneration 1	PE47.40-S-2101VVA
OBD-Diagnose-Anschluss	Typ 639.601, /603, /605, /701, /703, /705, /711, 713, /811, /813, 815	PE54.22-S-2000VA
	Typ 639.601, /603, /605, /701, /703, /705, /711, 713, /811, /813, 815 mit Code (XZ1) Modellgeneration 1	PE54.22-S-2000VVA

Antrieb

System	Bemerkungen	Schaltplan
Automatikgetriebe	**Getriebe 722**.680, /682 im Typ 639.601, /603, /605, /701, /703, /705, /711, 713, /811, /813, 815	PE27.19-S-2000VA
	Getriebe 722.6, im Typ 639.601, /603, /605, /701, /703, /705, /711, 713, /811, /813, 815 mit Code (XZ1) Modellgeneration 1	PE27.19-S-2000VAA

Starter und Generator

System	Bemerkungen	Schaltplan
Starter/Generator	**Motor 646**.980, Motor 646.981, im Typ 639.601, /603, /605, /701, /703, /705, /711, 713, /811, /813, 815 mit Code (XZ1), Modellgeneration 1	PE15.00-S-2000VAD
	Motor 646.980**,** /981 /982, 983, **Motor 642**.990, im Typ 639.601, /603, /605, /701, /703, /705, ab 01.10.2006 **Motor 646**.982**, Motor 642**.990, **Motor 646**.980**,** im Typ 639.711, 713, /811, /813, 815, ab 01.10.2006	PE15.00-S-2000VC
	Motor 646.982**,** im Typ 639.601, /603, /605, /701, /703, /705, /711, 713, /811, /813, 815, mit Code (XZ1) Modellgeneration 1	PE15.00-S-2000VAC
	Motor 651.940 im Typ 639.601, /603, /605, /701, /703, /705, mit Code (XZ1) Modellgeneration 1 **Motor 642**.890 im Typ 639.711, /713, /811, /813, 815, mit Code (XZ1) Modellgeneration 1 **Motor 642**.890 im Typ 639.605, /701, /703, /705, mit Code (XZ1) Modellgeneration 1	PE15.00-S-2000VAA
	Motor 646.982**,** /983, **Motor 642**.990, bis 28.02.2005 im Typ 639.711, /713, /811, /813, 815 bis 28.02.2005	PE15.00-S-2000VA
	Motor 646.982**,** /983, **Motor 642**.990, im Typ 639.601, /603, /605, /701, /703, /705, ab 01.03.2005 bis 30.09.2006	PE15.00-S-2000VB

Spannungsversorgung

System	Bemerkungen	Schaltplan
Sicherungs- und Relaiskasten	Typ 639.601, /603, /605, /701, /703, /705, /711, 713, /811, /813, 815 Blatt 1	PE54.15-S-2001VA
	Typ 639.601, /603, /605, /701, /703, /705, /711, 713, /811, /813, 815 Blatt 2	PE54.15-S-2001VC
	Typ 639.601, /603, /605, /701, /703, /705, /711, 713, /811, /813, 815 Blatt 3	PE54.15-S-2001VD
	Typ 639.601, /603, /605, /701, /703, /705, /711, 713, /811, /813, 815 Blatt 4	PE54.15-S-2001VE
	Typ 639.601, /603, /605, /701, /703, /705, /711, 713, /811, /813, 815 Blatt 5	PE54.15-S-2001VF
	Typ 639.601, /603, /605, /701, /703, /705, mit **Motor 646**.982, /983, mit **Motor 646**.980, /981, mit **Motor 642**.990	PE54.15-S-2001VG

System	Bemerkungen	Schaltplan
Sicherungs- und Relais-kasten	Typ 639.601, /603, /605, /701, /703, /705, /711, 713, /811, /813, 815, mit Code (XZ1) Modellgeneration 1, Blatt 1	PE54.15-S-2001VAA
	Typ 639.601, /603, /605, /701, /703, /705, /711, 713, /811, /813, 815, mit Code (XZ1) Modellgeneration 1, Blatt 3	PE54.15-S-2001VAC
	Typ 639.601, /603, /605, /701, /703, /705, /711, 713, /811, /813, 815, mit Code (XZ1) Modellgeneration 1, Blatt 4	PE54.15-S-2001VAD
	Typ 639.601, /603, /605, /701, /703, /705, /711, 713, /811, /813, 815, mit Code (XZ1) Modellgeneration 1, Blatt 5	PE54.15-S-2001VAE
	Typ 639.601, /603, /605, /701, /703, /705, /711, 713, /811, /813, 815, mit Code (XZ1) Modellgeneration 1, Blatt 6	PE54.15-S-2001VAF
	Typ 639.601, /603, /605, /701, /703, /705, /711, 713, /811, /813, 815, mit Code (XZ1) Modellgeneration 1, Blatt 7	PE54.15-S-2001VAG
Spannungs-versorgung Sicherungen	Typ 639.601, /603, /605, /701, /703, /705, /711, 713, /811, /813, 815, bis 31.07.2007, Sitzkasten links	PE54.15-S-2005VA
	Typ 639.601, /603, /605, /701, /703, /705, /711, 713, /811, /813, 815, E-Box F34, Blatt 1	PE54.15-S-2005VB
	Typ 639.601, /603, /605, /701, /703, /705, /711, 713, /811, /813, 815, E-Box F34, Blatt 2	PE54.15-S-2005VC
	Typ 639.601, /603, /605, /701, /703, /705, /711, 713, /811, /813, 815, E-Box F35	PE54.15-S-2005VD
	Typ 639.601, /603, /605, /701, /703, /705, /711, 713, /811, /813, 815, Sitzkasten rechts	PE54.15-S-2005VE
	Typ 639.601, /603, /605, /701, /703, /705, /711, 713, /811, /813, 815, E-Box F4-F5	PE54.15-S-2005VF
	Typ 639.601, /603, /605, /701, /703, /705, /711, 713, /811, /813, 815, Sitzkasten links	PE54.15-S-2005VG
	Typ 639.601, /603, /605, /701, /703, /705, /711, 713, /811, /813, 815, mit Code (XZ1) Modellgeneration 1, F7, Sitzkasten links	PE54.15-S-2005VAA
	Typ 639.601, /603, /605, /701, /703, /705, /711, 713, /811, /813, 815, mit Code (XZ1) Modellgeneration 1, E-Box F34	PE54.15-S-2005VAB
	Typ 639.601, /603, /605, /701, /703, /705, /711, 713, /811, /813, 815, mit Code (XZ1) Modellgeneration 1, E-Box F35	PE54.15-S-2005VAC
	Typ 639.601, /603, /605, /701, /703, /705, /711, 713, /811, /813, 815, mit Code (XZ1) Modellgeneration 1, Sitzkasten rechts	PE54.15-S-2005VAE
	Typ 639.601, /603, /605, /701, /703, /705, /711, 713, /811, /813, 815, mit Code (XZ1) Modellgeneration 1, F7/1, Sitzkasten links	PE54.15-S-2005VAF

Datenbus

System	Bemerkungen	Schaltplan
CAN-Datenbus	Typ 639.601, /603, /605, /701, /703, /705, /711, 713, /811, /813, 815, Blatt 1	PE00.19-S-2150VA
	Typ 639.601, /603, /605, /701, /703, /705, /711, 713, /811, /813, 815, mit Code (XZ1) Modellgeneration 1, CAN-Verbinder X30/24, X30/25, X30/26	PE00.19-S-2150VAA
	Typ 639.601, /603, /605, /701, /703, /705, /711, 713, /811, /813, 815, mit Code (XZ1) Modellgeneration 1, CAN-Verbinder X30/28	PE00.19-S-2150VAB
	Typ 639.601, /603, /605, /701, /703, /705, /711, 713, /811, /813, 815, Blatt 2	PE00.19-S-2150VB

Sichtprüfung Messen

System	Bemerkungen	Schaltplan
CAN-Datenbus	Typ 639.601, /603, /605, /701, /703, /705, /711, 713, /811, /813, 815, mit Code (XZ1) Modellgeneration 1, CAN-Verbinder X30/28	PE00.19-S-2200VAA
Steuergerät Zentralgateway	Typ 639.601, /603, /605, /701, /703, /705, /711, 713, /811, /813, 815,	PE54.21-S-2124VA
Most Bus	Typ 639.601, /603, /605, /701, /703, /705, /711, 713, /811, /813, 815, ab 27.03.2006	PE82.00-S-2710VA

Beleuchtung

System	Bemerkungen	Schaltplan
Scheinwerfer vorne	Typ 639.601, /603, /605, /701, /703, /705, /711, 713, /811, /813, 815, mit Code (XZ1) Modellgeneration 1	PE82.10-S-2000VAA
Rückleuchten	Typ 639.601, /603, /605, /701, /703, /705, /711, 713, /811, /813, 815, mit Code (XZ1) Modellgeneration 1	PE82.10-S-2000VAB
Blinkleuchten Dach	Typ 639.601, /603, /605, /701, /703, /705, /711, 713, /811, /813, 815, außer Code (L84)	PE82.10-S-2000VA
	Typ 639.601, /603, /605, /701, /703, /705, /711, 713, /811, /813, 815, mit Code (L84)	PE82.10-S-2000VB
Bremslicht	Typ 639.601, /603, /605, /701, /703, /705, /711, 713, /811, /813, 815, mit Code (XZ1) Modellgeneration 1	PE82.10-S-2300VVA
	Typ 639.601, /603, /605, /701, /703, /705, /711, 713, /811, /813, 815	PE82.10-S-2300VA
Kennzeichen-beleuchtung	Typ 639.601, /603, /605, /701, /703, /705, /711, 713, /811, /813, 815, mit Code (XZ1) Modellgeneration 1	PE82.10-S-2010VVA
	Typ 639.601, /603, /605, /701, /703, /705, /711, 713, /811, /813, 815	PE82.10-S-2010VA
Blinker und Warnblinker	Typ 639.601, /603, /605, /701, /703, /705, /711, 713, /811, /813, 815, mit Code (XZ1) Modellgeneration 1	PE82.10-S-2020VAA
	Typ 639.601, /603, /605, /701, /703, /705, /711, 713, /811, /813, 815	PE82.10-S-2200VA
Leutweitenregu-lierung	Typ 639.601, /603, /605, /701, /703, /705, /711, 713, /811, /813, 815, mit Code (XZ1) Modellgeneration 1, mit Code (LG1) Bi-Xenon mit Ab-biegelicht	PE82.10-S-2101VVA
Innenbeleuch-tung	Typ 639.601, /603, /605, /701, /703, /705, /711, 713, /811, /813, 815, Blatt 1	PE82.20-S-2000VA
	Typ 639.601, /603, /605, /701, /703, /705, /711, 713, /811, /813, 815, Blatt 2	PE82.20-S-2000VB
	Typ 639.601, /603, /605, /701, /703, /705, /711, 713, /811, /813, 815, mit Code (XZ1) Modellgeneration 1, Blatt 1	PE82.20-S-2000VAA
	Typ 639.601, /603, /605, /701, /703, /705, /711, 713, /811, /813, 815, mit Code (XZ1) Modellgeneration 1, Blatt 2	PE82.20-S-2000VAB
Schalterbe-leuchtung	Typ 639.601, /603, /605, /701, /703, /705, /711, 713, /811, /813, 815, mit Code (XZ1) Modellgeneration 1	PE82.20-S-2020VAA
	Typ 639.601, /603, /605, /701, /703, /705, /711, 713, /811, /813, 815	PE82.20-S-2020VA

Karosserie

System	Bemerkungen	Schaltplan
Außenspiegel	Typ 639.601, /603, /605, /701, /703, /705, /711, 713, /811, /813, 815	PE88.79-S-2000VA
Airbag und Gurtstraffer	Typ 639.601, /603, /605, /701, /703, /705, /711, 713, /811, /813, 815, bis 31.08.2005, ohne Code (SH7) Thoraxairbag Fahrer und Beifahrer in der Sitzlehne, ohne Code (SH9) Windowsbag Fahrer und Beifahrer	PE91.00-S-2000VA
	Typ 639.601, /603, /605, /701, /703, /705, /711, 713, /811, /813, 815, bis 31.08.2005, mit Code (SH7) Thoraxairbag Fahrer und Beifahrer in der Sitzlehne, mit Code (SH9) Windowsbag Fahrer und Beifahrer	PE91.00-S-2000VB

System	Bemerkungen	Schaltplan
Airbag und Gurtstraffer	Typ 639.601, /603, /605, /701, /703, /705, /711, 713, /811, /813, 815, , ohne Code (SH7) Thoraxairbag Fahrer und Beifahrer in der Sitzlehne, ohne Code (SH9) Windowsbag Fahrer und Beifahrer, mit Code (XZ1) Modellgeneration 1	PE91.00-S-2000VAA
	Typ 639.601, /603, /605, /701, /703, /705, /711, 713, /811, /813, 815, , mit Code (SH7) Thoraxairbag Fahrer und Beifahrer in der Sitzlehne, mit Code (SH9) Windowsbag Fahrer und Beifahrer, mit Code (XZ1) Modellgeneration 1	PE91.00-S-2000VAB
	Typ 639.601, /603, /605, /701, /703, /705, /711, 713, /811, /813, 815, ab 01.09.2005	PE91.00-S-2000VD
Multifunktionslenkrad	Typ 639.601, /603, /605, /701, /703, /705, /711, 713, /811, /813, 815, mit Code (CL4) Multifunktionslenkrad, mit Code (XZ1) Modellgeneration 1	PE46.10-S-2110VAA
	Typ 639.601, /603, /605, /701, /703, /705, /711, 713, /811, /813, 815, mit Code (CL4) Multifunktionslenkrad	PE46.10-S-2110VA
Oberes Bedienfeld	Typ 639.601, /603, /605, /701, /703, /705, /711, 713, /811, /813, 815, bis 31.07.2007	PE54.21-S-2119VA
	Typ 639.601, /603, /605, /701, /703, /705, /711, 713, /811, /813, 815, ab 01.08.2007	PE54.21-S-2119VB
	Typ 639.601, /603, /605, /701, /703, /705, /711, 713, /811, /813, 815, mit Code (XZ1) Modellgeneration 1	PE54.21-S-2119VAA
Bordnetzsteuergerät SAM	Typ 639.601, /603, /605, /701, /703, /705, /711, 713, /811, /813, 815, ohne Code (XZ1) Modellgeneration 1, Blatt 1	PE54.21-S-2127VA
	Typ 639.601, /603, /605, /701, /703, /705, /711, 713, /811, /813, 815, Blatt 2	PE54.21-S-2127VB
	Typ 639.601, /603, /605, /701, /703, /705, /711, 713, /811, /813, 815, Blatt 3	PE54.21-S-2127VC
	Typ 639.601, /603, /605, /701, /703, /705, /711, 713, /811, /813, 815, Blatt 4	PE54.21-S-2127VD
	Typ 639.601, /603, /605, /701, /703, /705, /711, 713, /811, /813, 815, mit Code (XZ1) Modellgeneration 1, Blatt 1	PE54.21-S-2127VAA
	Typ 639.601, /603, /605, /701, /703, /705, /711, 713, /811, /813, 815, mit Code (XZ1) Modellgeneration 1, Blatt 2	PE54.21-S-2127VAB
	Typ 639.601, /603, /605, /701, /703, /705, /711, 713, /811, /813, 815, mit Code (XZ1) Modellgeneration 1, Blatt 3	PE54.21-S-2127VAC
	Typ 639.601, /603, /605, /701, /703, /705, /711, 713, /811, /813, 815, mit Code (XZ1) Modellgeneration 1, Blatt 4	PE54.21-S-2127VAD
Schiebedach	Typ 639.601, /603, /605, mit Code (D27) Schiebehebedach, mit Code (XZ1) Modellgeneration 1 Typ 639.701, /703, /705, /711, 713, /811, /813, /815, mit Code (D27) Schiebehebedach, mit Code (D24) Schiebehebedach hinten, mit Code (XZ1) Modellgeneration 1	PE77.20-S-2001VAA
	Typ 639.601, /603, /605, mit Code (D27) Schiebehebedach Typ 639.701, /703, /705, /711, 713, /811, /813, /815, mit Code (D27) Schiebehebedach, mit Code (D24) Schiebehebedach hinten	PE77.20-S-2001VA
Zentralverriegelung (Funktionsschema)	Typ 639.601, /603, /605, /701, /703, /705, /711, 713, /811, /813, 815, mit Code (FZ8) Komfortöffnung	PE80.20-S-2050VA
	Typ 639.601, /603, /605, /701, /703, /705, /711, 713, /811, /813, 815, mit Code (FZ8) Komfortöffnung, mit Code (XZ1) Modellgeneration 1	PE80.20-S-2050VAA
	Typ 639.601, /603, /605, /701, /703, /705, /711, 713, /811, /813, 815, ohne Code (FZ8) Komfortöffnung	PE80.20-S-2050VB
	Typ 639.601, /603, /605, /701, /703, /705, /711, 713, /811, /813, 815, ohne Code (FZ8) Komfortöffnung, mit Code (XZ1) Modellgeneration 1	PE80.20-S-2050VAB
Alarmanlage	Typ 639.601, /603, /605, /701, /703, /705, /711, 713, /811, /813, 815, mit Code (FY1) Innenraumüberwachung und Abschleppschutz, mit Code (FZ5) Alarmanlage	PE80.50-S-2000VA

Bremsanlage

System	Bemerkungen	Schaltplan
Bremssteuerung ESP	Typ 639.601, /603, /605, /701, /703, /705, /711, 713, /811, /813, 815, mit Code (BB3) ESP-System, mit Code (XZ1) Modellgeneration 1	PE42.25-S-2002VAA
	Typ 639.601, /603, /605, /701, /703, /705, /711, 713, /811, /813, 815, mit Code (BB3) ESP-System	PE42.25-S-2002VA
	Typ 639.601, /603, /605, /701, /703, /705, /711, 713, /811, /813, 815, mit Code (BB3) ESP-System	PE42.25-S-2002VA
	Typ 639.601, /603, /605, /701, /703, /705, /711, 713, /811, /813, 815, mit Code (BB3) ESP-System, mit Code (XZ1) Modellgeneration 1	PE42.25-S-2002VAA
	Typ 639.601, /603, /605, /701, /703, /705, /711, 713, /811, /813, 815, mit Code (BB3) ESP-System	PE42.25-S-2002VA
	Typ 639.601, /603, /605, /701, /703, /705, /711, 713, /811, /813, 815, mit Code (BB3) ESP-System	PE42.25-S-2002VA
	Typ 639.601, /603, /605, /701, /703, /705, /711, 713, /811, /813, 815, ohne Code (BB3) ESP-System	PE42.25-S-2002VB
	Typ 639.601, /603, /605, /701, /703, /705, /711, 713, /811, /813, 815, mit Code (BB3) ESP-System, mit Code (CL9) ECO Lenkhilfspumpe, mit Code (XZ1) Modellgeneration 1	PE42.45-S-2000VAB
	Typ 639.601, /603, /605, /701, /703, /705, /711, 713, /811, /813, 815, mit Code (BB3) ESP-System, ohne Code (CL9) ECO Lenkhilfspumpe, mit Code (XZ1) Modellgeneration 1	PE42.45-S-2000VAA
	Typ 639.601, /603, /605, /701, /703, /705, /711, 713, /811, /813, 815, ab Fg.Nr. 195057, mit Code (BB3) ESP-System	PE42.45-S-2000VB
	Typ 639.601, /603, /605, /701, /703, /705, /711, 713, /811, /813, 815, bis Fg.Nr. 195056, mit Code (BB3) ESP-System	PE42.45-S-2000VA

Fenster und Türen

System	Bemerkungen	Schaltplan
Heizbare Heckscheibe	Typ 639.601, /603, /605, /701, /703, /705, /711, 713, /811, /813, 815,	PE67.29-S-2000VA
Steuergerät Schiebetür links	Typ 639.601, /603, /605, /701, /703, /705, /711, 713, /811, /813, 815, mit Code (T56) elektrische Schiebetür links	PE72.16-S-2101VA
	Typ 639.601, /603, /605, /701, /703, /705, /711, 713, /811, /813, 815, mit Code (T56) elektrische Schiebetür links, mit Code (XZ1) Modellgeneration 1	PE72.16-S-2101VAA
Steuergerät Schiebetür rechts	Typ 639.601, /603, /605, /701, /703, /705, /711, 713, /811, /813, 815, mit Code (T56) elektrische Schiebetür rechts	PE72.16-S-2102VA
	Typ 639.601, /603, /605, /701, /703, /705, /711, 713, /811, /813, 815, mit Code (T56) elektrische Schiebetür links, mit Code (XZ1) Modellgeneration 1	PE72.16-S-2102VAA
Hecktür Heckklappe	Typ 639.601, /603, /605, /701, /703, /705, /711, 713, /811, /813, 815, mit Code (XZ1) Modellgeneration 1	PE72.20-S-2050VAA
	Typ 639.601, /603, /605, /701, /703, /705, /711, 713, /811, /813, 815,	PE72.20-S-2050VA
Fensterheber links	Typ 639.601, /603, /605, /701, /703, /705, /711, 713, /811, /813, 815,	PE72.29-S-2003VA
Fensterheber rechts	Typ 639.601, /603, /605, /701, /703, /705, /711, 713, /811, /813, 815,	PE72.29-S-2004VA
Türsteuerung vorne links	Typ 639.601, /603, /605, /701, /703, /705, /711, 713, /811, /813, 815, mit Code (XZ1) Modellgeneration 1	PE72.40-S-2010VAA
	Typ 639.601, /603, /605, /701, /703, /705, /711, 713, /811, /813, 815,	PE72.40-S-2010VA

System	Bemerkungen	Schaltplan
Türsteuerung vorne rechts	Typ 639.601, /603, /605, /701, /703, /705, /711, 713, /811, /813, 815, mit Code (XZ1) Modellgeneration 1	PE72.40-S-2011VAA
	Typ 639.601, /603, /605, /701, /703, /705, /711, 713, /811, /813, 815,	PE72.40-S-2011VA

Zusatzausrüstung

System	Bemerkungen	Schaltplan
Niveauregulierung	Typ 639.601, /603, /605, /701, /703, /705, /711, 713, /811, /813, 815, mit Code (CL0) Luftfederung hinten, mit Code (XZ1) Modellgeneration 1	PE32.33-S-2101VAA
	Typ 639.601, /603, /605, /701, /703, /705, /711, 713, /811, /813, 815, mit Code (CL0) Luftfederung hinten	PE32.33-S-2101VA
RDKS	Typ 639.601, /603, /605, /701, /703, /705, /711, 713, /811, /813, 815, mit Code (RY2) RDKS Hinterachse und Vorderachse, mit Code (XZ1) Modellgeneration 1	PE40.15-S-2101VAA
	Typ 639.601, /603, /605, /701, /703, /705, /711, 713, /811, /813, 815, mit Code (RY2) RDKS Hinterachse und Vorderachse	PE40.15-S-2101VA
Parktronik	Typ 639.601, /603, /605, /701, /703, /705, /711, 713, /811, /813, 815, mit Code (EZ8) Parktronik-System, mit Code (XZ1) Modellgeneration 1	PE54.65-S-2000VAA
	Typ 639.601, /603, /605, /701, /703, /705, /711, 713, /811, /813, 815, mit Code (EZ8) Parktronik-System	PE54.65-S-2000VA
Standheizung	Typ 639.601, /603, /605, /701, /703, /705, /711, 713, /811, /813, 815, mit Code (HZ1) Warmluftheizung, mit Code (XZ1) Modellgeneration 1	PE83.70-S-2000VAB
	Typ 639.601, /603, /605, /701, /703, /705, /711, 713, /811, /813, 815, mit Code (HZ1) Warmluftheizung	PE83.70-S-2000VB
Elektrischer Zuheizer	Typ 639.601, /603, /605, /701, /703, /705, /711, 713, /811, /813, 815, mit Code (HZ0) PTC-Element, mit Code (XZ1) Modellgeneration 1	PE83.70-S-2100VAA

Media-Systeme

System	Bemerkungen	Schaltplan
Radio	Typ 639.601, /603, /605, /701, /703, /705, /711, 713, /811, /813, 815, mit Code (EN0) Radio Sound5, mit Code (XZ1) Modellgeneration 1	PE82.60-S-2000VAA
	Typ 639.601, /603, /605, /701, /703, /705, /711, 713, /811, /813, 815, mit Code (EJ2) Audio 20, mit Code (EJ3) Audio 20 mit CD, mit Code (XZ1) Modellgeneration 1	PE82.60-S-2000VAB
	Typ 639.601, /603, /605, /701, /703, /705, /711, 713, /811, /813, 815, mit Code (EU2) Radio mit Kassette	PE82.60-S-2000VA
	Typ 639.601, /603, /605, /701, /703, /705, /711, 713, /811, /813, 815, mit Code (ET0) Radio Sound Pro	PE82.60-S-2000VB
	Typ 639.601, /603, /605, /701, /703, /705, /711, 713, /811, /813, 815, mit Code (EU3) Radio Audio10 mit Kassette, mit Code (EU4) Radio Audio10 mit CD	PE82.60-S-2000VC
	Typ 639.601, /603, /605, /701, /703, /705, /711, 713, /811, /813, 815, mit Code (EN2) Radio Autopilot mit TCM Schnittstelle	PE82.60-S-2000VD
	Typ 639.601, /603, /605, /701, /703, /705, /711, 713, /811, /813, 815, mit Code (EN0) Radio Sound 5, ab 27.03.2006 bis 27.03.2009	PE82.60-S-2000VE
	Typ 639.601, /603, /605, /701, /703, /705, /711, 713, /811, /813, 815, mit Code (EF9) Radio Sound 20, ab 27.03.2006	PE82.60-S-2000VF
	Typ 639.601, /603, /605, /701, /703, /705, /711, 713, /811, /813, 815, mit Code (EN0) Radio Sound5, ab 01.06.2009	PE82.60-S-2000VG
Media Interface Steuergerät	Typ 639.601, /603, /605, /701, /703, /705, /711, 713, /811, /813, 815, mit Code (EH0) Media Interface, mit Code (XZ1) Modellgeneration 1	PE82.60-S-2105VAA

16 Technische Daten

Im Vito/Viano finden sich durchaus noch bewährte Motorenkonzepte, die aber stetig überarbeitet wurden. Verschleißwerte sind wichtig, um eine Schadensursache genau untersuchen zu können. So kann dann die Entscheidung zur Revision oder zum Austauschmotor leichter getroffen werden.

<table>
<tr><th>Bezeichnung</th><th>OM646</th><th>OM651</th><th>OM642</th></tr>
<tr><td>Kraftstoff (Einspritzsystem)</td><td colspan="3">Diesel (Common Rail)</td></tr>
<tr><td>Hubraum</td><td colspan="2">2148 cm³</td><td>2987 cm³</td></tr>
<tr><td>Zylinderzahl</td><td colspan="2">4</td><td>6</td></tr>
<tr><td>Ventile pro Zylinder</td><td colspan="2">4 (16 V)</td><td>4 (24 V)</td></tr>
<tr><td>Bohrung Ø mm</td><td>88,000 - 88,006 mm</td><td>83,000- 83,007 mm</td><td>83,000 - 83,009 mm</td></tr>
<tr><td>Hub mm</td><td>88,3</td><td>99,0 mm</td><td>92 mm</td></tr>
<tr><td>Kompressionsdruck
Druckunterschied</td><td colspan="3">17 - 30 bar
(max. 3 bar)</td></tr>
<tr><td>Kolbendurchmesser (Gruppe A)</td><td>Passungsangabe
A, B, X Kolben/Block</td><td>82,844 mm</td><td>82,833 - 82,839 mm</td></tr>
<tr><td>Kolbenüberstand/Kopfdichtung
(neuer Motor)</td><td>0,380 - 0,620 mm</td><td>0,75 mm</td><td>0,380 - 0,620 mm</td></tr>
<tr><td>Laufspiel</td><td>0,15 - 0,20 mm</td><td>0,17 - 0,20 mm</td><td>0,17 - 0,20 mm</td></tr>
<tr><td>Stoßspiel 1. Ring</td><td>0,22 - 0,37 mm</td><td>0,27 - 0,37 mm</td><td>0,40 - 0,55 mm</td></tr>
<tr><td>Stoßspiel 2. Ring</td><td>0,80 - 1,00 mm</td><td>0,80 - 1,00 mm</td><td>0,25 - 0,50 mm</td></tr>
<tr><td>Stoßspiel Ölabstreifring</td><td colspan="3">0,20 - 0,40 mm</td></tr>
<tr><td>Höhenspiel 1. Ring</td><td>0,12 - 0,16 mm</td><td>0,12 - 0,16 mm</td><td>0,12 - 0,16 mm</td></tr>
<tr><td>Höhenspiel 2. Ring</td><td>0,05 - 0,09 mm</td><td>0,035 - 0,080 mm</td><td>0,065 - 0110 mm</td></tr>
<tr><td>Höhenspiel Ölabstreifring</td><td>0,03 - 0,07 mm</td><td>0,03 - 0,07 mm</td><td>0,03 - 0,07 mm</td></tr>
<tr><td>Aufladesystem</td><td colspan="3">Abgasturbolader</td></tr>
<tr><td>Nockenwellenantrieb</td><td colspan="3">Steuerkette</td></tr>
<tr><td>Ventilspiel</td><td colspan="3">Hydrostößel</td></tr>
<tr><td>Ölfilter</td><td colspan="3">Filtereinsatz</td></tr>
<tr><td>Ölmenge mit Filter</td><td>11,0 l</td><td>11,5 l</td><td>12,5 l</td></tr>
<tr><td>Ölmenge Filter</td><td colspan="3">0,5 l</td></tr>
<tr><td>Kühlmittelmenge MB 310.1</td><td>ca. 9,5 l</td><td colspan="2">ca. 10,0 l</td></tr>
<tr><td>Kühlerdeckel Öffnungsdruck</td><td colspan="3">1,5 bar</td></tr>
<tr><td>Getriebeöl 6-Gang-Schaltgetriebe</td><td>1,5 - 2,0 l (1,75-2,5l)*</td><td>1,5 - 2,0 l (1,75-2,5l)*</td><td>1,5 - 2,6 l (2,5-3,25l)*</td></tr>
<tr><td>Getriebeöl Automatikgetriebe 5-Gang
(ohne Drehmomentwandler)
(mit Drehmomentwandler)</td><td colspan="3">7,6 l***
5,0 l
7,0 l</td></tr>
<tr><td>Verteilergetriebe</td><td>0,8 l</td><td>0,8 l</td><td>1,0 l</td></tr>
<tr><td>Achsgetriebe vorne (4x4)</td><td>0,65 l (0,85 l***)</td><td>0,65 l (0,85 l***)</td><td>0,65 l (0,85 l***)</td></tr>
<tr><td>Getriebeöl Hinterachsgetriebe</td><td>1,6 - 2,8 l**</td><td>1,6 - 2,8 l**</td><td>1,6 - 2,8 l**</td></tr>
<tr><td>Bremsflüssigkeit</td><td colspan="3">DOT4</td></tr>
<tr><td>Servoflüssigkeit (soweit keine elektrische Lenkung verbaut ist)</td><td colspan="3">ATF (DB 236.7)</td></tr>
<tr><td>Klimaanlage Klimamittel (Automatik)</td><td colspan="3">660 g (800 g)</td></tr>
<tr><td>Klimaöl</td><td colspan="3">160 - 250 cm³</td></tr>
</table>

*mit Nebenabtrieb, **je nach Achstyp, ***bei Neubefüllung

17 Anzugsdrehmomente

In diesem Kapitel stellen wir Ihnen die Anzugsmomente für die wichtigsten Verschraubungen am Fahrzeug zur Verfügung. Diese sind zum einen alphabetisch und zum anderen nach den Motorkennbuchstaben sortiert. Natürlich konnten wir nur diese Motoren darstellen, deren Daten bis zum Redaktionsschluss bekannt waren.
Alle Daten sollten Sie im Zweifel bei der Teilebestellung hinterfragen und wenn erforderlich korrigieren. Selbiges gilt auch für neue Motortypen. Übernehmen Sie niemals einfach Abmessungen eines anderen Motors, ohne diese zu überprüfen. Hier können leicht Schäden entstehen, die vermeidbar wären und oft recht teuer sind.

Motor

Vito/Viano Motorbezeichnung	OM646	OM651	OM642
Abgaskrümmer	30 Nm	30 Nm	25 Nm
Anlasser am Getriebe	40 Nm	40 Nm	40 Nm
Anlasser Klemme 30	16 Nm	14 Nm	16 Nm
Ansaugkrümmer Stufe 1	14 Nm	14 Nm	14 Nm
Auspuffrohr am Krümmer/Turbo Stufe 1	30 Nm	-	28 Nm
Einspritzdüse (Düsenhalter) Stufe 1	7 Nm	15 Nm	7 Nm
Einspritzdüse (Düsenhalter) Stufe 2	90°	90°	180°
Einspritzdüse (Düsenhalter) Stufe 3	90°	90°	20 Nm
Einspritzleitung Überwurfmutter Stufe 1 (am Injektor)	23 Nm	7 Nm	20 Nm
Einspritzleitung Überwurfmutter Stufe 2	-	33 Nm	60°
Hauptlagerdeckel (seitliche Schrauben) Stufe 1	50 Nm	60 Nm	5 Nm (53 Nm)
Hauptlagerdeckel (seitliche Schrauben) Stufe 2	95°	90°	35 Nm +95°
Hauptlagerdeckel (seitliche Schrauben) Stufe 3	-	-	95° (lösen, dann 95°)
Hallgeber Nockenwelle	9 Nm	6 Nm	8 Nm
Hochdruckpumpe (Halter)	14 Nm	20 Nm	9 Nm
Hochdruckpumpe Pumpenrad	-	70 Nm	-
Kurbelwinkelsensor	8 Nm	8 Nm	8 Nm
Kupplungsdruckplatte (2. Stufe)	16 Nm (25 Nm)	22 Nm	22 Nm
Kraftstoffverteilerrohr	14 Nm	14 Nm	14 Nm
Klopfsensor		20 Nm	-
Lambdasonde NOx-Sensor	45 Nm	45 Nm	50 Nm
Abgastemperatursonde	45 Nm	45 Nm	45 Nm
Nockenwellenlagergehäuse Stufe 1 (5 mm)	9 Nm	9 Nm	8 Nm
Nockenwellenrad Stufe 1	18 Nm	55 Nm	18 Nm
Nockenwellenrad Stufe 2	-	90°	-
Ölablassschraube	30 Nm	30 Nm	30 Nm
Ölfilter	25 Nm	25 Nm	25 Nm
Öldruckschalter (Sensor)	14 Nm	--	20 Nm

Sichtprüfung Messen

Vito/Viano Motorbezeichnung	OM646	OM651	OM642
Ölwannenschrauben 6 mm	9 Nm	9 Nm	14 Nm
Ölwannenschrauben 8 mm	20 Nm	20 Nm	20 Nm
Ölwannenschrauben Ölwannenoberteil Stufe 1	-	9 Nm	9 Nm
Ölwannenschrauben Ölwannenunterteil M6	-	9 Nm	12 Nm
Ölwannenschrauben Ölwannenunterteil M8	-	20 Nm	-
Ölpumpe am Motorblock (2. Stufe)	19 Nm	6 Nm (90°)	19 Nm
Ölpumpe Halter	-	-	8 Nm
Pleuellager Stufe 1 (kurze Seite) *neu	5,*5	5 Nm	20 Nm (15 Nm)
Pleuellager Stufe 2 (kurze Seite)	25, *25	25 Nm	40 Nm (30 Nm)
Pleuellager Stufe 3 (kurze Seite)	90°, 180°	90°	90° (40 Nm + 90°)
Pleuellager Stufe 3 (nur Erstmontage)	-	-	90°
Pleuellager Stufe 4 (kurze Seite)	-	-	90° (90°)
Schwungrad Stufe 1		45 Nm	45 Nm
Schwungrad Stufe 2		90°	90°
Ventildeckel (Zylinderkopfhaube) Stufe 1	9 Nm	9 Nm	4 Nm
Ventildeckel (Zylinderkopfhaube) Stufe 2	-	-	6 Nm
Ventildeckel (Zylinderkopfhaube) Stufe 3	-	-	8 Nm
Wasserpumpe	14 Nm	20 Nm	14 Nm
Zentral-Riemenscheibe Stufe 1	325 Nm	80 Nm	210 Nm
Zentral-Riemenscheibe Stufe 2	90°	90°	180°
Glühkerzen	20 Nm	11 Nm	11 Nm
Zylinderkopf Stufe 1 (Schrauben M8)	15 Nm	10 Nm (20 Nm)	-
Zylinderkopf Stufe 2 (Schrauben M8)	(20 Nm)	20 Nm	60 Nm
Zylinderkopf Stufe 3 (Schrauben M8)	60 Nm	90°	90°
Zylinderkopf Stufe 4 (Schrauben M8)	(20 Nm)	90°	90°
Zylinderkopf Stufe 5	90°	90°	-
Zylinderkopf Stufe 6	90°	90°	-

Antrieb

Verschraubung	Anzugsdrehmoment
Abschirmblech Gelenkscheibe 6 mm	9 Nm
Abschirmblech Gelenkwelle 8 mm	20 Nm
ABS-Sensor	8 Nm
Achsgetriebe vorne am Achsträger	45 Nm
Achsgetriebe vorne Stütze am Achsträger, Stütze am Achsgetriebe, 1. Generation	106 Nm
Aggregateträger an Aufbau Stufe (bis FIN 457455)	150 Nm
Aggregateträger an Aufbau Stufe (ab FIN 457456)	172 Nm
Antriebswelle getriebeseitig vorne Stufe 1	50 Nm

Verschraubung	Anzugsdrehmoment
Antriebswelle radseitig vorne Stufe 1 (ab FIN 457456)	165 Nm (125 Nm)
Antriebswelle radseitig vorne Stufe 2 (ab FIN 457456)	60° (60°)
Antriebswelle radseitig hinten Stufe 1 (ab FIN 457456)	165 Nm (125 Nm)
Antriebswelle getriebeseitig hinten	gesteckt
Ausrücklager Schaltgetriebe (mit Sicherungsmittel)	9 Nm
Bremssattel hinten Schraube M10 Sattelträger	106 Nm
Bremssattel hinten Schraube M8	32 Nm
Bremssattel vorne Führungsbolzen	39 Nm
Bremssattel vorne (Brembo) Führungsbolzen	34 Nm
Bremssattelträger vorne am Achsschenkel	172 Nm
Bremsbelagverschleißanzeige am Sattel	9 Nm
Getriebe am Motor Schaltgetriebe (Automatikgetriebe)	38 Nm (38 Nm)
Getriebequerträger hinten M8 (M10)	20 Nm
Getriebehalter am Rahmen	40 Nm
Kardan vorne Allrad (Generation 1)	25 Nm (19 Nm)
Kardan hinten am Achsgetriebe Stufe 1 (Generation 1)	15 Nm (15 Nm)
Kardan hinten am Achsgetriebe Stufe 2 (Generation 1)	90° (90°)
Kardan Zwischenlager Verschraubungen	58 Nm
Kardan Sicherheitsbügel	58 Nm
Kardan hinten am Zwischengetriebe Stufe 1 (Generation 1)	15 Nm (15 Nm)
Kardan hinten am Zwischengetriebe Stufe 2 (Generation 1)	90° (90°)
Koppelstange Stabilisatorstrebe	20 Nm
Lenkgetriebe am Motorträger Stufe 1	120 Nm
Lenkgetriebe am Motorträger Stufe 2	90°
Lenkgetriebe Kreuzgelenk	28 Nm
Motorlager Stütze an Zylinderkopf	9 Nm
Motorlager am Achsträger	58 Nm
Motorlager an Motorstütze	58 Nm
Niveau-Sensor an der Koppelstange	8 Nm
Niveausensor am Halteblech	5 Nm
Radschraube Stahlfelge (bis FIN 458173)	180 Nm
Radschraube Stahlfelge	200 Nm
Schraube Schräglenker hinten 1. Stufe (2. Stufe)	160 Nm (120°)
Verbindungsstange Schräglenker hinten	60 Nm
Schraube Stoßdämpfer hinten oben und unten	130 Nm
Schrauben Stoßdämpfer Achsschenkel Stufe 1	150 Nm
Schrauben Stoßdämpfer Achsschenkel Stufe 2	180° Lösen
Schrauben Stoßdämpfer Achsschenkel Stufe 3	120 Nm
Schrauben Stoßdämpfer Achsschenkel Stufe 4	75°

Sichtprüfung Messen

Verschraubung	Anzugsdrehmoment
Schraube Stoßdämpfer oben vorne	56 Nm
Spurstangenkopf Kontermutter	65 Nm
Spurstangenkopf Stufe 1 (neuer Achsschenkel)	60 Nm
Spurstangenkopf Stufe 2 (neuer Achsschenkel)	120°
Spurstangenkopf Stufe 1 (gebrauchter Achsschenkel)	50 Nm
Spurstangenkopf Stufe 2 (gebrauchter Achsschenkel)	60°
Stabilisator am Achsträger Stufe 1 (M8)	20 Nm
Stabilisator am Achsträger Stufe 2 (M8)	60°
Stabilisator am Achsträger (M10)	60 Nm

Karosserie

Verschraubung	Anzugsdrehmoment
Anhängekupplung am Rahmen	90 Nm
Anhängekupplung am Querträger (M10)	56 Nm
Fensterheber Befestigungsschrauben	9 Nm
Heckklappenscharnier	25 Nm
Heckklappenschloss	20 Nm
Heckklappenschloss Schließbügel	20 Nm
Motorhaube Haubenscharnier	20 Nm
Motorhaube Haubenschloss	20 Nm
Türfangband (ab FIN 252530)	9 Nm (14 Nm)
Schiebetür oberer Laufwagen	23 Nm
Schiebetür mittlerer Laufwagen	23 Nm
Schiebetür unterer Laufwagen	23 Nm

Elektrische Anlage

Verschraubung	Anzugsdrehmoment
Batteriepol (M6)	6 Nm
Massepunkt am Getriebe	20 Nm
Massepunkt an der Karosserie M6 (M8)	8 Nm (15 Nm)
Plusanschluss M5 / M6 / M8	4 Nm / 6 Nm / 15 Nm
Scheinwerfer	4,5 Nm
Scheinwerferträger	4,5 Nm

Sonstige Verschraubungen

Schraubengröße	M4	M5	M6	M8	M10	M12	M14	M16
Anzugsdrehmoment	0,5 Nm	3 Nm	10 Nm	20 Nm	45 Nm	60 Nm	100 Nm	200 Nm

Verschraubung	Anzugsdrehmoment
Schraube Stoßdämpfer oben vorne	56 Nm
Spurstangenkopf Kontermutter	65 Nm
Spurstangenkopf Stufe 1 (neuer Achsschenkel)	60 Nm
Spurstangenkopf Stufe 2 (neuer Achsschenkel)	120°
Spurstangenkopf Stufe 1 (gebrauchter Achsschenkel)	50 Nm
Spurstangenkopf Stufe 2 (gebrauchter Achsschenkel)	60°
Stabilisator am Achsträger Stufe 1 (M8)	20 Nm
Stabilisator am Achsträger Stufe 2 (M8)	60°
Stabilisator am Achsträger (M10)	60 Nm

Karosserie

Verschraubung	Anzugsdrehmoment
Anhängekupplung am Rahmen	90 Nm
Anhängekupplung am Querträger (M10)	56 Nm
Fensterheber Befestigungsschrauben	9 Nm
Heckklappenscharnier	25 Nm
Heckklappenschloss	20 Nm
Heckklappenschloss Schließbügel	20 Nm
Motorhaube Haubenscharnier	20 Nm
Motorhaube Haubenschloss	20 Nm
Türfangband (ab FIN 252530)	9 Nm (14 Nm)
Schiebetür oberer Laufwagen	23 Nm
Schiebetür mittlerer Laufwagen	23 Nm
Schiebetür unterer Laufwagen	23 Nm

Elektrische Anlage

Verschraubung	Anzugsdrehmoment
Batteriepol (M6)	6 Nm
Massepunkt am Getriebe	20 Nm
Massepunkt an der Karosserie M6 (M8)	8 Nm (15 Nm)
Plusanschluss M5 / M6 / M8	4 Nm / 6 Nm / 15 Nm
Scheinwerfer	4,5 Nm
Scheinwerferträger	4,5 Nm

Sonstige Verschraubungen

Schraubengröße	M4	M5	M6	M8	M10	M12	M14	M16
Anzugsdrehmoment	0,5 Nm	3 Nm	10 Nm	20 Nm	45 Nm	60 Nm	100 Nm	200 Nm

Verschraubung	Anzugsdrehmoment
Antriebswelle radseitig vorne Stufe 1 (ab FIN 457456)	165 Nm (125 Nm)
Antriebswelle radseitig vorne Stufe 2 (ab FIN 457456)	60° (60°)
Antriebswelle radseitig hinten Stufe 1 (ab FIN 457456)	165 Nm (125 Nm)
Antriebswelle getriebeseitig hinten	gesteckt
Ausrücklager Schaltgetriebe (mit Sicherungsmittel)	9 Nm
Bremssattel hinten Schraube M10 Sattelträger	106 Nm
Bremssattel hinten Schraube M8	32 Nm
Bremssattel vorne Führungsbolzen	39 Nm
Bremssattel vorne (Brembo) Führungsbolzen	34 Nm
Bremssattelträger vorne am Achsschenkel	172 Nm
Bremsbelagverschleißanzeige am Sattel	9 Nm
Getriebe am Motor Schaltgetriebe (Automatikgetriebe)	38 Nm (38 Nm)
Getriebequerträger hinten M8 (M10)	20 Nm
Getriebehalter am Rahmen	40 Nm
Kardan vorne Allrad (Generation 1)	25 Nm (19 Nm)
Kardan hinten am Achsgetriebe Stufe 1 (Generation 1)	15 Nm (15 Nm)
Kardan hinten am Achsgetriebe Stufe 2 (Generation 1)	90° (90°)
Kardan Zwischenlager Verschraubungen	58 Nm
Kardan Sicherheitsbügel	58 Nm
Kardan hinten am Zwischengetriebe Stufe 1 (Generation 1)	15 Nm (15 Nm)
Kardan hinten am Zwischengetriebe Stufe 2 (Generation 1)	90° (90°)
Koppelstange Stabilisatorstrebe	20 Nm
Lenkgetriebe am Motorträger Stufe 1	120 Nm
Lenkgetriebe am Motorträger Stufe 2	90°
Lenkgetriebe Kreuzgelenk	28 Nm
Motorlager Stütze an Zylinderkopf	9 Nm
Motorlager am Achsträger	58 Nm
Motorlager an Motorstütze	58 Nm
Niveau-Sensor an der Koppelstange	8 Nm
Niveausensor am Halteblech	5 Nm
Radschraube Stahlfelge (bis FIN 458173)	180 Nm
Radschraube Stahlfelge	200 Nm
Schraube Schräglenker hinten 1. Stufe (2. Stufe)	160 Nm (120°)
Verbindungsstange Schräglenker hinten	60 Nm
Schraube Stoßdämpfer hinten oben und unten	130 Nm
Schrauben Stoßdämpfer Achsschenkel Stufe 1	150 Nm
Schrauben Stoßdämpfer Achsschenkel Stufe 2	180° Lösen
Schrauben Stoßdämpfer Achsschenkel Stufe 3	120 Nm
Schrauben Stoßdämpfer Achsschenkel Stufe 4	75°